人間も動物も
波乱を乗り越え
おとなになる

WILDHOOD
野生の青年期

The Epic Journey from Adolescence to
Adulthood in Humans and Other Animals

バーバラ・N・ホロウィッツ
キャスリン・バウアーズ
土屋晶子＝訳

白揚社

私たちの両親
イデルとジョゼフ・ナターソン
ダイアンとアーサー・シルベスター
に捧げる

はるか昔からあるワイルドフッド

この本に出てくる４匹の動物の若者は、互いにそして私たちヒトとも祖先が共通している。何百万年も前に、（現在は絶滅している）そうした祖先の動物たちもワイルドフッドを経験した。

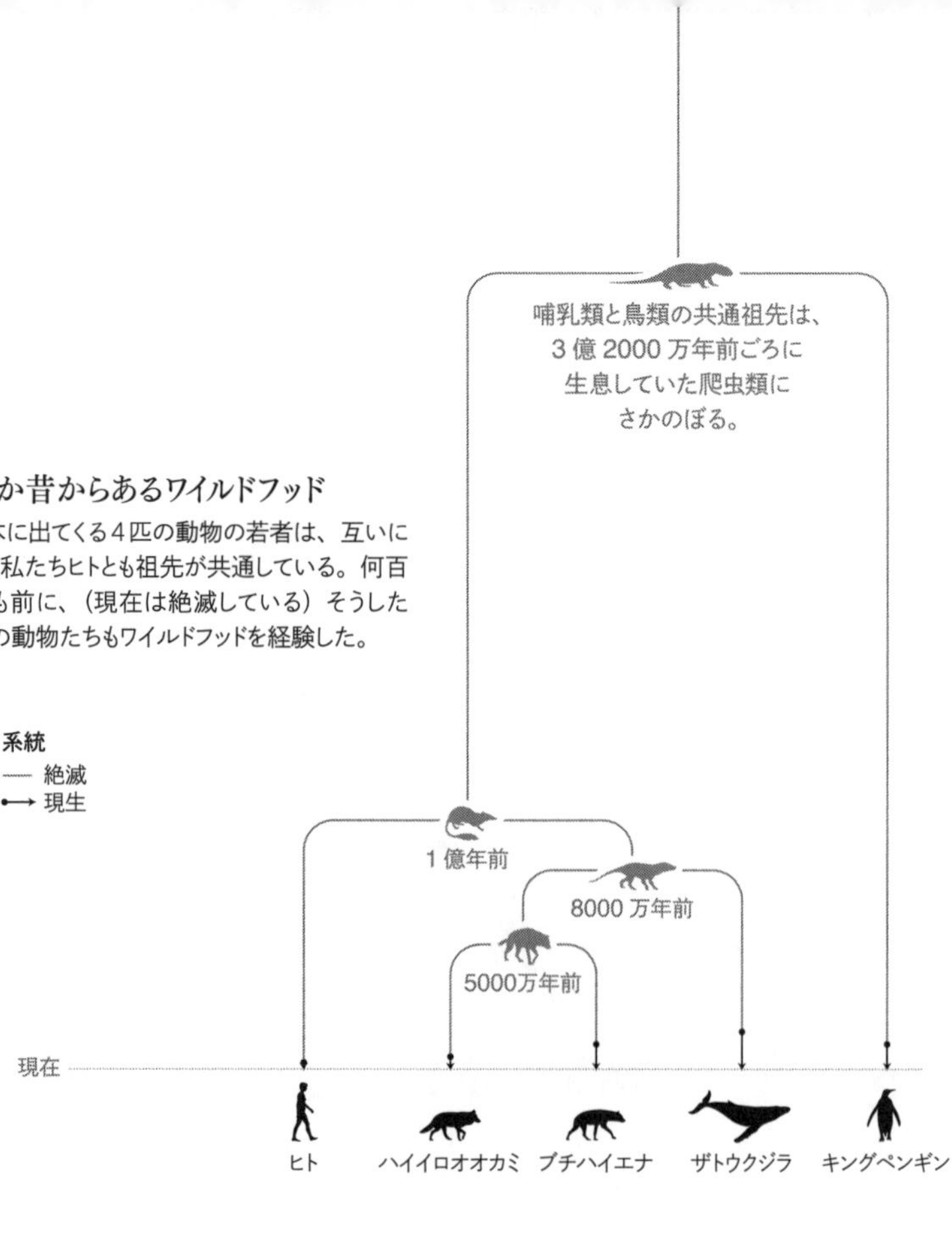

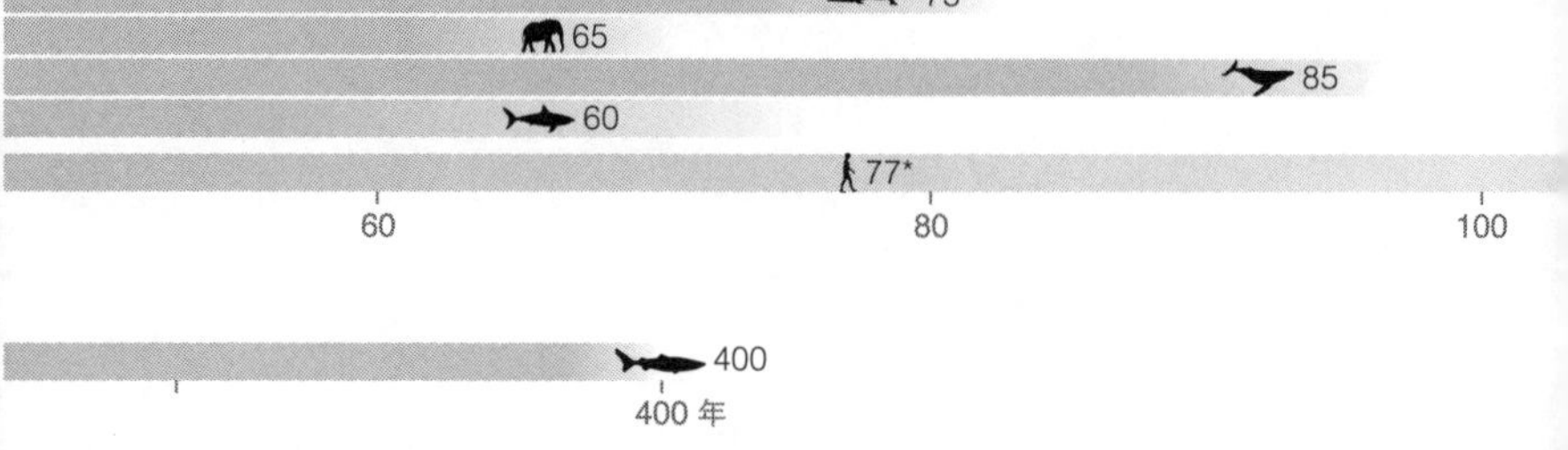

ワイルドフッドとは？

SAFETY（安全）　STATUS（ステータス）　SEX（セックス）　SELF-RELIANCE（自立）

ワイルドフッドとは、あらゆる種に共通してみられる青年期の体験で、思春期の体の変化とともに始まり、それぞれが四つの重要なライフスキルを身につけたときに終わる。成熟したおとなになるために、地球上のすべての生きものは安全に生きること、社会的ヒエラルキーのなかでうまくやること、性的欲望をきちんと表現すること、独り立ちすることを学ばなければならない。

それぞれのワイルドフッド

それぞれ寿命が大幅に異なるため、ワイルドフッドの期間は、ミバエの数日間からニシオンデンザメの50年間までさまざまだ（このサメは驚くべきことに400年は生き、150歳くらいになってようやく思春期に入る）。下の図で、23種のワイルドフッドがそれぞれの寿命のなかで示されている。その期間は生活史のデータから導き出され、個体によって開始時期や継続期間が異なる。

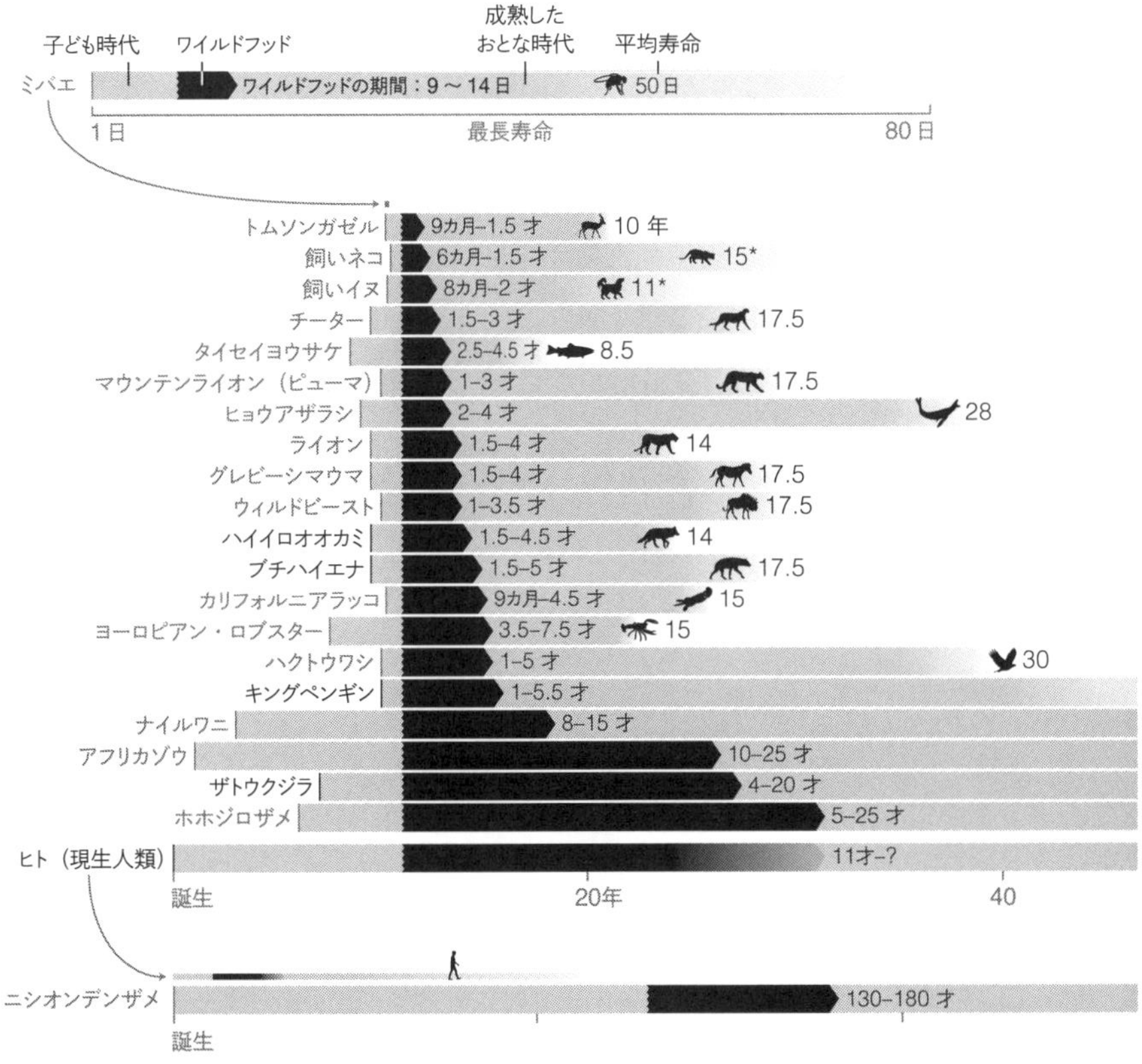

*ヒトとペットの平均余命は野外生活をしていない場合を基準にしている。

WILDHOOD《ワイルドフッド》　野生の青年期　目次

第Ⅲ部　SEX（セックス）

第Ⅳ部　SELF-RELIANCE（自立）

WILDHOOD《ワイルドフッド》 野生の青年期

プロローグ

青年期とはどのようなものかを理解しようとする私たちの企ては、二〇一〇年、カリフォルニア州の冷たい浜辺から始まった。そのとき私たちは砂の丘に立ち、海を見つめていた。視線の先は広がる太平洋で、「死のトライアングル」という好奇心をかきたてるよび名がついた一帯だ。

その海岸に行きたくなったのは、ひとりの海洋生物学者から珍しい話を聞いたからだった。彼によれば、「死のトライアングル」という名前が広まったのは、その海域に、確実に死をよぶ恐ろしい生きものの大群がいるからだという。それはホホジロザメ。何百匹もの巨大な捕食者がこの海域にすむ。彼らの貪欲さは知れ渡り、付近のほかの海洋生物さえ関わりを避けることを学んでいた。カリフォルニア沿岸の海底にはたいてい海藻ケルプ〔訳註　コンブ科の大型海藻類の通称〕の森が生い茂っているが、「トライアングル」にその森はない。あえて入りこむ愚かな、あるいは不運な動物には、隠れ場所が皆無の一帯だった。そのあたりは非常に危険なため、実地調査にやってくる科学者たちでさえ、ボートから降りて海に入る気にはなれない。

しかし、海洋生物学者の話の一番の聞きどころはそこからだった。本能に反しているし、大きな危険にさらされることになるのに、ある動物は「死のトライアングル」になんと繰り返し入りこんでいるというのだ。その動物とは、カリフォルニアラッコだ。ただし、すべてのラッコではない。死の一帯につっこんでいく無謀な連中であり、言うまでもなく成熟したおとなのラッコではない。もちろん赤ちゃんラッコでもない。実は、サメがうようよしている荒涼とした冷たい「死のトライアングル」に決まって泳いでいこうとするとびきりとんまな連中は、若者ラッコなのだ。ときとして、彼らはサメの一瞬の歯のきらめきの下、血を飛び散らせながら命を落とす。しかし、スリルを求めるこうした「ティーンエイジ」のラッコの多くは苦労の末に経験を自分のものにし、新たな自信をつけ、親に頼って守られてきた子ども時代に比べて、海で生きる知恵を大きく増やすことになる。

当時、私たちは最初の著書『*Zoobiquity*』（邦題『人間と動物の病気を一緒にみる――医療を変える汎動物学《ズービキティ》の発想』）を書く準備の最中だった。その本では、健康問題はヒトでもヒト以外の動物でも、大昔から根本的に共通するものがあるのを見極めようとしていた。（私たちはチームとして仕事をしている。バーバラはハーバード大学の人類進化生物学の客員教授、カリフォルニア大学ロサンゼルス校（ＵＣＬＡ）心臓内科の教授を務めている。キャスリンはサイエンスライターであり、動物行動学のコースを修了している。私たちは協力してハーバード大学とＵＣＬＡで講座を立ち上げて教えている）。「死のトライアングル」のほうに目を向けながら、私たちはラッコの若者のふるまいが、よくいる一〇代のヒトの行動とほんとうによく似ているのに驚いていた。リスクを冒す、危険なことを探し求める、親たちがもう卒業したたぐいのぞっとするようなことをしでかす、といった行動をヒトもラッコもとっているとは。もうしばらく海を眺めてから、海岸の砂丘を越えて戻り、海と入り江を分ける細長く延びた陸地まで来ると、別の風景が待っていた。

荒波が入ってこない入り江では、人々がカヤックを操り、平らな水面をゆっくりと進んでいた。この入り江はモスランディングとよばれ、ラッコを含め野生動物を観察するのに最適な場所となっている。死のトライアングルに引き寄せられる若いラッコとその拡大家族たちがここにやってきて、えさを食べ、くつろぎ、仲間と交流する。

その日は数十匹のつやつやした毛皮の生きものが水面に仰向けで浮かび、体をくねらせたりぐるぐる回転したりしていた。あたりの光景はまるで一般開放中の公共プールのようだった——老いも若きもラッコたちは大いに楽しんでいる。プールをゆっくりと泳いでいる年長者が、水を跳ね飛ばして騒ぐ若者グループに進路を譲るような雰囲気なのだ。ウニをとりに水中に潜っては、手にしたウニの殻をなんとか開けようとするラッコや、二匹どうしや数匹の群れで取っ組み合いごっこをしたり、相手の鼻をくわえる求愛時の行動を真似しようとしたりするラッコもいた。その入り江のひとときはのんびりしたくつろぎの時間のようにみえたが、群れの若手ラッコたちにとっては学ぶことがぎっしり詰まった場だったと後になってわかる。

観察しているうちに、いきなり大混乱が起きた。ラッコのひと群れが入り江の片側から向こう側へとすさまじい勢いで移動し、一面に白い渦が巻き起こる。「いったい、何事？」。私たちはガイド役の生物学者に尋ねた。サメ？　この浅い入り江に捕食者が侵入？

生物学者はいいえと首を振って、指をさした。向こうに見えるカヤックがラッコに近づきすぎていたのだ。しかし、よく見れば、ラッコたちは一匹残らず飛び上がって逃げたわけではない。われ関せずと気持ちよさげに浮かんだままのラッコの一団がいる。頭の毛が灰色なので、成熟したおとなだ。彼らは経験を積んで判断力があるのだ。いっせいに逃げた臆病者は、ホホジロザメとカヤックの「Sea Ghost 130」との区別がつかない若いラッコたちだった。

あるときはサメに泳ぎ寄り、それから次はプラスチック製の舟から逃げ出す。経験不足のこうしたラッコの若者は、極端に向こう見ずであると同時にあまりに小心だった。しかし、彼らは仲間と元気いっぱいに交流し、性的行動を試し、自分でなんとかえさをとってみようとしていた。ほんとうに私たちヒトと同じ、いやヒトの若者たちと実に似ている。

動物とヒトの重なる部分を調べ始めてからしばしば心をよぎったのは、ラッコのこうした行動を擬人化しているのではないかという思いだった――この野生の哺乳類のふざけた仕草を深読みしているのではないか。私たちはともに調査の最初から、動物をヒトに見立て、実際には持たないヒトの特性を動物に投射するのを避けようとしてきた。擬人化は科学性をたちまち損なうと考えたからだ。ところが、神経生物学、ゲノム学、分子系統学といった分野の研究についてさらによく知ると、もっと大きな危険は、体や行動について、ヒトとヒト以外の動物の間にあるリアルで明白なつながりを否定することかもしれないと気づいた。ほんとうに恐ろしいのは、擬人化ではなく、その逆の態度、霊長類学者・動物行動学者であるフランス・ドゥ・ヴァールがいう「反擬人化」ではないだろうか[1]。

私たちは前著のなかで何度となく、ヒトの独自性を主張する見解に異議を唱えた。野生動物はいわゆるヒトの病気にかかる可能性があり、現にそうした病気にかかっている。たとえば、心不全、肺がん、摂食障害、依存症。そして、不眠症、不安神経症にもなりやすい。ストレスを受けると過食する者もいる。異性愛の者もいればそうでない者もいる。気の小さい者がいる一方で大胆な者もいる。人間例外主義の考え方に接するたび、私たちにはそれが正しくないことはすぐわかった。

そのとき、すぐ目の前の入り江でも、ヒトと同じようなことをしている動物がいた。動物には生後数日から何年後かの間のどこかで、みんな「ティーンエイジ」の期間がある。少年少女は一夜にしておとなになるわけではなく、子ウマから成熟した雄ウマへ、子カンガルーがおとなのカンガルーへ、そして子どもラッコがおとなラッコになるのもすべて、驚くべき独特な移行期が必要だ。あらゆる動物はちゃんとしたおとなになるのに、時間と経験と実践と失敗が必要となる。

「死のトライアングル」を前にしたあの日、私たちは動物の青年期を垣間見た。いったんそれに気づいてしまうと、いたるところで自分の若さと奮闘している動物たちを見つけるようになる。

新しい視点

それは、ずっとつけていた目隠しをはずしたと言ってもいいほどの劇的な変化だった。目から入ってきたものがそれまでと違うのではなく、私たち側のとらえ方が変わった。おとなになるとはどういうことかを理解するための、まったく新しい方法がだしぬけに身についたのだ。鳥たちの群れ、クジラの集団、若いヒトのグループ、自分の子どもたちについて、そして、私たち自身の思春期・若年成人期の思い出さえ、以前と同じように見ることはできなくなった。

それからの数年間、私たちはこのはざまの時期にある動物の研究に力を注いだ。子どもとよぶには体が育ちすぎているが、おとなとして扱うには経験が不足している年代の動物を調査のターゲットにしたのである。

ウィルドビースト〔訳註　別名ヌー、ウシカモシカ。アフリカのサバンナに生息〕の集団[2]がクロコダイルの群がる川を渡るとき、一番に水に飛びこむのは、体つきは大きいがひょろりとした若手たちであるのに私たちは気づいた。未経験さゆえに、危険が潜んでいるのも気づかずに、彼らはわれ先にと川にジャンプする。もっと分別のある年長のウィルドビーストたちはじっと待ち、クロコダイルが若い先陣を追いかけるのに大わらわの間に、安全に流れを渡っていく。

カンザス州のマンハッタン市では、私たちはよりにもよって二匹のハイエナの若者と顔を突き合わせた。彼らは年齢や体の大きさが同じであるにもかかわらず、一方がもう一方をいじめていた。明確な社会的ヒエラルキーが形成されるには、二匹の若い個体がそろっていればよかったのだ。

ノースカロライナ州の保安林にあるキツネザルの研究センターでは、大きな目のキツネザルの群れが近づいてきた。そして、すぐそばまでまっすぐにやってきた一匹の愛らしさに私たちは釘づけになった。その子はナチョという名前の若い雄のキツネザルで、恐れを知らずとてもかわいらしかったが、もし私たちが科学者でなくて密猟者だったら、自分の安全を脅かす行動を平気でとっていたのだ。

親を亡くした野生の若いオオカミが、変わりかけの声を震わせたりかすれさせたりしながら、吠え方を練習するところも聞いた。若いパンダたちが自分で食べていくための最初のステップとして、竹の皮を歯でむこうとがんばっている姿も観察した。途方もなくすばらしいある午後には、野生のウマや、シロサイ、シマウマの群れを夢中になって眺めた。そして、それぞれの群れのなかの若者たちに焦点を絞り、彼らが自分たちのグループのなかで競いながら有利な立場を得ようとするとき、どのような行動や態度に出るかを確かめた。

調査はたやすくないものが多かったが、なかには苦労が報われたときもあった。北極圏に近いカナダのプリンスアルバート国立公園にすむアメリカバイソンの若者たちの姿は、多数の蚊が群がる湿地帯のぬかるみを三二キロほど歩いたにもかかわらず、ついに見ることができなかった。その日通った道筋でまだ温かい若グマの糞を発見したのだが、このクマもやはり見られなかった。一方、ロサンゼルスで若いマウンテンライオン〔訳註　ネコ科。南・北アメリカに分布。ピューマ、クーガーともいう〕の跡を追っていたときは、近くまで迫れた。途中で休憩したとき、設置してあったトレイルカメラの映像からガイドが教えてくれたのは、わずか数時間前に、私たちが立っているまさにその場所をそっと通りぬけていたマウンテンライオンの姿だった。

地球規模で横に広くつながる若い仲間

生物学者たちは、動物――ヒトとヒト以外の動物――において子どもからおとなになる間の時期に、肉体と行動面の変化があることにずっと気づいていた。次のような特徴は、ほんとうにすべてヒトだけのものだろうか？　わき起こる不安感やくるくる変わる気分、ロマンスを求め心が乱れるのはもちろんのこと、あえて危険を冒す、仲間と始終つきあう、性行動を試す、親のそばから離れ成功をめざしたり自分探しをしたりする、そして、どっと分泌されるホルモンや、急速に変化する「ティーンエイジ」の脳さえも、ヒト独自の現象だといえるのか。いや、断じてそうではないのを私たちは知ったのだ。

すべての生きものは細かな点でそれぞれ異なる体験をする。ある者は勝利を収め、ある者は悲劇に見舞われる。ほとんどの者はその両極の間にある体験をする。一方で、私たちが青年期動物について、種の違いを越えて調べ始めると、ひとつの普遍性を見いだすことができた。動物の種類、地球上の生息地、あるいは生息していた時代の違いを問わず、成長段階のはざまの時期に入ったすべての動物は、四つの大きな課題に直面する。そして、無事にその課題を克服することこそ成熟のあかしだと、私たちは考えている。

バンドウイルカからアカオノスリ、カクレクマノミ、ヒトまで、この移行期を旅する動物の若者は、お互いにたくさんの共通点がある。それは、自分の分別ある親やまだ小さな弟妹たちとの共通点より多い。青年期の動物たちは、ノンフィクション作家アンドリュー・ソロモンが「ホリゾンタル・アイデンティティ（横のつながり）」[3]とよんでいるものを共有しているのだ。ソロモンは著書『「ちがい」がある子とその親の物語』で、個人とその先祖たちとの「縦のつながり」と、家族のきずなはないが似た特性を共有する仲間を結ぶ「横のつながり」を対比してみせた。私たちは、ソロモンの考えをヒト以外の動物にまで広げ、同じ立場の青年期の動物たちは横につながっていると考える。ヒト・動物の区別なく、若者はみな、全地球にすむ青年期グループの一時会員なのだ。

本書の主題は、世界中の動物が経験する青年期の旅路と、そこをうまくくぐりぬける方法にある。

私たちの議論の前提は次のとおりだ。ヒトの青年期は、大自然における祖先の動物のありようが根底にある。この年代のそれぞれの喜び、悲劇、情熱、目的は訳のわからないものではない。そこには進化的に見て大きな意味があるのだ。[4]

地球上でおとなになること

二〇一八年の春、本書のための調査をもとにして、ハーバード大学の学部生向けに「地球上でおとなになること」というコースを開講した。クラスの初日、学生にはバックパックを背負ってついてきてもらった。ピーボディ考古学・民族学博物館に入り、カチーナ人形のケースやマヤ文明の背の高い記念碑を過ぎて、トザー人類学図書館へと向かう。木製の長テーブルの上のひときわ高くしたところに置かれ、私たちを待っていたのは、マーガレット・ミードの『サモアの思春期』[5]の初版本だった。一九二五年、二三歳（現在の基準では、彼女自身が青年期にあたる）のミードは、南太平洋の島国を旅し、アメリカとは異なる文化圏の青年期を研究し、当時の近代アメリカ青年が抱える問題をもっとよく理解しようとしていた。ミードは特に文化に焦点を当て、個人と社会を形づくるのに最重要な働きをするのは、生物としてのヒト特有の生態ではなく、文化であると主張した。ミードのこうした比較研究法は、それまでの人類学のあり方に根本的な変革をもたらした。後に、彼女の研究手法はときとしてデータにもとづかずに自分の印象に頼るものだったと批判された（多くの人が不当な批判だとも述べている）。しかしながら、ミードはヒトの発達、とりわけ青年期を理解するうえで、二〇世紀の知性を率いたひとりだという評価は未だ変わらない。

青年期についての学者たちの関心は、一九世紀の終わりごろ、アメリカの心理学者、G・スタンレー・ホールの活動によって一気に高まった。(6) ホールは青年期の状況を表現するのに、ドイツ語の「Sturm und Drang」〔訳註　疾風怒涛。もともと、ドイツの文学運動を指した言葉〕を使った。二〇世紀を通して、ジグムント・フロイト、アンナ・フロイト、エリク・エリクソン、ジョン・ボウルビィなどの精神分析学者たちは、子ども時代と青年時代の発達課題について、環境を重視した理論を提唱した。一方、認知心理学者であるジャン・ピアジェは、青年期の精神形成に影響を与える要因として生物学的要素にスポットライトを当てた。動物行動学の創始者であり、鳥類学の教育も受けているノーベル賞受賞者のニコラス・ティンバーゲンは、ヒトの発達に動物としてのルーツを探った。当時、青年期は病的な状態とみなされることが多かった。つまり、そうした状態にある若者は、何らかの病気で落ち着きがなく、反抗的で、危険なことをやりたがり、不幸せなのだというように考えられていたのだ。(7)

しかし、そうした風潮を変えたのは、一九六〇年代に始まった神経生物学のめざましい進歩だった。マリアン・ダイアモンドによる脳の可塑性《かそせい》についての探究や、ロバート・サポルスキーによる、社会脳と感情脳の発達が互いに進化しあうことに関する研究によって、青年期は、固定された特性を示す悩ましい時期ととらえられていたものが、正常な発達にとって重要でダイナミックな時期とみなされるようになった。(8) フランシス・E・ジェンセン、サラ＝ジェイン・ブレイクモア、アントニオ・ダマシオたちは、リスクに身を投じる、新奇さを求める、仲間の影響を受けるなど、青年期に目立つぞっとするような特徴は、その時期の遺伝的要因と環境要因の相互作用によるものだと結論づけた。発達心理学者リンダ・スピアは、気質にかかわる青年期の脳の生物学的特徴を調べた。進化生物学者ジュディ・スタンプスは、物理的・社会的環境が青年のその後の人生をどのように左右していくかを研究した。心理学者ジェフリー・アーネットは、「emerging adulthood（新成人期）」という言葉を世に広め、青年期の体験を形づくるのが現代文化の力であることを明らかにした。心理学者ローレンス・スタインバーグは、このしばしば不穏になる時期について親や教育者にわかりやすく解説した。さらに、彼による青年期の神経生物学的研究を使って、刑事事件の若い被告を、十分に成熟したおとなと同じように厳しく処罰すべきかどうかが議論されている。

私たちはこれまでのこうした考え方の流れに沿いながら、とりわけミードの研究に触発され、研究や大学教育の場、そして本書において比較研究法を用いている。もっとも、ヒトどうしの比較からさらに推し進めて、青年期動物に課せられた主要な課題を、種の壁を越えて調べていく。その射程範囲は、地球上でのホモ・サピエンスの二〇万年の歴史ではなく、六億年もの動物の生態の歴史なのだ。

ジュラ紀の思春期

ところで、「adolescence（青年期）」と「puberty（思春期）」は同じ意味をもつ取り替え可能な語として使われるときがある。ただ、このふたつは関連しあっているものの、ぴったりと重なり合う言葉ではない。思春期は生物学的過程であり、ホルモンの分泌によって始まり、生殖能力が獲得されるまでの時期だ。つまり、厳密に肉体面の発達だけで区切った期間――成長著しく、なかでも卵巣や睾丸が卵子や精子をつくりだすようになるまでの時期だ。ホホジロザメも思春期を経験する。クロコダイルにも思春期がある。パンダ、ナマケモノ、キリンも同様に思春期がある。昆虫にも思春期があるのだ（変態過程の一部である）。ネアンデルタール人も残らず思春期をくぐり抜けておとなになった。三二〇万年前の骨が現在のエチオピアで発見されて「ルーシー」と名づけられた、ヒト科のアウストラロピテクス・アファレンシスの有名な女性にも思春期があった。六七〇〇万年前、現モンタナ州の地にいたティラノサウルス・レックスの若い雌、ジェーンも思春期を迎えていた。その骨格を発掘して名前をつけた古生物学者によれば、彼女は思春期のなかばで死んだという。(9)

思春期の細かな内容は種ごとに違うが、その基本的な生物学的プロセスは見事に似通っている。ハチドリ、ダチョウ、オオアリクイ、ミニチュアポニーは同じホルモンの働きによって思春期全開となる。(10)カタツムリ、ナメクジ、ロブスター、カキ、アサリ、イガイ、エビなどの思春期を発動するホルモンもほぼ同じものだ。(11)

五億四〇〇〇万年前のいわゆる「カンブリア爆発」では、生物の種が急激に増え、現在生存するほとんどの生きもののすばらしい多様性の基盤をつくった。ただし、思春期の出現はそれよりまだ古い。原生動物は単細胞生物であり、地球に最も古くからいる生命体のうちに数えられるが、思春期はそのライフサイクルの一部として存在してきたのだ。原生動物は現在も生息する。そのひとつ、プラスモジウム・ファルシパルムは、それを持った蚊から、その蚊に刺されたヒトの血管内へと移る。この生物はまだ成熟しないうちなら、ヒトの体内で血流に乗って漂っていても害をおよぼさない。しかし、いったん原生動物版思春期(12)における体の大転換を遂げると、世界の主要な死因のひとつである疾病を起こす。プラスモジウム・ファルシパルムとは、マラリアを引き起こす寄生虫なのだ。

思春期は雌雄それぞれに特有の性成熟が進行する時期という意味合いがまずあるのだが、その時期のホルモンの影響は体のあらゆる器官系におよぶ。心臓は成長し、心臓血管系の機能を劇的に向上させる[13]。肺の容量も大きくなり、若いスポーツマンの耐久力が高まる（一方で、喘息患者の発作も増える）。骨格も発育し、ほっそりした手足の未成年の背丈がぐんと驚くほど伸びる。一方、こうした急速な骨の成長は、思春期に骨がんの発症率が高くなる一因でもある。子どもサイズの頭蓋骨は、おとなサイズへと大きくなるが、この変化は、ヒトの子どもだけに見られるのではなく、恐竜でも確認されている。また、思春期の間にあごの形も変わり、口内の歯もおとなのものに生え変わる。実際、ホホジロザメは、思春期を過ぎておとなの歯とあごの形になるまでは、獲物をうまく食いちぎれない[14]。

というわけで、思春期の体の変化ははるか昔からあるプロセスなのだが、実は、きちんと成熟するには、若い生物は肉体面が成長するだけでなく、第二段階を通過する必要がある。そこでは、体と行動をひとつにまとめ上げていく。つまり、その間に若手に課せられるのは、所属集団の年長メンバーのような、考え方、行動、そして感じ方を学ぶことだ。それはきわめて重要な経験を積んでいく時期であり、よき指導者から情報を吸収し、かつ、自分を仲間、兄弟姉妹、親たちと比較して自己検証するときでもある。

この局面が青年期であり、成熟した真のおとなになるまでつづく。動物種にとっては、単に肉体的に成長しただけの個体ではなく、成熟したおとなを生み出すために、青年期はきわめて重要だ。経験を通じておとなとしての成長を遂げることは、自然界のあらゆる青年期動物にとっての目標となる。

さらに、青年期の旅路は驚くべき革新を生み出すことがある。ここ数十年間に発見された有名な化石のひとつは、ティクタアリクという名がつけられた魚[15]のもので、シカゴ大学の古生物学者ニール・シュービンたちが発掘した。この三億七五〇〇万年前の生物には、ヒトの進化の歴史を読み解くヒントがあった。なんと小さな四肢はひれと足の両方の働きをしていたのだ。四つの付属器官は、地球上の生命の最も壮大なストーリーのひとつ――水の世界から陸の世界への移行において、ティクタアリクがパイオニア的役割を果たしたという証拠となる。

シュービンはティクタアリクの化石からほかにも明らかな事実を導き出した。その化石はさまざまなサイズのものが発掘され、テニスラケットほどの長さのものや、サーフボードより長いものがあった。これが意味しているのは、明白であると同時に大変意味深いことだ。この古代の魚は成長しておとなになったのだ。そのプロセスの間、今日の若者たちと同じように、まだ思春期の段階のティクタアリクたちは体の大きさだけでなく、捕食者・ライバル・性衝動・えさ探しについての経験がないため、特に弱い存在だった。脆弱性と未経験から、若い動物は大概、不慣れな環境へと押し出される。私たちはシュービンに手紙を書き、ティクタアリクの未成熟魚が、陸地への突撃の先頭を切った者たちになったというのは可能な推測だろうかと尋ねた。シュービンはこの話に納得し、返事をくれた。

「ティクタアリクの成体は大型の肉食魚で、食物連鎖のトップ近くにいました。しかし、彼らもおとなになる前は捕食者に食べられるため、部分的に陸上で生活するのは生き残りに役立ったかもしれません。同様に、陸地でうまく立ちまわるのは、少なくとも初期の段階では、大きい魚よりも小さい魚のほうが楽にできたでしょう」

たしかにこれは仮説にとどまるが、リスクを取ったり新奇なことを探しまわる青年期の行動について私たちが知っているあらゆる事柄と照らし合わせても矛盾しない。必要に迫られて青年たちは新天地を探し求める。そして生き残るための新しい方法を取り入れる。若者は新たな道を進み、未来を切り拓く。

「ティーンエイジ」の脳

思春期・青年期の間に急激に変化する体の器官といえば、脳を忘れてはいけない。「ティーンエイジ」の脳はすさまじい驚異の変動期を迎える。[16] その脳は子ども時代の脳とも、将来なるはずのおとなの脳とも全く異なる。

どの年代の脳も記憶をつくるが、なかでもティーンエイジの脳は膨大な記憶を蓄えていく。そして、それによってアイデンティティが形成され、世界にどうアプローチしていくかが決まるのだ。これは、心理学者が「レミニセンス・バンプ（回想のこぶ）[17]」とよぶ現象であり、そのころに特に忘れがたい強烈な記憶ができる（ヒトではだいたい一五〜三〇歳の間）。

若者の衝動性、何でも試して目新しさばかり求めること、未熟な意思決定といった特徴は、実行機能を担う脳の部位、特に前頭前野が脳のほかの領域と比べて成熟時期が遅い点と関係がある。仲間と常に一緒にいたがったり、さらに親との間に葛藤を引き起こしたりするのも、そもそも、感情や記憶や報酬感にかかわる脳の諸領域に生じる青年期特有の神経生物学的特質のせいだ。したがって、若者は気持ちが成層圏の高みほどハイになるかと思えば、地中深く落ちこむほどに暗くなり、気分の浮き沈みが激しい。薬物・アルコール乱用、自傷行為、神経疾患に陥りやすいのも、発達途上の脳部位に起因する。前頭前野関連領域は二〇代後半、ときとして三〇代初めになるまでは十分に成熟し終えないのだ。

ところで、ヒトのティーンエイジの脳の不思議さについてはここ数十年の間に広く調べられてきて、こうした研究は、若者特有の行動がどこから来ているのかを理解する手助けとなった。だが、この画期的な科学研究は、まったくといってよいほど、もっと大きな事実から目をそむけている。つまり、青年期の間、ヒト以外の動物の脳と行動もやはり大がかりな変容を遂げるということを。

若い鳥類の脳には、ヒトの発達途中の前頭前野の状況と似ている領域があり、個体の自己制御をつかさどっている。[18] 若いシャチやイルカの脳は、ヒトの脳と同じように、肉体や性的機能の成熟が完了したあとも成長しつづける。[19] 小型哺乳類やほかの霊長類[20]の青年期の変化していく脳は、リスク好き、仲間との交際好き、新しもの好きといった傾向を助長する。若い爬虫類でさえ、子どもとおとなの間の時期に神経系の独特の変化があり、それは若い魚も同じだ。[21]

体を覆うのが、皮膚、うろこ、羽と違っていても、移動する手段が、走る、飛ぶ、泳ぐ、這うの違いがあっても、私たちはそれぞれの成熟した個体をつくり上げる生きものとしてのルーツを共有している。本書は子ども時代とおとな時代の間にはさまった時期——この時期を「ワイルドフッド」とよぶことにする——の普遍性について探っていく。数億年の進化の歴史を通して動物界を見渡せば、青年期のそれぞれの局面について、それがあるひとつの種特有のもの、あるいはヒトの各文化にしかないものであるのか、または、地球上のあらゆる生物に見られるものであるのかが区別できるはずだ。

生きるための四つの必須スキル

最も重要な点を見ていこう。ワイルドフッドの間に直面する四つのきわめて重要な課題は、キッチンカウンターの上のバナナにいる成長途上のミバエでも、タンザニアのセレンゲティ国立公園で成獣になろうとする時期、力強く咆哮するライオンでも、仕事、学校、友人、恋愛関係、そのほかの任務のバランスを取りながらうまくやろうとしている一九歳のヒトでも、みな同じなのだ。その課題とは。

安全でいるには？
社会的ヒエラルキーのなかをうまく生き抜くには？
性的なコミュニケーションを図るには？
親もとを離れて自立するには？

絶対不可欠なこの四つの事柄は、おとなになってからもずっと課題でありつづける。しかし、その課題はAYA世代（思春期および若年成人期）で初めて現れ、親の支えや保護なしで取り組まなければならないことが多い。ワイルドフッドでの経験によって、生きていくうえで必要なスキルが身につき、おとなになってからの運命が決まるのだ。

危険を避ける。集団のなかでの居場所を見つける。相手の気持ちを引きつけるためのルールを学ぶ。生活の自立と目的をたしかなものにする。こうした能力は普遍的なものだ。なぜなら、そうした力は若い動物が物騒な外の世界に出ていって生き残るのを助けてくれるからだ。スキルを学ぶのは、死ぬまで順調に過ごしたいなら必須の課題だ。

SAFETY（安全）、STATUS（ステータス）、SEX（セックス）、SELF-RELIANCE（自立）。この四つのスキルはヒトでもその体験の核にあり、引き起こされる悲劇や喜劇、壮大な冒険の旅の根底をなしている。

おとなへと向かおうとする青年期動物にとっては、うまくいかないことのほうが格段に多い。しかし、その道程をなんとかこなせば、成熟したおとなの動物として生きていける。この図式の意味するところは常に変わらない。ワイルドフッドの間、個体は四つの課題にぶつかり、それぞれに関する技能を磨いてきた。彼らはただ年齢を重ねただけではない。「成長した」のだ。ワイルドフッドの旅路は六億年以上もの間、無数の動物がたどってきた。古代からのこうした限りない経験の積み重ねは、現代の成熟したおとなとして成功するために生き抜く方向を指し示してくれる格好の地図になると考えている。

デジタル世界でおとなになること

あとでも述べるように、動物には「文化」（他にもっといい言葉がないのでそうよぶ）があり、それによっておとなになろうとする若者にこの四つのスキルが伝えられる。ひとつの種でも、文化の細かい点は地域ごと、集団ごとで違う場合があり、それはヒトの文化に際限なく差異があるのと同じだ。

しかし、実のところ、ヒトがほかの動物とはっきりと違っている領域がある。それは、今の一〇代の若者がおとなになるためには、ふたつの全く異なる世界、つまり自分たちが現実に生きている共同体の世界と、もうひとつはデジタル世界を両方とも生きていかなければならない点だ。

四つの重要な技能は、インターネット世界でも、現実世界のときと全く同じように十分に通用する。ただしこのふたつの世界のカルチャーがあまりに違いすぎることがあるので、現代の多くのティーンはおとなに向かう旅を同時にふたつ平行してこなす必要がある。

たとえば、第二部で探っていくように、社会的動物は、海にいる魚から教室に駆けこむ高校生まで、仲間うちのヒエラルキーのなかでうまく舵取りして進むことを学ばなければならない。そのために若者たちがやることのなかに、「高いステータスの者とのつきあい」とよばれているものがある。これは、学校に行ったり、仕事をしたり、社会生活を送った経験のある者にとってはすぐにぴんとくる話だ──権力を持つ人々のまわりで一緒に過ごせば、自分自身のステータスを上げられる。ヒト以外の動物の集団でそうした行動がどのような効果を発揮するか、興味深い内容を後ほどつぶさに述べたいと思うが、ここでは、現代のヒトの若者と彼らの生活に、インターネットがさらに加えた各種のヒエラルキーについて考えよう。一〇代の若者がマルチプレーヤーゲームやソーシャルメディアで時間を過ごすと、同じ電子空間につながっているメンバーたち全員と比べられて、ときに見えない形で、あるいは露骨に評価され、分類され、ランクづけされていくだろう。スポーツの花形選手やポップスターに賞賛されて自分のステータスがアップするのを想像してほしい。アイドルから非難されてものすごい屈辱を味わうことになったらどうなるかも。

親たちやほかの年長者たちは、現実世界でAYA世代を導く経験をたっぷりしている。しかし、デジタル世界を十分に享受して年を重ねた人はまだ誰もいない。生きていくうえでのこの四つのスキルは、新たに出現した領域をもっと簡単に推し測れるカテゴリーにふるい分けするのに役立つだろう。というのも、現実世界での課題は、オンラインでも通用する部分があるのだ。トロールや捕食者から身を守るためには？　ネットワーク上のヒエラルキーのあつれきを切り抜けていくには？　自分の性的関心を表現するには？　デジタルな自分、つまりデジタル社会でのアイデンティティを形づくり、育て、維持していくには？

「ワイルドフッド」という言葉

「地球上でおとなになること」という講座で教えるときは、いつもちょっとした調査をする。「自分を青年だと思う人は手を挙げて」。次は、自分をおとなだと思う人は手を挙げて」。学生たちの年齢はみんな一八～二三歳だが、このふたつの質問にそれぞれ即刻あるいは自信ありげに手を挙げる者はめったにいない。どちらの問いにも「イエス」と手を挙げる学生も多い――僕たちは青年でありおとなでもあるのです。

もし若者が自分たちのことを言うのに「adolescent（青年期の若者）」という言葉を使わなかったら、十分に（もしくはほとんど）成長しているのに、完全には成熟していない新しい生きもののことを何とよべばいいのだろう。体は大きいが経験に乏しく、性的機能は働くようになったが脳の成長はまだあと何年もかかるような者たちをどう位置づけたらいいのだろうか？

「adolescentia」という言葉は、おとなになるという意味のラテン語「adolescere」から来ており、古くは一〇世紀の中世の文章に出てきて、聖人が若いころに迎えた宗教的な転機を指すのに使われた(22)。北アメリカでは、一六〇〇年代のなかば、ニューイングランド地方のピューリタンがこの時期を「chusing time」〔訳註　chuse は choose の古語〕とみなし、それまでの軽薄さを捨て去り、おとなとしての務めを担うべきときとした(23)。そのころ、そうした一人前になろうとする人々は長らく「youth」とよばれていた。一八〇〇年代後半になって、「adolescent」という言葉が代わって広く使われるようになる。

フラッパー、ヒップスター、ボビーソクサー、ティーニーボッパー、ビート族、ヒッピー、フラワーチャイルド、パンク、Bボーイ、バレーガール、ヤッピー、X世代――こうした言葉は、二〇世紀アメリカの特定の文化に属していた若い人々について語るときに持ち出されてきた。「ティーンエイジャー」という言葉が最初に活字で登場したのは一九四一年であり、すぐに多くの人々に使われるようになる(24)。ほぼ八〇年経った今日でさえ、「ティーンエイジャー」は「adolescent」の言い換え語として人気だ。若者の脳の発達は一三歳より前に始まり、一九歳をはるかに過ぎても発達しつづけることを神経科学者たちが明らかにし、「ティーンエイジャー」は科学的に見ると完全な同義語ではないにもかかわらず、その言葉は便利に使われている。また、過去二〇年かそこらの間は、「ミレニアル世代」〔訳註　米国で一九八〇～二〇〇〇年代初頭までに生まれた人々〕はこのライフステージ全体を占めていたが、今となっては、ほとんどのミレニアル世代が思春期・若年成人の時期を通り抜けてしまった。

「GWoT世代（対テロ世界戦争世代）」は、「テロリズムに対する世界規模の戦争」というアメリカ軍の専門用語が使われているが、これは同時多発テロ事件が起きた時期に年ごろになった人々を指している。また、北アメリカでは、少年少女を指すのに最初に必ず使われる言葉として「キッズ」をよく耳にし、青年たち自身でもよく使う。しかし、彼らがいったん高校後半に進むと、キッズという言葉は幼すぎるように聞こえる。

子どもとおとなの中間地点にいるヒトとヒト以外の動物双方を表すような、もっと適切な言葉、太古からのすべての生きものの共通性をカバーする言葉がないか、私たちは探してみた。あまりに客観的すぎる表現もあった（「前成人」「新成人」「分散者」）。不快なあるいは侮辱的な表現もあった（「亜成体」「未熟者」）。詩的な表現もあった（「巣立ちしたばかりのひな」「デルタ」「シラスウナギ」〔訳註　ウナギの稚魚〕）。世界各地の言葉では、日本語の「青年」やロシア語の「リーシニー・チェラヴェーク（余計者）」といったすばらしい言い方があるのだが、ほかを差し置いてひとつの文化圏の言葉を選んでしまうのはよくないのではとためらった。

私たちが探していた言葉は、種の壁を越え、生態と環境が相まって成熟した個体をつくり上げる時期をすっぽり包みこむ必要があった。その言葉は特定の年齢、生理的な兆候、文化・社会・法に定められた節目にも制約されないものであるべきだ。そして、ライフサイクルのこの独特な段階にある脆弱性、興奮、危険、可能性をとらえる言葉でなければいけない。私たちの最初の著書のタイトル『*Zoobiquity*』は、「動物」を意味するギリシャ語の「zo」という部分と、「偏在」を意味するラテン語をつなげて新しくつくった言葉だ。本書のために、私たちはタイトルにするべく再び造語に取り組んだ。このライフステージの何が起こるかわからない状況をとらえ、動物としての共通するルーツがあることをはっきりと掲げるために、「wild」を選ぶ。そして、古期英語から来た接尾辞「hood」をつけ加えた。フッドとは「あるときの状態」を表し（「少年時代」「少女時代」などの言葉の一部）、あるいは「集合体」の意味となるので（「近所」「修道女の共同体」「騎士団」などの言葉の一部）、青年期動物の地球規模のつながりのなかに存在するメンバーであることが示せる。進化の長大なときのなか、種の区別なく見られる成長段階で、子ども時代を引き継いでおとなになるまでの一時期を、「ワイルドフッド」と名づけることにしたのだ。

領域横断的アプローチ

本書のために私たちが集めてまとめた科学的証拠は、ＵＣＬＡとハーバード大学での五年間の研究成果である。その研究領域は進化生物学と医学が交差している地点に当たるため、両方の分野の強力な研究ツールを利用できた。さまざまな種の青年期を比較する研究に対して大規模なシステマティックレビューを行い、その結果を使って、系統学的観点からさまざまな生物の進化の道筋を考察した（システマティックレビューとは、ここ二〇年の間に進歩した検索技術を利用して、世界中の科学データベースに狙いを絞って徹底的に調査することだ。また、系統樹とは、異なる種どうしの進化のうえでの関係を示した図で、単純な系統図になることもあれば、何千ものデータポイントが含まれる複雑なコンピューターモデルになることもある）。また、世界中を回り、大自然のなかや野生動物保護区域でフィールドワークを行い、青年期動物を観察した。ヒトの青年期の専門家や、野生生物学、神経生物学、行動生態学、動物福祉学の研究者たちにインタビューも重ねた。

この本はさまざまなグループの人たちにとって重要な意味合いを持つと考え、科学者と一般読者の双方に読んでもらえるように書き進めた。本文と直接関係のある参考資料は巻末の註に記した。私たちの研究、一次資料、興味深いコンテンツへのリンクなどを含む幅広い参考文献・資料一覧は、オンラインで入手できる。若者を育てる、教える、研究する、治療する、導く、指導する立場の人々、あるいは、若者と一緒に働く人たち、そして一番大事なのは、若者たち自身がこの本を読んで、さらに考えを深めていってほしい。

著作していた時期と場所は二一世紀初めのアメリカであり、内容はその様相を反映するはずだ。私たちは青年期の個別の困難や喜びまで理解できるとは考えていない。とはいえ、本書を執筆している間、私たちはひとつの個人的な動機を抱えていた。私たちの子どもはちょうど青年期に入っていたのだ。計画が動き始めたとき、キャスリンの娘は一三歳、バーバラの娘と息子はそれぞれ一六歳と一四歳だった。三人とも今では大きくなったが、当時、青年期のヒトの母親であったのはあれこれと役立った。私たちはワイルドフッドの実情を身近で確かめられたのだ。北極圏、成都《チョントゥー》、メイン湾、ノースカロライナ州などへの現地調査旅行を終えて戻るのは、あふれんばかりの活力あるティーンたちがいるわが家だった。そして、その年ごろの複雑だが束の間の不思議さを思い知らされたものだ。

挑戦の旅路はみな同じ

私たちのオフィスはハーバード大学の比較動物学博物館のなかにあり、この本の大半をそこで執筆した。博物館には別世界とつながる秘密の通路がある。その特別な吹き抜け階段を上がり、(左に行かずに)右へ曲がると、ピーボディ考古学・民族学博物館へと行きつく。そこは人類の文化遺産を収集・保存する施設だ。ときに仕事で頭がいっぱいになっていると、ひとつの世界にいたかと思えば、次にはまるっきり違う世界で迷子になった。片側は、恐竜の骨から分子遺伝学まで、比較動物学の成果の世界。もう一方は、数千年のヒトの創意工夫、粘り強さ、協力、愛が、物の形となって現れている世界だ。双方の領域——動物学と人類学、動物とヒト——これは、地球上の生命の多様性にほかならない。

象徴的な境目を越えてふたつの異なる世界を何度も行き来するうちに、私たちは実地に見た動物のなかから青年期の個体を見分けられるのと同じくらい、ピーボディ博物館の収集品のなかから青年期のしるしを選び出すのがうまくなった。おとなになるというメッセージの伝わる工芸品を、私たちは身近に感じ、ほとんど愛着といっていい感情を抱いた。太平洋の真ん中の小さな島のよろい一式であろうと、五世紀のメソアメリカの若者のつけていた金のペンダントであろうと、北米の先住民ラコタ族の求愛の毛布であろうと、イヌイット族の若者の雪かき用シャベルであろうと、ヒトとしての試金石の数々は、この特異的である一方で普遍的な成長段階をより親しみ深いものにしてくれた。

言うまでもないが、古今の成長物語で、若者は必ず冒険の旅をつづける。彼らは家を追い出され、あるいはもめごとの末に逃げ出し、あるいは孤児となって、波乱万丈の世界へ向かう。危険なまでに準備ができておらず、その様子はときに滑稽なほど、あるいは致命的に無防備だ。親のもとを離れて旅するなかで、彼らは捕食者や搾取者を撃退する。友人をつくり、敵を見分けるすべを学ぶ。恋に落ちることもある。そして、自力で生きていけるようになる――自分の食べるものを見つけ、自分の住むところを確保し、それから物語の最後はだいたい、自分が生まれ育った共同体に再び加わるか、あるいはそれを拒んで新しい共同体を自分で築くかを選ぶことになる。

本書では、四匹の野生動物が生物学者たちによって数カ月、数年とかけて追跡されて明らかとなった彼らの実際の成長物語を通して論じていく。主人公はヒトではない。ただし、四匹とも青年期を迎えた動物だ。南極大陸にほど近いサウスジョージア島で生まれ育ったキングペンギン、アーシュラは両親のもとから出発した最初の日に、恐ろしい捕食者に出くわせばほぼ間違いなく殺される海域に入りこんでいく。シュリンクは、タンザニアのンゴロンゴロ・クレーターで生まれたブチハイエナだが、ハイエナ版高校内ヒエラルキーでなんとか暮らしていこうとする際にいじめに遭いながらもがんばって、一方で友情も結ぶ。ソルトは、ドミニカ共和国の近くの海で生まれ、北大西洋海域群に属するザトウクジラだ。毎年夏になるとメイン湾まで移動してそこで過ごす。そのソルトは性的欲求に目覚める時期となり、パートナーに何を望んで何を望まないのかを伝える方法を学ぶ。そして、最後は、故郷から遠く離れ、苦しいが刺激的な旅に出たヨーロッパオオカミのスラウツ。自分の食べるものを狩ろうとし、新たな共同体を見つけようとするが、餓死寸前となり、溺れかけ、極度の孤独に追いこまれる。

彼らの話の記述は物語体を選んだ。おとなに向かう青年期のそれぞれの旅路でほんとうに起きたドラマをきちんととらえたいと考えたからだ。しかし、物語の形をとっていても、GPS・人工衛星通信・発信機付き首輪を使った調査データ、査読つき論文、公表された報告書、かかわった研究者へのインタビューをもとにして、細かな点まですべて事実だけを記している。

何億年もの進化の道筋の間に、四匹の野生動物はそれぞれ異なる種となっているが、共通の体験、課題、ワイルドフッドという成長段階を通じて、実は互いに、そして私たちヒトとつながっているのだ。

南極圏に近い危険な海域、タンザニアの草原、まばゆいカリブ海、死のトライアングルと、どこで経験しようと、ワイルドフッドは、大自然のあらゆるところで、そしてヒトの生活のなかにまで見られる。それはおとなになっての運命を形づくり、ときには決定づけもする。地球上のすべての生物がともに受け継いでいく、はるか大昔から遺されてきたワイルドフッドは、若い動物が立ち向かってくるのを待っている。

第Ⅰ部　SAFETY（安全）

ワイルドフッドを生きるヒトやヒト以外の動物は、こわいもの知らずだ。経験不足な個体は格好の餌食とみなされ、攻撃や搾取をしようとする者が近づいてくる。捕食者から身を守る訓練——暴力的意図を持つ者を見分けてそれを阻むことを学ぶ——によって生き延びる可能性が高まり、自信のあるおとなへと一歩近づく。

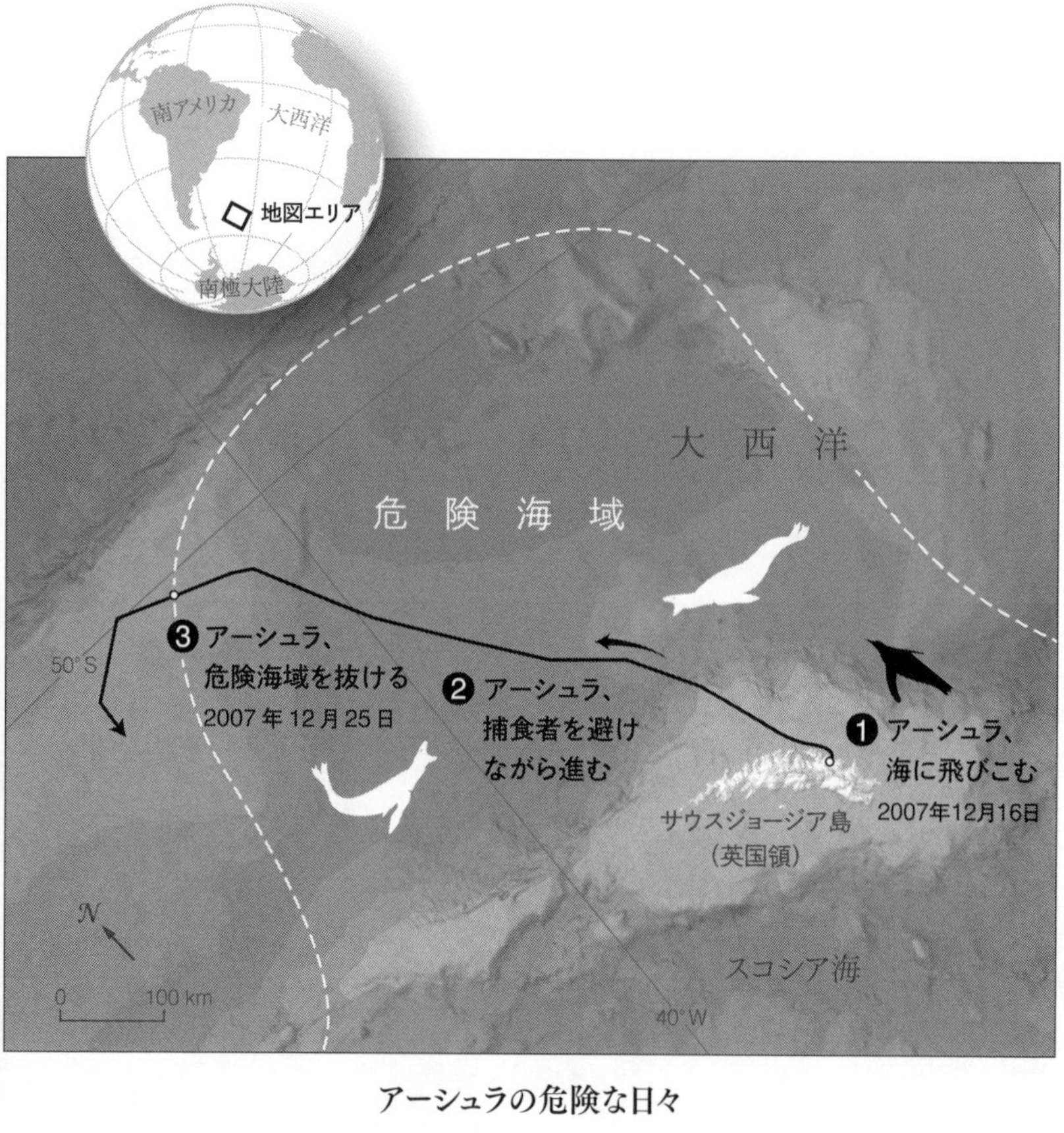
南アメリカ
大西洋
地図エリア
南極大陸
大西洋
危険海域
3 アーシュラ、
危険海域を抜ける
2007年12月25日
2 アーシュラ、
捕食者を避け
ながら進む
1 アーシュラ、
海に飛びこむ
2007年12月16日
サウスジョージア島
（英国領）
50°S
40°W
スコシア海
N
0
100 km

アーシュラの危険な日々

第1章　危険な日々

　サウスジョージア島は南極大陸からおよそ一六〇〇キロメートル離れた大西洋上に浮かぶ島だ。二〇〇七年一二月一六日にそこを訪れたなら、アーシュラという名前の若い雌のキングペンギンの一生における決定的な瞬間に立ち会えたかもしれない。その日曜日、アーシュラは両親に背を向けた。自分と似たような姿の仲間たちが耳障りな声を騒がしく上げながら歩くのと一緒に、海岸のほうへよたよたと進んだ。それからアーシュラは突然、極寒の海に飛びこみ、後ろを振り向きもせずに親たちのもとを離れ、全速力で泳ぎ去ったのだ。

　その瞬間まで、アーシュラは生まれ育ったところから九〇メートル以上遠くに行ったことはなかった。波打ち際で遊んだこともなかった。外海で泳ぎを試そうともしなかった。アーシュラは自分でえさをとりもしなかったのだ。このときまで、すべての食事は親たちが用意してくれた（親が部分的に消化したえさを吐き戻して、そのままアーシュラの開いた口へと入れてやっていた）。

　柔らかい綿毛のひな鳥は両親の羽毛の下で温かく包まれ、凍えるほど寒く強風が吹くなかを生き延びた。[1] 父と母に守られて、トウゾクカモメの襲撃も乗り切れた。トウゾクカモメは恐ろしい捕食性海鳥で、ペンギンの子どもに襲いかかり、その肉を引きちぎって自分のひな鳥に食べさせる。アーシュラは成長しながら、キングペンギンの例に漏れず、自分と両親だけに通じる独特な鳴き声を上げ、三羽の間で秘密の言葉を交わした。キングペンギンの場合、親が子の世話をするのは生後一年間で、その時期、親子は緊密なトリオとなる。父親と母親は、子の世話係、えさをとる係、警備係の役目を交替しながら、平等に子どもの面倒を見る。

ところが、最近になって、状況が変わってきた。アーシュラはひな鳥時代の茶色がかった柔らかい綿毛が抜け落ちようとしていた。代わりに白と黒の艶やかなおとなの羽が、ひな鳥のもじゃもじゃした羽毛を押しのけるように生え始めた。これまでぴいぴい鳴いていた声は、クラクションの音のように低く深く響き始める。そうした声を出すおとなのペンギンが集まったコロニーは、指揮者のいないカズー〔訳註　笛の一種〕の大規模合奏会さながらになるのだ。

アーシュラの変化は肉体面だけではなかった。その行動も突如変わった。始終落ち着きがなくなり、両親から少し離れてうろつくようになった。日中はほかの若いペンギンと一緒になって、騒がしく鳴いて遊ぶ集団をつくった。アーシュラの神経が高ぶった様子を表す、特別な科学用語がある。その言葉、「Zugunruhe（渡りのいらだち）」[2]は、「移動を前にした焦燥」を意味するドイツ語だ。渡りのいらだち行動は、それまでの慣れたテリトリーから移動する寸前の鳥類、哺乳類、そして昆虫でも観察されている。不眠は、興奮作用のあるアドレナリンと眠りを誘うメラトニンの分泌量の変動で症状が強まり、動物の渡りのいらだちに伴って起こることが多い。ヒトなら、渡りのいらだちを「興奮」

「不安」「期待」といった言葉で表現するかもしれない。

ただ、その一二月の特別な日曜日になるまでは、母親と父親のもとへ、ほかの家族もぎっしり集まった安全な場所に毎晩帰りたくなる気持ちが起きて、アーシュラの内部に高まる旅立ちへの衝動にもブレーキがかかっていた。しかし、その日は違っていた。輝かんばかりに真新しいおしゃれなタキシード姿のアーシュラは、アドレナリンで気分が高まり、仲間とせわしなく鳴き合いながら、海辺に向かって進んだ。互いに肩をぶつけてひしめき合うペンギンの若者たちは、海のほうを見つめたり親たちのいるほうを振り返りながらうろうろした。もはやひな鳥ではないが、完全なおとなでもない彼らは、大いなる未知の世界を前にしてためらっていた。

青二才のヒトが外の世界へ旅立とうとするときのように、アーシュラの前にも四つの重要な課題が立ちはだかっていた。アーシュラはすぐにも自分で食べ、安全に休める場所を見つけなければいけない。ペンギンの集団内のさまざまな社会的関係をうまくさばいていく必要もあるだろう。好ましい異性に求愛し気持ちを伝えあうこともしなければ。しかも、これらをすべて、外洋の真ん中でそして両親抜きで、独力でやっていくのだ。

しかし、もしアーシュラが死んでしまったら、これからの成長の節目のできごとも起こらない。とにかく最初の重要な課題は安全の確保だ。これにしくじったら、若い動物の未来は始まりもしないうちに断ち切られる。アーシュラが最初に直面した難問は、死に向き合うこと――そして生き残ることだった。

毎年サウスジョージア島で分散していくペンギンの若者にとって、親もとを離れた初日は文字どおりいちかばちかの賭けとなる。世界中の若い動物と同じく、おとなの羽になったばかりのペンギンは経験が足りず準備ができていない。捕食者は危険ということに気づいたときはもう遅い。たとえ、危険だとわかったとしても、次にどんな行動に出たらいいかわからない可能性もある。生活の知恵がほとんどなく、守ってくれる両親もいない若い動物はねらわれる。彼らは格好の餌食なのだ。

アーシュラが海で最初に体験したのは、海中にいるものとの初めての遭遇でもあった。そして海のなかにいたのは恐ろしい存在だった。ペンギンの繁殖地の沖合で決まって待ち伏せしているのは、あごが非常に大きいためバスケットボールもたやすく飲みこめる捕食者だ[3]。トラの歯のような鋭い歯が並んだ巨大なあごが、ペンギンのテニスボール大の頭に向かって高速で近づいてくる図を想像してほしい。そのあごの持ち主は世界有数のハンターである動物、ヒョウアザラシだ。流体力学にかなった形の強靭な筋肉を備えた五〇〇キログラムの体でペンギンを攻撃し、難なく仕留める。ペンギンをくわえると冷徹な正確さで海面に何度も強くたたきつけ、獲物の羽毛をはぎ落とす。そうしたまるで寿司職人ばりの空恐ろしいパフォーマンスを見せ、一回の食事に一〇羽以上のペンギンをたちまちのうちに殺す。その名前をもらっているネコ科のヒョウと同じく、ヒョウアザラシは待ち伏せ型のハンターで、じっと隠れて獲物が近づくのを待つ。設置された機雷のように海岸線に沿って待ち受け、氷塊の端など、ちょうど見えないところに隠れる。また、ときに、波間に静かに浮かんで漂流物を装うのは、気づいていない標的に不意打ちをかけるのに好都合だからだ。分散するペンギンの若者たちは、厳しい死の集中攻撃をくぐり抜けて、向こう側に出なければならない。もし飛びこまなければ、成長はあきらめるしかない。しかし、シャチ集団の襲来に加えて、ヒョウアザラシの攻撃ラインを突破できなければ、これから自立しようという最初の日が、最後の日にもなってしまう。危険な一帯を通り抜けるのは、ペンギンにとって、合格するか永久に落伍するかの大勝負だ。

もし、読者が島にいて、この決死の行動の瞬間を目撃していたら、アーシュラと彼女の二羽の仲間には装置がつけられていて、ほかの若いペンギンと区別できるのに気づいたかもしれない。彼女たちの背中に黒いテープで装着されていたのは小さな追跡装置で、巣立ちした日から数週間後までペンギンたちの移動情報を送信するようプログラミングされていた。こうした情報はそのとき初めて収集されるものだった。驚くようなデータが集まれば、ペンギンの行動に関する生物学者の認識が完全に変わってしまうだろう。この調査は、チューリッヒを本拠とする国際研究組織、南極リサーチトラスト（ART）の科学ディレクター、クレメンス・ピュッツが率いており、ヨーロッパ、アルゼンチン、フォークランド諸島の科学者たちが参加している。(4) 研究資金の一部はエコツーリストの寄付であり、寄付者は無線タグをつけたペンギンに好きな名前をつけることができた。

そういうわけで私たちは、アーシュラという名前のペンギンが二〇〇七年一二月一六日の日曜日に南極海へと飛びこんだのを知っていたのだ。アーシュラの追跡装置からの信号は、海辺までよちよち歩いて飛びこむ直前の時刻と位置情報を正確に伝えてきた。ピュッツのチームがサウスジョージア島でそのシーズンに発信機をつけた八羽のペンギンのうち、三羽（アーシュラのほかにタンキニ、トラウデルという名前のついた二羽）が、その日、同い年の仲間の群れと一緒に出発した。

高校の卒業式後の夜のパーティーに参加した生徒のように、アーシュラとその仲間は——サウスジョージア島キングペンギン二〇〇七年期生だ——体は十分に成長して、巣立ちの準備はできていた。

しかし、若いヒトととてもよく似ていて、現実世界で独り立ちしてやっていく経験がほとんどなく、行動面ではまだ未熟だ。

突然、ペンギンたちは海に飛びこんだ。背中のアーチを見せたかと思うと、翼をさっとひと振りし、アーシュラは水中をまっしぐらに危険ゾーンへと進んでいった。アーシュラの両親は何をしていたかというと――そして、追跡調査をしていた生物学者たちも――ただ彼女が泳ぎ去るのを見ているしかなかった。

もともとが危うい AYA世代

毎年、何千羽ものキングペンギンの若者が、ヒョウアザラシの見張っている水域に飛びこむが、多くの者が生きて脱出できない[5]。生存率が四〇パーセントしかない年もあった。その数字がもう少し増える年もあったものの、正確な数を計算するのはどうしてもむずかしい。ともあれ、親もとを離れたすべてのペンギンにとって、最初の数日、一週二週、ひと月ふた月というのが、きわめて危険なときなのだ。

ＡＹＡ世代（思春期および若年成人期）の動物にとって地球上での生活がどんなに危険か、それを知ると厳粛な気持ちになる。大自然のなか、若い動物はおとなの先輩たちに比べて、衝突したり、溺れたり、飢えたりして死ぬことが多い[6]。経験不足のせいで、群れの年上で体の大きなメンバーたちから危ない状況に追いこまれる。捕食者からは最初に目をつけられて命を奪われる。

幸運なことに、親もとを離れたヒトの若者の場合は、若いペンギンのような驚くほど高い死亡率にはならない[7]。しかし、外傷によって死亡する比率が成人と比べて非常に高い。米国では、子どもも時代を過ぎておとなになるまでの間、死亡率はおよそ二倍アップする[8]。若者の死因のほぼ半分は、自動車の衝突、転落、中毒、銃撃などの、意図しない悲劇的な事故によるものだ。

若者はおとなより車を飛ばすし、だいたいが無鉄砲だ[9]。犯罪行為に手を染める率が全年代層を通じて最も高く、殺人事件の犠牲者になる割合は三五歳以上の成人と比べて五倍ほど高い。よちよち歩きの子ども（指をコンセントにつっこむ）や、電気関連業界で働く成人を除いて、若者は感電死する率が最も高い。一五～二四歳のＡＹＡ世代は、五歳未満の幼児を除いて、溺死する割合も最も高い。ほかの年齢層と比較して、自殺も目立ち、精神疾患や依存症を発病する者も多い。そして、年長者たちと比べて、大量の飲酒を繰り返し、アルコール中毒の末に死にいたる可能性がはるかに高い。

全世界のヒトにおける性感染症の新規感染者の半分は若者が占める（社会階級や居住地域によって違いはあるが）。また、若者は性的暴力の最大の被害者だ。世界的に見て、一五～一九歳の少女たちの主要死因は妊娠に伴う合併症という状況がつづいている。

このように青年期の現実は痛ましく、この年代の生物学的な変容ゆえに、彼らはどうしても危険に近づきがちになるのだ。しかし、それゆえに、創造性と情熱が生み出される契機になるのもたしかである。スタンフォード大学の神経科学者・進化生物学者であるロバート・サポルスキーは、自著『行動――最善の自己と最悪の自己の生物学』で青年期をひときわ鮮やかに描写する。

思春期および若年成人期は、若者が以下のようなことを最もやりそうな時期である。人を殺す。殺される。親もとから永久にさよならする。新しい形式の芸術をつくり出す。独裁政権の打倒運動に加わる。村の民族浄化を行う。貧しい人々に献身的に尽くす。依存症になる。自分の所属集団とは異なる集団の者と結婚する。新たな物理学の理論体系を切り拓く。とんでもないファッションセンスを持つ。気晴らしに危険なことをして身を滅ぼす。人生を神に捧げる。老女を襲って金品を奪う。あるいは、これまでのすべてのことは、最も大事なこのひとときのためにあったと確信する。それは可能性と危険に満ち満ちたときであり、今こそ立ち向かって変化をもたらさなければならない大変な時期だと信じこむ。[10]

うぶな若者がこわさを知るまで

アーシュラはもちろん彼女の前方に立ちはだかる厳しい生存率の現実を知らなかった。しかし、たとえ知っていたとしても、若者の摩訶不思議な考え方で、自分は生き残るほうに入っていると思いこんだはずだ。実際のところ、キングペンギンの若者は、親もとを離れるときはみんな naive（未経験）だ。このナイーブという言葉は価値判断抜きで使っている。これは野生生物学で、発達段階のなかのある特定の状態を示す用語である。つまり、初めて巣立ちしようとする、経験不足でだまされやすい若い動物は「捕食者のこわさを知らない状態（predator naive）」だ。[11]

ガゼルにとっての「捕食者のこわさを知らない状態」とは、チーターがどんなにおいがしてどのように動くのかを知らないということだ。若いサケにとっては、タラの攻撃の速さが夜間と日中で違うのをまだ知らない状況を意味する。つまり、タラが夜間に狩りをするときは、獲物を探すのに音やにおいに頼るのでゆっくりしたペースとなり、目で見て探せる日中は、もっとすばやく攻撃を仕掛けるのだ。ラッコがホホジロザメに初めて遭遇するときは、やはり捕食者のこわさを知らない。そして、うぶな若いマーモットは、たとえコヨーテが近くにいても、気づかずに巣穴の外で跳ねまわる。西アフリカにすむ小さなダイアナザルにとって捕食者のこわさをまだ知らない状態とは、ワシ、ヒョウ、ヘビなどの捕食者が攻撃してくる音の違いがまだ区別できないことだ。つまり、捕食者が上のほうから現れるのか、それとも下からか、あるいは樹木の大枝をたどって来るのかが予測できないのだ。

捕食者のこわさを知らないというのは、ヒトの若者が、ほとんど何の経験も積まずに外の世界に出ていくときの状態でもある。彼らは何が危険なのか区別ができない。たとえ危険だと気づいても、どう対処したらいいかわからないときが多い。こうした世間知らずは、若いペンギンと同じように命取りになることがある。

自分に危害をおよぼす者がいるとは露とも思わない一〇代の若者がパーティーに出かけるときや、成人になったばかりの若者が新しい都市に引っ越すときに、文字どおりのヒョウアザラシが待ち構えているわけではないが、彼らが直面する可能性がある数々の危険はまさしく命にかかわる。急に車線をそれて迫ってくるピックアップトラック、大量飲酒を強制する入会儀式、うつ病によるさまざまな症状、若者の命をねらうおとな、または、弾がこめられた銃。

準備不足の一番ねらわれやすい個体が、危険が最も多そうな状況に投げこまれるのは、ちょっと考えても理にかなわず痛ましい。しかし、成長途上の段階で命にかかわる危険に直面するのは、種を問わず、ＡＹＡ世代にとっての厳然たる事実なのだ。卵からかえったウミガメが両親と一度も会うことなく海へ向かうときも、アフリカゾウが生後一二年間、数世代の拡大家族のなかで育てられた後に独り立ちするときも、状況は同じだ。動物は最後には親の保護がなくなり、自分自身で危険な世界に立ち向かう。捕食者のこわさを知らないままではいられない。生き残るには、捕食者に対する知識を身につけなければならない。ここで、すべての青年期の動物にとってのパラドックスが生まれる。経験豊富になるためには、経験を積まなければいけない。別の言い方をすれば、無事でいるためには、危険を冒さなければならない。しかし、特に、子どもを守ろうとする両親がまとわりついている場合は、リスクを取れない場合もあり、そうすると、教訓も学びとれない。

ヒトの親が感じる恐怖の根底に、このパラドックスがある。親は二四時間子どもを危険から守れないし、警告さえできないときもある。リスクをいとわない若者たちが不必要な危険をわざわざよび寄せているように見えるのは非常に痛々しい。小学六年生が友達と一緒に池の薄氷の強度を試しているときも、高校生が二二歳と偽ってナイトクラブに潜りこんだりしているときも、若者はしばしばわざわざと危険のなかに飛びこむために、親たちは不安に陥り、ときに悲痛に駆られる。若者が求める危険——車の乱暴な運転、アルコールや薬物の乱用、無防備なセックス——はおとなにとって理解不能な行動だ。若者が意図的に冒すリスクが、森のなかで友人とたき火をするとか、誰かのバイクをこっそり持ち出して乗るなど、いかにもありがちな羽目のはずし方であっても、それは親たちが強迫観念にとらわれ、深夜に吐き気を催すほど心配する原因となる。子どもが世界の危険について何も知らないのと、危険があることを知ったうえでそのリスクを甘く見て、危難がもっと近くまで迫るのを許すのはまた別物だ。ときにおかしいくらいに、ときに腹立たしいほど、ときに悲劇的に青年たちはトラブルに巻きこまれてしまう。しかし、それだけではない。彼らは危険がやってくる真正面に自分の身を進んで差し出しさえするのだ。

こうした行動は何とも説明できないし、生存本能に反しさえする。命を落とすことになる危険なリスクを冒すのは、進化の観点からはあまり意味がないように思える。それにもかかわらず、実は、このような奇妙な行動はヒトの若者だけのものではない。若者が危険なことに向かっていくのは動物界全般で観察されるのだ。[12] 青年期の間、群れとなったコウモリは彼らの捕食者であるはずのフクロウを挑発し、リスは一〇匹くらいで一緒になってガラガラヘビの近くを向こう見ずに駆けまわる。まだおとなになっていないキツネザルは一番細い木の枝まで伝っていくし、若いシロイワヤギは最も高い岩棚まで登っていく。おとなになりたてのガゼルは、親たちから離れて、空腹のチーターのそばまでのんびり歩いていく。ラッコの若者はホホジロザメのほうへと泳いでいく。

おとなにとって首を傾げたくなる行動を理解するためには、ほかの種で同じような行動がないかを探してはどうだろうか。そうしたほかの動物の生活史を調べるのもひとつの方法だ。「不合理な」行動が実際には長生きし、活動の幅を広げ、多くの子孫を残せることにどのように役立つのかがはっきりとわかる場合があるとしたら？　おとなには不可解な危険行動について、最初の質問は次のようになるだろう。「ヒト以外の動物は青年期にリスクを冒すのか？」。そして次の質問は、「青年期にリスクを冒すのは後々役に立つのだろうか？」だ。

進化生物学者なら、このアプローチがニコラス・ティンバーゲンの有名な「四つのなぜ」の応用だとすぐにわかるだろう。ティンバーゲンはオランダの動物行動学者で、一九七三年、ノーベル生理学・医学賞を受賞した。彼は、動物の行動は単にその生理学的メカニズムやその行動をとった成長段階を説明するだけでは十分に理解できないと考えた。そして、さまざまな種に対して該当する行動がないかを探し、見つかった行動がその生物にどのような利益をもたらしているかを確かめていくのが常に必要だとした。その確認作業は、私たちヒトにとって、一〇代の若者が世間知らずゆえに引き寄せてしまう危険と、自分から求めていく危険との区別をつけるのにも役立つ。ただし、どちらももし生き延びたら、安全に生きていくのにプラスとなる経験となるのだが。本書の第一部からは、青年期にとりがちな危険な行動の特徴がはっきりと見えてくるだろう。ワイルドフッドがあらゆる種にとってなぜ非常に危険なのかをわかってもらいたい。同時に、安全になるためにリスクを冒すことがパラドックスにならない理由を納得してもらえたら言うことはない。実際、危険に立ち向かう行動は地球にすむ動物にとって、思春期および若年成人期を送るための必要条件なのだ。

ところで、安全でいるという至上命題については、まず、心と体の結びつきの奥深くにある、太古からの恐怖のルーツを探っていかなければならない。安全についての話は、恐怖の性質を理解するところから始まる。

第2章　恐怖の本質

動画はぽっちゃりしたお母さんパンダが背筋を伸ばして座り、竹を満足そうにむしゃむしゃかじっている様子を映し出す[1]。その足もとに横たわっているのは、かわいらしい小さな赤ちゃんパンダで、ぐっすりと眠っている。視聴者はその様子を一一秒間眺めながら、この動画が見せたいのはこれだけかなどと考えている。そして、突然——「ハクション！」——赤ちゃんがくしゃみをすると、お母さんパンダが驚くの何の！　竹の葉は舞い上がる。お母さんの腹の脂肪層がぶるんと揺れる。それはホラー映画の典型的技法であり、こわい仕掛けをして恐怖で飛び上がらせる「ジャンプスケア」だが、それをパンダがやってくれたのだ。

動画はちょっとあとで、すべてがもとどおりになる。赤ちゃんパンダはまた眠りに落ちる。お母さんは竹を噛むのを再開する。しかし見えない部分はどうかというと、びっくりしたパンダの心臓の内部では、電気ショックを誘発した神経化学物質が血流に乗ってすみやかに洗い流されつつあった。心拍の激しさはすでにいつもどおりの落ち着いたリズムに戻っていた。お母さんパンダは決して危険にさらされたわけではなかったが、子どもが突然くしゃみで大きな音を立て不意に体を動かしたため、彼女の体内で危険に直面したときとまさに同じ恐怖のメカニズムが発動したのだ。このパンダのびっくり仰天動画を世界中の何百万もの人がユーチューブで見て笑ったのだが、その内容は実は、地球上に最も古くからある神経反射のひとつだった。

陸で海で空で、動物たちは突然の恐怖にぎょっとする。驚愕反射はヒトをはじめとした哺乳類だけではなく、鳥類、爬虫類、魚類、はては軟体動物、甲殻類、昆虫など、何億年も前に私たちと同じ祖先を持っていた生きものにも見られる。植物にさえ驚愕反応があるだろうと考えられている。驚愕反応がこのように広く見られるのは、命を救う働きがあるからだ。つまり、その生物に命が危ういぞと警告をするのだ。そして、効果は保証できる。一目散に逃げれば、生き残る可能性は二、三倍に高くなる。[2]

ハエたたきが迫ると、ハエはあっという間に飛び去る。二枚貝は殻をぴしゃりと閉じる。カニは隠れ場所を求めて大急ぎで横走りする。賢いタコは獲物の驚愕反射を利用する狩りのテクニックを編み出している。[3] タコはまだ何も知らないエビと一直線になるように前から近づく。獲物の上方から腕をそっと伸ばし、自分から遠い側のエビの体を触る。そして、エビがびっくりして逃げこむ先が、待ち構えている自分の口のなかになるようにするのだ。

ヒトの場合、ショックを与えるものが実際に存在しなくても、強い驚きの反応を示すことがある。チャールズ・ダーウィンは著書『人及び動物の表情について』で、「何か恐ろしいものを想像すると、通常、身震いが起こる」と述べた。[4] 彼は、さまざまな種が同じように恐怖の反応を示すことにいたく興味を引かれる。オランウータンがたじろぎ、チンパンジーがびっくりし、野生のヒツジが一瞬後ずさりし、イヌが仰天することなどについてダーウィンは記している。彼は自分の幼い子どもたちから驚愕反射を引き出す算段をした。子どもたちの顔の近くで菓子を入れた箱を振ってがらがらと音を立てると、「子どもはそのたびに激しく瞬きし、びくっと少しだけ体を動かすのだった」。

ヒトであろうと、パンダであろうと、ヒョウアザラシから逃れようとするペンギンのアーシュラであろうと、見たもの、音、におい、記憶が危険を知らせたときは自動的に太古から備わる反射が引き起こされる。危ない！となった瞬間、電気インパルスが神経細胞を流れ、筋肉を収縮させるため、その動物は飛び上がったり、すくんだり、体がぴくついてしまう。

恐怖による生理学的変化の影響がおよぶのは脳だけでなく、心血管系、筋骨格系、免疫系、内分泌系、生殖器系など、体のさまざまなシステムの働きもまた変化する。恐怖による体全体の強い不快症状と、そのときのできごと、場所、現れた個体の姿が一組として結びつくと、そうした刺激を動物は将来的に避けるようになる。これは「恐怖条件づけ」とよばれるものであり、生理機能の根幹をなしているため、たった一度の遭遇でそうした危険回避の行動選択が一生つづくことがある。(5) つまり、アーシュラがまさに大海原への最初の飛びこみでヒョウアザラシに出会えば、恐怖の反応を起こし、さらに無事に逃げおおせれば、そのときの恐怖の負の感覚を、捕食者の姿やにおいといった特徴、現れた場所などとたいてい結びつけるはずだ。極度の恐怖は恐るべき教師となる。いつまでも忘れられない恐怖のレッスンは神経系に刻みこまれ、死ぬまで何度もよみがえってくる。

そして、アーシュラがヒョウアザラシに初めて出くわしても逃げて無事だったら、二回目、四回目、四四回目と遭遇の回数を重ねていく間にうまく生き延びる可能性も高くなる。「ペンギンが長生きできれば、経験も増え、安全に生きていけるようになる」と、英国南極観測局の主任研究官フィル・トラサンは私たちに語った。(6) これは大事なポイントだ。もちろん、ニアミスの経験は、攻撃の的からはずれたときにだけ役に立つ。

よろいを身につける

ある日、私たちはピーボディ考古学・民族学博物館のなかを歩いていた。まるで人間が身につけているかのように防具をディスプレイしたコーナーの前で足が止まる。目立つように配置された六〇センチほどの長さの剣は威圧感たっぷりで、それまで見たことのない刃がついていた。鋭くとがった金属でできているわけではないが、皮膚を引き裂く性能は相当に高そうで恐ろしかった。その剣には、約五センチの長さのサメの歯がずらりと植えつけられていたのだ。

サメの歯のついた剣も迫力があったが、さらに私たちの注意をひいたのは、人間の頭を包むためにつくられた防具だった。フグの皮を一匹まるごと使ったヘルメットは、風船のようにふくらみ、一面に散らばるとげがあらゆる方向に突き出ていた。それはココナッツ繊維でできた薄茶色のベストとともに、太平洋中部のギルバート諸島にあるキリバス共和国に伝わる一九世紀の防具の一例だった。(7)

その展示品はピーボディ博物館が当時開催していた「The Art of War（戦いのアート）」という催しで公開していたもののひとつだった。展示ホールをぐるりと見渡すと、ほかにもいくつか驚くべき衣服の実例が並んでいた。歴史を通して、世界各地の人々が敵から身を守るために考案してきたものばかりだ。一九世紀の北アメリカ太平洋北西部沿岸の先住民トリンギトによる革製のよろいには、赤と黒色の太い線を使ったフォームライン（型枠線）の技法で絵が描かれていた。フィリピンのミンダナオ島に住むモロ族の、一八世紀の真鍮《しんちゅう》のかぶとと鎖かたびらもあった。チベット国境に近い中国四川省のロロ族（イ族）の戦士たちが身につけた、木と彩色された革でできたよろいもあった。

私たちはこうした防具をつけた人々の姿をいっとき想像した。身にまとっていたのが若者であろうと、おとなになったばかりの者であろうと、年取った者であろうと、そのよろいはひとつの非常に限定された脅威から身を守ってくれていた。つまり、ほかの人間の攻撃である。

よろいのデザインはそれが制作された時代の危険を見せてくれる窓といってもいいだろう。(8) 第一次世界大戦は殺人のためのさまざまな技術が数多く生まれた、まさにカンブリア爆発のごとき時期となった。化学攻撃と爆発物に対抗するために、各種のガスマスクと「ロブスターアーマー」とよばれるスチール製のよろいが編み出された。近年は、ケブラー繊維が使用されたＩＢＡ（インターセプター・マルチスレット・ボディアーマーシステム）が、小火器による攻撃や即製爆発装置による破片から身を守るために開発され、米軍が一九九〇年代後半から二〇〇〇年代後半まで使用していた。

ところで、ヒトが直面する可能性がある危険は、戦場での武器だけではない。危険の概念を広げてみると、ヒトは数多くの危険に対して、体の外側に「よろい」をつくり上げているのがわかる。たとえば、虫よけ剤や蚊帳はライム病やマラリアのリスクを避けるためであり、日焼け止めやシートベルト、ヘルメットは、皮膚がん、車の衝突、バイク事故からそれぞれ身を守るためにある。

一方、恐怖は体の内側から守りにかかる。恐怖を感じた動物は特定の行動をとる。恐怖は何億年もの間、個体の命を救ってきた反応を引き起こすのだ。それは大昔より無数の世代にわたって引き継がれてきた遺産で、生物の身を守るための基盤だ。なおかつ、恐怖は普遍的であると同時に、それぞれの個体に特有のものでもある。同じ物事に対してぴったり同じように恐怖する動物は――ヒトであろうと、ヒト以外の動物であろうと――そんなものはいない。私たちはそれぞれ特別な経験から形づくられた、世界にひとつだけのよろいを体の内側に持っている。そして、内側のよろいの大半は、子どもから完全なおとなになるまでの移行期に築かれる。そして、そのワイルドフッドこそ、若者が独力で危険に立ち向かい始める時期なのだ。

防衛機制

軍隊では、楯、ヘルメット、マスクが兵士のどのような肉体的損傷を防ぐかがわかっている。兵士の胴体を外側から覆って守るのはよろい（アーマー）だ。一方セラピストは、患者が内的な思考プロセスを作動させて、情緒的障害から自身を守る仕組みを理解している。こうした心理戦略は「防衛機制」とよばれている。

その仕組みを最初に概念化したのは、二〇世紀への変わり目ごろの精神分析医たちで、防衛機制は葛藤、緊張、不安から自身を心理的に守ろうとする無意識下の心的反応だと定義した。[9] 抑圧、投影、否認、合理化などがよく知られた防衛機制で、これらの用語は一般語になっている。

かたや、あまり知られていない用語もある。実際はひどく嫌っている相手に不自然なほど親しく接したり、片思いの相手を侮辱する行為に出たりするのは「反動形成」とよばれる防衛機制の例だ。「昇華」という形もある。攻撃的な衝動を無意識のうちに、もっと社会的に許容される活動に移し替えることだ。敵意や怒りを優れたスポーツ選手になるための訓練に向けるというのは、古典的なフロイト派が唱えた昇華の一例だ。

一九四〇年代から五〇年代に、アンナ・フロイトは青年期に焦点を当て、高まる性的衝動をコントロールしやすくするために、その時期に三つの防衛機制が働くと論じた。その三つとは、知性化、抑圧、禁欲だ。知性化とは、抱えている問題について事実の側面だけに意識を集中させ、心の痛みによるダメージを減らすこと。抑圧は社会的に認められない衝動や欲望を、それ自体が存在しないものとして自分の意識のなかから追い出すこと。禁欲とは、衝動や感情を厳格な肉体的鍛錬や克己の態度に置き換えることだ。

アンナ・フロイトと彼女の父ジークムント・フロイトの学説はすでに心理学理論・療法の主流ではない。しかし、防衛機制という概念は彼らの研究成果の遺産として、心理学や通俗文化のなかで今も生きつづけている。

一方、動物行動学者は「心理」という用語を使って、動物の内的動機づけを記述するようなことはしない。その代わり、動物が捕食者から自分の身を守るためにとる行動について研究する。カムフラージュやかぎ爪、角《つの》、分厚い皮膚といった物理的防御のほかに、動物は行動面でも防衛にかかる。彼らは用心深く過ごし、たとえば、警戒声など、ほかの仲間の助けをあてにする。こうした物理的・行動上の防衛は合わせて「防衛のメカニズム《メカニズムズ・オブ・ディフェンス》」とよばれており、これは次の章でさらに探っていきたい。フロイト派なら、防衛機制《ディフェンス・メカニズムズ》は心の痛みからヒトを守ると述べるだろうが、野生生物学者は、防衛のメカニズムが自己の存続を危うくする脅威から動物を守ると表現するだろう。

　こうした防衛にどんな名前がついていても構わないが、ワイルドフッドの間に情緒面や肉体に迫る危険を経験し、そこから会得したとっさの反応と対処法は、死ぬまでその個体の役に立つ。

　ところで、安全に関する知識が生まれつき備わっている場合もある。野生の魚、爬虫類、両生類、鳥類、哺乳類には、広い世界に出たら直面する危険にちょうど対応する防衛策が生まれながらにして備わっていることがある。[10] たとえば、アカメアマガエルの胚は自分たちの命を守るために巧みなわざを発揮できる。通常、胚の発生はゆっくりと七日間かけて進んだ後に孵化を迎える。しかし、途中段階の胚が、カリバチ〔訳註　スズメバチやアシナガバチなど、「狩り」をするハチの仲間〕やヘビの存在を感じとると、あるいはあたりが大水だと察知しただけでも、成長のスピードを上げて早く孵化し、安全な場所へと泳いでいってしまう。また、ニシキベラの胚は、発生初期の段階でも危険がわかる。受精後わずか四日で、その胚は近くに捕食者のキンギョやスズキがいるのをにおいで感じとる。そうした脅威に対して胚の心拍数が増えるのは、脊椎動物に共通する恐怖の反応だ。

　そして、生まれたときに持っていない安全知識については、生きものは自分で学んでいかなければならない。安全教育は一生つづき、青年期ではそれが重点的に行われることが多い。しかし、捕食者のこわさを知らないアーシュラがそうだったように、若い動物が経験を重ねる前に、自分ひとりで初めて危険に直面したときは、驚愕の反応などの生まれながらの反射作用による限られた防御に頼って身を守るしかない。

天敵のいない島でのんびりと暮らす

それまで周囲にあった危険が形を変えた場合は、動物は自分の外的なよろいをつくり直す必要が生じることがある。それに関してヒトはほかの動物よりも楽にこなせる。アルマジロが骨質の甲羅を脱ぐよりも、ヒトはいとも簡単に防弾チョッキをはずせるのだ。そして、ときが経つにつれ、脅威は生まれては遠ざかる。物理的防御の手段はその変化に応じて、必要であれば強化され、不要になれば減ったり完全になくなったりする。同様に、内的よろい（防衛行動）は、生体の周囲で起こっていることに反応して強化されたり弱まったりする。

「島嶼《とうしょ》従順性」はそうした興味深い例だ[11]。長い間孤立していた島で天敵がいない動物は恐怖心を失い、それとともに、捕食者が近づいたときの適切な行動がとれなくなる。ダーウィンがガラパゴス諸島を探検したとき、彼はイグアナやフィンチ〔訳註　スズメ目のいくつかの科の鳥をまとめたよび名。島ごとのフィンチの差異から、ダーウィンは進化論のヒントを得たとされる〕のそばまで楽々と近寄ったり、ゾウガメの背にすんなりと乗ったりできた様子を記している[12]。安全な島の生活で無防備になった動物の恐怖反応は休止状態になっていた。脅威がない生活であればそれは問題ないのだが、もし、捕食者が姿を現したら、警戒心の薄い島の動物はひとたまりもない。

さらに広く考えれば、島嶼従順性はある動物集団の天敵が死に絶えたかヒトに駆除されて絶滅した場合にも当てはまる。イエローストーン国立公園にすむエルク（アメリカアカシカ）は、島の話ではないがこうした島嶼従順性の典型的なケースだ[13]。一八〇〇年代から一九〇〇年代にかけて公園一帯のオオカミが組織的に駆除されたため、エルクは襲われることを気にしないで、のびのびと暮らせるようになった。ところが、一九九〇年代になってオオカミが再導入されると、エルクはオオカミを恐れながら生活しなければいけなくなった。彼らは防衛策を再び組み上げ、学び直すはめに陥ったのだ。捕食者とえさ動物の関係についてのこの自然実験からは次のようにいえる。捕食者のいない環境に慣れた動物集団からは恐怖はすぐに遠ざかる。しかし、いったん休止状態になった恐怖は環境が変われば再び表に現れるのだ。

現代のヒトはほとんどではないにしてもその多くが、捕食者のいない環境に慣れた状態で暮らしている。ヒトを襲う肉食動物といった過去の脅威はますます遠い昔の話になり、そうした捕食者に対する恐怖心は薄れている。ところで、世界の一部の地域では、子どもにワクチン接種をさせない親が増えているが、これはヒト独自の、広い意味での島嶼従順性といえるだろう。一九五〇年代と六〇年代にポリオや風疹の深刻な大流行があったのも、今では忘却のかなたになった捕食者のように、思い出されもせずもはや恐怖の対象でもなくなっている。感染症をこわがるよりもワクチンを打つほうを不安がる親は、病原体が戻ってきた場合は子どもを無防備なまま放っておくことになる。もちろん、そうした流れは、ポリオや風疹が再び流行ったら、たちまち変化するのではないだろうか。同様に、島嶼従順性の結果といえるのは、ここ二〇年、セーフセックスの実践を怠る風潮[14]が見られることで、その根底にはＨＩＶ感染症の死亡率低下があるとも考えられる。

島嶼従順性という考え方は、財政行動や政治的・経済的動向についての説明にも取り入れられるだろう。経済的な大惨事が忘れられた過去になっていくと、個人投資家も機関投資家もより大きなリスクを取り始める。

ヒトの青年期に不安神経症の発症率が高くなるのも、島嶼従順性として理解できるかもしれない。ヒトやヒト以外の動物の祖先は、自分たちの存続にかかわる捕食者などの脅威が満載の環境のなかで進化してきた。その危険な年月の間、恐怖の強力な神経生物学的基盤も進化していったのだ。今日、多くのヒトは（すべてのヒトではないが）、その基盤を形づくったたぐいの危険には出合わない。捕食者などの脅威だらけの環境のなかで進化した脳や体は、そうした危険がまったく取り除かれたところに置かれたとき、いったいどのような反応を示すだろうか？

三〇年前に同様の疑問を投げかけたのは、エリテマトーデスやクローン病などの自己免疫疾患の増加に気づいた英国の疫学者だった。デイビッド・ストラカンは、さまざまな病原体で満ちていた環境のなかで進化したヒトの免疫システムは、世界がよりきれいになったとき、どうなるだろうと考えた。[15]彼の「衛生仮説」は、過度に清潔な環境で病原微生物への感染機会が減ると、ヒトの免疫システムの矛先は体内に向かい、自身の正常組織を病原体とまちがえ、自分の体を攻撃し始めるとする。青年をはじめとして現代人の間に不安神経症が増えているのは、同様のプロセスが働いているからではないだろうか。

ノルウェーのベルゲン大学で恐怖について研究する哲学者、ラース・スヴェンセンは、そうした考え方に同意する。[16]現代の多くの人々は「意識の過剰部分」が、想像上の危険性のほうへと向いているという。今どきの豊かな世界の比較的安全な環境には、祖先が直面したような物理的危険はすでにない。かつてないほど安全になった私たちは、従来の危険を考えずにすむためにたくさん余った「脳内の空いたスペース」を、まだどうにもなっていない状況をことさらに危惧するのに充て、スヴェンソンの言う「永遠の恐怖」のなかで生きている。スヴェンソンは永遠の恐怖は個人を孤立させ、不安でさびしい社会をつくり出すと考える。なぜならば、「恐怖しながら生きることは、幸福な生活を送ることとは相いれないからだ」。

そして、制御できない恐怖による悪影響は、不幸と不安に向かうだけではない。逆説的ではあるが、恐怖の反応自体が危険を増すときがある。一九三三年、三二代米大統領として新たに選ばれたフランクリン・ルーズベルトは、危機的状況にあった当時の米国に対して「われわれが唯一恐れるべきものは恐怖そのものだ」と戒めた[17]。その言葉は、動物行動学のクラスで行う恐怖に関する講義の一節にしてもいいだろう。ルーズベルトの大統領就任演説のこの有名な部分の後半はあまり耳にしないだろうが、そこでは「言いようのない不合理で根拠のない恐怖は、撤退を前進へと変えるのに必要な努力を停滞させる」と、行きすぎた恐怖の危険性を見事にとらえている。

重要なのは、危険に対する反応は命を救う反面、常に代償なしではすまない点だ。ひとつの場所で固まって動かずにいれば、捕食者に見つからないときもある。若い動物は探知されないように、じっとする策（無動反応）にもっぱらすがる。しかし、動かないと、逃げ遅れにつながる場合もある。脅えて過度に用心深い動物は周囲を絶え間なく調べ、あまり食べず、社会的活動も減り、繁殖活動の機会も少なくなる。さらに、恐怖を表出した動物はなんと命を奪われるときもある。たとえば前述したように、仰天したエビは自分でタコの口へと飛びこんでいくのだ。恐怖を露わにするのは次のようなメッセージを送っているのも同然だ。それは、見張っている捕食者に、自分は生き延びるために必要なものを持っていないかもと伝え、「私を選んで」と誘いかける信号となっている。

キングペンギンのアーシュラは、捕食者のこわさを知らない若者のときに学ぶレッスンによって、おとなのあるべき行動を肝に銘じていくだろう。一方で、環境は変わる可能性があり、新しい危険も出現する。もし、珍しいウイルスがあたりのヒョウアザラシを根絶やしにしたら、アーシュラたちキングペンギンは、一、二世代のうちに天敵のいない状態に慣れて、行動様式も一変するだろう。新たな捕食者が入りこみ、アザラシのそれまでのニッチを占めないかぎり、彼らは海岸線のあちこちでのんびり暮らすはずだ。そして、もし新たな天敵が現れたら、一生ずっとかかわってくる危険についての重要な真理が浮かび上がってくる。つまり、動物が年齢を重ねて、どんなに経験を積んでいたとしても、新しい脅威が出てくれれば、危険なものをよく知らない状態に毎回逆戻りする可能性があるのだ。

第3章　捕食者を知る

さて、若いペンギンのアーシュラに話を戻そう。アーシュラは両親のもとを離れて、海に飛びこみ、ヒョウアザラシの待ち構える危険な海域へとまっしぐらに進んでいこうとしていたところだった。捕食者についてはまったく何も知らない。恐怖の条件づけはまだできておらず、確実に命を救う行動を条件反射的に行うようになっていない。捕食者を経験していないため、彼女の内側のよろいはまだ形成されていなかったのだ。捕食者とえさ動物が太古からどんな関係にあるかを知らないので、アーシュラは次に何が起こるか想像できなかった。

ただし、私たちヒトなら思い描くことができる。想像上のハンターの目を通して自分の姿を見たら、より安全でいるのに役立つのではないだろうか。そう、読者のあなたはアフリカのサバンナで暮らすチーターだとしよう。空腹のあまり胃がずきずき痛むなか、ガゼルの群れがいるのを見つける。やっと食事にありつけるかもしれない。ただ、ガゼルを残らず追いまわして食べられるわけではない。どれか一匹を選ばなければ。どのガゼルがいいだろう。ガゼルたちを見渡して、けがをしている者や無防備な子どもがいないか探す。そんな幸運はなかった。あなたはおとなの体型になっている三匹に注意を向ける。ガゼルAは姿がいい。ただし、活発に飛び跳ねていて、元気でぴちぴちしている。そうすると、もの静かなガゼルBのほうがいいようにみえる。ところが、ガゼルBは早くもあなたに気づき、あなたのあらゆる動きを逃さず見つめているところだ。

元気旺盛なガゼルAを倒すには、スピードと体力が必要になるだろう。注意深いガゼルBを不意打ち以外で出し抜くには、技術ととびきり巧妙な策略がぜひとも欲しい。別の選択肢もあるかもしれない。そしてあなたは、捕食者のこわさを知らなそうな、若者あるいはおとなになったばかりのガゼルCに目をやる。ガゼルCは十分に育っていたが、すらりと細くしなやかそうだ。Cは親たちからチーターの危険について何がしかを学んだのだろうが、もっと経験を積んだ年長のメンバーに比べたら、捕食者に対しては未経験といっていい。捕食者のあなたから見れば、彼は群れでの自分の立ち位置がわかっていないようだ。おとなのガゼルと一緒に群れてもいないし、母親ガゼルにくっついている子どもたちのそばに寄り添っているわけでもなく、さらさら音を立てる植物に鼻先を近づけて何やら調べており、あなたが観察しているとは思ってもいないようだ。

捕食者は獲物を仕留めにかかる際、一種の費用対効果分析を必ず行い、自然界のデータ集計表のセルを埋めていかなければいけない[1]。まず、獲物を選び、追いかけ、殺すのに費やせる時間とエネルギーを計算する必要がある。そして、その肉が与えてくれる栄養価に対して、自分が費やすコストが割に合うかを判断しなければならない。それはまるで倹約家が食料品店のなかを隅から隅まで調べて、最小限のお金で一番腹もちのする品を買おうとするかのようだ。また、企業買収の専門家が、最も買収しやすくかつ最も企業価値の高いところを獲得するために、念入りに調べているような具合だ。肉食動物はえさをとるのがどれだけむずかしいかを見積もらなければならない。結果として、自然界の提供する食肉売り場ではどこに行っても、青年期の動物が最高のお値打ち品となる。

新鮮で手軽な獲物を求めて

捕食者を知らない個体は、捕食者の知識がたくさんある個体よりも、ほかの動物に攻撃されて殺され、狩猟者のヒトに銃で撃たれ、車にひかれ、わなに誘いこまれる可能性が高い。体は大きくなったが経験値が低く、捕食者のにおいや音をよく知らず、カムフラージュや気を散らす策に簡単にだまされ、うぶな個体は危険な領域にうかうかと入りこんでしまう。逃げようとする段になって、戦うか逃げるかの判断で自分の能力を正しく計算できない。やみくもに逃げようとして、衝突したり溺れ死ぬ。さらに彼らを危うくするのは、経験不足の個体は、慣れた行動圏から分散したばかりのときが多いために、捕食者がそのタイミングを選んで標的にするからだ。とりわけ、分散する青年期の動物には親の付き添いがないのだ。

たとえば、アラスカ州のコディアック島沖には、特有のむごたらしい方法で獲物をあっという間に殺すシャチ（オルカ）が見られる。(2) 彼らは獲物ののどにかみつき、その舌をむしりとり、唇部分を引きちぎる。シャチに関する研究手法の先駆者である科学者の名前をとったそのビッグス・オルカは、ザトウクジラをえさにしている。しかし、ザトウクジラならどれでもいいわけではない。守ってくれる経験豊富なおとながまわりにいないまま、危険な海域にふらふらと入ってくるクジラの若者をねらうのだ。ビッグス・オルカにとって若いザトウクジラが不慣れなところは巨額な報奨金をもらったのも同然なので、彼らの跡を追い、攻撃し、殺し、食べるのを完璧にやってのけるようになった。ビッグス・オルカはクジラの若者をねらうハンターなのだ。

ところで、アフリカ南東部の鳥獣保護区で、チーターと、クーズーとよばれるアンテロープ[3]との間における、捕食者対えさ動物の関係を調べている科学者たちは、チーターがおとなになったばかりの雄を好んで襲うことを発見した。そうしたクーズーの若者には社会的に見て、群れのヒエラルキーのなかでの安定した地位がまだない。つまり、グループのほかのメンバーのバックアップをあまり得られていない。肉体面でも頑丈ではなく、十分に成熟した雄たちのように経験を積んだうえで、力強く、器用に自己防衛ができないため、敵に簡単に出し抜かれ、逃げても追いつかれてしまう。

捕食者が青年期の動物をえさにするのを好むかどうかという疑問には、アルゼンチンの生物学者たちも関心を寄せた。彼らはフクロウが吐き戻したペリット〔訳註　一度食べたもののうち不消化物が吐き出されたもの〕を調べて、ツコツコ（南アメリカにすむ齧歯《げっし》類）[4]の残骸がないか探した。ペリットから見つかったツコツコの骨はもっぱら若い個体のものばかりだった。その結果、フクロウは青年期のツコツコをねらって狩りをする、というのも、彼らは見通しのよい開けた場所に出てまわるからだという報告がなされた。こうしたフクロウがツコツコの若者を襲うのも、シャチがザトウクジラの若者を狩り出したり、チーターがクーズーの若者に飛びかかったりするのと同じ理由だ。つまり、費用対効果の分析を行えば、そうするべきという答えが必ず出てくるのだ。

小さな若いイワシでさえ、若者グループを食べるのに特化した捕食者からは逃れられない。[5] 南アフリカにすむケープペンギン（ジャッカスペンギン）は若いイワシを好んで食べる。というのも、おとなになっていないイワシは群れになって泳ぐ技術がまだ身についていないため、捕まえるのが楽なのだ。注目すべき点は、若いイワシをねらうペンギン自身も若者であり、まだ体力がないか、技術を習得していないので、おとなたちと一緒に狩りができず、取り残された彼らは仕方なくできることをやっている。

シカ撃ちをする人々は若いシカほどねらいやすいのを知っている。[6] 経験の浅い一年子〔訳註　一歳以上二歳未満〕は親もとを離れて不慣れな土地で暮らしており、しばしばハンターが見えるところまでふらふら出てきて、真っ先に撃たれてしまう。実際、およそ一〇年前までは北米全体でシカ狩り頭数の九〇パーセントが一年子と若い雄ジカだった。しかし、シカ品質管理協会（QDMA）の要請によって、その状況は変わった。QDMAはひとりの野生生物学者が創立したシカ擁護団体である。現在では、ほとんどのハンターが若い雄ジカには保護が必要だと考え、彼らを撃たないようにしている。シカの一年子を一時的に見逃がす措置は、シカたちが肉体的・社会的により健全に生息するのに役立っている。

ヒトはおそらく史上最強の捕食者だろう。多くの動物はヒトが場合によってはどんなに危険かということをたちまち知る。進化生物学者リチャード・ランガムは私たちにウガンダの密猟者の興味深い話をしてくれた。[7] ブッシュミート・トレード〔訳註　狩猟された野生動物の食用肉売買〕を行う密猟者は、チンパンジーを捕まえるために輪縄のわなを仕掛ける。若いチンパンジーは、不注意で経験も浅く、わなに一番ひっかかりやすい。経験豊富なチンパンジーはワイヤがないか細かく調べ、わなを避けられる。チンパンジーの赤ちゃんは大丈夫なのだが、これは親たちが守っているからだという。

ザトウクジラの母親は子どもをシャチから守り、ペンギンの父親は子を襲うトウゾクカモメを追い回し、母ハイエナは子どもたちのまわりをぐるぐる回って、雌ライオンの急襲を防ぐ。クジラの子も、ペンギンの子も、ハイエナの子も、多くの種の子どもたちは親たちがしっかりと守ろうとする。一方、青年期の動物は多くの場合、自分の安全は自分で守るしかない。

捕食者のだましの戦略

だますかだまされるか。つまり、食べるか食べられるか。襲われる側の動物は捕まって死ぬのを避けるために、だましの策に出る。死んだふり（擬死）は対捕食者戦略としてなかなか優れている。けがをしたふり（擬傷）をするのも、心身ともに強壮で捕食者を近くにおびき寄せられる動物であれば効果的な戦略だ。たとえば、翼が折れたふりをするのは、巣にいる子どもから捕食者を遠ざけるために、多くの親鳥が使うだましのテクニックだ。

しかし、だましの策略は転じて相手からも使われる。[8]捕食者もえさ動物を惑わして目的を遂げようとするのだ。彼らも死んだふりをしたり、身を隠して自分の存在を気づかれないようにする。だましの策略を使った捕食はヒトも取り入れてきた。人類の歴史を通じて、さまざまな文化のなかで、ハンターたちは身を隠し、周囲にとけこもうとカムフラージュを施し、ヒトのにおいを隠すために種々のにおいの液体（あるいはスプレー）を全身に振りかけ、標的とする動物の声をまねた音を出してきた。抜け目のないハンターになると、何カ月も前から始まる計画を立て、お気に入りの狩り場の近くの土地にアルファルファ、クローバー、トウモロコシなどの、動物のえさとなる植物を植える。そうしたフードプロット〔訳註　対象野生動物のえさを植えた区画〕は、飢えた動物集団を支えることができるが、同時に、そうした動物を近くに引き寄せることにもなる。思いきり腹を空かせて、最も世間知らずなのは、えてしてAYA世代の動物であり、より経験を積んだ年長の仲間ならすぐに気づくはずの危険を見抜きそこなう。動物の若者はヘンゼルとグレーテルのように、思いがけないごちそうに大喜びする。彼らは空腹に気をとられて、ハンターにとって願ってもない位置にうっかり入ってしまうのだ。

フライフィッシングをする優しそうな男性も、それがたとえおじいちゃんでも、実際には、太古からの捕食者のだましのわざを駆使する熟練したハンターだといえる。昆虫や小魚の形と動きをまねながら川に投げこまれる疑似餌は、おとなになったばかりの魚にはすこぶる魅力的に映る。捕食者を経験していない魚のほうが疑似餌によく食いつき、最後はおじいちゃんのキャンプファイアでのフライパン料理になることが多い。言うまでもないが、何らかの経験を積んだ魚のほうはなかなか釣れない。また、若い魚が気弱《シャイ》な場合は疑似餌を避ける傾向にあり、[9] 生まれつきの内向性——いわゆる、えさに対する内気な性格——が青年期の魚の命を守ることを示すいくつかの証拠が挙がっている。

ヒト以外の動物でも最強の捕食者は相手を仕留めようとして、同様に賢く立ちまわる。たとえば、サメは太陽を背にして獲物に近づくことを学ぶ。[10] 逆光のなかにいるサメの姿は見つけにくいのだ。クロコダイルは水たまりに体を沈め、鼻の穴だけを出して微動だにせず潜んでいる。トラフコウイカは体の色や動き方を変えて、無害なヤドカリのふりができる。[11] えさ動物はヤドカリをこわがらないので、イカは距離を縮め、狩りの成功率を高めることができるのだ。ＡＹＡ世代の動物は経験不足のせいで、こうしただましのテクニックにひっかかりやすく、悲惨な末路を遂げる。

現代のヒトにとって、肉食動物はふつう心配の種にはならない。しかし、どの親も、悪い奴が力ずくからだましのわざまであらゆる手立てを使って、自分の子どもたちを誘拐しようとねらっているのではないかといつも恐れている。

全米行方不明・被搾取児童センター（ＮＣＭＥＣ）は、二〇〇五～二〇一四年における一〇年間の米国での乳児、幼児、児童、ティーンエイジャー（一八歳以下の子ども）に対する誘拐未遂事件およそ一万件を対象に統計分析を行った。[12] それによれば、誘拐者たちは標的の子のだまされやすさの度合いに応じて、手口を変えていくことがわかった。分析の結果、たとえば、最年少と最年長の年齢層の子どもの双方に対して、ほとんどの男性の誘拐者は目的を達するために、武器などを使って実力行使する必要があった。小さい子を誘拐しようとすれば、その子を守ろうとする親に打ち勝たなければいけないからだ。同様に、ティーンエイジャーを襲おうとすれば、何が起ころうとしているかおそらく悟られるだろうから、都会で生きていく知恵がつき体も大きくなっている彼らを無理やり連れ去るには、暴力が必要になる。そうした年長の子（一六～一八歳）に対しては、誘拐者は彼らが人気《ひとけ》のない立体駐車場、ハイキングコースなど、誰にも助けを求められない場所にいるチャンスをねらう場合もある。動物がなじみのない環境では捕食される危険が増すのとちょうど同じように、ヒトの若者も人通りを離れた見知らぬ場所では、逃げたり助けを求めたりするのがむずかしくなる。

それとは対照的に、捕食者のこわさを知らないだいたい八～一五歳の子どもたちをさらおうとする者は暴力で圧倒する必要はないし、待ち伏せするために辺鄙《へんぴ》な場所まで出向くこともしなくていい。その代わりに、通常、まったく異なる策略に出る。それは言葉による説得だ。この年齢層はおそろしく世間知らずなので、暴力で脅す必要もないし、ほかの人々から切り離されるチャンスをうかがう必要もない。子どもたちは中等教育課程に入っても捕食者に出会ったことがなく、甘い言葉にふらふらと誘いこまれるのだ。

中間年齢層の子どもたちの誘拐事件が起きるのは、おもに彼らの登下校中だ。誘拐をたくらむ者は車に乗らないかと誘ったりキャンディやドリンクを差し出したりする。ペットや人を捜していると子どもに話しかけて助けを請う。犯人はしばしば自分には行方不明の子どもがいるとうそをつく。犯人の二〇パーセントが子どもたちに誉め言葉をかけるだけで犯行を成し遂げる。三パーセントが道を尋ねている。姿を変えるトラフコウイカのように、医者、看護師、警察官などの権威ある人物を装って、子どもたちに疑われないような格好をするケースもあった。こうした策略はすべて、その場で犯行がばれるのを防ぎ、時間とエネルギーを省いて発覚の可能性を減らすためのものだ。

研究によれば、捕食者をまだ経験したことのない中間年齢層の生徒――八～一五歳――はとりわけ容易な標的だった。というのは、彼らは大声を上げないことが多かったからだ。若いザトウクジラをねらうビッグス・オルカ（獲物の唇部分やのどをむしりとるハンター）が相手ののどに食らいついて仕留める、身の毛もよだつ特徴的なやり口は、助けを求める声を出せなくするという、恐ろしい二次的な機能を果たすのだろう。ねらわれた若い動物にとって、沈黙は、種の区別なく命取りになるのではないだろうか。

ありがたいことに、子どもが無理やり連れ去られる事件は米国ではかなり珍しい。しかし、ほかの犯罪に関する統計に目を向けると、ＡＹＡ世代にとって捕食者をまだ知らないというのがどれほど危険か、私たちが知っていることが浮かび上がってくる。たとえば、性的人身売買業者が好んでターゲットとするのは、おとなの世界でどんなことをしたらいいかまだわからず、立ち位置も決まっていない者たちだ。二〇一七年、調査ジャーナリストチームによるオンラインのドキュメンタリー「少女売買」のなかで、かつて人身売買業者だった男は語った。「自信たっぷりのおとなの女に時間をかける暇はない。売春で商売するなら、とことんうぶで何かがおかしいとも気づけないような相手を探してこないとね[13]」。こうした性的搾取者は、捕食者の動物の生態学的テクニックを利用するだけではなく、どんな相手が一番たやすい餌食になるかもちゃんと見抜いている。

純朴さと経験不足ばかりが目立つワイルドフッドの間、安全に生きていくのはむずかしい。そのために、動物の若者はありとあらゆる対捕食者行動を学んでいくのだ。そして実践を積んで、捕食される可能性を少なくしていく。このことについては後の章で詳しく述べる。ところで、ワイルドフッドを生きる者ほぼすべてに当てはまる脆弱性として、また別の面を取り上げなければならない。それは血が流れる場面は少ないものの、しばしば命にかかわるものだ。ヒトであれヒト以外の動物であれ、若者が入ろうとしている世界は、入ってきた者を餌食にしてやろうと待っているだけではない。その世界は若者をただただ非常に嫌ってもいるのだ。

若者恐怖症

青年期のひとつの不思議な特徴は、その時期を送る者がみな、自分たちこそそうした体験を初めてする唯一の世代であるかのように感じるところにある。しかし、自分たちは特別だと感じる年代層がどっと現れるたびに、それを迎えるおとな世代は、こうした若者たちの若さの過剰ぶりに我慢ならないといらいらするのだ。マーク・トウェインの言葉としてしばしば引用される名言がある。「子どもが一三歳になったら、樽のなかに入れて、ふたの穴から食べ物を差し入れて養うべきだ」。そして、子どもが一六歳になったら？「ふたの穴をふさげ！」。そうトウェインはアドバイスした。トウェインの言葉といってもほぼ確実に誰かのつくり話だと思うが、気のきいた警句として人気があるのは、何かしらの真理が人々の心に響くからだろう。

若さは、音楽からスポーツ、文芸、演劇まで、多くの分野の活動で大切にされる。しかし、青年期を経験した者たちに共通した側面を注意して探ると、若さにこだわる態度には裏の面があり、その若さに対する相反する感情が一触即発の状態で渦巻いているのに気づく。おとなのなかには若者を厳しくとがめ、侮る者が多くおり、また、若者に対して憎しみを抱くなど、一種独特の態度をとる者さえいる。そうした心の動きについての用語さえできている。「若者（ティーンエイジャー）恐怖症」。若者に対する恐怖または嫌悪だ。

若者恐怖症の最も穏やかな現れ方としては、単に上から目線で首を振りながら「若い者には若さは無駄だな」とか「今どきの若い者は……」といった決まり文句を言う。これはよく引用される、アリストテレスが青年期について不満げに述べた口調と重なる。若者は「利益につながる行動よりも、むしろ立派な行いを選ぶ……度を越すこと、ないしは激しすぎが仇となって失敗をおかす。何にせよ、やりすぎるのだ。愛するにしても愛しすぎ、憎むにしても憎みすぎ、(万事この調子なのである)」[14]。

アリストテレスの言葉からは何かしら愛情も感じとれるのだが、もっと徹底した若者恐怖症の場合は、若者を見たら叱りたくなるといった域を超える。モスキートとよばれる高周波音発信装置は、ティーンエイジャーの生物学的弱点をねらった機械で、英国各地をはじめとしてさまざまな国に設置されている[15]。モスキートは、ティーンには聞こえるが、年長のおとなにはふつう聞こえない高周波音(約一九～二〇キロヘルツ)を発生させる。モスキートのようなたむろ防止装置を公園内や商店の近くに設置すると、若者はその音に我慢できなくて、その場から立ち去るようになる。こうした装置は「うちの芝生に入るな」という冷ややかな電気信号を送っているのだ。

また、若者恐怖症のさらなる形として、若者にはっきりねらいをつけて害を与えようとする場合もあるだろう。捕食者にねらわれた動物のように、若者は絶好の餌食となる。世界中の多くの国々で、若者恐怖症は制度化され、銀行や病院から、スポーツのプロリーグや軍隊までさまざまな社会的機関における、略奪的慣行のなかに潜んでいる。

金融機関は若者がお金の知識に乏しく、一般的に衝動性が高いため、あるいは単に不慣れから、お金を使ってしまうところにつけこむ。クレジットカード会社はしばしば高校生のような未成年に特にターゲットを絞ってマーケティング活動を行う[16]。米国では大学生の一〇パーセントが卒業時に、一万ドル以上のクレジットカードの債務を抱えている。ゲーム・ギャンブル産業も若者にねらいを定めており、青年層がギャンブル依存症を患う比率はおとなに比べて六倍高い。
若者はその肉体的能力やみずみずしい理想主義のために、ほかの活動領域にも組みこまれる。大学のスポーツプログラムは、教育を受けたいという若者の願望を利用して、彼らの肉体で何十億ドルも金もうけしようとする。[17] 警察組織では、新人の警官は最も危険な区域を受けもたされる可能性がある。[18] 二〇一五年、フランス通信社は、北京で一七〜二四歳の青年が世間知らずと経済的困窮のせいで、専門的な安全訓練のないまま消防の仕事につく契約を結んでいたと報告した。[19] 青年たちは慣れない消火活動で、死亡したり負傷する割合が著しく高くなっていた。

若者の搾取は、青年や少年たちを徴兵する制度に如実に見てとれる。若者を対象にした徴兵制度は、過去にそうであったように今も世界中で行われている。古代ローマでは、軍団のうち最も貧しく年のいっていない兵士の若者は、「飛び道具歩兵」や「近接歩兵」の部隊に回された。戦いの経験もなく強い武器も持てず、一番危険な最前線にやられた若者たちからは多大な死傷者が出た。また、一八世紀の英国王室海軍では、何千人もの年若い少年が、なかには一一、一二歳ぐらいの小さい子が船の給仕係として雇われた。[20] 頼りになる人やお金も社会的地位もなく、少年たちは船に乗りこむぐらいしか道はなかった。ロバート・ルイス・スティーヴンソンの『宝島』の若き主人公、ジム・ホーキンズは父の死後、一三歳で船の給仕係になっている。ジムが何も知らない子どもからしっかりしたおとなになっていく成長物語は、当時の搾取される若者の典型的な人生行路に比べると、かなりバラ色な内容となっている。スティーヴンソンの有名な小説ではほかに『さらわれたデービッド』があり、これは実話に触発されたものだ。[21] 一七四三年、スコットランドの一三歳の少年ピーター・ウィリアムソンは、船に誘いこまれ、同様の境遇の七〇人の少年たちとともに、フィラデルフィアまで運ばれて売り飛ばされ、七年間の奴隷奉公をする羽目に陥った。

搾取のもうひとつの形態――街のギャングの人集め――に関する研究からも、一三歳は考慮すべき重要な年齢であるのがわかる。誰かに認めてもらって、ひいてはグループまたは大義と深くつながっていたいという少年たちの欲求につけこもうとして、ギャング団のボスはより若い子を探す。ドラッグの売人も一〇代の子をターゲットにする。売人は商品のドラッグが顧客であるティーンのステータスのアップ――社会的地位が上がったという当人の感覚――を不当に生み出すのにどれだけ効果的かを知り抜いている。

シカ狩りの際には、弱い立場の一年子のシカは撃たずに保護しようと主張した人々のように、社会はときどき青少年のために特別の保護策を講じる。一九八八年、R・J・レイノルズ・タバコ・ホールディングスはタバコの「キャメル」の広告で、ジョー・キャメルという名前の漫画キャラクターを全面的に押し出して青少年に売りこむキャンペーンを大々的に展開した。[22] ジョーはラクダを擬人化した、少々えげつない雰囲気のキャラクターであったし、公衆衛生当局や保護者団体からたちまち激しい怒りの声が上がったにもかかわらず、このジョー・キャメルはほぼ九年間、くわえタバコで販売促進に加担した。ついに宣伝広告が終了したのは、おそらく連邦取引委員会からの圧力があったからだろう。また、二〇一五年に、全米の高校生の間で電子タバコを使う（ベイピング）生徒の数は、二〇一一年と比べて九倍増加した。最近の疾病対策センター（CDC）の報告によれば、電子タバコを使う高校生は二〇一一年の二二万人から、二〇一八年には三〇五万人に激増した。[23] 米国食品医薬品局

（ＦＤＡ）は小売業者に対して未成年に電子タバコ製品を販売した場合は罰金を科すと警告した。そして、一〇代の若者向けのフレーバーつき電子タバコの販売を制限しようと、州や連邦レベルの法規制強化が進みつつある。

おとな中心主義

若者恐怖症の現れ方として、若い者たちをそんなにこわがったり憎んだりするわけではないが、彼らの姿を視界のなかに入れたがらない場合もある。悪くすると、大きな体を見て、成熟したおとなだと思いこんでしまうのだ。そうした「おとな中心主義」とは、ライフサイクル上の子どもからおとなになる間の時期について、その価値を低くみなし、ともすればまったく無視する傾向をいう。イタリアの生物学者、アレッサンドロ・ミネッリは、この態度は科学の進歩を妨げると考える。[24] 彼は科学者たちに「ライフステージ上のあらゆる成長段階に同等の地位を与えよう」とよびかける。それは非常に重要な理由からだった。「おとなになる前の成長段階を生物学者が研究すれば、進化についての解釈に新たなフレームワークが手に入るだろう」

おとな中心主義は、もっと分別があるべきはずの科学者や医師の意思決定のプロセスに紛れこんでいる。その結果として、無意識の差別が病気の若者に対して行われている。世界で最も弱い立場のグループのひとつである、ＡＹＡ世代のがん患者は、同等の各種がんを患う小児やおとなと比べて、生存率が低く再発率も高い。彼らががん専門施設をほとんど利用できないからだ。米国のＡＹＡ世代では医療保険の未加入者が特に急速に増えており、そのために、がんと診断されたとしても、彼らは全米がん医療研究センターのような専門施設の医師から治療を受ける可能性が低くなっている。

そして、AYA世代のがん生存率の悲劇的な格差をもっぱら生み出しているのは、彼らが世界的に見て、命を救うための臨床試験に参加する率が最も低いからだ。臨床試験のほとんどは一八歳未満の患者を除外している。小児科の治験には年をとりすぎていると感じ、おとなを対象とする治験には若すぎると思い、若者は自分たちががんの「中間地帯《ノーマンズランド》」にいるのを思い知る。これは、小児がん専門医のジョシュア・シフマンが、がん案件の「未開拓の領域《ワイルド・ウエスト》」とよぶものだ[25]。

AYA世代が除外される理由については、数多くの説明がされているが、その除外の根底には単純な真実がある。若者はおとなや小児に関する研究の「モデル」被験者に一致しないのだ。青年期の特異性が調査結果を混乱させるという（この種の考え方が、違いのある「不適合な」グループ——女性たちに向けられたのは大昔の話ではない。女性の生殖サイクルは調査を複雑にするとされた[26]。その結果、過去一世紀の医学研究の多くがもっぱら集中し、そしてその恩恵を受けたのは、男性だった）。

大きくなった体を見て、おとなとしての責任を果たすべきだと決めてかかる傾向は、医療倫理委員会が貴重な臓器の移植を誰が受けるかを決定する際にも影響を与えている可能性がある。委員会は若者が手術前・手術後の規則を守らないだろうと考え、彼らへの移植が却下されてきたのだ[27]。

おとなが間違ったことをするとき

若者恐怖症というのは、ヒトの若者に対して恐怖することを指す言葉だが、なかには、ヒトがほかのさまざまな種の若者に対して我慢できない気持ちを持たざるをえなくなる場合もある。たとえば、鳥が成鳥前期に入るタイミングはそれぞれ異なり、(28)ワカケホンセイインコでは、生後四カ月〜一歳の間に思春期に入る。この色鮮やかで美しいペットの鳥の飼い主にとって、素直なひな鳥から、シュー シュー音を立てたり、かみついたりといった、とにかく反抗的な鳥の若者への行動の変化は、あまりに突然に感じるだろう。ほかにもペットの鳥のなかには、思春期に突入すると絶え間なくさえずったり、たてつづけに大きな声で鳴き始めたりするケースもある。また、なわばり意識が強くなったり、攻撃的になったり、飼い主の言うことをまるで聞かなくなったりする鳥もいる。自分の見事なペットを見せびらかしたい飼い主にとってさらに不愉快なのは、鳥の若者に起こる性的変化かもしれない。毛引き、金切り声、そして、そう、自慰行為だ。

こうした鳥の行動の変化は、成長の過程で当然起こることなのだが、飼い主のなかには心の準備ができておらず耐えられない者もいる。ペットを構わなくなったり、手放す場合も出てくる。そんな事態は米国で最も人気のあるペット、イヌでも起こる。思春期に入ったイヌの様子を少しでも知っていれば、その時期のイヌがどんなにうっとうしいかわかっているだろう。靴や家具を噛む、異常なほどはしゃぎまわる、むやみやたらに吠えてうなる。公園でさあ帰宅しようという段になると遁走《とんそう》する。前述のアリストテレスの言葉を借りると、イヌたちは「愛するにしても愛しすぎ、憎むにしても憎みすぎ」るのだ。

ペットのイヌが裏庭に追い出され、杭につながれたまま何時間も放っておかれたり、路上にぽんと捨てられる可能性が一番高いのは、思春期に入ったころだ。イヌが問題行動のせいで捨てられて保護センターに収容される確率は、この時期に圧倒的に高くなる。

全米の保護施設にいるイヌの半分以上は生後五カ月～三歳、つまり子イヌ時代が終わって成犬になる前の時期だ。[29] 捨てられたイヌの大半は安楽死させられる。つまり、青年期を迎えたというだけで、命取りの状態となる可能性がある。専門家は、こうしたイヌは単に「飼い主が準備不足のためうまく扱えない、改善できるはずの行動の問題を抱えた若者」と指摘する。さらに、捨てイヌの九六パーセントが服従訓練を一切受けていない。それは、飼い主がイヌたちにその時期をうまく乗り切る機会をまったく与えていなかったということなのだ。

こうして無知や無関心から動物の若者を不当に扱うヒトがいる一方で、ヒト以外の動物では、おとなが同じ種の若手をあからさまに搾取する場合がある。北ヨーロッパからアジアにかけて分布する野生の鳴き鳥を、フィンランドの研究者たちが観察したところ、若手の鳥がえさに近づこうとするのを、年長の鳥が脅したり力ずくで阻止したりしているのがわかった。[30] 弱い立場にある若鳥を不当に扱うことで、年長の鳥にとって二倍の得になる。ひとつめは、有力な年長の鳥の栄養状態がよくなる。ふたつめは、若鳥を空腹にさせておけば、有力な側はより安全になる。食事中の鳥が捕食者に気づいたら、茂みのなかに逃げ隠れるだろう。鳥たちは捕食者がすでにいなくなっているのかどうか、一〇〇パーセント確信が持てないが、そんなに長い間隠れてはいられない。えさを食べるのを再開しなければ、お腹を十分に満たせない。そうしたとき、腹ぺこの鳥たちが安全な隠れ場所から真っ先に危険を冒して出てくる。日ごろえさをたくさん食べている鳥は我慢する余裕がまだある。低い地位の若鳥が出ていくことで、捕食者がいるかどうかがはっきりするだけでなく、彼らが捕食者の胃袋におさまってしまえば、有力な年長の鳥はいっそう安全になる。

こうした低い地位の若鳥たちは、生まれついての性分から衝動的にリスクを冒しているわけではない。彼らは危険を冒そうとするが、それはほかに選択肢がないからだ。あらゆる年齢層の動物がそうなのだが、動物の若者も生きていくのに必要な資源を手に入れられないと、捨て身になる。この点に目をつけられていいようにされるのだ。ヒトの場合も、家出して誰からも放っておかれた子どもたちについての話からは、彼らが生き抜くために取らなければならないリスクがどれほど厳しく心痛むものであるかがわかる。

パピーライセンス

注目すべきことに、多くの種において若い動物には、集団の年長メンバーから自由にふるまえる権利を与えられ、特別扱いされる時期がある。ヒエラルキーからのこうした一時的猶予は、行動学者がイヌたちの観察から取り上げ、「パピーライセンス」[31]とよぶようになったが、実はイヌに限らず、さまざまな種の家族力学のひとつの特徴であり、霊長類にも独自の「モンキーライセンス」がある。まだ年齢がいかないために分別が足りない若手である限り、上下関係の誇示を不適切に行っても、年長の動物は見逃すか優しく正してやる。パピーライセンスは遊びの場面でも通用する。年長のイヌは子イヌが遊び好きなのを楽しんでいるようにみえる。そして、力を加減して取っ組み合い、穏やかにうなり、ときには相手を勝たせて甘い態度をとるときがある。

しかし、子イヌが成長し、青年期のある時点に達するやいなや、パピーライセンスの有効期限は切れる。数日前まではそのまま許されていた行動が、たちまちおとなの拒絶に遭う。イヌが急に年を取ったわけでもなく、経験も足りないままなのに、反撃され、おとなと同じように扱われる。ヒトやイヌの世界では、子どもが大きくなってワイルドフッドに入ると、パピーライセンスが切れ、それまで寛容だった世界はいらついた狭量な世界に変わる。若者としては困惑することばかりで、攻撃を受けて迫害されるというなじみのない領域に自分がいることに気づく。特別免除はもはやなく、やり直しの機会ももうない。それが「成長」というものだ。

ところで、現代社会で青年期を送るヒトのなかには、おとなの責任の一時停止期間を楽しむ者たちがいる。その間、家族は経済的に支えてくれる。法律制度はささいな違反なら許してくれるだろう。恥ずかしい過ちは若気の至りとして片づけてくれる可能性がある。発達心理学者のエリク・エリクソンや人類学者のマーガレット・ミードは、ヒトにとってパピーライセンスが非常に重要であるのを見抜いていた。[32]彼らは、青年期は「心理社会的モラトリアム」の時期であるべきだと考えた。青年期の間は、さまざまな役割や行動を試すことが、おとな社会の責務を免除された状態で結果に関係なく許されるべきだと主張したのだ。

なじみのない場所に潜む危険

ペンギンの子どもに与えられるライセンスを考えてみよう。鳥類と哺乳類の社会構造が異なることを考えると、パピーライセンスとは少し違うかもしれない。とはいえ、キングペンギンの親たちは、年若い子どもがえさをねだってやかましく鳴いても、そのまま受け入れる時期がある。ただ子どもが巣立ちするとなると、そこに親の姿はない。アーシュラはそれまで一度も行ったことがなかった外海に、突如、入りこむのだ。そこは未知の領域で、ヒョウアザラシが彼女を追いかけようが追いかけまいが、生存率が低くなる可能性は明らかだった。なじみのない世界は、経験不足のＡＹＡ世代にとって危険がいっぱいだ。

さて、想像してみてほしい。場所はペンシルベニア州の森、秋の澄んだ空気の朝、まだあたりは暗く肌寒い。オジロジカの若者が体をかすかに震わせて目を覚ます。彼の頭部には、柔らかい産毛に覆われているものの、重い枝角が伸び始めている。彼にとって大変革のときだ。そばに母親がおらず、生まれて初めてひとりで目覚めた朝だったのだ。その若い雄ジカはこれまで一年半の間、母親と一緒に森のなかを行き来し、通っていい道と避けるべき道を学んで過ごした。母親が警戒し白い尾を立てると、彼は走って逃げるか、ぴたりと動きを止めた。母親が立ち止まり、耳をアンテナのように回して周囲の音をもう一度確かめると、彼も真似をして、小枝が折れる音がしないかと一心に耳をすませるようになった。あたりの空気に捕食者の不吉なにおいがしないか、母親が調べにかかると、そばで彼もまわりのにおいをくんくんとかいだ。母親の指導のもと、彼はコヨーテ、車、ハンターのヒトを避け、食べていいまっとうな植物と、食べると危険なものや栄養価の低い食べ物を見分けることを学んだ。

しかし、そうした日々ももう終わりだった。前日、「Zugunruhe（渡りのいらだち）」とよばれる、どこかに行ってしまいたくなる本能に駆られ、母さんシカからもひと押しされたのが効いたのだろう、彼は分散行動を起こし、生まれ育った場所から八キロほど遠くまで歩いてきたのだった。この日から、おとなとしてのあらゆる責任が彼の肩の上にあった。この若い雄ジカは母親から学んだことを頼りに試行錯誤を重ね、危険を予測して避けながらすべて単独でやっていかなければならない。自分の食べ物を見つける、夜に寝る場所の見当もつける必要がある。もしこの若いシカが本を読めるならば、『シャーロットのおくりもの』の一場面に共感するかもしれない。そのシーンで、ブタのウィルバーは、温かい残飯がもらえ親切な面々もいるなじみの農場をまさに出ていこうとするところだ。ところが、歩き去ろうとする寸前に、ウィルバーは向きを変えて納屋に戻る。自分のわらの寝床におさまり、考えにふける。「ぼくはひとりで世界に出ていくには、まだ小さすぎるよ」。彼はよく知っている安全な住まいで再び一夜の眠りに入ろうと体を丸める。

ジョー・ハミルトンは前述のシカ品質管理協会（QDMA）を創設した野生生物学者で、分散時の若いシカが直面する課題と、初めて独力で外の世界に出る彼らに保護が必要な理由について、私たちに説明してくれた。

まあ、母ジカが子どもを追い出しているのですね。子どもはピンボールマシンのボールのようにあちこち跳ね返っているようなもので、ほかのシカのなわばりでないところに自分の行動圏をこしらえようとして……生まれ育った場所から、ときには三キロ、五キロ、六キロ、八キロと離れたところまで行って……まったくなじみのない生息環境に流れつきます。その土地の状況は何もわかっていないのに。

若い雄ジカはたくさんのトラブルに巻きこまれます。あたりを知り尽くすには、かなり歩きまわることになるでしょう。すると、ボブキャットやコヨーテなどの捕食者にばったり出くわす可能性も増える。

新しい街に出かけていく若いヒトも似たようなものです。若者はちょっと経験を積んで、どこに行ったらいいか、どこに行ってはいけないのかなど、生きていく知恵を学ぶまでは、自分で処理できる以上のトラブルをだいたい抱えこんでしまいますよね……(33)

ハミルトンはつけ加える。「初秋の昼間、活動しているシカを見かけたら、それはほぼ必ず若い雄ジカです。好奇心が強いのです。テリトリーをつくろうとしていて、ハンターにねらわれやすい。捕食者にもやられやすいです……ここで（サウスカロライナ州で）、小川や沼地の水路を泳ごうものなら、アリゲーターのこわさを何度も身をもって知ることになります」

大変な経験を通して学ぶのは――生還してこそ――役に立つ。ところで、青年期の動物が危険に関する知識を増やしていけば、非常に重要な事実を心得るようになる。危険なものは危険だが、必ずしも四六時中恐れている必要はないということだ。たとえば、自動車はヒトの若者の主たる死亡原因だ。

しかし、危険とはいえ、日常生活の一部になっている自動車は、通常は一定の予測可能な規則に従っているのだ。

安全な捕食者

自然界では、捕食者は非常に危険なときがあるが、普段は思いのほかまわりに害をおよぼさない。第一に、常に狩りをしていない。というか、二四時間年中無休で狩りはできないし、そんなことはしない。彼らは私たちが想像する以上にきちんとしたスケジュールで動いている。狩りは夜明けあるいは夕暮れと決まっている種もいる。一年のうち一定の期間だけとか、特定の天候あるいは決まった光の条件のときだけに獲物をねらう種もいる。さらに、獲物を食べた直後の捕食者は、ときに、これっぽっちも危険でなくなる。

たとえば、カリフォルニアジリスを堪能したばかりのガラガラヘビ。たらふく食べたので、そのお腹にそれ以上リスが入る余地はなく、おそらく狩りをしようという気は起こさないだろう。経験を積んだジリスは、満腹のヘビと空腹のヘビを区別できる。[34]えさを探しているヘビの近くではぐっと用心深くふるまい、ヘビのお腹がいっぱいだと感じとると、気持ちをゆるめて過ごす。

ヘラジカは腹を空かしたオオカミとそうでないオオカミの違いがわかる。[35]ガータースネークはやってきたタカが狩りをしているのか、それともただ近くを飛んでいるだけなのかをたちどころに理解する。[36]あのアーシュラも、ヒョウアザラシとの遭遇を何度も乗り越えていくうちに、彼らは自分たちをねらうメインの捕食者だが、真昼の二、三時間は狩りの休み時間をとることを次第に知るようになる。

地球上で暮らすには、周囲にいる空腹の動物とともに生きていく方法を学ばなければいけない。これは数億年におよぶ紛れもない事実となっている。そして、捕食者とえさ動物の双方の行動を定める交戦規定のようなものがつくり上げられていったのだ。捕食者にとって、こうした規則を知っているかどうかは、えさを食べられるか空腹でいるかの差となる。えさ動物にとって、規則をきちんと学んでいるかどうかは、生と死の分かれ目となる。

そのため、若者が安全と危険について学んでいく際には、捕食者とえさ動物の相互関係を理解することが重要なポイントとなる。アーシュラのようなキングペンギンは、ヒョウアザラシの格好の標的である一方、自分たち自身、熟練した捕食者になっていく。正確に照準を合わせたミサイルのように、魚やオキアミに向かってものすごいスピードで襲いかかることができるのだ。

ヒョウアザラシの一日の狩りのリズムを知るのに加えて、アーシュラは捕食行動の太古からの秘密を学んでいくだろう。それは「捕食行動のステップ[37]」とよばれるもので、すべての捕食者がほかの動物を襲ってうまく仕留めるために行う、攻撃にいたる一連の予測可能な動きだ。捕食行動のステップを知るのは、よそのスポーツチームの作戦帳の中身をちらりとのぞくのに似ている。捕食者が次にどんな行動に出るのかがわかれば、狩られる側は何らかの対応ができて、その命が助かる場合もあるかもしれない。

捕食行動のステップ

ペンギンを追いかけるときのヒョウアザラシは、ガゼルを倒そうとしているチーターや、ノネズミめがけて急降下するタカと同じで、その捕食行動には、共通する一連のプロセスがある。それは、逃げるハドロサウルスを追いかけてひっつかむティラノサウルス・レックスも同じなのだ。テントウムシでさえ、アブラムシを食べるために同様のステップをたどる。ヒトのハンターも趣味でキジやシカ撃ちをするときは、捕食行動のステップをひとつずつクリアしていく。

ほかの動物を狩る側にとって、捕食行動の各段階は四つだけ、単純明快そのものだ。それは発見《ディテクト》、評価《アセス》、攻撃《アタック》、仕留《キ》め《ル》る。来る日も来る日も、獲物を捕らえては殺しを繰り返し、そのなかで捕食者は毎回この四つのステップを正しい順序で、完璧に（あるいはほとんど完璧に）こなさなければならない。発見、評価、攻撃、仕留める、の順に。

相手を殺すまでの振り付けはクラシックバレエに似ている。すべてのステップが正確で、すべてのステップの流れが次の流れへとつながっていく。捕食行動の構成要素はバレエと同じように細部に分解でき、予測することが可能となる。肉食類は、野心的な若いダンサーさながらに、自分たちのテクニックをたっぷりと磨かなければならないが、彼らの動作は厳密に決められた構造をとっており、その根幹部分は変わらない。

捕食者の役割がシンプルであるとすれば、このぞっとする、いちかばちかのパ・ド・ドゥ（ふたりのステップ）でのえさ動物の側の役割は、さらにシンプルだ。それはたったひとつの必須事項で言い表せる。つまり、「できるだけ早く捕食者との関わりあいを終わらせる」ということだ。

ほんとうにわかりやすい指示なのだが、実際にそれを実行する際は、無数の複雑で異なる事態にぶつかる。捕食者は振り付けにきっちり従う。発見、評価、攻撃、仕留める。襲われるほうは即興でやるしかない――リズムを変え、拍子の強弱を変え、途中で急にぴたりと止まり、それらを同時にやってみたりもする。

えさ動物は、襲われそうになってもあまり反応を示さずに相手を惑わす行動に出たり、逆に過剰な反応をして相手の足どりを混乱させたりして、狩る側が捕食行動のステップを実行できないようにもっていく。あらゆる偉大な即興アーティストと同じように、えさ動物も、ただその場で何とかしようとしているわけではないのだ。最良の即興とは、そして、サバンナ、海、空と場所を問わず、最も優れた捕食者回避は、何時間もわざの練習を重ねた末に、その大切な瞬間に、細心の注意を払うところから生まれる。細かい動きとその流れを稽古すればするほど、舞台に立ったときに優れたパフォーマンスができるのだ。さらに、最高の即興や見事な捕食回避行動が生まれるためのもうひとつの秘訣があるのだが、おわかりだろうか。それは、その道のスペシャリストから学ぶことだ。即興の名パフォーマーも、捕食される危険を難なくかわす個体も、まわりにいる経験を積んだよい先輩のわざを観察して学びとる。

捕食行動のステップを細かく見ると、そのプロセスの前半は、どちらかといえば、えさ動物に有利に働く。後半は捕食者のほうが条件がよくなる。つまり、実際に攻撃に出る前に捕食者が行う発見・評価を避けられたら、えさ動物が攻撃を受けて命を落とす可能性は大幅に減る。わかりきった話のように思えるが、捕食者に出会ったことのない動物の若者や、そして、新たな恐怖に直面したおとなにも、これはきわめて重要な知恵といっていい。基本中の基本といえる優れた戦略は、最初のふたつのステップ――発見、評価――を回避することだ。

捕食行動の後半――攻撃、仕留める――は非常に恐るべきシナリオとなる。いったん攻撃が始まると、捕食者を撃退するのは至難のわざだ。実際、対捕食者戦略として広く知られている「闘争・逃走反応」は、野生動物の捕食者回避行動に関する専門家が「最後の手段としての行動」と位置づけている。青年期動物は経験不足で、動きも遅く、体力も自信もなく、ときにおとながもつ物理的防御（牙、かぎ爪、とげ）の装備一式にも欠ける場合がある。そうした動物の若者は、捕食行動のステップが後半へとなだれこめば、おとながねらわれるのと比べてよりいっそう不利な立場に追いこまれる。しかし、最後の手段を取るずっと前に、野生動物が自分を守るためにできることはまだまだたくさんある。

捕食行動　ステップ一――発見

襲われて食べられないためには、そもそも相手に見つからないこと、それに尽きる。動物は敵から発見されないように、驚くべき行動や身体的特性を進化させてきた。というのも、捕食者が実にさまざまな巧妙な手段で獲物を探しているからだ。獲物を捕まえようとする動物の目や耳は、私たちヒトには不可能な領域まで探索できる。「化学情報受容」とよばれるメカニズムによって、空気や水をかぐ（あるいは、味わう）捕食者もいる。彼らは空気や水の流れを探り、夕食となる獲物の動きがないか——その場所はどこか——を知ろうとする。そして、さまざまな種類の捕食者が、私たちヒトが持っていないか使っていない感覚をフルに利用している。サメは特殊な皮膚細胞を通じて、あたりの電場を感じとる（電気感覚）。コウモリは超音波を発してその反響を聞きとり、暗闇でも周囲を「見る」ことができる（反響定位）。

　こうした捕食者側の多様な検出能力に対して、えさ動物も手をこまねいてばかりではない。少しの間、ベルベットオヒキコウモリの若者になったつもりでいてほしい。夕暮れどきで、あなたは食事をしようとあたりを飛びまわっている。実は、コウモリは飛ぶことのできる唯一の哺乳類で、ベルベットオヒキコウモリはコウモリのなかでも最も速く飛べるのだ。それのみならず、地球上で最速で移動できる哺乳類のひとつに数えられる。(38) 細かな動きに関しては得意ではないが、実に広い範囲での狩りができる。

　ちょうどいま、蛾や甲虫がいたらすばやく捕まえて食べようと、耳をすませて探しながらあたりを飛んでいるところだ。しかし、コウモリのあなたが自分の獲物を捕らえようとしている間、メンフクロウも狩りに出ていた。フクロウはコウモリを食べる。あなたの知らないうちに、メンフクロウはあなたたちコウモリの群れがいるのに気づく。えさのあなたが気づいていようといなかろうと、捕食行動の最初のステップは完了したばかりだ。あなたたちは発見されたのだ。

　ちょっとだけ時間を巻き戻してみよう。発見されるのを防げば、捕食行動の開始自体をやめさせられるのだ。そのための一番てっとり早い方法は、隠れること。隠れるとしても、完全にじっとしていれば、それだけ見つかりにくくなる。脅えるえさ動物の心臓の鼓動音を感知できる捕食者から見つからないようにするために、心筋の動きに急ブレーキをかける反応を進化させた動物もいる。えさ動物のたてる音が消え、体の動きもなくなると、聞き耳をたてているはずの捕食者からも逃れることができる。これは迷走神経反射とよばれ、太古の昔からある心臓のトリックであり、私たちヒトもほかの哺乳類、鳥類、爬虫類、魚類と共有する反応だ。あなたは何百回も経験しているはずだ。恐怖を感じた――猛スピードで接近するバスとのニアミス、あるいは自分の評判ががた落ちになるメッセージをネットに投稿してしまった――ときの吐き気を。胃腸やのどに酸っぱいものがわき上がってくる感じは、あなたの神経系の突然のシフトダウンによるもので、これは、もとをただせば、捕食者から身を隠そうと心拍数を低下させる動物の救命策に関わりがある現象だ。

そして、隠れるほかに、動物は常に用心深くふるまうことでより安全に過ごせる。のんびりしたままだと、あっという間に命は絶たれる。しかし、あまりに警戒しすぎると、それはそれで何もできなくなる。食べることも、適切な社会的行動をとることも、つがいの相手を得ることもできず、生活するうえでほかに必要な行動もとれなくなる。したがって、成熟したおとなの動物は、警戒しすぎでも、警戒しなさすぎでもない、ちょうどよいバランスで暮らす必要がある。そのためには、群れに加わり、ほかの仲間と見張り役を交替で行うのもいい方策だ。捕食者がいないかを探る目が増えるのは、集団で暮らす行動様式が進化した理由のひとつといえるだろう。

実際、動物の集団が大きくなるほど、そのメンバーは安全になる。理由を挙げれば、まず、捕食者は群れをまるごといっぺんに食べることはできないので、各個体がねらわれるリスクがほかのメンバーたちがいることによってぐんと低くなる。さらに、捕食者の攻撃の成功率も、「混乱効果」とよばれる現象によって下がる。まったく同じように見える生きものの群れのなかで、一匹の個体の動きだけを追おうとしても、それは文字どおり、目が回るようなことになってむずかしいからだ。ムクドリの群れやイワシの大群を前にして、そのなかから一羽の鳥だけ、一匹の魚だけを目で追いつづけていこうとしたらわかるだろう。ほとんど無理なのではないか。競技場にいるまったく同じユニフォームを着たアメリカンフットボールの選手たち、おそろいのTシャツを身につけたダンスドリルチームの踊り手たち、食料品店に並んだ完熟オレンジの山でさえ、そのなかからひとり、あるいは一個だけを選びだそうとすると、混乱効果が生じて迷いに迷う。つまり、その効果は、大きな集団のなかにいる個体を非常にうまく守ってくれる働きがある。特に、未熟な動物の若者が集団のなかに紛れている間に、体力と経験を身につけて自己防衛していこうとしている場合は大変に助けられる。

しかし、えさ動物の助けとなる混乱効果には、一方で同じくらい強力な負の面がある。(39)「風変わり効果」である。外見がまったく同じグループのなかから個体をピックアップするのは非常にむずかしいのだが、ほかのメンバーとほんの少しでも違いがある個体は逆に目立って、捕食者の目に留まる。いびつな形のひれ。異なる色の翼。注意を引いてしまう未熟な行動や鳴き声。グループのほかの者よりも大きかったり背が高かったり、小さかったり背が低かったりする体つき。一匹だけ違う、あるいは独特のにおい。

捕食者は目立つ個体をたやすく標的にできる。つまり、風変わり効果の観点から言えば、とりわけ、身を守るすべがまだ身についていない若い動物は、多数派の外見と行動をなぞったほうがより安全でいられる。まわりから浮いてしまうと、鳥類から魚類、哺乳類、もちろん、ヒトを含めて、みんな危険なのだ。

風変わり効果を研究するために、一九六〇年代、タンザニアの野生生物学者が、何頭かのウィルドビーストの角《つの》を白く塗った[40]。そして、もとのウィルドビーストの群れのなかに戻した。目立つ頭になった白い角の個体は、ハイエナに目をつけられて襲われた。生物学者はほかの要因を考慮しながら調査を行った結果、捕食者の関心を引いたのは、目立ちやすさ、風変わりな点だと結論づけた。

別の研究では、科学者たちは数匹のヒメハヤ〔訳註　コイ科の小型淡水魚〕の体に青い塗料を塗り[41]、何も塗っていない黒色のヒメハヤの群れと一緒にしたところ、青い個体のほうが捕食者に真っ先にねらわれるのがわかった。

同様に、白化《アルビノ》個体のナマズが社会的に追放される現象について調べた研究[42]では、アルビノの個体のほうが捕食される率が高かった。それと同時に、科学者たちは別の傾向にも気づいた。アルビノのナマズは捕食者の餌食になるだけではなく、同じ群れのメンバーから絶えず避けられてもいたのだ。彼らは外見が異なるために、ただでさえ襲われるリスクが高かった。それに加えて、群れのメンバーから排除され、大勢でいることとの安全性という恩恵さえ奪われていたのだ。

集団による排除からは、風変わり効果の間違いなく興味をそそる側面があらわに見える。研究者たちは、アルビノのナマズが仲間から「拒否された」のは、風変わりな個体がいると、集団全体が捕食の危険にさらされる確率が高くなるからだと考える。そうした目立つ魚がいなければ、群れはひとまとまりとなって、捕食者を「混乱効果」で惑わせやすくなる。しかし、まわりと異なる姿の魚がいれば、捕食者の目に留まり、その個体がやられるだけでなく、被害は集団全体にもおよんでくる。

同じような姿の魚が好んで群れをつくるのはなぜか、また、文字どおり、同じ羽毛の鳥が一カ所に群れるのはなぜかという問いに答えるには、風変わり効果で説明するとわかりやすいだろう。行動の類似性、すなわち、一様な速度・機敏さ・方向で泳いだり飛ぶことは、餌食になる危険性を減らす。

変わっているというのはえさ動物にとって危ないことで、危険を避ける注意事項に、突出せよという指令はありえない。私たちヒトはウシや鳥のように群れのなかで暮らしているわけではない。捕食者に食われて死ぬなどという事態は、現代社会においてはほとんどないくらいの非常にまれなできごとだ。しかし、私たちがほかの仲間とグループになっているときの反応のいくつかは、魚や鳥や大きな動物が集まって群れとして暮らす際の反応とびっくりするほど似ているのだ。フットボールのスタジアムへと次々に入っていくヒトと、川の狭い支流を渡っていくウィルドビーストたちの動きのパターンは似通っている。鳥の群れ、魚の群れ、ハナバチの群れ、ヒトのグループが行う、集団としての意思決定には共通する型がある。(43)

ヒトが自分と似ているタイプを集めてグループをつくる傾向については、文化やあるいは血縁を生来好むという要素で説明できるかもしれない。しかし、同質の集団をつくるのは、危害を加える者から注目されないようにするための、はるか昔からの動物の本能——風変わり効果——の遠い残響がつづいているからとも考えられないだろうか。

動物における風変わり効果は、「外見に起因するいじめ」とよばれるヒトの行動の根底にもあるかもしれない。異質な者に対するいじめは青年期、特に中学校の低学年によく見られ、そのなかには、容姿や行動が周囲と違っている者を遠ざける行為が含まれる。(44)グループ全体におよぶ危険は、まさか捕食者が攻撃してくる事態ではないだろうが、目立つメンバーがいると、グループに余計な注目が集まったり、グループのステータスが危うくなったりする可能性がある。自分の未熟さをさらけ出している若い動物は、外見が変わっているか、集団にとけこむ自覚または能力を持たない場合がある。一四歳の少年があるとき私たちに教えてくれたのは、中学校でサバイバルするコツだった。「とにかく変わった奴にならないってこと」

まわりにとけこむ、目立たない、前かがみになってなるべく体を小さくする、アイコンタクトを避ける（パーカーのフードや髪の毛で目を隠す）、こういったふるまいはすべて、ヒト、特に青年たちが仲間うちのなかに紛れる方法だ。いずれもターゲットとして選ばれるのを避ける方策だろう。そうした根底の事情を知れば、中学三年生の子どもが、みなが持っているというブランドのスニーカーやTシャツやジーンズをせがんだときも、親はある程度の思いやりを示せるのではないだろうか。

隠れる、警戒する、混乱効果を利用する――こうした行動はすべて、動物が捕食者による発見を回避するのに役立つ。そして、発見されるのを防ぐもうひとつの方法は、いうまでもなく、踏み入れてはいけない領域にそもそも入りこまないことだ。手ごろな獲物を探す捕食者がうろついていたり、過去に獲物を襲った場所は、川でも、公園でも、クラブでも、キャンパスでも、そうした特定の区域を避けることが単純ではあるが安全を守るための強力な対策となる。

しかし、すべてのリスクを避けるのは不可能である。やむを得ず（あるいは、自ら選んで）危険な領域に入った場合、経験の浅い動物はどうすべきか。カリフォルニア大学ロサンゼルス校（UCLA）の進化生物学者で動物の恐怖に関する専門家のダニエル・ブルームスティーンは、「リスクを多く見積もる、姿をさらすのをなるべく控える、そして常に用心する」と述べる。[45] こうした守りの姿勢は、捕食行動の二番目のステップへの対応としても通じるだろう。

捕食行動　ステップ二——評価

コウモリとフクロウの話に戻ろう。このシナリオで、読者のあなたはベルベットオヒキコウモリだった。世界一速い哺乳類のひとつだが、残念ながらフクロウから襲いかかられたら食べられてしまう。あなたたちコウモリの群れは、今しがた、メンフクロウに発見されてしまった。さて、フクロウの捕食行動はステップ二へと移る。評価の段階だ。

あなたが飛びまわっている間に、フクロウはあなたやあなたの仲間を品定めしている。それぞれの体つきや行動を評価し、比較し、計算し、判断する。あなたたちはコウモリのビュッフェ料理のようなものだが、一度に全部は食べられない。フクロウはどうやって一匹を選ぶのだろう。これは、捕食者に出会ったことのない動物が早い時期に受ける重要なレッスンだ。捕食行動の第二段階、捕食者が獲物を選ぶ方法には、たくさんの可能性と痛ましい結果が入り混じっている。いかなる動物の群れであろうと、捕食者はそこから簡単に倒せる相手を探す。若い個体、油断している個体、ほかに気をとられている個体、無防備な個体など、抵抗できないか、戦おうともしない弱い存在を見つけようとしているのだ。

この事実は、若者とその親たちにとって貴重な知識となる。前に述べたように、捕食者は攻撃しようとするたびに、その攻撃が割に合うか、費用対効果の計算をする。生物学者ならば、このメンフクロウはあなたの採算性を評価しているところだと述べるだろう。

捕食行動の後半のふたつのステップ――攻撃と仕留める――に進むには、捕食者側の犠牲が大きいと伝えることができれば、別の個体に矛先が向けられる。さらに、あなたたちがいるエリアからすっぱりと出ていく気持ちにさせられたなら、群れ全体が救われるかもしれない。

動物はしょっちゅう「不採算性の信号」とよばれる情報を送る一連の興味深い行動をとって、自分をねらっても割に合わないと相手に伝える。不採算性の信号は、襲いかかろうとする相手に特定のメッセージを送るのだ。つまり、自分を追いかけてもエネルギーは足りなくなるし、貴重な時間を無駄にするだけだと。

捕食行動の次のステップ、攻撃の成功は、スピード、ステルス（ひそかに事を進める）、サプライズ（不意をつく）といったことに大いにかかっている。特に、隠れてじっと待ち、見つけた獲物に襲いかかる、いわゆる待ち伏せ型の捕食者にとって、不意打ちの要素は最も重要な武器だろう。オオカミやシャチなど、獲物を追いかけて倒す追跡型のハンターでさえ、もし獲物の視界に近づこうとする自分たちの姿が入っていなかったら、非常に有利になる。逆に、襲われてえさになる側にとっては、不意打ちの利点を台無しにするのは、攻撃をかわすためのきわめて強力な方法だ。そして、捕食者に対して、おまえがいることはわかっていると伝えるのは、どこかほかで狩りをするように仕向ける頼もしいメッセージとなる。

「おまえを見つけたぞ。もう不意打ちはできないぞ」という信号を出すのは簡単にできる。たとえば、ガラガラヘビを発見したカリフォルニアジリスは、後ろ脚で立ち上がる。[46] ヤブノウサギも潜んでいるアカギツネに対して同様のポーズをとり、おまえの行動はお見通しだという信号を出す。警戒ポーズをとるだけで、ヘビやキツネに、その場を立ち去って別のもっと不用心な相手を探そうという気を起こさせることができるのだ。

「そこにいるのはわかっている！」というシグナルは声を出して示す場合もあり、しかも非常に複雑な内容を伝えることができる。たとえば、コートジボワールのダイアナザルは、やってくる捕食者の種類に応じて異なる警戒声を上げるのが観察されている。[47] ダイアナザルがヒョウやカンムリクマタカの接近に気づくと、遠くまで聞こえる声を上げてほかのサルに警告し、捕食者のヒョウやタカに対しては、不意打ちできないのをわからせる。警戒声は持って生まれた発声行動ではなく、ワイルドフッドの間に動物は最も熱心に学びとっていく。

不採算性の信号は、捕食者におまえの居場所はわかったと単に知らせるだけでなく、さらに先まで踏みこむ形もある。そうした「上質さの宣伝」信号は、攻撃をもくろむ相手に、自分の健康状態は大変よく、追いかけて殺そうとするのはことのほか大変になると教える。つまり、えさ動物は「私のあとを追っても、おまえはくたくたになるだけで、お腹は空っぽのままだよ。ほかの誰かを選んだほうが身のためだ」と伝えているのだ。

「私は力がみなぎっているし、こわがっていないぞ」という不採算性の信号を発するのは、青年心理学者ローレンス・スタインバーグがヒトの若者に勧めるいじめ対処法の原則でもある。捕食者にねらわれるのといじめの標的にされるのとでは多くの点で違いがあるものの、スタインバーグが著書『青少年とその親たちのための最も大切なガイドブック』[48]で推奨する戦略の骨子は、餌食にされそうな動物に聞かせてもいいようなものだ。「もし可能であれば、いじめっ子の目をまともに見てから、相手にしないで通りすぎなさい」

「おまえを見つけたぞ」という信号のように、上質さの宣伝も簡単なものでよい。ヘビを前にして、カンガルーネズミは大きな後ろ脚を踏み鳴らし始める。[49]その音を聞いたヘビは獲物に忍び寄るのをあきらめる。マダラスカンクの場合も、前脚で地面を強くたたく。カンガルーネズミもスカンクも、地面に脚を踏みつけて大きな音を立てる行動がとれない間は弱い立場にあるため、彼らは青年期のうちに集中してそのわざを身につけようとする。

また別の不採算性の信号として、「ストッティング」とよばれるものがある。[50]これは検知（「おまえを見つけたぞ」）と上質さの宣伝（「私の健康状態はすこぶるよく、おまえなど簡単に振り切って出し抜いてみせる」）のメッセージが組み合わされている。ストッティングの典型的な例は、トムソンガゼルの行動に見ることができる。長い脚を持った黄褐色のガゼルが、左右の横腹には白と黒のストライプ模様、頭部には多くの節のある二本の角が優美な曲線を描きながら突き出た姿を頭に浮かべてほしい。サバンナでトムソンガゼルの一匹がまるでポゴスティック（ホッピング）に乗っているかのように垂直方向に跳び上がり、脚をこわばらせたまま、また跳ねるのを見たことがあるだろうか。この奇妙なジャンプは「プロンキング」ともよばれ、どう見てもトムソンガゼルがチーターに対して、自分を追跡しても無駄だと伝える絶妙な方法である。これは若く元気で、エネルギーに満ちあふれていることの誇示であり、そして、軽いランチを探しているだけの中年の捕食者にとっては非常に困惑させられるものだ。

ほかにも、ヒバリはハヤブサから逃げようとするとき、複雑な歌を声高らかに歌う。ヒバリ特有のエスケープソングは一三秒間つづき、上空六〇メートルほどの過酷な上昇を始めたときにだけ歌われる——とまり木にただとまっているときには決してこの種の歌は歌わない[51]。ヒバリはなぜ逃げ出す瞬間に歌い始めるのだろうか。よりにもよって体力と集中力のすべてが必要なときに。それもできる限り大きな声で完全なメロディーで歌い始めるのはなぜか？　その理由は、ハヤブサがその歌を聞くとだいたいが追跡をあきらめるからだ。もし歌が聞こえなかったり、お粗末な歌だった場合は、ハヤブサは追跡をつづける可能性が高い。つまり、「健康状態が非常によいヒバリであれば、捕食者に追われようとするときも歌を歌う余裕がある」からだと、この現象を研究した生物学者は述べている。ヒバリの若者はこの点で不利な立場にある。というのは成熟したおとなに比べて、体力的にも劣っており、歌を練習して仕上げる時間がまだ足りないからだ。もしあなたがヒバリであるならば、美しく歌えたほうがよいのだろうが、歌えない場合は、上空への脱出を始めるよりも地面にうずくまって隠れることをお勧めする。

ヒバリ版のストッティング（エスケープソング）は、ウサイン・ボルトが一〇〇メートル走の七〇メートルあたりで桁外れのトップスピードを出すようなものだ。ウサイン・ボルトがむずかしいことを余裕でこなしているようなときに、分別のある選手ならば、彼の背中を追いつづけるのはあきらめる。ストッティングの別の例としては、クリップスプリンガーという名前の、アフリカに生息するアンテロープ〔訳註　ウシ科の動物〕に見られる。クリップスプリンガーはおもにジャッカルからねらわれる。彼らは捕食者が近くにいるのを感づくと、ヒバリのように鳴き声を上げ始める。しかし、その際にはソロでは歌わない。彼らは一夫一婦制で暮らしており、捕食者に対するそのストッティングの信号はデュエットとなる。二頭のアンテロープが声を合わせて発する警告は、捕食者に対して、彼らが両者とも健康で、体内に酸素をたくさん取り入れる力があり、雄雌で互いに協力して事にあたれることを見せつけている。捕食者はどこかよその場所を探したほうがいいと言っているのだ。こうした行動は二頭を守り、副次的には彼らつがいのきずなを深める効果がある。クリップスプリンガーのつがいは終生寄り添って暮らす傾向にあり、青年期の段階でデュエットする歌を学び始めて練習する。

プロンキング、攻撃から身を守ろうとする歌、二頭で発する警戒声――これらはすべて野生動物が身の安全を守るための情報を捕食者に伝える方法だ。動物の若者はまだ身につけていないはずの自信を、さも持っているかのように見せかけるためにストッティングする。

ヒトにとってのストッティングは、もし私をねらえば、捕食者が考える以上のトラブルに巻きこまれるぞという信号を出す形をとる。つまり、恐ろしげな番犬と一緒に歩いたり、この家には警報装置がついているという通知シールを貼ったり、携行する武器をちらちらと見せびらかしたりといった行動そのものになる。ピーボディ博物館の「戦いのアート」展に出品されていた楯や脅しつけるようなヘルメットには、ストッティングの要素が含まれていた――戦闘用の衣服は単に肉体を守るためだけではないのだ。また、成人にとってのストッティングは、弁護士をたてたり、有力なグループメンバーとつきあうといったことになるかもしれない。データ保護のための暗号化はストッティングのきわめて現代的な形だ。ほとんどのハッカーが、容易にとけない暗号にぶつかったときは、あきらめてよそに向かうと述べる。ドアにかけた錠、窓の鉄格子、これらは絶対確実ではないにしろ、泥棒に入ろうとする者に向け、ここをねらうのはちょっとハードルが高いという信号を出している。

ヒトの若者が安全に過ごすために使える不採算性の信号は数多くある。たとえば、子どもっぽいぎこちない行動やくすくす笑う態度を見下す。偉そうにあるいは年上のようにふるまう。緊急通報を送るのに使える携帯電話を取り出してみたりする。尊大な態度をとったり、一見したところこわいもの知らずとなることで、ちょっとしたことで驚愕反応を見せないようにしている。こうした態度や行動はすべて、危害を加えようとする者への不採算性の信号だ。青春まっさかりの男子たちのグループがいばりくさって歩く姿はおとなを悩ませ、おじけづかせるが、彼らにしてみれば自分たちの恐怖をなんとか抑えつけているのが実情かもしれない。若者たちがどんなに不器用に、あるいは過剰に虚勢を張っていても、その行動の一部は自己防衛の可能性がある。それはヒト・バージョンのストッティング衝動からきたものともいえるだろう。

捕食行動　ステップ三――攻撃

コウモリのあなたは、不運にも発見され、評価され、標的として選ばれてしまった。驚異的なスピードで飛べるコウモリだから、あなたにはまだ戦うチャンスがある。しかし、捕食行動はより危険な後半部分に入ってしまい、ハンターのほうが優位に立っている。狩られる側として、この三番目の攻撃段階では、あなたは最後の砦に立たされる。

捕食行動のこのステップでうまくやっていくには、ハンター、獲物の双方とも、体力、体の大きさ、知力が必要となる。ハンターは選んだ標的と戦ったりその動きを封じたりできるように肉体的に強くなければならない。命をかけて抵抗する獲物の死に物狂いの力に打ち勝つために、身体能力は気力と釣り合っている必要がある。

空腹のメンフクロウが急降下する。あなたにはなにも聞こえないだろう。メンフクロウは地球上で最も静かに襲いかかる捕食者のうちに数えられる。天使の羽のような見事な翼はずば抜けて機動性があり、とても柔らかい特殊なその羽は羽音を立てないのだ。音を立てない捕食者は頭上でスムーズに波打つように動く。ほかの猛禽類のように、ぎくしゃくした動きでぱたぱたと大きな音を立てながら近づいてはこない。メンフクロウの円盤状の顔は通信衛星の受信機のような機能を果たす。[52] パラボラアンテナのようにくぼんだお皿の内側にある耳は、片方がもう一方より高い位置にあるため音を立体的にとらえることができ、標的のあなたの三次元画像と居場所を脳にインプットする。フクロウの集音装置にロックオンされたら、その攻撃を振り切るのは大変むずかしい。

えさ動物としてあなたのとるべき行動は、できるだけすみやかに捕食者との関わりあいを終わらせることに尽きる。しかし、今となってはどうすべきか？　攻撃はすぐにも始まる。それに気づいたコウモリのあなたの心臓は激しく鼓動し、筋肉に力がみなぎる。あの有名な闘争・逃走反応のひとつを選ぶときなのか。つまり、フクロウを盛大に反撃するか、あるいはさっさとうまく逃げ切るか。ところが、鳥類、爬虫類、魚類だけでなく哺乳類も含めて、えさ動物に起きる三番目の反応がある。それは、そのままでいけば失神につながる、心拍の劇的スローダウン現象だ。[53] この逆説的に見える心臓の反射は、あなたの脳に送りこまれる血液の量をたちまち減らし、体を動かなくさせる。獲物が立てる音や動きを頼りに追跡する捕食者に対して、この完全な静けさは、音の面での完璧なカムフラージュとなる。恐怖によって引き起こされる心拍数の低下反応は、ヒトもまだ保持しており、ＡＹＡ世代に起こる最も一般的な失神発作の根底にあるものだ[54]。

さて、攻撃は実行に移されている。フクロウが瞬く間にあなたに近づく。あなたの心臓はばくばくし、フクロウと闘うか、逃げ去ることができるのか？　それとも心臓の動きは一気に遅くなり、体が固まるか、失神してしまうのか？　その運命はすぐにわかるだろうが、ほとんどの場合、あなたの分は悪い。メンフクロウの狩りの成功率[55]はことのほか高く、およそ八五パーセントなのだ。一方、ほとんどの捕食者は狩りの成績が悪い。トラは狩り二〇回のうちわずか一回しか獲物を仕留められない。ホッキョクグマはもう少しよく、狩り一〇回のうち一回成功する。ヒョウやライオンの狩りの成功率はさらに上をいくが、それでも三回か四回の狩りで一回成功するくらいだ。捕食者の標的になったとわかった生きものは、こうした事実を知るだけでも気持ちが楽になるかもしれない。大リーガーのヨギ・ベラがよく言っていたように、「(試合は) 終わるまで終わりじゃない」のだ。

捕食行動　ステップ四――仕留める

捕食行動を終了するためには、ハンターは獲物を殺さなければならない。これには熟練したテクニックが必要となる。相手をすばやく殺せば、エネルギーの消費も、獲物が逃げ出したりする確率も、ほかの仲間が助けに現れたりする可能性も最小限度に抑えられる。獲物が反撃するすきを与えないようにするのは、自分がけがをしないためにも重要だ。えさ動物にとっては、四番目の段階に入ってしまうとほとんどがゲームオーバーとなる。若い動物がピンチを乗り切って無事に逃げるシーンが入ったドキュメンタリー番組が人気になるのは当然だ。そんなケースはまれだからだ。

メンフクロウはかぎ爪でコウモリのあなたの体をしっかりつかむ。つづいて、そのかぎ爪であなたの命を奪うだろう。そしてあなたをつかんだままどこかに飛んでいき、くちばしであなたの体を引き裂いて食べる。しかし、今回、コウモリのあなたは幸運だった。あなたの激しく鼓動する心臓はフクロウの襲撃を受けて、突如、急ブレーキをかけたため、脳への血液の供給が滞り、体がぐにゃりとなった。その急変に対して、フクロウはあなたをつかんでいたかぎ爪をわずかにゆるめる。すると、突如、あなたの心臓はフル稼働に転じる。時速一六〇キロの飛行能力を余すところなく使って、あなたは安全なところまで全速力で逃げる。傷は負っていたが、メンフクロウの狩りの仕方についてのとても大切な知識は得た。

捕食者からきわめて高い確率でねらわれるのは、ワイルドフッドの弱さの一端だ。それでも、自然界は動物の若者に対して、安全でいる方策を授けている。それを生まれながら持っている場合もある。また、集団の一部になることによる安全策もある。ストッティングなど不採算性の信号や上質さの宣伝のように、学んで身につけていくものもある。

しかし、こうした捕食者の行動、能力、弱点を知る必要不可欠なレッスンは、守られた安全な場所から思い切って出ていくあなたのような若いコウモリにしか与えられないのだ。コウモリでも、ほかのどの動物でも、どこかに隠れたままでは危険を徹底的に理解できない。次章は、ぞくぞくさせる――そして最も危険な――瞬間を見てみよう。それは青年が自分の恐怖と向き合うという、新たなスリリングな世界に入る瞬間だ。

第4章　自信にあふれた魚

巣立ちをどうやってするかといっても、アーシュラには自分で選べる余地はほとんどない。何千世代もの間、キングペンギンの若者は何も知らないままただ海に飛びこみ、むずかしい状況のなかで試行錯誤だけを頼りに、ヒョウアザラシの集中攻撃のなかをなんとか通り抜けようとしてきた。試行錯誤は、何かを学びとるための強力な手段となる。自分ひとりで脅威に立ち向かう自信をつけることは、ワイルドフッドの間になすべき重要課題だ。つまり、世界で安全に過ごす方法を学んでいくのは、成熟したおとなの動物になるために不可欠なステップとなる。その学びの多くは、自分で試してみてときには失敗しなければ得られない。

ただし、それぞれの個体にとっては、失敗がその後の日々を台無しにしないときだけ、効果的な学習ツールとして役に立つ。なにしろ、動物は生き長らえるのが大事だからだ。一方、ヒトの世界では、しばしば社会的危険が肉体的危機の代わりをする。ヒトは犯罪、ドラッグ、果てはソーシャルメディア上の失敗や乱用から、深刻な痛手を受けることがある。悪い評判が立っても、法律に反することをしてしまっても、あなたの人生はめちゃくちゃになるから、そうした領域でやみくもに試行錯誤して学ぼうとするのはやはり危険だ。もちろん現代のヒトの若者も、動物の若者と同じように、自分でチャレンジできることが大事であるし、そして、ときに失敗する必要がある。しかし、今日、いちかばちかの大きな挑戦をしようとしても、ソーシャルメディアを介して消せないダメージを受ける可能性があるのを考えると、試行錯誤による学習はリスクが高くなっている。

青春まっさかりの自分の子どもを危険な状況に放りこむのが心配でたまらないヒトの親たちは、多くの動物の親もやはり用心深いのを知ってほっとするだろう。ガゼルやサルは成長途上の自分の子を、チーターやヘビにぽんと任せたりはしない。自然界ではときに、試行錯誤を通じての学習は、初めのうちは親やほかの信頼できるおとながそばにいて、まず手本を見せてから始まる。

生物学者のベネット・G・ガレフ・ジュニアとケビン・N・ラランドが言及しているように、「まだうぶな若い動物は、新たに集団に迎え入れられたばかりで、……むずかしい課題にぶつかったときは、同じ種の年長メンバーとの交流から生まれる学習チャンスをうまく利用するのが賢明な生き方になるだろう(1)」。

捕食者を避ける訓練

捕食者は避けられない現実ということを、動物はこの世に生まれ落ちてすぐに知るだろう。アーシュラの両親はヒョウアザラシに対してどうしたらいいかは教えられなかったが、襲ってくる海鳥に対する適切な行動のとり方は、彼女にはっきりと見せていたはずだ。

親たちが行うトレーニングには、ただ自分たちのやることを見せるだけのものがある。子どもは親が特定の危機にどう対処するかを観察して、自分もどうするかを学ぶ。たとえば、ワオキツネザルの親は自分の子を背負ったまま「におい合戦」――ライバルグループとのなわばり争いにおいて、特別な分泌腺から出るくさい液のにおいを敵対者めがけて盛んに振りまきながら、その強烈さで相手を圧倒しようとする――に参入する。[2] 小さいときから、こうしたワオキツネザルは、(捕食者相手でないのはたしかだが、好戦的な) おとなたちが出会ってもめているときのにおい、音、その場の様子、それぞれの動きを理解する。

オオカミに襲われた母親バイソンは、自分の子どもを守るためにジグザグで進みながら敵めがけて突進する。[3] バイソンの子どもは、その間ずっと母親に守られながら、切迫した光景、音、捕食者のにおいも、母親がとる対抗策もしっかりと心に留める。母親バイソンもまた、捕食者の攻撃によって恐怖に追いこまれ、特に深い痛手を受けた経験から学ぶことがある。その後、母親はさらに獰猛に反応するようになる。オオカミに自分の子を殺された母親バイソンは、将来的にまた子どもを持つと、子どもをまだ失ったことのない母親よりも警戒心が五倍以上強くなった。悲劇的な経験によって、母親バイソンは周囲の状況を十二分に把握して、より安全にふるまうようになったのだ。

警戒声

捕食者が近くにいるのがわかると、動物は「警戒声」とよばれる声を上げる。動物界全般において、警戒声は三つの働きをする。グループのほかのメンバーに危険を知らせる。助けを求める。そして、捕食者におまえの居所はわかっていると警告を与えることだ。これまで述べてきたように、不意打ちの要素を取り除くことほど、捕食者の攻撃プランをぶち壊しにするものはない。

子どもは親のさまざまな警戒声を聞いて、その声が伝える脅威を区別できるようになる。日本に生息するシジュウカラのひなは、ハシブトガラスとネズミヘビの接近を教える警告の違いを学ぶ[4]。もし、母鳥が「気をつけて！　ハシブトガラスだよ」と叫べば、ひな鳥たちはその場にうずくまる。母鳥が「ほら、ヘビだよ！」と知らせると、彼らは巣から逃げ出す。

もちろん、動物の若者は、捕食者を追い払いほかのメンバーに緊急の助けを求めるために、年長者たちから警戒声の出し方も学んでいく。前述の全米行方不明・被搾取児童センター（NCMEC）が行った青少年誘拐に関する研究調査によれば、誘拐されるのを防ぐ有効策は、叫び声をあげて騒ぐことだった。子どもが大きな声を上げたら、近くにいるおとなはそれに気づいて助けにくる可能性が非常に高い。さらに、そうしておとなが駆けつけた事件では犯人を逮捕できる公算も大きいという。

しかし、各種の複雑な警戒声を身につけ、そうした警告をいつ発したらいいかを学んでいく間、若い動物はまちがった警告を出すことがある。そうした事情を知っているからか、おとなの動物はAYA世代の警戒声にほとんど関心を払わないし、まったく無視するときもある。たとえば、おとなのラッコは若者ラッコが大声で警告しても、身動きすらしない。ところが、ほかのおとなのラッコがホホジロザメの接近を告げる警報を出すとすばやく反応する。ヒトの親たちと同様に、ほかの動物の親も、子どもたちを助けに駆けつけるべき声なのか、それとも子どもたちはいつか命を守ることになるかもしれない叫び声をただ練習しているだけなのかを、いちいち確かめなければならない。

モビング（擬攻撃[5]）

危険に対する警戒声は賢い防衛戦略だ。しかし、自然界では、最大の防御はときに強力な攻撃の形をとる。鳴き鳥の群れがネコめがけて急降下して襲いかかったり、カラスたちがタカを攻撃したり、ジリスたちがヘビをにらみつけていたり、玄関のベルが鳴ると多数のイヌがつられたようにいっせいに吠えたりする場面をこれまでに見たことがあれば、それは非常に効果的な対捕食者戦略――モビングの現場に居合わせていたのだ。モビングとは、動物のグループが協力して捕食者を脅すために大騒ぎを起こすことである。モビングは集団全体がかかわってくる。とにかくやかましい。モビングを行う鳥類、霊長類やそのほかの哺乳類は侵入者に対して耳をつんざくような声を上げ、叫び、わめき、うなりたてる。彼らは捕食者に向かって突進し、急降下爆撃を行い、襲いかかる。モビングは派手きわまりないのだ。

モビングによって、捕食者がけがをしたり死んだりするときもあるが、捕食者が反撃に出る場合もある。捕食者の攻撃が効いて、モビングしていた個体が傷を負ったり死ぬケースもある。しかし、モビングの結果として最もよく見られるのは、捕食者が根負けして、どこかほかでもっとたやすい獲物を見つけようとこそこそ立ち去る姿だろう。

モビングは、捕食者におまえを見つけたぞと知らせる非常に強力な信号となる。あたりにいる子どもを襲うのが採算に合うかを計算している最中に、多数の怒り狂った動物が金切り声を上げて突入してくることほど、捕食者の不意打ちの要素をなし崩しにするできごとはない。そして、モビングは不採算性を強烈に示す信号でもある。ほかの場所にひとりぼっちでいる動物の若者を見つけられるのに、よりによっておとなの動物の群れに攻撃を仕掛けようとするのは、よっぽど空腹か屈強な捕食者しかいない。

モビングをしている動物を見る機会があれば、注意してそれぞれの個体を観察してほしい。ほとんどの場合、ＡＹＡ世代の動物が参加しているはずだ。モビングは現実世界の危険に対するオン・ザ・ジョブ・トレーニングなのだ。集団による代々伝わる防衛戦略に参加するのを許されて、動物の若者は捕食者を識別して行動を起こす貴重な経験を実地で積んでいくことができる。それゆえ、モビングは威嚇と安全のために行われるものだが、教育という面でも機能している。魚類、鳥類、哺乳類に関する研究からは、おとなになったばかりの動物が親や年長のグループメンバーとともにモビングに参加する機会を与えられた場合は、モビングを経験していない同年代の仲間よりも生存率が高いことがわかっている。

モビングはヒトの若者に対しても重要な教育ツールとしての働きをする。人々が集まって権威に抗議するとき、それはモビングといえるだろう。ガンジーの塩の行進、フランス革命時のバスティーユ襲撃、一九六五年のセルマからモンゴメリーまでの行進〔訳註　アラバマ州の血の日曜日事件に端を発する公民権運動〕、一九八六〜一九九一年のエストニアの歌う革命〔訳註　バルト三国の独立を目的とする一連のできごとの総称〕はすべて、それぞれは非力な個人が集まって無視できない勢力になった例だ。実際、集会の自由は突き詰めると、モビングをする権利ともいえる。そして、ミーアキャットの若者がコブラに対してモビングをしているときも、ヒトのティーンエイジャーがワシントンで行進をしているときも、彼らが親や祖父母のかたわらでやっているのであれば、重要なことを学んでいる。つまり、頼りになるおとなが強力な敵に対して毅然として立ち向かう様子をじかに見聞きできるのだ。

ピア・プレッシャーと危険を冒すこと

タイセイヨウサケが二歳になって青年期に入ると、過酷な川下りの旅に出なければならない。[6]スモルトとよばれる若いサケはそれぞれ生まれ育ったなじみの大小の川を離れ、何百キロも先の海へと移動する。しかし、サケたちの川下りのルート沿いには、空腹の捕食者が次々に待ち構えている。その捕食者の餌食にならないようにしながら、旅をつづけなければならない。川筋にはタラの仲間やウナギが潜んでいる。空からは猛禽類が急襲する。とりわけ、アイサとよばれるウミガモは細長いくちばしを投げ槍のようにサケの体に突き刺して仕留める。川岸からは、クマがサケめがけてかぎ爪をたたきつけてくる。

川をやっと無事に下ったと思うと、外海ではサケの到着を今か今かと待つ新たな捕食者——大型のシマスズキ、タラ、サメ、ハクジラ――と出くわす。海での生活は最長四年ほどで、その間に成長しておとなになる。そうした海にいる期間と、集大成として生まれた川に戻って繁殖する際に、彼らはとりわけ、ある捕食者にねらわれて命を落とす。その捕食者はほかの天敵が束でかかってもかなわないほど利口で恐ろしい。サケの燻製やサーモンステーキが大好きなあなたなら、そう、あなたもその捕食者のひとりだ。サケはヒトの巨大ビジネスになっている。

サケの養殖業者はサケが天敵を避けて長生きし、ヒトが捕らえ、売り、食べるほどの魅力的な大きさのターゲットになるよう手助けすることで、事業を成り立たせている。サケを天敵から守る方法を探っていくうちに、養殖業者や彼らと一緒にサケを研究する科学者たちは、自然界でサケの若者が自分の身を守る方法について興味深い事実を知った。

養殖の一般的なやり方では、卵からかえったばかりの野生の稚魚を川からすくい上げ、養魚用タンクのなかに移す。二年ほど飼育すると、彼らが通常、青年の旅路を始める時期となる。そして、養殖業者は彼らスモルトを再び川に放して、幸運を祈るのだ。何事もなく川を下って海にたどり着き、また無事に戻ってこられますようにと。

ところが、このやり方には問題があった。養殖されたサケは捕食者のこわさをまったく知らないのだ。それまでの暮らしでタラもウナギも見たことがない。頭上にアイサの影を感じるやいなや、その鋭いくちばしが水面深く突き刺さるのを間一髪で逃れるこわい経験もしていない。クマのかぎ爪が川の水を引き裂いたあとの波紋を感じたこともない。

したがって、人工飼育され、捕食者に出会ったことのないサケの若者が、先祖伝来の川下りの旅を始めると、自然のなかで育ったサケに比べて、途中で命を落とす確率が段違いに高いのは当然だろう。ヒトに飼われた魚は、いわばか弱き温室育ちの花のようなものだ。実際、養殖サケは容易に捕まえられ、大自然での暮らし方が明らかにぎこちなかったので、タラ、ウナギ、鳥、クマなどの捕食者は、毎年彼らが川に放流されるのを待ち望むようになった。

スウェーデンとノルウェーの科学者たちは、孵化直後から養殖されたサケでも、訓練すれば、自然界にいる天敵に対してうまく立ちまわれるようになるかどうかを調べることにした。スモルトは三つのグループに分けられた。グループ一は、捕食者のタラが自由に泳いでいるタンクのなかに入れられた。彼らは科学者の言葉を借りれば、「自分たちを襲おうとする捕食者をじかに体験」しながら、なんとか自力でやっていくしかなかった。

グループ二のタンクにもタラが泳いでいたが、大きな違いがあった。タンクの中央に透明なネットが張られ、タラはネットを挟んでサケと反対側に集められていたのだ。サケの若者は恐ろしい天敵の姿を見た。そのにおいや音も感じとることができた。タラの動きによって、どのようにさざ波や大波が立って広がってくるのかを、文字どおり皮膚で感じた。タラの毎日の狩りのリズムについてもすぐに見てとれる距離にいた。それにもかかわらず、スモルトは実際に危害を加えられる心配はなかった。タラはネットに阻まれて攻撃できなかったのだ。

グループ三はふつうの養魚用タンクのなかで、捕食者は何ひとつおらず、のんびり幸せな状態で置かれた。

この実験を行った結果、捕食者のタラに対するサケの若者の反応に、いくつかの種類があるのが観察された。タラと同じタンクにいたグループ一とグループ二は、捕食者のタラから距離を置いていた。サケの若者がうっかりタラに近づいてしまったり、タラが接近してきた場合、サケは必ずといっていいほど、その場から離れていった（捕食者に出会っていないグループ三の運命は悲惨だった。詳しくは後ほど述べる）。

「捕食者をよく知る」グループ一と二のサケは三つの逃走戦略を展開した。

捕食者に対する反応のひとつは、周囲の状況にお構いなしにとにかくできるだけ速く泳ぎ去ることだ。パニックに陥って体を左右に激しく揺らす泳ぎ方を、科学者たちは「ウォブリング（ぐらつき）」と表現した。あわてふためいた体は水面のほうに上がってしまい、隠れるところもなく危険な状態になる。ウォブリングをするのは、経験の浅い未熟な個体ということをはっきりと宣言しているのも同然だ。

それとはまったく異なる反応をした者もいた。体をぐらぐらさせながら水面に向かって上昇する代わりに、水底に潜ってじっとしたのだ。そうした行動は「フリージング」とよばれる。北欧でのこの実験では、多くのサケがタラから攻撃されるたびにフリージングの反応を示した。

ウォブリングもフリージングもしなかった若いサケは、三つめのおもしろい策に出た。彼らは仲間と一緒に集団をつくったのだ。危険を察知すると、全員が同じ方向に頭を向け、互いの距離を縮め、ダンスドリルのチームのように寸分たがわぬ動きをするようになった。この泳ぎ方は「群泳行動」とよばれ、完全に本能的な行動であるように思える。多くの魚が生まれながらにしてこの反射行動をとるという研究結果も発表されている。しかし、成功する群泳には重要な秘訣がある。群れになって泳ぐのは本能的な行動ではあるが、個体どうしで練習をしてみないことには、本能もうまく働かないのだ。ほかの仲間と隔離されて育てられた魚は、本能の引き金を引く捕食者がいないところで育てられた魚と同様に、命を守る大事な一連のわざを繰り広げられない。

　片手では手をたたけないように、ひとりぼっちの魚は群泳行動ができない。しかし、この研究でのスモルトは、群泳の安全訓練を行い、将来的に恩恵を得るために、大きな集団のなかにいる必要はなかった。たった一匹の仲間さえいれば、群泳行動が起こったのだ。

　米国海軍もブルーエンジェルスなどの飛行チームに対して、こうした同調本能に磨きをかけるトレーニングを施す。個々のパイロットは好きなだけ独力で練習できるし、シミュレーターでクラスの最高点を取れる。しかし、実際の空で編隊を組んで飛ぶにはどうしたらいいのだろうか？　パイロットは飛行機に乗りこんで実地訓練をする必要があり、それもほかの戦闘機のパイロットと一緒に飛んでみなければ話にならないのだ。

　群泳は魚類に広く見られる行動だ。魚たちがコツをつかむと、さらに複雑な連携行動がとれるようになる。それらは非常に独特で完成度が高いので、科学者たちはそれぞれに名前をつけている。魚の群泳には、「(真ん中がくびれた)砂時計」「スキター（急激なダッシュ）」「トラファルガー・スタイル」〔訳註　各個体が体の向きを次々に変えて、情報が波のように伝わる。トラファルガーの海戦で掲げられた有名な信号旗にちなむ〕「ジガー・ポール」「ドゥードル・ソック」などの名称がある。[7]

　危険に対して集団全体で同調して動こうとする本能は、鳥類でも観察される。ムクドリの大きな群れは、近づいた猛禽類に対して急降下する。哺乳類も群れをつくり、危機が迫ると暴走する。しっかりとまとまって周遊するイルカたちは、ライバルの群れとの戦いに勝つ可能性が高い。

一体となって行動するグループメンバーの生理学的リズムが一律にそろう信じられないような例は、ほかの動物だけでなくヒトにもある。コーラスを歌う人たちの心拍を調べた研究者は、彼らの鼓動のリズムが同期しているのを発見した。[8] 生理現象の同期化はほかにも、ダンスのペア、サッカーチームの選手たち、そして患者とそのセラピストの間にさえ認められている。ひとつのグループの一員となるのはまさに、個々のメンバーの生理的な働きを変化させるのだ。メンバーは一体化し、新たな、そしてしばしば機能性がさらに高まった集合体へと変貌する。

集団でいることの強み

イルカやムクドリに、水のなかや空の上でひとつの群れとなって行動するのがどんな感じなのかは聞けないのだが、同じヒトにならら尋ねられる。ほかの人と一致した動きをとると、何か情緒反応は生まれるのだろうか？

カリフォルニア大学ロサンゼルス校（UCLA）の生物人類学者で、行動・文化の進化に関する研究者であるダン・フェスラーが率いるチームは、他人と協調して動くと、感じ方が変化するかどうかを調べてみた。[9] 二〇一三年、九六名の男子学部生をつのり、簡単な課題を割り当てた。その内容は、UCLAのインドア・アリーナ「ポーリー・パビリオン」の周囲をめぐる二四〇メートル強のルートをほかの男子と一緒に歩くというものだ。学生の半分はパートナーと歩幅を合わせて同じ足運びで歩くように指示された。残りの半分は特別な注意は与えられず、パートナーとただ一緒に歩くように言われただけだった。すべてのペアは歩く最中にしゃべらないことが条件だった。

実験の参加者には知らせていなかったが、彼らの散歩のパートナーにはひそかに実験内容が知らされていた。そのパートナーはUCLAの男子学部生だったが、フェスラー教授のもとで学んでいる人類学科の学生でもあった。

二人組がそれぞれ短い散歩から帰ってくると、フェスラーたちの研究チームは彼らに写真を見せた。その写真には怒った表情の成人男性が写っていた。その後、被験者には、その写真の男の背丈はどのくらいか、どの程度たくましいと思うかという質問が出された。

研究チームは、男子たちが相手に対して手ごわさを感じる度合いを知ろうとしていたのだ。すると、その結果は明白で、興味深いものとなった。連れと足取りを合わせて歩いた学生たちは、写真の男性を小さく、男らしさに欠け、貧相だと判断した。一方、ふたりで適当に歩いた学生たちは、写真の男性を筋骨たくましく、威圧的だと感じていた。被験者に強気の姿勢が生じたのは、ただ連れがいたからではない。ほかの誰かと協調して動いたからこそ、自分の内側に強さの実感といったものがわいてきたのだ。

「ほかの仲間とそろって動けるのは、ともに即座に戦える態勢にあるということなのです」とフェスラーは述べる。「それは単なる偶然ではありません。それぞれがきちんと同じ動きをするためには、まず自分の動作をほかの人と協調させようという気になる必要があり――つまり、互いがやっていることに注意を払って、やるべきことを十分にこなせるよう練習しなければならないのです。他者との同期化は、私たちの脳の深部に刻まれます」

フェスラーの研究は、同期した動きによる別の効果も明らかにした。他者と一致した動きをしている間、男性たちは強さと無敵の感覚をより強く持つだけでなく、敵対者も彼らのことをより手ごわい相手だと「感じる」のだ。

まったく意外な話ではないが、フェスラーはほかにもやっかいな一面を突き止めた。いっせいに同じ動きをするグループの一員でいることから生じる強力な自信は、諸刃の剣となる。集団としての強さとどこからでもかかってこいという不死身の感覚は、そのパワーを乱用する方向にも突っ走る場合があるのだ。ほかの男たちと一致団結した動きをとっていると、それが抗議グループに向かって前進する機動隊や、その逆のパターンなどであれば、すぐ暴力に走る可能性が高くなる。フェスラーの言葉を借りれば、同じ歩調で歩く男たちはつい「さあ、あいつらをやっつけてやるぜ」と考えてしまうかもしれないのだ。

サケの若者は捕食者から身を守るために、防衛的な群泳行動を学ぶ。北欧のサケの研究では、集団で行動する男たちのように、群れになって泳いだサケに攻撃性が増したかどうかは調べられなかった。しかし、サケの研究がさらにおもしろくなるのはここからだ。この調査では、サケを三つのグループに分けたのを思い出してほしい。グループ一は捕食者のタラをじかに体験した。グループ二は、タラが同じタンク内にいたが、ネットで仕切られた向こう側だったので、身の安全は守られていた。グループ三は、捕食者をまったく経験していなかった。その結果、グループ一は、淡水でも海水のなかでも群れでうまく泳ぐことができた。このサケたちは捕食者とまともにかかわった経験があり、一緒になって上手に群れをつくれた。捕食者との直接的体験によって、餌食にされる危険から安全な距離を置くのを学んだだけでなく、社会的行動に関する能力も高められたのだ。

北欧の研究者たちは、学術用語の使用にまったくとらわれず、こうしたサケの若者が「自信」を持っていると表現した。命をねらうものと直接向き合ってきたサケは自信に満ちていた。報告によると、「命を脅かされる危険な状況から、前向きな成果を得て」サケたちは、将来おとなとしてよりいっそう安全に過ごせるようになった。

グループ一の、捕食者のこわさを知る魚は――ネットなしのタンクでタラと同居したグループだ――断然、自信に満ちあふれていた。タラに食べられてしまう者もいたが、生き残ったサケは集団で防衛するために仲間とすばやく協力しあうことができ、あらゆる点で一番安全に暮らせた。

グループ二は、ネットで捕食者の接近が防げたサケで、淡水ではわずかに群れをつくることができたが、海水中ではまったく群れをつくれなかった。捕食者の存在を承知しているこうした魚は、捕食者についていくばくかの経験はあるがネットで守られていたので、タンクから自然の環境に放たれると、対捕食者行動の初歩的段階しかとれなかった。

グループ三の、タラの姿を見たこともなく、捕食者のこわさをまったく知らない魚は、川に戻されると手ひどい目に遭って、最悪の結果を招いた。それまで守られてきた個体は、彼らを専門にねらう飢えた魚、鳥、クマがいるのをまったく知らずに、ヒトで言えば八歳から一〇代前半までをのほほんと幸せに過ごしてきた。捕食者に出会ったことがないため、いざ身に危険がせまると、うぶなサケたちは過剰に反応したり、見当違いの行動をとった。捕食者に対する経験のある者よりも、うろたえて水面へとばたばた向かう「ウォブリング」をする傾向が強かった。あるいは、まったく何の反応もしない場合もあった。そうした無反応は、生理学的ストレスの一形態、車のまばゆいヘッドライトに照らされたシカが金縛りにあうような、一種のパニック状態と判断された。あるいは、あわてるあまり、タラに向かって攻撃を仕掛けたりした。こうした未熟な反応をするサケは、タラにとって手軽な標的になった。

この話にはふたつの重要な教訓が含まれている。ひとつは、動物は安全に生きるためには、危険に遭遇しなければならない。捕食者に出会った経験がない若いサケのその後は、最悪の結果となった。少なくともネット越しにタラの姿を見ていたサケはまだうまく立ち回ることができた。ところが、実際に危機に直面したり、あわやというところを逃れたりすることも体験し、危険を骨身にしみるほど感じとったサケは準備万端整って、その後のおとなとしての生活をはるかに安全に過ごせるようになったのだ。

もうひとつの教訓は、青年期は孤立して過ごしてはいけないということだ。仲間がいると、自信が持てるようになる。チームとして動いて行う命を救うための複雑な行動は、まさに仲間の存在によって互いに活発になる。そうした技能を練習する機会も、お互いに提供する。孤立は動物の若者を一時的に安全にするかもしれない。しかし、仲間がいないまま大きくなった動物は、現実世界で必要な身を守るためのスキルを身につけることができない。そして、後に述べるように、この教訓は魚だけでなく動物の若者全般に当てはまるのだ。

この実験でサケが学んだ（あるいは、学ばなかった）教訓は、力強いメッセージを伝える。仲間と一緒に過ごした動物の若者は、より安全になる。その理由は実にシンプルだ。仲間の成功と過ちを観察することによって、可能性と脅威について両方の情報を集められるからだ。青年期の動物たちはその生涯において、まわりのおとなに心配と悲しみを与えるかもしれないが、それでも危険をともに冒すことで最も役に立ち重要な経験をすることができる。

第5章　サバイバル・スクール

一二月のその運命の朝、凍てつく海に最初に飛びこんだペンギンの一羽がアーシュラだったかどうかはわからない。ただ、通常、海の手前には留まっているペンギンの群れがいて、思い切ってジャンプした最初のペンギンたちがどうなるかをじっと見つめている。もしヒョウアザラシが現れて仲間を襲いにかかったら、待機していた群れは旅立ちを延期して、しばらくは飛びこむのをやめるだろう。たいていの動物と同じように、ペンギンは一緒に過ごす仲間から安全に暮らす方法についてたくさんのことを学ぶ。仲間の存在あっての社会的学習は、地球上で最も効果的な学習手段のひとつといえる。(1)

トリニダード島の川に生息するグッピーの若者たちは、捕食者のいない安全な川から捕獲されて、天敵だらけの環境に移し換えられた。(2)ご想像のとおり、捕食者に出会ったことのないグッピーは、川で生きる知恵があって敵をよく知っているグッピーと比べて餌食になる率が高かった。しかし、うぶな魚も、経験を積んだ仲間が捕食者と遭遇したり危険を避ける様子をしばらく観察するチャンスが与えられると、知恵がついた。それまで捕食者と直接関わってこなかった魚も、少し経つと、対捕食者行動をとれるようになったのだ。これらのグッピーは、経験値の高い仲間の行動を見たり、一緒に過ごすことによって学ぶことができ、より安全な暮らしができるようになった。

経験豊かな仲間から学ぶ機会がある動物は、危険に関する情報のやりとりもこまめにしだす。かつては親のよびかけに個別に応じていただけだが、仲間と互いに情報を伝え合うようになるのだ。もちろん、同じ年ごろの仲間は「してはいけない」ことの貴重な実例も示してくれる。同輩の身に起こった悪いできごとは、魚類、鳥類、哺乳類にとってこれ以上はありえないほどの厳しい教訓をもたらす。

二〇一七年四月、ハーバード大学に入学を許されて二〇二一年期生（卒業年次）になる予定だったある学生たちが、それぞれ一通のメールを受けとった。(3) 彼らがフェイスブックで「ときにはマイノリティグループをターゲットにした、性的に露骨なネットミームやメッセージ」をやりとりしていたことが、入学事務局によって確認されたのだ。少なくとも一〇人の学生がハーバード大学の入学許可を取り消された。

ハーバードに志願したこの学生たちは他者への思いやりに欠けていたのに加えて、世間知らずだったと考える人もいるかもしれない。しかし、二〇一七年に高校を成績優秀で卒業しようとしていたのだから、オンライン・ハラスメントをしたら現実世界でどのような結果が待っているかぐらいは、おそらく十分にわかっていただろう。それにもかかわらず、彼らはやってしまったのだ。

投稿しようという決断で命を絶たれたわけではないが、ネット上での行動は彼らの現実の人生を永久に変えてしまった。しかし、彼ら自身の人生が変わっただけではない。それは、ニュースを知った大学入学志願者やそのほかのソーシャルメディアを利用する若者に対する、公的な警告としての役割も果たしたのだ。最悪の事態となった者の例をつぶさに知るのは、厳しいが非常に有効な教訓を得ることにつながる。

　仲間がひどい目に遭うと、そこから動物の若者は何かしら学ぶ。そうしたなかでも最も恐ろしく多くの場合悲劇的な状況とは、同じグループメンバーが死んだときにその場に居合わせることだろう。青年期グループを専門に扱うセラピストによれば、車の衝突事故で自分の友人やクラスメイトが巻きこまれて死んだのを知っただけでも、その直後から若者の車の運転は慎重になるという。大事な人を失うといった経験は絶対にないほうがいいに決まっている。しかし、若い仲間の人生が途中で断ち切られるのを目撃したり、その知らせを聞くだけでも、捕食者のこわさを知らないヒトの場合でも厳粛な学びの機会になる。その結果、車の事故や火事で危ない目に遭わないようにするのを学んだり、飲酒やドラッグ使用について十分慎重に考えるようになったりもする。

　ムクドリに関するある研究によれば、仲間がフクロウに捕まってもがいているのを見た若鳥たちは、フクロウを避けるようになった[4]。さらに、若い魚でも、目前に捕食者がいなくても仲間がこわがっているのを見ただけで、危険に気づく力がたちまち身につくようになった。視覚だけでなく、ほかの感覚を通して教訓を得る場合もある。「恐怖物質（警報物質）」とよばれるにおい分子のカクテルは、傷ついた魚のちぎれた皮膚やうろこから放出される[5]。別の魚が近くの水中にいる場合は、災難に見舞われた仲間の恐怖と悲劇的な最期のにおいを文字どおりかぐことになる。まさにほかの魚の不運から、自分たちの命を奪うのはどんな存在かを学ぶのだ。

　ヒトの親たちが、自分の子どもに仲間が悪い影響をおよぼすのではないかと心配するのは無理もない。ピア・プレッシャーによって、子どもは残念で危険な決断をするときがあるからだ。しかし、仲間の経験から学ぶ社会的学習は、ほかでは手に入れられない重要なレッスンを若者に授けてくれる。

親はそうしたレッスンを与えてやることができない。それは簡単な理由、年を取りすぎているからだ。親が突然われを忘れ愚かなことをしでかすだろうか？　子どもがそれをしっかりと目撃し、恐怖に震え上がって、そんなことは絶対やるまいと誓うような事態になる？　そんな可能性は、親の年齢と良識が邪魔をするために非常に低い。さらに、これは現代の親に特有の問題でもある。子どもは、今の親たちが成人したころは存在もしていなかったデジタル世界に踏みこんでいるのだから。そこで、仲間からの学習がいっそう重要になってくる。もともとリスク回避型の用心深い若者――たとえば、バイクには乗らないようにしているとか、いっときの感情に駆られてソーシャルメディアに投稿したりするようなことはしない若者――にとっても、誤った行動がもたらす現実の結果を目の当たりにすることで、まずい行動に対する嫌悪感がさらに強化され、引きつづき安全に生活できる。

ピア・プレッシャーは、ヒトのＡＹＡ世代の生活にぞっとするような負の影響を与えるものとしばしば位置づけられてきた。しかし、懸念材料として取り上げるだけでなく、異なるレンズからのぞいてみるのもいいかもしれない。これは動物の社会的学習のひとつで、あらゆる場所で見られる行動であり、動物の若者に安全な生き方を教えるための貴重な戦略ととらえられないだろうか。

捕食者を探索しにいく

自然界では、命を失いかける場面があるのは、避けられない現実だ。危険はそこかしこにある。若者はただでさえ何も知らず、経験に乏しく、弱点だらけだ。それなのに、なぜ不必要なリスクを冒して、自分の命をさらに危うくするのだろうか？

簡単に言えば、より安全なおとなになるためだ。動物の若者の多くはもともと危険に向かって進む生きものなのである。ときには危険をわざわざ探し出すことまでして近づくのは、それが危険とはどんなものかを知り、危機に陥らないようにする方法を学ぶひとつの手段となっているからだ。直感と相容れないこうした行動を指す専門用語は、客観的であると同時に心に訴えるものがある。それは「捕食者検分《プレデター・インスペクション》」である。(6)

リスクを過小評価してしまうヒトの若者のように、ほかの動物も若者のときは脅威を見分け評価する経験がほとんどない。捕食者を調べにいくのはそうした経験を得るひとつの方法だ。

メンフクロウに追いかけられたベルベットオヒキコウモリを覚えているだろうか？　コウモリたちは捕食者に発見されたと気づくと、遭難信号を発する。警告を聞くと、ほとんどのコウモリは自分の身を守るためにその場を飛び去る。ところが、AYA世代のコウモリは違う。彼らは危険「めがけて」まっすぐ飛んでいくのだ。

この行動は、パナマのバロ・コロラド島にあるスミソニアン熱帯研究所の科学者たちが観察した。彼らは前もって録音していたコウモリの遭難信号を再生し、どんなことが起こるかを確かめたのだ。

科学者たちの出した結論によると、危険に向かって飛んだＡＹＡ世代のコウモリは、仲間を助けるために近づいたのではなかった。それは利他的行為ではない。若者たちは調査飛行に出発したのだ。その飛行の目的は、コウモリにとって命取りとなる最大の脅威――非常に危険な存在であるために、おとなのコウモリが恐怖のあまり警戒声を叫びたてるほどの――フクロウという捕食者について、情報を集めることだった。

捕食者の探索において、仲間の影響は重要な役割を果たすことがある。そして、経験を積んだ仲間とグループを組むのは、安全を学ぶための究極の戦略なのかもしれない。小型の淡水魚ヒメハヤについての研究では、ヒメハヤの若者は、彼らの捕食者キタカワカマスの模型に対して、一匹では決して近寄ろうとはしないことがわかった。[7] しかし、何匹かグループになって動く際は、模型を調べに近寄って、じっくり観察できた。

キタカワカマスの知識を仕入れたばかりのヒメハヤたちは、大きな群れへと戻った。すると、ヒメハヤたちは残らず態度が変わったのだ。彼らはより危険を自覚し、より用心深くなった。採食行動は手あたり次第の動きからよく練られたものになり、それに加えて、彼らの行動は状況の変化に敏感になった。もはや捕食者のこわさを知らない魚たちではない。危険についての知識を身につけた魚が、それをまだ体験していない群れに戻ったときに、非常に興味深いことが起こったのだ。何も知らないはずの魚が、探索を終えた魚のようにふるまい始める。自分の目で捕食者を見たわけではないのに、まだ脅威を知らない魚は、戻ってきた偵察者から知識を得た。リスクを冒した後に生還した魚たちと一緒に過ごしたことで、残りの群れは利益を得たのだ。

捕食者を探索する行動は、魚類、鳥類、多くの有蹄類で観察される。ほっそりした体のトムソンガゼルは空腹のチーターのそばまで飛び跳ねていき、(8) 好奇心いっぱいのミーアキャットはコブラの攻撃可能ゾーンの内側で群がり、カリフォルニアラッコは多数集まってホホジロザメに近づく。やり方にはそれぞれ違いがあるが、捕食者を調べる行動に関して、それを行う種には必ず当てはまる三つの要素がある。ひとつめは、AYA世代の動物は捕食者を調べにいく傾向が著しく高い。ふたつめは、捕食者を探索するのは危険であり、ときに命を失う場合がある。当然のことながら、調査に出るなかでも若者が最も危ない。ある研究によると、トムソンガゼルの若者がチーターを調べに近寄った際は、四一七回に一回は攻撃されて殺された。一方、おとなのガゼルは若者より一〇倍以上安全で、近寄っても五〇〇〇回に一回の割合でしか、チーターの餌食にならなかった。そして、最後の三つめは、捕食者を調べに出るのが危険なことははっきりしているが、もし生還したならば、長い目で見て、より安全に暮らすのに役立っていくのだ。

捕食者調べの行動がこんなにも多くの種で見られるのは、目的や効用があるからだろう。単に命を落として終わりであれば、そんな行動はすぐに消滅していたはずだ。安全性が高まるひとつの理由は、えさ動物が近づくと、しばしば捕食者のほうがその場から退却するか去ってしまうからだ。そのうえ、ヒト以外の動物の若者にとって、捕食者を調べにいく行動はさらなる特別な役割がある。それは自分たちの生息環境に存在する危険についての重要な情報が手に入る点だ。調べにいけば、捕食者との直接的体験が得られる。それは、もくろまれたニアミスである。

現実世界の危険について学ぶことが、捕食者を探索する動物の行動の根底にあるとすれば、ヒトの若者が、危ないことを扱う力をまだまだ備えないうちからおとなの活動に関心を向けるのは、ヒト・バージョンの、捕食者調べの衝動に駆られた結果でもあるかもしれない。捕食者を調べにいく行動が適応的であるのを理解するところから始めないと、自然界におけるこの行動が持つ機能のルーツがみえてこない。そして、なぜヒトの若者がそんな行動をとるのかが十分にわからないだろう。若者が冒す危険のすべてが、個性を求めて反抗しているわけではない。同様に、危険な行為なら何が何でもすべて防がなければいけないというものでもない。

動物の若者が、さんざん危ないと教えられてきた捕食者に対してさえ、それがどんな危険かを近づいて調べることを考えると、なぜヒトの一〇代が、偽のIDを手に入れ真夜中に家を抜け出してバーやナイトクラブに行くのかもわかるのではないだろうか。ヒトの祖先にあたる動物の若者がそうだったように、親や所属する集団が若者を守ろうとしてきた捕食者そのものに、彼らはあえて出会おうとしているかもしれないのだ。米国ではホラー映画の興行成績が急速に伸びており、その観客の平均年齢はほかのジャンルよりも低い。

若者が暴力的でぞっとする代物に病的なほど心を奪われ引きつけられもするのは（それがそら恐ろしい犯罪の実録物であろうと、ジェットコースターの命がけの恐怖の落下コースであろうと）、それはもしかしたら、普遍的に見られる捕食者の探索行動と社会的学習が、現代人バージョンとなって現れたものなのかもしれない。ホラーコンテンツへの若者の関心を、社会科学者は人類学で使うような用語を用いて「現代版の成人式体験」と評している。若者は仲間に対して、おとな並みの自制力を見せつけながら、人工的につくり出された危険に落ち着いて対処できるところを示す。ところで、世界各地の成人式の通過儀礼でも、若者は同様に勇気を証明しなければならない。スマトラ島の西にあるムンタワイ諸島に住む少女はおとなになるために、歯を鋭く削る大変痛い歯研ぎの術を受ける。そして、南米アマゾン川流域のサテレ＝マウェ族の若者は、何千匹もの刺されたらたいへん痛いサシハリアリが詰まった手袋を一〇分間はめていなければならない(9)。そして、その恐怖を顔に出さないことが、儀式の一環なのだ。

が、その一方で、若者がホラーコンテンツに魅せられるのは、対捕食者行動とも関係があるのかもしれない。驚愕反射などを起こして敵の捕食行動が開始されないように、ぐっと平静を保てるようになれば、自分の身を守る効果が上がるだろう。とはいえ、犯罪・流血事件・成人向けコンテンツにどうしようもなく引きこまれるのは、世界に存在する危険について学ぼうとする、若者のもって生まれた本能がそうさせているというのがより説得力のある解釈だ。

コンピューター画面であれ映画館のスクリーンであれ、イヤホンを通してであれページをめくるのであれ、青年たちはいずれも、現代に生きるヒトが抱えるおもな恐怖――連続殺人鬼、大量殺人犯、大規模な気候災害、薬物中毒、テロリズム――と直面する。まるで実体験のように感じるビデオゲームに若者が夢中になるのも、動物の若者がチーターやフクロウに近づいていく理由とつながりがあるのかもしれない。仮想世界のなかではあるが、そうしたバーチャルゲームで現代の若者は銃撃・爆発・拷問・麻薬・高速走行車両の衝突事故などによる死の状況に至近距離で身をさらすことになる。

捕食者を調べにいく行動によって、若者は実際に危難に遭わなくても危険なことについて学ぶことができる。若者がおとなの世界の現実に関心を持っても、純真さが失われることは少ないのかもしれない。それよりも、命を救う、安全に関する知識を得る面のほうが大きな意味を持つだろう。

安全の次は――毎日を生き延びる

「若い雄の個体は栄養不良でやせており、各部に軽傷が認められた。後脚も含め体の後ろ半分はエボシガイ類が付着しており、長期間にわたって海中にあったものと思われる」[10]。この記述は、思いもよらぬ運命をたどったヒョウアザラシの若者に関するものだ。それは、子ども時代を過ごした南極大陸周辺の生息地から、二〇〇六年九月に独り立ちを始めたものの、生き延びられなかった何百頭ものヒョウアザラシの一頭だった。

ヒョウアザラシも、アーシュラとその仲間を含めたペンギンたちを恐怖に陥れる暮らしに入る前は、柔らかで無防備な、思わず抱きしめたくなるほどかわいい子どもアザラシだ。ほかの哺乳類と同じように、乳を飲んで母親に寄り添い、母さんの温かい毛皮のそばで守られ、生きていくうえでの大切なレッスンを受けていく。少し経つと、アザラシの子どもは若者へと育つが、捕食者のこわさを知らず、経験不足ですきだらけの状態だ。子ども時代を抜け出たばかりのヒョウアザラシは、生きるために必要な四つの重要なスキルを最初は知らない。体は大きいのに未熟で、弱い立場にあるヒョウアザラシが、安全に生きる・自分たちのヒエラルキーのなかをうまく渡っていく・性的なコミュニケーションを図る・自力で生きていくといったことを学んでいくのは至難のわざだ。そして、捕食者の餌食となるペンギン、コウモリ、ガゼル、オジロジカと同じように、彼らを狩る立場のヒョウアザラシ、フクロウ、チーター、キツネ、オオカミなど、不慣れなハンターの若者は大きな体にわずかな知恵しか持たないワイルドフッドの間、命を失いかねない危険のなかにいる。

ヒョウアザラシの若者たちの悲運からは、ぜひ考えてほしい生態学的事実が浮かび上がる。襲われて餌食になるのは恐ろしく、致命的ではあるが、ワイルドフッドのほとんどの動物をひそかにつけねらう真の脅威は、飢えなのだ。狩りの方法を習得していないヒョウアザラシは、青年期を乗り切れないだろう。自然界に生きるアーシュラたちペンギンも同様だ。捕食者もえさ動物も若者にはこの共通の敵、飢えが待ち構えている。第四部で述べるように、飢えを回避できれば、その直後からずっと将来にいたるまで、すなわち自立して最初の食事から生涯最後の食事まで、生き残れることになる。ワイルドフッドの間、えさ探しや狩りがどれほどうまくできるようになるかがきわめて重要なのだ。

お腹の空いた動物はどうしてもリスクを冒しがちになる。せっかくの隠れ場所から空腹に駆られてどうしても出てくる。もっといい選択肢の食べ物があるのに、その場所を知らない（あるいは、グループの年長の優勢なメンバーによって、そこに行かせてもらえない）ときは、質の悪いものを食べざるをえない。毒があるとは知らないで、それを食べる場合もある。そして一番腹ぺこなのはしばしば青年期の動物なのだ。

ここまで捕食者についての話を読んだあとで聞けば驚くかもしれないが、実は、ペンギンの研究チームがアーシュラたちを追跡したのは、彼らがいかにヒョウアザラシを避けるかを調べるためではなかった。実際は、分散したペンギンの若者たちがどこでどのように自分でえさを食べるようになるかを知るために、調査計画は立てられた。科学者たちが言及しているように、分散期は「採食行動に不慣れないため、個体の死亡率が上昇する可能性がある時期」だ。[11] クレメンス・ピュッツが率いる国際研究チームは、「経験の浅いキングペンギンは……徐々に時間をかけてえさをとる技量を磨く」と結論づけた。言い換えれば、ペンギンたちは自力で食べていく方法を学ばなければならないのだ。そして興味深いことに、ペンギンの場合、そうした学習は、まわりにおとながおらず、仲間と一緒にいるときに行われる。アーシュラとタンキニとトラウデルといったペンギンの若者は自ら親もとを離れ、同じ年齢の仲間とともに、えさをとって食べる方法を学び、スキルを高めていった。その後の彼らには、成熟したおとなとの資源を巡る争奪戦が待っているのだ。ピュッツは私たちに次のように述べた。「ペンギンたちはどうしても学ばなければなりません。潜水行動に磨きをかけなければなりません。採餌の技能や、息を止めたり水面に浮上するといった生理的なスキルを向上させる必要があります」

ヒョウアザラシから捕食される立場であるにしても、ペンギン自身も立派なハンターだ。それでも、魚をさっと捕まえてオキアミを上手にすくいあげられるようになるのに、何カ月も練習しなければならない。自分のために、そしてひいてはほかのメンバーのために良質の食べ物を獲得できる頼もしい狩りの名手には、一夜にしてなれるものではない。

終わりはいつも新しい始まり

アーシュラが海に飛びこんだとき、彼女の両親が何を思ったかを知る手立てはない。生態学者でペンギンの専門家であるビル・フレイザーによれば、彼が観察したペンギンの親たちは子どもが旅立つときも、ほとんど顔を上げようともしなかった。[12]

しかし、ちょっとの間そのことを考えてみよう。初めて親もとを思い切って離れるヒトの子どもとまさに同じように、アーシュラにも父さん母さんと一緒に暮らしていた時期があって、文字どおり口(くちばし)移しで食べ物をもらい、ぴったりと寄り添って寒さや貪欲な海鳥の攻撃から守ってもらっていた。そして、ついにアーシュラが海に飛びこんで泳ぎ去るときが来た。その特別な瞬間を生じさせる何かが起こったのだ。私たちの知る限り、アーシュラの親たちは、「見て、アーシュラが行っちゃう。がんばれ！」などと言いながら、ペンギンとしての誇りを持って彼女の出発を見守ったりはしなかった。あるいは、ヒトの親が運転を習いたての子の車に同乗して、「さっきの角はもう少し小回りしなければ」と講評するように、アーシュラの潜水のわざに批判的な目を向けることもなかった。さらに、希望と喪失感を併せ持ちながら、巣立つ子どもに別れの手を振るヒトの親のように、アーシュラの親たちが水辺に立ちつくすこともなかった。羽が生えそろったアーシュラの肩が海のほうへと向かい、その姿がどんどん小さくなっていくのを見つめる間、親の頭のなかでは「無事でいて、無事でいて、無事でいて」と何かにすがるように静かに祈る声が響き、心が絞めつけられそうになる、という事態にはならなかったのだ。

親であることのつらい真実は、子どもが注意深い親の保護下からいったん抜け出てしまうと、親たちは子どもの運命をほとんどどうすることもできないことだ。親は子どもを永久に守れる能力を、精神的にも肉体的にも持っていない。さらに、AYA世代が危険から自分の身を守るすべを学ぶためには、その危険に突き進まなければいけないという皮肉な事実によって、その真実がいっそう痛切に感じられる。実際、子どもをあまりに長く保護したまま捕食や危険や死について学ばせないのは、まさしくヒトでもほかの動物でも、親がおかす最悪の過ちとなりうる。

過度に保護された環境で育てられた動物の子どもは、おとなになって安心して暮らすために必要な技能を学ぶ機会が奪われている。危険を経験する機会がなくなるのは、生きていくうえでの損失だ。成長には危険がつきものなのだから、両親も子どもたちも脅威を無理やり避けてばかりではいけない。安全のなかにだけいると、捕食者のこわさをまるで知らないおとながおできあがり、これは非常にまずい事態となる。

ヒトの親にとって、世話と保護をつづけるか、支援をやめて自立を促すかという、子どもに対する態度を巡る葛藤は、よくて途方に暮れるし、悪くすると悲惨なことになりかねない。子を過保護にしようとするか、あるいは放任しようとする矛盾した親の衝動は、子どもが成長した体になってもまだ乏しい経験しか持たないという、普遍的な事実に根ざしている。ここで、ヒトの親が動物の生態から引き出せる教訓がある。それは、それぞれの状況でどの程度子どもを守るか、正確なさじ加減は誰にもわからないということだ。理想的な親子の距離の取り方をめざそうとするならば、各々の子どもの強さと弱さ、そしてその土地の環境条件に合わせて調整しなければならない。

たとえば、捕食者がいっぱいの非常に危険な環境では、動物の親たちは子どもがおとなになりかけてもまだ保護を与えていることが多い。資源が大変少ないところでは、おとなになった子に、親が土地と食べ物を依然として与えつづける場合もある。一方、より安全な環境で、資源も多く手に入るときは、長期にわたる保護と資源提供は不必要なだけでなく、子どもの発達を妨げる。その子はおとなになっても、恵まれた環境を最もうまく利用できる有利な立場に立てなくなる（子どもに対して長期化する親の保護、および、子どもの自立を促す方法については、第四部で詳しく述べる）。

サウスジョージア島のキングペンギン二〇〇七年期生には、卒業式やスピーチといった晴れがましい行事はなかった。アーシュラの親たちは差し入れの小包や励ましの言葉を連ねたメールも送れなかった。しかし、仮にできたとしたら、アーシュラの親たちには、あるいはどんな親でも、捕食者と出会ったことのない子どもに知っておいてもらいたいいくつかの注意事項がある。

一　あなたは若くて輝いている。そして若さにはほかの者の関心を引きつける不思議な力がある。つまり、あなたはすぐにねらわれてしまう。

二　あなたはうぶで無防備だ。経験不足は命を危うくし、特に慣れない環境にいるときは確実に命取りになることが多い。

三　あなたには選択肢がある。身の安全を守るために、危険性を多めに想定し、捕食者が出没しそうなエリアに近寄らず、害をおよぼそうとする相手についてできるだけ知識を身につけ、注意深くふるまうことができる。「ストッティング」をして、不採算性の信号を発し、あなたを襲おうとする敵が立ち去るように仕向けよう。

四　最後は、友だちをつくろう。大勢でいれば安全だ。仲間が正しいことをしたときも、へまをやったときでも、そこからあなたはたくさんのことが学べる。

二〇〇七年の一二月の日曜日、アーシュラは海に飛びこんで、命がけで泳いでいった。その旅立ちの最初の日、彼女は無事だったのだろうか？　ピュッツはその答えを知っていた。イエス！　アーシュラはやり遂げた。そしてタンキニとトラウデルもその日を切り抜けた。統計上は、分散した若者の三分の一は命を落とすはずなのだが、初日の三羽は全員、待ち構えるヒョウアザラシのそばを無事に通り抜けた。ペンギンに装着した電子機器からの追跡データによって、ピュッツはその後三カ月間、アーシュラの居場所を知ることができた。彼女はえさが豊富な南極大陸沖の海域へとまっすぐ南に向かった。ほかのペンギンの若者グループと一緒に、一日に約一〇キロメートル泳いでいき、その間、魚やオキアミのとり方を学び合った。

三カ月後、アーシュラからの信号が途絶えた。ピュッツは彼女に何が起きたのかはっきりとはわからないが、無線タグが単に落ちてしまったのだろうと話した。アーシュラは捕食者についての知識を十分に得て、おとなになる旅へと順調に乗り出していた。仲間とともに移動し、自分でえさをとれるようになったキングペンギンは通常、四、五年かけて南極海を泳いでまわって経験を積んだ後、繁殖のためのコロニーで生活する。

ペンギンの若者にとって、そしてあらゆる種のAYA世代の前には、おとなになるということが、興奮と危険に満ちた広い外海のような巨大な姿になって立ちはだかっている。若者とはもともと危険を過小評価し、衝動的に大ばくちに出たりもする生きものなのだ。しかし、もし思い切って飛びこまなければ、成熟したおとなとして生き延びるのに必要な経験は絶対に得られない。ただし、経験を得るには大きな犠牲が伴うことがある。これがワイルドフッドにおける安全についての逆説だ。世間知らずは命にかかわる。一方で、身を守るために必要な経験を得るのも命取りになることがある。未経験によって一巻の終わりになる恐れのある危険な世界では、まずは、賢い取り組み方があなたの命を救うだろう。つまり、親から、仲間から、さらに忘れてはならないのは環境から、できるだけたくさんのことを学ぼう。それからだ。ときは満ちた。さあ、飛んで。

第II部 STATUS（ステータス）

ヒトとヒト以外の動物は、社会的地位のヒエラルキーのなかでうまくやっていくことを習得しなければならない。そのヒエラルキー社会では、しばしば特権を持つ者たちが優遇される。ワイルドフッドの間に、所属集団のルールを学べるかどうかで、十分にえさを食べられるか飢えるか、安全に暮らせるか危険に追いやられるか、集団に加わるのを黙認されるか、遠ざけられるか、孤立するか、あるいは成員として認められるかが決まる。

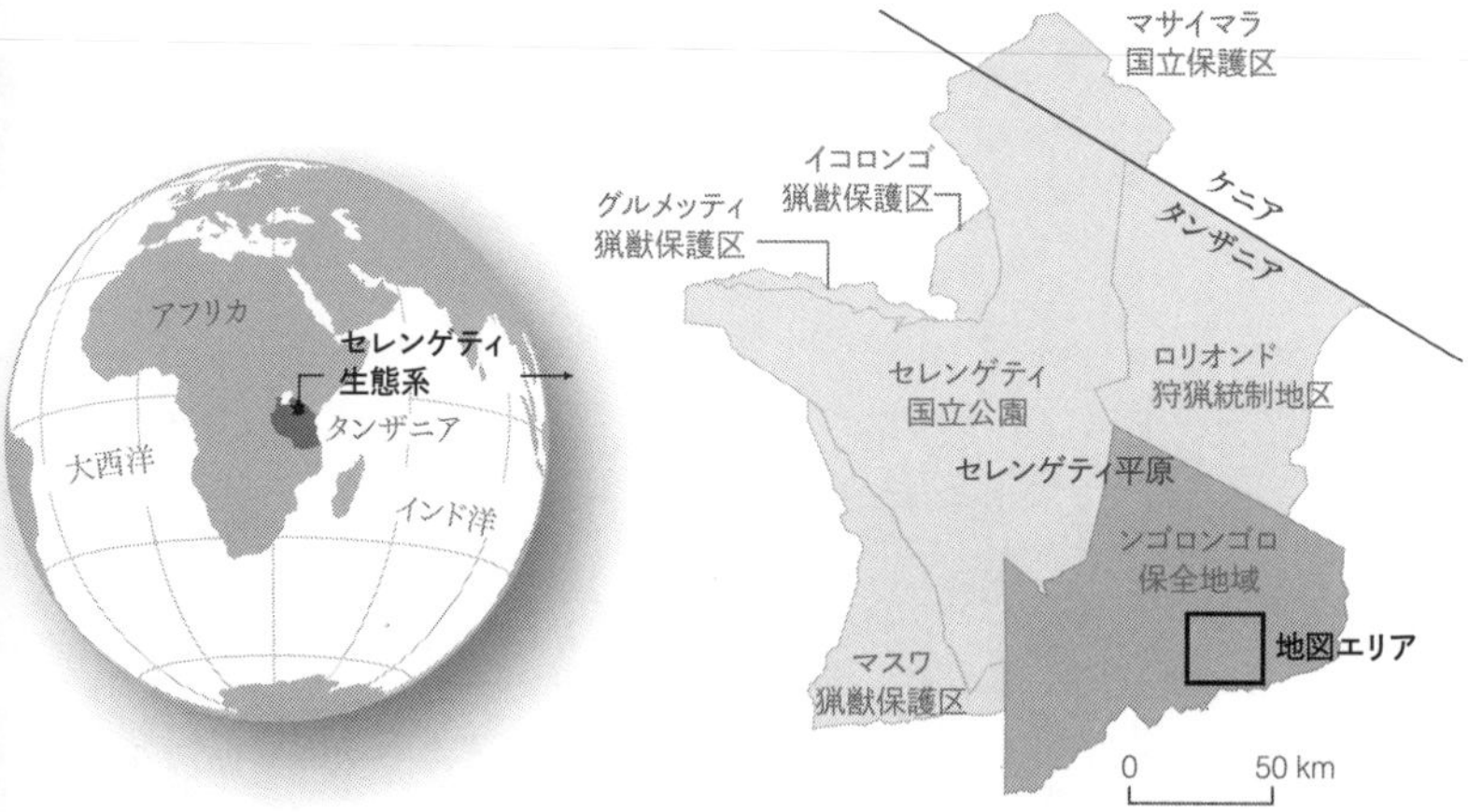
アフリカ
セレンゲティ
生態系
タンザニア
大西洋
インド洋
マサイマラ
国立保護区
イコロンゴ
猟獣保護区
グルメッティ
猟獣保護区
ケニア
タンザニア
セレンゲティ
国立公園
ロリオンド
狩猟統制地区
セレンゲティ平原
ンゴロンゴロ
保全地域
地図エリア
マスワ
猟獣保護区
0
50 km

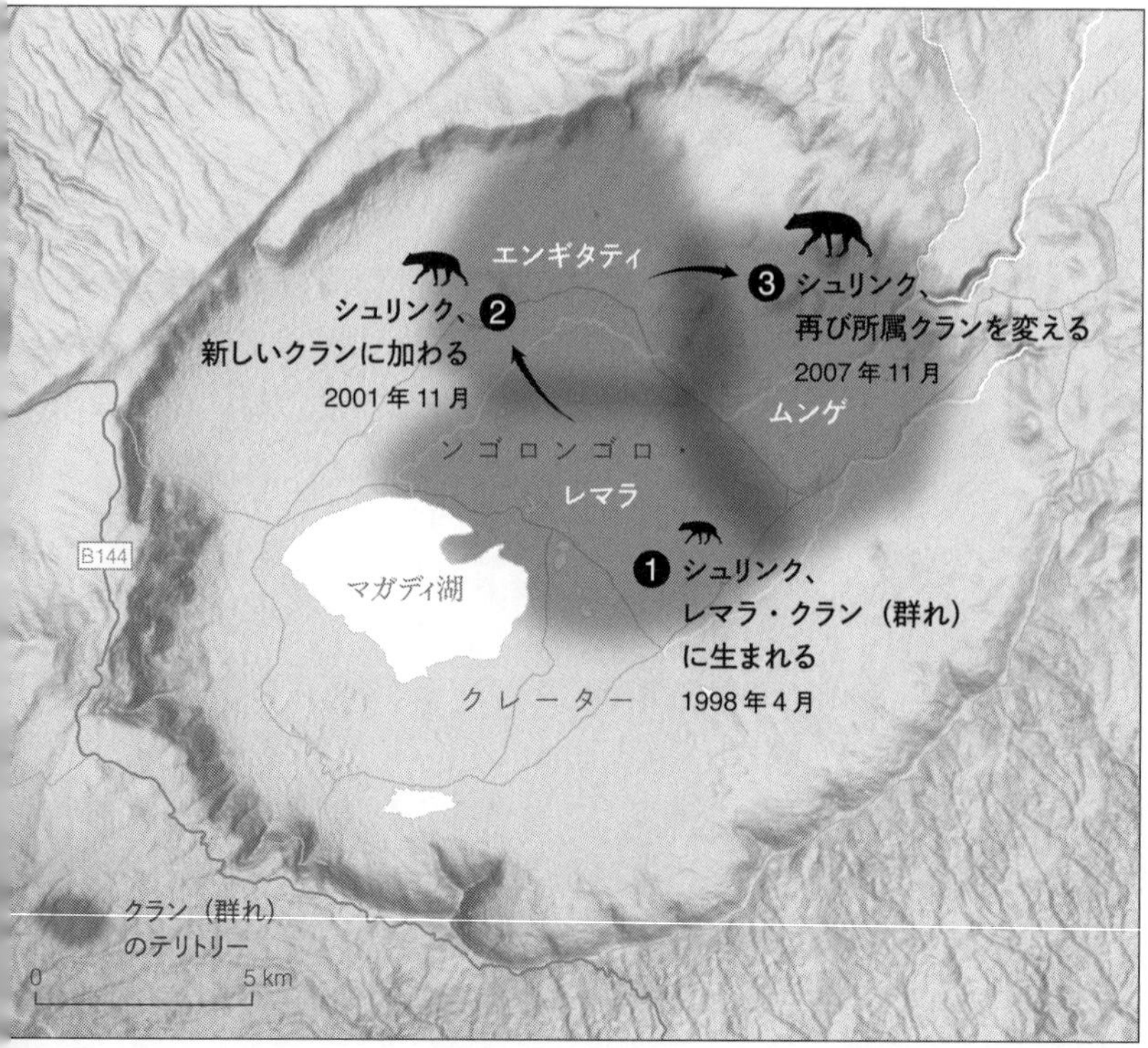
エンギタティ
シュリンク、
新しいクランに加わる
2001 年 11 月
3 シュリンク、
再び所属クランを変える
2007 年 11 月
ムンゲ
ンゴロンゴロ・
レマラ
B144
マガディ湖
1 シュリンク、
レマラ・クラン（群れ）
に生まれる
1998 年 4 月
クレーター
クラン（群れ）
のテリトリー
0
5 km

シュリンク、特権を手に入れる

第6章　評価される時期

ハイエナの赤ん坊はつやつやした黒い毛並みと輝く目を持ち、ラブラドール・レトリーバーの子どもとコアラの子どもを混ぜ合わせたような顔をしている。シュリンクはそうしたハイエナとして生まれてきたが、仲間の赤ん坊とひとつだけ違っているところがあった。彼の左耳は形が変だったのだ。上の縁が内側に少々丸まって、耳がハートの形になっている。シュリンクはその耳のおかげでほかの子とは違う粋な雰囲気を漂わせていた。彼はちょっと特別に見えたのだ。

しかし、客観的に見れば、シュリンクは決して特別な存在ではなかった。彼は一九九八年、タンザニアのンゴロンゴロ・クレーターにすむブチハイエナのクラン（群れ）のなかでも低い地位の母親から生まれた。その結果、シュリンクは最下位の子どもハイエナとして位置づけられたのだ。ひっそりとこの世に生まれ落ち、ハイエナ社会の底辺でずっと苦労しながら生きていき、誰も彼について何ひとつ知らないまま死ぬはずだった。ところが、運命は違うふうに開けていった。地球上で最も厳しいヒエラルキー社会のひとつとされるハイエナ集団のなか、逸脱しようものなら強力な制裁が待っているところで、圧倒的に不利な状況にもかかわらず、シュリンクは強い意志を持ち、カリスマ性だけでなく創造力も併せて駆使して、自分で自分の生きる道を切り拓いていった。

雄であるシュリンクは、生まれながらに底辺層に組みこまれた。ハイエナのほとんどのクランは雌が支配し、高位の雌の娘が、その母親の社会的ステータスを引き継ぐ。(1) 雄も母親の地位を引き継ぐが、成長してほかのクランに移ったときは、それまでの地位を失う。ハイエナ社会では、最下位のメンバーはいつでも、途中でよそから加わった雄たちだ。

ハイエナは集団内で自分の居場所を得るために、いつでも戦える態勢で生まれ出てくる。あらゆる肉食類のなかで、ハイエナだけが生まれた日から目がパッチリ開いていて、競争相手を見るのに都合がいい。(2) そして前歯も生まれたときからしっかりと生えていて、かみつく準備ができている。シュリンクは産声を上げたときから戦う構えはできていて、それは彼にとって幸運だった。というのは、彼がこの世に姿を見せるのを、双子の姉が待ち構えていたからだ。姉は先に生まれたという点で有利な立場に立ち、母親の乳をできるだけ早く吸って栄養をたくわえ、戦いに備えていた。姉はシュリンクをすぐさま攻撃にかかり、二匹は母親の乳を吸うのに一番よい場所を得ようと取っ組み合い、爪でひっかき合った。

シュリンクの話は、スイス系ブラジル人の生物学者、オリバー・ヘーナーから聞いたものだ。(3) 彼はベルリンを拠点とするライプニッツ動物園野生動物研究所に所属する専門家だ。二〇年以上の間ヘーナーと同僚の動物学者たちは、毎年タンザニアで大半の時間を過ごし、ハイエナの社会的行動について野外調査を実施した。その「ブチハイエナ・プロジェクト(4)」は、動物の行動に関するほかの研究とは違って、非侵襲性の方法をとっていた。つまり、行動や相互関係を追跡調査するために、野生動物を捕獲・拘束してさまざまな措置をとったりしない。研究者たちは野外観察を詳細に行うだけで、電子発信器は取りつけない。もちろん、テクノロジーは活用し、DNA鑑定やビデオ録画は利用するが、観察という方法で重要なのは、科学者たちがグループ内のそれぞれの個体をきちんと区別できることだ。彼らはハイエナたちの外見を注意深く調べ、ぶち模様、傷跡、耳の切れこみなどの様子を図に表し、眼前にいるのがどのハイエナかを識別しようとした。そして、それぞれの性格的特徴や、そうした特性が、数日・数年・生涯の間に、そして何世代もかけてどのようにできあがっていったかの記録をとった。一九九六年以降集められた調査データの山には、今では数千匹のハイエナの情報が集められている。

ヘーナーによると、シュリンクが生まれた一九九八年の四月ごろ、彼の属するクランはマフタという名前の美しく若き女王が支配していたという。女王マフタはその母親がライオンの襲撃で予期せぬ死を遂げた後、ただちに権力の座に就いたのだ。マフタはまだ十分に成熟しておらず、クランのメンバーのほとんどが彼女より強く経験もあったのだが、彼女は自分のチャンスをものにした。決断力があり魅力的なマフタは、権力をつかむ生まれつきの才能があった。母親の残したテリトリーや威信をバックに、彼女は姉や近親の者たちと協力関係を結んだため、クランのほかのメンバー全員を牽制できて、ひとつにまとめることができた。マフタが正当な王位の地位に就いたとき、クランのハイエナは、彼女を頂点とするヒエラルキーのなかでそれぞれの順位に落ち着く。

女王のマフタは、何でも最初に選べた。群れでウィルドビーストを殺したときは、彼女がまずお腹いっぱい獲物を食べた。一方、低い順位のハイエナは肉を数口食べられるだけでも幸運だった。マフタはアカシアの木の下の、風や雨を防ぎ侵入者からも安全な最も好ましい場所で寝ることができた。十分にぐっすりと眠るのは、あらゆる高位の動物がそうであるように、彼女の特権だった。マフタには強力な姉や姪たちのバックアップがあり、それに加えて、彼女たちの連合を支持するクランのハイエナ戦士たちも味方についていた。女王はつがいの相手を最初に選ぶこともできた。出産のときは、巣の場所も最初に好きなところを選べた。

かたや、シュリンクの母親ビバはクランのヒエラルキー社会の下層にいた。ビバは生まれてからずっと低い順位に甘んじていたのだ。高位の雌とその子どもにいじめられ、社会集団の端っこに追いやられ、クランが獲物を仕留めたときも食べる順番は最後だった。ビバは自分の身の程を知っており、必要最小限の食べ物、安全、隠れ場所をなんとか手に入れようとする間、たいてい、ほかの仲間とかかわらないようにしていた。

一九九八年の春、ヘーナーはビバがいつも以上に落ち着かない様子でいるのを見てとった。彼女は双子を妊娠していたのだ——そのうちの一匹は後にシュリンクと名づけられる子だった。偶然にも、マフタも女王としての最初の子を身ごもっていた。その子どもは王位を受け継ぐ立場にあり、幸運にも母親の順位が高いおかげで、ほかのハイエナには望めない恵まれた境遇が保証されていた。生まれてこようとするこの二匹の赤ん坊ハイエナの生命の営みは、一匹は女王の子として、もう一匹は貧窮者の子として、期せずして交わり、青年期のシュリンクの生活と運命を変えていくことになる。

最強のボスになる

ときは一九〇一年、六歳の少年がオスロのコテッジの裏庭で遊んでいた。その家は両親が夏を過ごすために借りたもので、ニワトリたちもいた。賢く、温室育ちで、直観力のあるその少年は、毎日、ニワトリの群れを観察して過ごした。彼は一羽ずつ名前をつけた。そして、ニワトリたちの変わった行動や互いの結びつきを丸覚えした。夏の終わりにニワトリたちを置いて帰るのは、繊細な少年にとってつらい別れとなり、彼は冬の間ずっとニワトリのことを考えて暮らした。

次の春、少年は自分用にニワトリの群れがほしいと母親にねだった。母親はひとりっ子の彼には甘かったのだろう、あるいは、ノルウェーの長い夏の日中を、忙しくしていてもらいたいと思っただけなのかもしれない。あるいは、科学に対する関心を深める、または責任感を植えつけるいい機会になると考えたのだろう。理由はどうあれ、母親は息子の願いを聞き入れた。少年はニワトリの群れの面倒を見ながらもうひと夏を過ごした。

その翌年の夏、少年はニワトリの数を増やして世話をした。その次の年も。結局数年間、ニワトリの観察で何百時間も費やした。早熟な注意力で細かな点まで把握しながら、ニワトリたちが食べたえさの種類と量をずっとメモし、産んだ卵の記録もとりつづけた。日々の天気パターンも書きつけ、天候が雌鶏にどのような影響をもたらすのかを理解しようとした。しかし何よりも彼の心をとらえた、とりわけ大好きだった作業は、ニワトリどうしが互いにかかわる様子を図式化することだった。彼は何ページにもわたって、各ニワトリの順位がそのヒエラルキー社会のなかでくるくる交代するさまを、複雑な図や三角関係の重なりで描いた。来る日も来る日も、どのニワトリが病気になったか、元気だったか、どんな理由で群れが平穏だったか、あるいは争いが起きたかを書き留めた。

一〇歳の少年が気づき、のちに名前をつけたニワトリの関係性は「つつき順位」だった。[5] その少年、トルライフ・シェルデラップ゠エッベが自分の発見を正式に発表するまでには、長い年月がかかった。一九二二年、二八歳になった彼の論文「ニワトリの社会・個体心理学に関する研究」は、ドイツの学会誌『*Zeitschrift für Psychologie*（心理学雑誌）』に掲載された。彼の研究内容は今日でさえ、生きものの間に大昔からある強力なステータスと順位がどのようなものかを理解するうえでの土台となっている。ニワトリが生まれつき自然にヒエラルキーをつくりだすプロセス――一〇歳の少年が観察した現象――は、ゾウからアライグマ、魚、爬虫類、もちろん鳥類などの動物集団が階層化する仕組みとまさに同じものだ。[6] 順序が決まっていくこのプロセスは、ヒトの集団でも常に機能している。そして、ワイルドフッドの間ほどそれが極端に行われる時期はない。[7]

それぞれの動物における将来のステータスの大半は、ワイルドフッドの間に獲得され不動のものとなる。この時期に動物の若者は順位づけられ、格づけされる。その結果で、残りの生涯にわたる世界のなかでの立ち位置が決まり、所属集団への帰属意識を持つことになる。[8] 判断される基準のいくつかは、自分ではどうすることもできないものだ。つまり、生まれつき持っているもの、あるいは、生まれてきた身分で評価される。しかし、ステータスの一部は自分で獲得したり培うことができる。また、まれに、それまでのステータスを一気に変えられる場合もある。

若者を含むすべての動物は、体の大きさ、体力、魅力度を互いに評価しあう。年齢、健康、繁殖可能性なども評価の対象となる。泳ぎ方、飛び方、戦い方といった身体能力を競い合い、誇示する。若者は成熟したおとなな社会の階層に加わる途上で、家族・友・ライバルの力も抜け目なく査定する。そして、将来のチャンスを左右する社会集団からそこに入るのを許されるか、はねつけられるかする。一生のうちのこの時期に動物は必死にならなければならず、それぞれにのしかかるプレッシャーは想像できないほど大きい。それには正当な理由がある。というのも、ほうびも同じくらい大きいからだ。

いかなる種にとっても、おとなになるというのは、自己が評価される時期に入ることを意味する。

ステータスという引力

ステータス。ヒエラルキー。ポジション。スタンディング（身分・地位）。クラス。ステーション（身分・地位）。プレステージ（威信）。また、多くのヒトはただ「人気」と表現し、今どきの学校の生徒はそっけないがそのものずばり、自分たちにとって「重要」かどうでもいいかで区別する。どんな名前でよぼうが、社会的格づけ――集団内の各自の位置づけ――は個人のアイデンティティを強力に形づくる。(9)

社会的格づけはヒト以外の動物にとって、ヒトの場合ほど個体のアイデンティティにもろに関係してこないかもしれない。とはいえ、それは世界でそれぞれの動物が暮らすありようには多大な影響をもたらしている。社会的順位によって、その動物がえさを食べるか飢え死にするか、子どもをつくるか、あるいは子どもを持たないままか、危険から守られているか、それともオオカミの群れのほうに追いやられるかが決まってしまう。動物たちは集団から除外されたり追い払われる可能性をなくすだけのために、痛みに耐え、食べ物をあきらめ、セックスを断念し、ほかのメンバーをだまそうとする。社会的動物にとって、ステータスは重力に似ているとも言えるだろう。ステータスは強大で、誰も逃れられない。目に見えない。世界中どこにでも存在する力で、生きものが世の中をどのように生き抜くか、他者とどのように関わるかを決める。

自然界では、集団における動物の順位が下がれば下がるほど、その個体の生活は厳しくなっていく。高位の動物はえさ、テリトリーなどの資源をより多く手に入れることができる。協力者を集め、敵をうまく操り、仲間に気を配り、傍観者を無視したりする戦略的行動を学べなければ、潜在的資源、生息地、つがいの相手を失う可能性がある。

たとえば、ニワトリ小屋での最高位の雄鶏には明け方を告げる特権がある。[10] その雄鶏が最初に高らかに鳴くのだが、そのときまで、競合する下位のニワトリは声を出したい衝動を抑えなければならない。優位の雌のハムスターがいるグループでは、下位の雌の胚は着床しない。[11] 高位のザリガニは水温がぴったり二四度のところに陣取り、下位のメンバーを温かすぎるか冷たすぎるほうへ追いやる。[12] トップの伝書バトは一番高い止まり木を自分の居場所にする。[13] そして魚のボスは群れの先頭近くを泳ぐ。[14] その位置は水中の酸素濃度が高く、魚たちの糞も少ない。群れの後部にいる低い順位の魚は、酸素は少なく糞だらけの、まったく逆の環境にいる。

特権は快適さだけのことではない。底辺組に分けられてしまうのは終身刑に等しい場合がある。それはときには死刑宣告になる。順位の高い動物は特権として、群れのなかの安全な場所をキープでき、捕食者から攻撃されたり捕まったり食べられたりする可能性が低い。高位のボラは群れの内側の位置を占め、捕食者がねらってくる群れの外縁の危ない場所から離れたところにいる。低位の魚はいつもではないにしろ、しばしば群れの外周の「危険領域」に押しやられるのだ[15]。一般的に、順位の低い動物は多くの時間、注意を払って捕食者がいないか調べている。そのため、睡眠時間が少なく、眠るとしても、その眠りは浅い。高位の動物になると安全度がぐっと増すが、順位が低いと危険がいっぱいのほうへ追いやられるのだ。

集団での生活は動物たちに利益をもたらす[16]。周囲を注意深く調べる目が多くなるので、大勢で安全に暮らせば、個別に捕食者に襲われるという危険がなくなる。資源と情報を共有すれば、生きるための活動を効率よくこなせ、えさもたっぷり食べられる。集団生活によって、若手のメンバーには責任を引き受ける前に、学びと成長の機会がある。さらに、それぞれの個体が集まったときに、はっきりとした社会構造とルールがあると、紛争を減らすのに役立つ。ヒエラルキーは動物集団がよくまとまって、より生産的になるのを後押しする。

ヒエラルキー内の高位のメンバーには、食べ物、テリトリー、つがいの相手、安全な隠れ場所を最初に手に入れる権利がある。そして、彼らはその地位と特権を是が非でも守ろうとするはずだ。集団内の自分のポジションを自覚するのは、生き残るために必要不可欠であり、脳の神経回路は、社会的地位の上昇・下降の変化について秒単位で注意を喚起してくる[17]。神経化学物質が伝達するメッセージによって、動物はまわりの揺れ動く社会的関係に対応して、その行動を調整するように促される。私たちが知る限りでは、ヒト以外の動物はこうした神経化学物質の「ステータス信号」を不快、快適、その中間といったように感じとる。一方、ヒトは同様の神経化学物質のステータス信号を、感情として受けとる。実際、私たちの喜怒哀楽は、ステータスを検知するこの生理機能によって生まれているのだ。それは、社会的地位の変動をチャンス到来、または一巻の終わりとみなす、ステータス志向の強い私たちの祖先の動物から受け継いだ遺産である。

社会のヒエラルキーがどんなに複雑かを理解できない動物は、自分の地位を上げるチャンスを逃す恐れがある。さらに、自分の地位がわからない者は攻撃され、傷つき、命を失い、集団から追いやられる可能性がある。社会的動物は日々の社会生活のほんのささいな点まで観察して評価し、ステータス上昇の機会がないか細心に探るだけでなく、自分にとって悲惨な事態――ステータスの下落――が起きていないか調べ、そうした事態を防ごうとする。

ステータスの下落の前兆をすばやく見つけることが、生き延びるためには欠かせない。

天使たちのつつき順位

トルライフ少年がニワトリのつつき順位をせっせと記録するより何世紀も前に、ヨーロッパの神学者たちは天界の天使たちの格づけを行っていた。(18) そして、入り組んだヒエラルキー――その言葉は、ギリシャ語のhieros（聖なる）とarkhia（規則）に由来する――の概略が示された。頂点には厳格なセラフィム（熾天使《してんし》）とケルビム（智天使）が座し、位階が下るにつれ、温厚なアークエンジェル（大天使）、そして最も位が低いエンジェル（一介天使）となる。セラフィムはその特権のひとつとして、神の玉座に一番近いところに座れる名誉が与えられた。一方、位階が低いエンジェルたちは、高貴さとはかけ離れた人間のごたごたにつきあうのに時間を費やさなければならなかった。ヒエラルキーとは、個体がほかの個体と比べて優位にあるか劣位にあるかの順位がつけられる組織構造といえる。

トルライフ・シェルデラップ＝エッベは、ニワトリのつつき順位があっという間にできあがることに気づいた。新しいニワトリが群れに入ってくると、新たな順位づけが彼らの間で目につかないほどかすかな波紋のように広がり、すべての雌鶏が自分の最新の地位を心得るようになる。[19] ヒエラルキーが流動的である間、数秒間の混乱の後に、群れは再び落ち着き、（見た目は）平和で機能的な集団に戻る。「つつき順位」という言葉は文字どおり、ニワトリがくちばしでつついて、ヒエラルキーを維持することを意味する。最高位のニワトリは群れのどの雌鶏でもつつくことができる。彼女に次ぐ順位のニワトリは、トップを除くすべての雌鶏をつつける。その下の三番目は上の二羽を除いて、どの雌鶏もつつける……というふうに順位の最後までつづく。

動物の集団に存在するヒエラルキーには、それこそさまざまなタイプがある。独裁的あるいは提携型、三角関係型、安定型、あるいは流動型などが挙がるだろう。ヒトやほかの多くの種で、ヒエラルキーはしばしば線形になる。私たちヒトはみな、生まれもった、進化的なルーツのある能力で、自分がどの辺の順位を占めて、どの辺が心地よいかを理解している。動物行動学者のマーク・ベコフはそうした点を次のように述べる。「社会的動物である私たちには……所属集団のヒエラルキーのどこかにどうしても自分をはめこんでしまう、生まれながらの脳内回路が備わっている。そのヒエラルキーでは頂点に立つ者、底辺にやられている者がいて、その両極の間のどこかに残りのメンバーが配置されている[20]」

ステータスによって動物の生活がどのように形づくられているかを見ていく前に、ふたつの用語の意味を区別できるようになっておくのがいいだろう。その用語はどちらを使っても変わりないようにみえるかもしれないし、しばしばそのように置き換えられているのだが、社会科学者や動物行動学者はふたつの用語を違うものと考えている。その言葉とは「ランク（順位）」と「ステータス」だ。

ある動物のランクは集団内の絶対的位置であり、可能な限り客観的に見た評価だ。対照的に、ステータスは客観的尺度によるものではない[21]。ステータスとは、ランクに対する「認識」だ。ステータスは集団のほかのメンバーがどのように評価するかに左右される。ステータスとランクは等号で結ばれるときもあるが、このふたつの中身がずれる場合もある。ヒトを例にみてみよう。何百万ドルも財産があると広く信じられている一家が、実は正味の資産ははるかに少ないとする。そのとき、彼らのランク（どのくらいお金を持っているか）はステータス（彼らの財政状態についての公共認識）よりも低いといえる。

集団内のあらゆる動物にはそれぞれのランクとステータスがある。訓練されていないヒトの目にははじめは見えなくても、それは魚でも、鳥でも、大型動物でもたくさん集まったなかにある、大きな多様性の一部なのだ。

群れのメンバーの多様性

ムクドリの群れを思い浮かべてほしい。日没時に数千羽が集まって巨大な編隊をつくり、渦巻く雲のように飛ぶ姿を。私たちの目には、ムクドリたちは袋の中のピーナッツのようにそれぞれ区別がつかないかもしれない。しかし、その群れにいる鳥は残らず、ほかのすべてのメンバーとは異なる個体なのだ。雄もいるし、雌もいる。成熟したおとなになって数年経った者たちもいる。群れに加わって最初の年で、体は大きくなってもまだ経験不足の若者もいる。大小のヒトがいるように、ムクドリもずんぐりした体や、ひどく細い体つきがあり、背の高さ・低さの違いもある。動きがぎくしゃくしている者や自在に動く者、物静かな者やひどく神経質な者もいる。

個体の違いはそれだけでは終わらない。年齢、性別、体の大きさだけでなく、それぞれの鳥に、争いごとの経験、運動能力、身体的魅力、感受性などすべてが含まれたさまざまな私的プロフィールがある。性的衝動《リビドー》もそれぞれで異なる。性欲が旺盛な者もいる一方で、もっとのんびりしてこだわらない者もいる。昨今、動物学者たちは大胆、臆病といった性格特性を決まって測定する。[22]その対象はゴキブリやハトなど、これまで個別性があるとは思われていなかった地味な動物にもおよんでいる。さらに、めいめいの鳥は、親のステータス、社会的きずな、出生順位、それまでの経験などの要素がすべて結び合わさって、独自の存在となる。太陽が平原に沈み鳥たちが群れをつくり始めるとき、あなたがその目で見るものは、ムクドリのヒエラルキーの関係図が、速度を上げて流れるように動いている光景である。その渦のなかでそれぞれの鳥には自分の居場所があるが、すべての位置が平等なわけではない。

それは、カタクチイワシの大群でも、カリブーたちの暴走でも、ヒバリたちの上昇でも、ボノボの群れでも、どれもみな共通している。すべてのメンバーには自分のポジションがある。そして、個体の地位を決定するための社会的エネルギーは、ヒエラルキーを支える役目も果たす。

動物は知らない相手のステータスがどのようなものか、社会的順位の推移的推論（TRI：transitive rank inference）とよばれる能力を使って推測できる。[23] 要するに、「もし、AがBよりも順位が上で、BがCよりも順位が上であるならば、AはCよりも社会的順位が上だ」ということだ。ハイエナの場合、もしシュリンクが双子の姉との戦いに負け、その姉が新たにやってきたハイエナに負けたところをシュリンクが見たとしよう。すると、シュリンクは自分も新しいハイエナよりランクが下だと推測できる。彼は新しい相手と実際に戦わなくても自分の順位がわかるのだ。

社会的順位を推移的推論によって判断するのは、直接の衝突を最小限にし、平和を保ち、けがをするリスクを減らすための、てっとり早い行動省略法だ。ニワトリにとってのTRIは、リーダーの雌鶏が自分の優位性を強く押し出したいと思うたびに、相手をつつきにかかる必要はないということだ。実際にくちばしでつついて流血騒ぎを起こすまでもなく、ボスが頭をぐいと突き出す、短く低く鳴く、羽を逆立てる、といった行動をとるだけでいい。鳥のえさ台に来るスズメのボスが羽をほんのわずか軽く動かしただけで、ほかのスズメたちは飛び去ってしまう。ボス然としたシロナガスクジラの雌が繁殖地でにらみをきかせているだけで、年下の妹やいとこたちの生殖システムは機能を停止する。あるいは、優位のネコが目をわずかに細めるだけで、下位のネコはぎくりとし、神経をとがらせる。つまり、優位の動物はステータス信号の送り方を知っており、下位の動物はその信号の意味するところがすぐにわかるのだ。

哺乳類、鳥類、魚類はすべて、集団内の自分の地位を判断するのに、TRIを働かせることができる。[24] 何億年も前に分かれて進化してきた種にそれぞれこの能力があるというのは、社会的関係をすばやく把握することが、大昔から社会的動物にとって非常に重要なライフスキルだったからではないだろうか。ワイルドフッドの間に、若者の社会脳システムは発達していき、TRIは彼らが集団内の自分の地位を知るひとつの方法となる。子ども時代はただの遊びだったものが、成長してからは、強さ・スキル・忍耐力の競い合いに変わる。ヒトの若者は非常に敏感な神経回路をもともと備え、賛辞を受けとるたびに自分が認められたと覚えておき、軽視されるたびに自分が拒絶されたと心に刻みながら、自分がヒエラルキーのどの位置にいるかに細心の注意を払う。社会的ステータスという重力は、若者の行動に影響を与えるだけでなく、彼らの感じ方も牛耳る。ステータスの変化は、それが現実の生活であろうと画面のなかであろうと、AYA世代の高揚感、絶望、その両極の間のあらゆる感情を誘発する。

公衆衛生関係機関の発信する情報によれば、二一世紀に入ってから、孤独や断絶がとりわけ若者の間に広まっているという。[25] 世界各国における健康上の緊急懸案事項には、従来の喫煙と栄養不足に加えて、不安神経症とうつ病が加わった。親や教育者は若者の学校生活での、重大な影響を与える試験などの厳しい成績評価が、そうした病の元凶になっていると指摘する。精神科医は、遺伝的素質、ホルモン、脳内の神経化学物質の変動を問題にする。経済学者や議員たちは、地政学的要因や世界的景気後退を取り上げる。そして、ひとり残らず、ソーシャルメディアを非難する。こうした要因はすべて、あらゆる年齢層でストレスや精神的苦痛を増幅させるものだ。ただし、AYA世代が抱える不安――単純な気分変動からもっと深刻なうつ病エピソード〔訳註　抑うつ気分をはじめとした特定の症状の発現・持続〕まで――のルーツは、動物のヒエラルキー維持を支える太古からの脳内回路に見いだせるのではないか。

動物集団のヒエラルキーとヒトの個人的感情を関連づけて考えてみれば、とりわけ若者が集団内で居場所を見つけようとする際、それがうまくいかないときにどん底に落ちこみ、うまくいったときは飛び上がらんばかりの喜びに包まれる理由がよくわかるだろう。ステータスに執着するのもいたって自然な成り行きといえる。ステータスを求める行動によってさらに推し進められるヒエラルキーの形成は、簡単に抜けられるようなゲームではない。それなら、そのルールを学んだほうがいいだろう。

銀の匙《さじ》をくわえて生まれる

ンゴロンゴロ・クレーターに生息するブチハイエナの妊娠期間はおよそ一〇〇日間だ[26]。出産の時期を迎えたビバは、ハイエナの伝統に従って、ほかのメンバーとは離れた場所に出向いた。そこは群れのテリトリーのはずれで、ビバのほかにハイエナの姿はない。陣痛が始まる。双子の出産はリスクが高い。それでも、ビバは子どもを産んだ経験があるため、お産は思いのほかうまく進んだ。ビバはシュリンクと彼の姉を無事に産むことができた。

ほぼ同じころ、数キロメートル離れた専用の巣穴で、女王マフタも出産の最中だった。しかし、そのお産はビバよりも相当きついものだっただろう。というのも、初めての妊娠だったからだ。ハイエナの産道は非常に狭く弾力性がまったくないので、第一子は窒息死してしまう場合がよくある。ただ、この女王の子は元気に生まれた――雄だ。ヘーナーと調査チームは、生まれたての幼い王子に「メレゲシュ」という名前をつけた。

生まれながらにして持つ特権のおかげで、メレゲシュにはよい暮らしが約束されていた。高位の親の子であるため、彼は胎児のときから栄養状態がよかったので、この世でのスタートもスムーズだった。母親である女王は食べ物を優先的に手に入れられるので、乳をたくさん出せた。女王の乳は量だけでなく、質もよかった。エネルギーたっぷりで、一口吸うごとに力がみなぎる万能薬によって、メレゲシュは特権を持たないハイエナに対して優位性を得ることができた。良質の乳を好きなだけ飲めるため、高位の親を持つハイエナは低位の子よりも早く育つ。つまり、彼らは乳を飲む期間が短い。長いと二年間かかるところを九カ月かそこらで離乳する。[27] 高位の親に生まれついた子は栄養状態がよく、最初の一年間の生存率が低位の子より高いことが多い。

親からの栄養を早い段階から受けとって有利なスタートを切る動物は、ハイエナだけではない。ユーラシアオオヤマネコの同腹の新生児たちのなかで、母親の乳を独占した者はそのままほかの者を支配する立場につく。[28] 高位の母親カナリアの産む卵には、低位の母親の卵よりもテストステロンが多く含まれているため、生まれたひなは競争で勝つ力を受け継ぐ。[29] 魚の卵の卵黄に含まれるホルモン濃度にも違いがあり、卵からかえったばかりの稚魚の社会的ステータスを左右する。[30] ヒメハヤの間では、優位の雌はテストステロンの濃度が高い卵を産む。つまり、その卵から生まれた子は、低位の親の卵からかえった子よりも、優勢な地位にすぐにでもつけるよう、準備万端の態勢になっているのだろう。

クレーターの向こう側にあるビバの巣穴で、シュリンクが直面する不利な状況はまだあった。ビバの乳は女王マフタが王子のメレゲシュに与えていた乳と比べると、薄くて栄養分に乏しかった。そして、その乳の量は少ないうえに、双子に分け与えなければならなかった。そのため、シュリンクが生まれ出たとき、すでにあらゆる状況が彼に不利だったのだ。彼は雄だった。二番目に生まれた子だった。母親の社会的順位は低かった。母親の出す乳は質が悪く、量も少なかった。さらにシュリンク自身、出生前の栄養状態が悪かったせいで、体が小さく弱かった。彼は、わずかに年上でほんの少しだけ栄養状態がいい双子の姉から、たちまちのうちに攻撃された。たった二匹のメンバーで構成されるサブグループではあるが、シュリンクはヒエラルキーを初めて体験し、あっという間に下に格づけされたのだった。

第7章　集団のルール

シュリンクは生後二週間くらいに育ったある朝、自分の首筋を噛む母親の歯の感触で目が覚めた。身をよじって自由になろうとした彼を、母親はさっとくわえ上げ、巣穴の狭い通路からなんとか運び出した。シュリンクは生まれて少しの間だったが唯一の世界だったすみかから外に連れ出された。まだ暗い空の下、ビバに首筋をくわえられたまま、シュリンクの体は上下に揺れながら運ばれていった。ビバがとうとう足を止めて、シュリンクを地面に下ろした。まわりで生きものたちが動いていた。双子の姉がそこにいるのはわかったが、ほかにも見知らぬハイエナたちがいた。クンクン鳴く声やうなり声もしたかもしれない。母親はそこにシュリンクを残し、小走りで去った。

シュリンクは知らなかっただろうが、その日は、彼がハイエナの発達過程の次の段階――共同の巣穴での生活――に入った最初の日だったのだ。[1] ブチハイエナは生まれて二、三週間は母親や兄弟とだけで暮らすが、その後、クランの共用の巣穴に連れてこられる。そのひとつの巣穴に、クランのリーダーの娘や息子以下、最低順位の親の子どもまで、クランの子どもたち全員が集められる。そこにはシュリンクと姉がいて、女王マフタの息子、メレゲシュもやはりいた。幼く何も知らなかったハイエナは、こうした共同保育所暮らしで、ほかの仲間との関わりが広がるにつれ、クラン全体のヒエラルキーでの自分の地位を理解し始める。

共用の巣穴で、ハイエナの子どもたちはおとなの監督なしに昼も夜もずっと一緒に過ごす。母親たちが一日に一、二回、乳を与えにそれぞれの子どものもとに来る以外、子どもたちはふつう放っておかれ、気ままに取っ組み合い、いじめ、遊び、動きまわる。

ビバにとってはこの新しい局面で、お腹を空かせた栄養不良の双子に絶え間なく授乳をせっつかれることからは解放されたが、また別の苦闘が依然として待っていた。ビバは群れの底辺で暮らすしかなく、自分の乏しい資源はえさ探しと自己防衛をするだけで使いきってしまい、ほかの母親のように頻繁にハイエナの保育用巣穴を訪れることができなかった。やっと来たときも、子どもたちに乳を気前よく与えられなかった。授乳のために一定の間隔で通ってはいたが、空腹のハイエナ一匹の腹を満たすだけの乳は出なかった。ましてや二匹もいるとなると、まったく足りなかったのだ。母親が訪ねてくると、のどの渇きと飢えに駆られた姉弟は争い、シュリンクは母親の胸もとから脇へと押しのけられることが多かった。

一方、女王マフタは一日に数回、共同の巣穴にやってきた。マフタの乳はふんだんに出て、メレゲシュはたっぷりと飲んだ。マフタは息子に、低位の母親は持ってこられない特別のごちそうの肉片も運んできた。

シュリンク、彼の双子の姉、王子メレゲシュなどハイエナの子どもたちそれぞれにとって、共同の巣穴での最初の数日間は不安でこわかっただろうと、この期間を観察したフィールド科学者たちは推測している。母親たちから置き去りにされたあと、子どもたちは何をするにもためらいがちで、ちょっとしたことで縮み上がった。[2] 何か動くものに気づくと、それが草の茎が風に揺れたり、迷いこんだ昆虫が近づいたときでさえ、体がこわばった。しかし、すぐに、仲間の子どもも含めて、邪魔をするものにおとなしく従う代わりに、挑戦して攻撃するようになった。子どもたちは格闘ごっこを始める。この初期の仲間との関わりあいで、ハイエナの子どもは、動物集団全般に見られる一連の順位づけの特性にもとづいて、勝ち負けを積み重ねていく。

ヒエラルキーはどのようにして生まれるか

集団内の個体のステータスとランクがどのように決められるかは、種によって異なる。しかし、いくつかの特性は自然界で広く共通している。ヒエラルキーのなかで個体が占める地位に影響をおよぼす共通の基準を、ひととおり記そう。

◇サイズ

体の大きさは多くの動物社会で、ステータスとランクの主要な予測因子だ。鳥類から魚類、甲殻類から哺乳類まで、そしてある種のクモ類でも、体が大きい個体は上の順位に位置づけられる。[3] ただし、サイズはそれほど重要でない動物もいる。雌のハイエナにとっては、体の大きさよりも家族のきずなと社会的ネットワークのほうがずっと大きな意味を持つ(4)。雄のハイエナも、体のサイズよりも血縁関係、社会的ネットワーク、年齢が物を言う。

◇年齢

多くの動物は年を取るとステータスが上昇する(5)。たとえば、野生のポニー、アフリカゾウ、シロイワヤギ、ミーアキャット、チンパンジー、バンドウイルカ、そしてヒトなどの順位づけでは、年齢が重要になってくるのだ。成長途上なら、年齢が上がれば体も大きくなるため、年長の兄・姉は、少なくともある一定の年齢までは弟・妹を支配下に置くのがふつうだ。ギャップイヤー〔訳註　高卒後、大学入学資格を保持したまま、一年間の遊学期間を与える〕やレッドシャツ制度〔訳註　大学一年目のスポーツ選手には、練習は許すが試合出場はさせず、二年目から四年間、出場させる〕は、ヒトの若者が学問やスポーツの新たなステージで競い合う前に一年間の猶予を与える。それももとをただせば、動物界における年齢を基準とした格づけに起源があるのかもしれない。年上であることは――ライバルが去るか死ぬまでぶらぶらして待って、その最年長者がいなくなると、次に年長である者としてトップに立つ――なわばりを受け継ぐチャンスも多くなる(6)。また、余分な時間があることで、若手の動物は経験豊かな年長者を観察して重要なライフスキルを学べる。というわけで、シュリンクの若さは、彼のもともと不利な立場をさらに悪くした。雄のハイエナにとって、年齢とステータスは密接に結びついている。雄たちは、友や仲間たちが助けてくれないかぎり、ステータスのはしごを独力で上るには何年も待って年齢を重ねなければならない(7)。

◇グルーミング（毛づくろい）

ヒトは肉体の美も含めて、魅力があればステータスを上げることができる。[8] そして、ほかの動物もまた、ダーウィンが「美に対する好み」とよぶものを持っている。動物の雄が見事なディスプレイをするのは、望ましい遺伝的形質と資源をうまく手に入れていることを広く知らせて、好みのうるさい雌にアピールするため、というのがもっぱらの見解だった。たとえば、フラミンゴにとっては、明るいオレンジがかったピンク色の羽は、健康によいカロテン〔訳註　ニンジンなどに含まれる黄色・赤色の色素。以前は「カロチン」と表記されていた〕を豊富に含むえさを食べていることを示す広告板になっている。[9] そうした鮮やかな羽からは、その雄が優れた遺伝的形質を持ち、そのあたりで一番の良質のエビを定期的に楽しんでいるのが、雌にはわかる。羽が薄い灰色の雄は正反対のことを宣伝しているようなものだ。もちろん、フラミンゴがいいえさを食べられるかどうかは環境要因がかかわってきて、各個体がどうこうできる範囲からはかなりはずれた問題にはなるのだが。

つがいの相手をよびこむこのような体の特性には、同性間のヒエラルキーのなかでのステータスシンボルとなるものもある。コクチョウの複雑にカールした背面の羽（雨覆）は雌を引きつけるのに役立つのだろうが、逆立ったその羽は、社会的ステータスの高さをほかの雄に対して示す信号でもある。[10]

魅力を高めて、ひいてはステータス上昇を助けるとされる要素はほかに、グルーミングがある。鳥類、魚類、霊長類で一番きれいに手入れされた個体は、最高位を占めている傾向がある。彼らは肉体的にも一番健康であることが多い。集団内のほかのメンバーから毛づくろいを受けるのは、高位の個体の特典だ。前述のトルライフ・シェルデラップ゠エッベは、ニワトリたちのグルーミングに差があるのに気づいた。「明るくつやつやして美しく清潔な羽」を誇示する鳥もいれば、「ぼさぼさに乱れて、ときに泥が垂れ下がっている羽」をした、つつき順位が最下位の鳥もいたのだ。[11]

低い順位の個体は高位の者にグルーミングを行い、その引き換えとして保護や食べ物といった資源を手に入れたり、高位の者とのつながりを通して自分のステータスを高めようとする。魚類、鳥類、哺乳類の集団で誰が誰にグルーミングをするかを観察すれば、ステータスの関係性をきちんと判断できるようになる。ヒトも明らかに同じような行動に出ているのだから、グルーミングがステータスとどれだけ深く結びついているかはたやすく理解できるだろう。また、ヒトは一種の社会的グルーミングとして、言葉を使う場合がある。お世辞を聞いたヒトには、体をグルーミングされたときと同様の神経化学反応が引き起こされる。相手の体のごみや虫をとり、撫で、軽く噛む動物のように、ヒトは集団の支配層のご機嫌をとるために、ほめ言葉やおべっかを使う。「話すことによるグルーミング」の概念をソーシャルメディアにまで広げて考えると、メッセージを投稿する者と「いいね！」ボタンを押す者のヒエラルキー関係が理解できるだろう。

上位ランクの動物ならみな、手入れがゆきとどいた体をしているように、ハイエナのトップもほかのメンバーに比べて目立った傷もなく、きれいな姿だ。[12] そのひとつの理由は、上位のハイエナは下位の者から攻撃されたりしないからだ。そのうえ、ランクが上のハイエナはより優れた免疫系を持ち、ほかのメンバーからグルーミングをたくさん受け、寄生虫の保有量も少ない。

◇性

ステータスにかかわる要因として最後に挙げるのは、性（ヒトではジェンダーとよばれている）だ。魚類、爬虫類、鳥類、哺乳類のなかには、雄か雌かでステータスが決まる種がある。[13] 雌が支配権を持つ種もあるし、雄が最上位を占める種もある。色鮮やかな熱帯魚、カクレクマノミは優勢な雌が常にトップに立つヒエラルキーをつくる。[14] 一番上になる雌が受ける利益は非常に大きい。まったくうらやましい身分なので、もしカクレクマノミの女王雌が死んでその席が空くと、それまで雌とペアになっていた二位の成熟した雄が、トップの座を占めるチャンスをつかむために雌に性転換する。雄から雌になるにはおよそ四〇日間かかり、その間、体の大きさは二倍になり、精巣組織は消え、卵巣組織が成熟する。

雄（または雌）が、ある動物社会で首位につくには、数多くの要因がかかわっている。生物学的要因が役割を果たす一方で、環境要因——食べ物が手に入るかどうか、捕食者が多いか少ないか——も重要な役回りをする。

シュリンクは自分の親から受け継いだもの——性別、年齢、出生順位、体の大きさ、魅力度、あるいは両親については、どうすることもできなかった。

しかし、それでもシュリンクにはまだチャンスがあった。動物の行動には、生まれながらにして備わっているものもあれば、あとで学び自分に有利になるように変えられるものもある。そうした行動は個体のステータスを獲得するうえで、かなりの力を発揮する。シュリンクのサバイバルには、効果が実証されているそれらの行動テクニックが大いに役立つことになる。

高い地位の者とつきあう

シュリンクたちブチハイエナは、血のつながった者と相当長い時間を過ごす。しかし、親戚と一緒でないときは、社会的順位が同じかあるいは高位の者たちとつきあうのを好む。

ヒヒ、マカク、ベルベット・モンキーなどいくつかの種や、そしてもちろんヒトなど、多くの霊長類は、社会的順位が低い者よりも高い者のほうが好きだ。[15]ウマやウシの群れでのつながりや友情には、ステータスが大きな影響力をふるう。高いランクの乳牛たちは互いに隣どうしの牛房《ぎゅうぼう》を選ぶ。群れが一列になって歩くときは、特権グループのメンバーたちがぴたっと連なって進む。協力しあう相手として、またつがいの相手としても、順位が高いというのはより望ましい要素になる。たとえば、バイソンの雄は、群れの中間層や低位の雌にはほとんど関心を示さず、高いランクの雌と好んで交尾する。地位が高い動物たちはしばしば互いに物理的にそばにいるため、群れのなかで一目置かれているメンバーたちの隣で、ただ立っていたり、草を食べていたり、ぶらぶらしているだけで、ステータス上昇のきっかけになる場合もある。

高い地位の者とつきあったり、そうした友だちを宣伝することによりその力を借りるのは、生物学的動因によるのかもしれない。ヒトでは、特別に選ばれた者だけのパーティーでの自撮り写真をネットに投稿したり、政治家や有名人と一緒に写った写真を棚にたくさん飾り立てるのも、同じ理由からなのではないか。また、推薦状をもらう、かかわった名士の名前を会話の端々にはさみこむ、人気のある生徒や同僚と一緒にランチをとる、といったことでも同じような目的が達成される。ステータスを上げるため高位の者と結びつこうとする心の動きは、有名企業、一流の学校、最強のスポーツチーム、軍隊・公共サービスのエリート部門などにどうしても引きつけられる気持ちの原動力にもなっているだろう。

ステータスのしるし

社会的に好ましいグループと一緒にぶらぶらするほかに、自分のステータスを誇示するための小道具を備える動物もいる。贅沢な毛皮、あでやかな羽、複雑な形をした見事な角、不便そうにみえるほど長い尾、これらはすべて、その動物が豊かさを享受していることを強力に印象づける。すばらしい毛や美しい皮膚を維持し、そして巨大な枝角などの大自然のアクセサリーをとにかく持ち運んでまわるのには、エネルギーと時間が必要だ。こうした動物の社会的しるし、生物学者がいうところの「ステータス・バッジ」は、仲間に「私は特別！」と言っているのだ[16]。自慢のステータス・バッジは、優れた遺伝形質を持ち、社会的ネットワークがあり、グルーミングを受ける機会が多い自分というものを見せつけている。ヒトがステータスを保とうとして、体裁にどれほどたくさんのお金と時間を使っているかを考えれば、資源を持たない動物が偽造のステータス・バッジをちらっと見せながら、ヒエラルキーの階段を上ろうとする場合があるとわかっても、驚くよりも納得してしまうのではないだろうか。シオマネキ〔訳註　スナガニ科のカニ〕は非常に重たいはさみを戦いでなくしてしまうと、地位が急落する。(17)そのはさみはまた生えてくるが、前より軽く、戦いの武器としても弱くなる。しかし、代用のはさみを振りまわせば、ほかのカニをだまし、偽物の武器を本物と思わせることができる。相手から挑みかかられて、張りぼての棍棒で戦わなければならないところまでいかないかぎり、通常は代用のはさみで再びヒエラルキーを這い上がっていける。

ハーバード大学付属ピーボディ考古学・民族学博物館、メソアメリカホールにある陳列ケースのなかで、ヒスイの頭部彫刻やジャガーをかたどった陶器のボウルが並ぶ横に、親指サイズの金のペンダントが置かれていた。(18)社会的地位の高さを示す工芸品がないか、博物館のなかを探していた日に、そのペンダントが目に留まったのだ。ケースには、マヤ文明古典期後期の上流階級に大事にされた品物が集められていた。世襲の王が支配し、巨大な公共建築がつくられ、天文学が高度に発達した時代のものだ。

おおまかなところ、四〇〇〇年前から一〇〇〇年前までマヤ文明を築いていた人々は、現代の私たちや、一九九八年のシュリンクのクランと同じように、ステータスを常に意識していた。(19)まさにそのペンダントには、マヤの人々のステータス志向を探る手がかりがあったのだ。金に彫られているのは、横を向いている青年の姿で、頭につけたひときわ大きな飾りの羽は、太陽の放つ光のように四方に広がっていた。こうした頭飾りはジャガーやハヤブサなど、当時の人々に尊ばれていた動物がかたどられ、ケツァールという鳥の美しい羽をつけて飾りたてることが多かった。マヤ人の頭飾りは高いステータスのしるしであり、一般人がそれをかぶるのは禁じられていた。ペンダントに描かれた若者の腰に巻かれているのは、見た目重視の保護ベルトで、装飾用の石製斧頭「アチャ」がつけられている。この腰巻きはマヤ文明の古典期に行われた「ピッツ」とよばれる球技の儀式で用いたとされる。通常、ピッツの選手は上流階級の者たちであり、ゲームはアリーナのような競技場で数千人の観衆が見守るなか行われた。[20] 今日の多くの大学がそうであるように、マヤ文明は運動選手、特に知性と肉体美を兼ね備えたスポーツマンを重んじた。この若者がマヤの社会で名誉ある地位を占めていたのは、身につけているものすべてから明らかだ。若者は八世紀のいわばハイズマン賞〔訳註　大学アメリカンフットボールで最も活躍した選手に贈られる賞〕を獲得した者といってもいい。そして、若者の姿が彫られたペンダントは、おそらく上流階級の埋葬時の副葬品として使われたのだろう。

人類学者・考古学者であるスティーブン・ヒューストンは、マヤ文明を専門に研究しており、二〇一八年に『選ばれし者への道』を出版した。彼はその著書のなかで、若い男性は高い地位を受け継ぐ可能性があるため、マヤの社会で非常に高いステータスを得られたのだろうと示唆した。[21] マヤ文明の陶器、象形文字、壁画の多くには、若い男性の姿があちこちに見られる。ステータスの高い者たちがマヤの社会で享受した特権には、一等地の大きな家に住む、おしゃれな衣服とアクセサリーを身につける、定期的に肉を食べチョコレートを飲む（庶民にはほとんど手が届かないごちそう）などがある。

しかし、極上の食事、快適さ、贅沢品が自分のものになるにもかかわらず、マヤの特権階級には、明確な不利益もあった。つまり、部族どうしの戦いが起これば、戦闘時のしきたりとして、王家の人々がしばしば先頭を切って戦わなければならなかったのだ。

　同様に、ハイエナの女王も、ほかの群れとの戦いや、自分の群れをライオンの襲撃から守る際に、真っ先に命を投げ出さなければならない(22)。ライオンに殺されるというのは、それまでのアルファ（最上位）ハイエナの支配が終わる、よくあるパターンのひとつだ。激しい暴力シーンのさなかに、ハイエナのヒエラルキーの継承が確実に行われるのは、群れにとって大きなプラスになる。メンバーは全員、ヒエラルキーにおける自分の地位を十分にわきまえており、次期トップとして第二位のランクに控えていた王女（または王子）は、アルファの死後ただちに進み出てリーダーとなることができる。権力の移行はスムーズに行われるのだ。血みどろの戦闘がつづく間に女王が殺され、その戦いに勝つかどうかもわからないうちに、女王の娘が躍り出てアルファの座につき、その権力の継承を群れのメンバーは受け入れる。そうした現場をヘーナーたちハイエナの研究者は観察してきた。

ステータスを示すジェスチャーや音

　地位が低い動物は生きていくうえで肉体的にも社会的にも危険度が高いので、どうしても用心してしまい、神経質で落ち着かない。オオカミの場合、ステータスの低い者は視線をすばやく動かしたり、服従の仕草をとったりする(23)。肩が落ちた姿勢になる。頭を下げ、くちびるをなめる。対照的に、高位のオオカミは有無を言わさぬ態度をとる。無駄な動きはなく平然として、グループのほかのメンバーを追いかけたり、口を開けて突進するような、明確な（あるいは敵対的な）行動をとることが多い。

　シュリンクは生後四週間という実に早い段階から、ハイエナのステータスを示すボディーランゲージを学び始めたはずだ。メレゲシュのような高位の個体は、尾や耳をぴんと立てる習慣を学ぶ[24]。一方、低位の者には、尾を後脚の間にはさみ、耳を後ろに折り、歯をむき出しにし、頭を低くする仕草が求められる。ハイエナの間で頻繁に行われるあいさつの儀式でこうした行動をとるのは、ステータスの上下関係を確認し連帯を強めるのに役立っている。

ヒトの間の支配的なジェスチャーに関する研究では、支配的立場の者のリラックスした姿勢や力強い視線に対して、従属的立場の者は体が無駄に動いて視線が落ち着かないことがわかった。ランクの高い者は、口早に自信を持って明確な言葉で話すことで自分の地位を示す傾向にある。彼らはまた、ほかの人の話をよくさえぎる。

霊長類学者のフランス・ドゥ・ヴァールは著書『あなたのなかのサル』で、ヒトの声には、微妙なようでいて、直感的にはたちまち理解できるステータスの信号があると述べる[25]。あなたが喋る声の高さはヒエラルキー内の地位を表し、「無意識のうちに社会的関係を確かめあうツール」の役割を果たしているというのだ。ヒトによって声の高さは違うが、「話を交わしているうちに、みな同じ高さにそろう」。会話する声（の低い周波数の部分）は最終的に同じ高さにまとまり、「そのうえ、相手の声の高さに合わせているのは、決まってステータスが低い者だ」とドゥ・ヴァールは説明する。彼によれば、テレビのトークショー番組「ラリー・キング・ライブ」では、声の高さの同調現象が確認できたという。「番組の司会役、ラリー・キングはジャーナリストのマイク・ウォレスや女優エリザベス・テーラーなどの有名人が相手のときは、大事なゲストの声の高さに自分の声を合わせた。一方、それほど有名でもないゲストの場合は、彼らのほうがキングの声の高さに合わせた」

少年少女は甲高い声を出しながら、相手の耳に自分の言葉を届かせたいと互いにしのぎを削って話すことが多いかもしれない。また、青年期の男性は、自分のしゃべり声の低さとともに、家庭や教室でのステータスも異なってくるのに気づくかもしれない。

ブチハイエナは特別な鳴き声を上げるので有名だ。[26] 非常に高い声で断続的に「くすくす笑い」をする、あるいはホーホーと笑うような声を立てるため、「笑いハイエナ」ともよばれている。この目立つ鳴き声はすべての個体が出すと長い間考えられてきたが、実際のところは、低いステータスの目印であり、従属的な立場の個体が集団の高位の者とコミュニケーションをとろうとするときに上げる声だ。二〇〇八年、カリフォルニア大学バークレー校の精神生物学者のチームが音響学の会議で行った報告によれば、くすくす笑いは「みじめな立場にある、すなわち下位の個体がある状況にはまっている最中に、興奮しかつ葛藤を抱えながら上げる声である。たとえば……群れが獲物を仕留めたとき、従属的な立場の者が高位のメンバーたちから追い払われながらも、自分が食べる順番を待っているときの声だ」。

この特徴的なくすくす笑いはもっぱら順位の低いハイエナが出すのだが、すべてのハイエナが出す鳴き声にもさまざまな種類がある。そのひとつは、いわゆる「フープ」で、大きな声で吠えて、遠距離間のコミュニケーションを図ろうとする鳴き方で、最初は低い音から始まり、急激に音のアップダウンを繰り返す。ハイエナのフープは個体それぞれで異なり、ヘーナーたち科学者はその吠え方を聞いただけでどのハイエナの声なのかがわかる。先ほどのバークレーチームはほかにも次のように報告した。「それまでのクランを離れて新しいクランに入ろうとしている雄は、フープを何度も発する。

自分がそのグループに近づこうとしているのを、もしかしたら自分を拒むかもしれないグループのメンバーたちに、念のために知らせておこうとするためだ」

シュリンクは、声の出し方など、手持ちのありったけの戦術を利用していくつもりだった。しかし、高いステータスの友だち、ステータス・バッジ、ボディーランゲージ、声のほかにも、シュリンクの将来に役立つものがあった。青年期の間により高度なものに発達していく機能、「社会脳ネットワーク」である。

社会脳ネットワーク

ヒエラルキー内の自分の位置を理解していくのは、ヒトなど社会的動物にとって重要な作業となる。社会的意識・機能のために特化された脳細胞および脳領域は、魚類、爬虫類、鳥類、哺乳類に見られる。これらのシステムはまとめて「社会脳ネットワーク（SBN：Social Brain Network）」とよばれる。[27]

哺乳類のSBNは、六つに分かれてはいるが互いに密接につながる脳領域が担当する。[28] 飛行機の機内誌の後ろに載っているマップのひとつを想像してほしい。航空会社の路線が世界のどの地を結んでいるかを示す地図だ。輝くハブ空港とそこから四方八方にアーチ形に伸びる線は、世界中で飛行機が離着陸をしている状況を示す。あなたの脳を全世界として、あなたの社会脳（SBN）を、常に交信しあい強く結びついている六つのハブとして考えよう。六つのハブは視覚入力、これまでの社会的記憶、恐怖を感じたときの状況記憶、ホルモンに関する情報、対処行動、そして論理的な意思決定を寄せ集める。

あなたがほかの人と一緒にいたり、相手のことを考えたりするときはいつでも、あなたの社会脳ネットワークが活動している。その助けを借りて、あなたは適切な顔の表情がつくれるし、相手のボディーランゲージの意味を理解し、他者の心の状態を推測し、相手の口調からその真意を判断できる。SBNのおかげで、空気を読む、売りこむ、背を向けるべきとき、あるいは大急ぎで逃げるべきときがわかる。ヒトの日常生活において、この神経ネットワークがどんなに重要かをいくら述べても、言いすぎにはならないだろう。SBNの脳回路形成時に起こった異常と、自閉症スペクトラムなど、脳および社会的能力の障害との間には関係があるとされている。[29] 脳を負傷した際も、社会的機能をつかさどるSBNの働きが損なわれる場合がある。不適切な笑い、公共の場での性行動、共感能力の低下、普段の性格をかなぐり捨てるようなかんしゃくの爆発などはすべて、脳腫瘍や負傷がSBNの脳領域の働きを阻害している患者に見られる。

他者を理解し互いにつながる私たちの能力は、同じヒトに対してだけでなく、ネコ、イヌ、鳥、ウマに対してまでおよぶ。その事実は、私たちの共通する祖先が社会的動物であったことを示唆する。イヌは社会脳の働きによって、ドッグパークで自分の順位はどのあたりかを理解し、おそらく飼い主の家庭内での順位も知るのだろう。[30] ヒトとイヌのコミュニケーションに関する最近の研究によれば、ヒトとイヌどちらの感情的な声を聞いたときも、両者とも社会脳の同じ領域が活性化したという。経験豊富な女性騎手は、種の違いを越えて自分のウマの心の状態を感じとることができるが、この能力は、ウマのほうにもあるように思える。ウマも乗り手の気持ちをつかめるという証拠は、ウマとヒトの社会脳の間で相互作用が起きていることを示している。

ステータスのマッピング

赤ちゃんの社会脳は準備をして、動き出すときを待っている。[31] 新たに入ったばかりの「社会的世界」に赤ちゃんを導き、うまくやっていかせるためだ。生後数カ月以内に、赤ちゃんはほかの赤ん坊に対して社会的な微笑みを浮かべ、彼らを見つめ、観察する。生後六カ月までに、自分の生活圏内にいる特定の人物を区別し、ほかの人よりも好きになる。九カ月までに他者と一緒の活動に加わりたがるようになる。一歳までに、優勢な立場と権力を結びつけ、支配する側と従属する側の区別を正確にとらえるようになる。二歳までに、ともに遊ぶよちよち歩きの子どもたちの間で、地位・序列が生じる。こうした子どもたちの相互関係の結果、初期の幼児における直線的な順位づけのヒエラルキーが築かれる。

その後何年か、友だちの家でのお遊びタイムや遊び場で、順位づけや選別はつづく。幼児も地図製作者さながらに、心のなかに仲間と自分自身を配置したステータスマップを描く。[32] 四歳までに、どの仲間が高い地位にいるかを感じとれるようになり、その高位の仲間と一緒に過ごすのを明らかに好む。有力メンバーがやろうとしていることに関心を持ち、それを観察するのに恐ろしいほどの時間をかける。ステータスの高い者たちの様子を何よりも知りたがる特性はおとなになってもつづく。この傾向は、ゴシップ満載のタブロイド紙がいつの時代も人気があり、パパラッチが横行する理由を説明するのに役立つだろう。ヒトのおとなとアカゲザルは共通してこの特性を持つ。アカゲザルは高いステータスのメンバーを画面で眺めるためなら、大好きな甘いジュースをあきらめる。[33]逆に、低いステータスのメンバーの活動を映した映像を見せても、サルたちはほんのわずかの関心しか示さない。研究者は短い時間だけでもサルに興味を持ってもらうために、ジュースを余分に渡して機嫌をとらなければならなかった。

ワイルドフッドの渦中のヒトやヒト以外の動物にとって、社会的能力を伸ばすプロセスはきわめて重要になる。そして、個体の一生においてSBNが最も活発に機能するのはワイルドフッドのときをおいてほかにない。著者でありユニバーシティ・カレッジ・ロンドンの神経科学者でもあるサラ＝ジェイン・ブレイクモアは、脳機能イメージングなどの手法を用いて、青年期の意思決定やリスクをとることにおいて、社会的な仲間が大きな影響をおよぼし始めることを明らかにした。おとなや子どもと比べて「若者は社交的であり、仲間とのより複雑で階層的な関係をつくり、仲間に認めてもらったり拒絶されるのに非常に敏感だ」とブレイクモアは述べる。[34]テンプル大学の心理学者で多数の著書があるローレンス・スタインバーグは、この年齢グループで仲間が大きな影響力をおよぼすのは、若者の脳の認知制御機能がまだ成熟していない点と、報酬に対してより敏感に反応する特性を持つという、両方の要因が働いているからだと考える。スタインバーグたち研究チームは、「青年期において、仲間関係ほど重要なものはない」と報告した。[35]

カフェテリア、教室、パーティー会場、職場に足を踏み入れる際、若者の社会脳ネットワーク（幼年期に神経回路が発達し始める）は入力情報を受けて高速で活動している。そのSBNでは社会的状況を評価しながら、六つの関連する脳領域が連携して働く。視索前野（POA）には、最適な判断をするために目に留まったり四方八方を見たことによる視覚情報が入ってくる[36]。中脳は軽視されたり冷遇されたりした記憶にかかわる。扁桃体（恐怖に関する脳の中枢）はパニックや恐怖の感覚・気持ちについての情報を伝える。視床下部はコルチゾールなどのストレスホルモンやオキシトシンなどのリラックスホルモンの放出の指令を出す。一方で、外側中隔はストレス対処行動を推し進める。こうしたことをすべてまとめ上げるのは、前頭前皮質で、次に起こす行動を選び、判断し、調節し、組み立てる。社会脳ネットワークは非常に忙しい。六つの領域はメッセージをすばやくやりとりし、社会のヒエラルキーをきちんと理解できるように、そして、そのなかで対処するのに必要なことをはっきりさせようとしているのだ。そうした脳内の活動は毎日朝から晩まで、SBNを備えている動物なら例外なく――ヒトから魚まで――SBNを同様に備えるほかの個体と出会うたびに（家族の誰かとかかわったときでさえ）、せっせと行われている。

ワイルドフッドの間に起こる脳の幅広い再組織化の全プロセスのうち、SBNの機能強化は最も重要なもののうちに入る。SBNが調整段階のうちに若者が経験したことは、終生その者の心と体に刻みこまれることが多い。青年時代の非常に屈辱的、または気分爽快なできごとをほとんどの者が覚えているのは、そうした事情からだろう。青年期に認識した社会的序列もまた内面化されることがある。友情、ビジネス、政治、社会的交流をうまくこなしていくおとなとしての成熟した脳は、その多感な時期に築き上げられていき、青年期初期の社会的ヒエラルキー内の自分の位置が配されたメンタルマップは、おとなになってもずっと記憶にとどめられる可能性がある。青年期の終わり近くまでには、SBNはほぼ完成形となる。(37)その後のSBNは、空の上から見守る目のように、社会的地平を進む個人を終生導いていくことになる。

いつかはよくなる

順位制〔訳註　優位な順に個体が並ぶ階層構造〕は多くの動物集団に見られる。その構造は、攻撃、暴力、力ずくの脅しによって形づくられ、統制される。順位制はヒトの歴史の始まりからずっとその一部になってきたし、現代社会でもその構造がいたるところで見てとれる。順位制は、一国全体のような大きな集団を掌握するときや、夫婦の片方がもう片方に対するように、ひとりの個人を統制するときなどに利用される。たとえば、専制政治、軍事占領、監獄社会、身体的虐待が行われる関係などにそうした階層構造ができあがっているのだ。

ところで、ヒトにおいては、肉体的な力ではなく、ほかのより非肉体的な卓越性によって、個人のステータスが上昇する場合がある。あるグループがひとつのスキル、何かの特性、ある種のノウハウ、異なる資質に価値を置く場合、その美点を持つ個人は、いわゆる「威信《プレステージ》」を得る。力による威嚇がなくても、ほかのメンバーが進んでその人の価値を認めるとき、その人物は威信を獲得したといわれる。(38)マッカーサー・フェロー賞〔訳註　独創的な可能性を持った人に贈られる奨学金制度。天才賞〕受賞者、アカデミー賞受賞者、人気ユーチューバーたち、マララ・ユスフザイ〔訳註　パキスタン出身のフェミニスト、ノーベル平和賞最年少受賞者〕、ヨーヨー・マ〔訳註　有名チェリスト〕、J・K・ローリング〔訳註　『ハリーポッターシリーズ』の作者〕、あなたが好きなオリンピック選手などはみな「威信がある」のだ。彼らのステータスが高いのは、その科学・芸術・人道面・運動面での能力や貢献を、グループのメンバーたちが賞賛しているからだ。威信は名士であるとか富があるとかには関係ない。常に的に命中させる射手、最高においしいブラウニーを家で焼いて持ってくる人、ボトルフリップ〔訳註　水を一部入れたペットボトルを回転させながら投げ、逆さまに着地させるゲーム〕が一番うまい三年生、数多くの訴訟事件で勝訴する弁護士、不妊治療による妊娠成功率が最も高い専門医、泣いている赤ん坊を必ずぴたっと泣き止ませるおじさんなど、私たちヒトはさまざまな形に対して価値を見いだして威信を与える。

一方、ヒトのヒエラルキーにおいて、優位性と威信はしばしば影響しあい、そして、どちらもヒトの歴史を通じて、権力と統制のために何度となく利用されてきた。そして、若者にとって、威信というものは、それまでの順位づけとはまるで違うのだということが突然見えてくる。なぜならば、青年期の発達の重要な局面においては、ステータスのベースになるものががらりと変わるからだ。小学校、中学校、高校の初めのころまで、生徒たちの人気度の基準はしばしば個人の力ではどうしようもないところにある。たとえば、体の大きさ、魅力、年齢、運動能力、親が金持ちなどだ。しかし、青年期もなかばになると、適性をもとにした威信のヒエラルキーが急速に影響力を増してくる。「適性選択《ニッチ・ピッキング》」とよばれるプロセスが起こるのだ[39]。つまり、学生が自分の持つ独自のスキルや特性を高く評価してくれるグループを見つけて、そのメンバーになる。当然、そこで彼（彼女）のステータスは上昇する。その適性とは、能力（音楽面、学業面）あるいは、共通の関心事（政治、オタク系の映画、ファッション、スポーツ、ビデオゲーム）についての高度な知識を持つという形をとることがある。

こうした適性にもとづく威信序列としての階層は、高校でもてはやされる伝統的な特質を持っていない学生たちにたいてい歓迎される。彼らは人気の高い者からずらりと並ぶ強固なヒエラルキーの圧政を乗り越えて、自分の強みが高いステータスにつながるグループを見つける。そうした解決策が、「よりよい未来はあるよ」と、青年期を迷い苦しみながら進んでいこうとする若者に伝えるアドバイスの根底にある。

高く評価される能力をもとにした威信序列としての階層からは、ステータスに対する環境の影響力がいかに大きいかもはっきりとわかる。周囲の状況は変わり、かつてはほとんど価値がなかった資質の重要性がアップする。ある世代で「オタク」として馬鹿にされていた者たちが、次の世代ではアプリの開発者やコンピューター・プログラマーだったりする。

ヒトの赤ん坊と同じく、ハイエナの赤ん坊も、荒々しく複雑な社会的領域をしっかり進めるようにSBNを備えて生まれてくる。それはシュリンクにとって願ってもないチャンスとなった。シュリンクはいろいろな点で非常に不利な状況にあったのだが、結局のところ、社会的な面での彼の賢さが大きな強みとなっていく。

第8章　特権を持つ生きもの

現在のタンザニアにあるンゴロンゴロ・クレーターは、およそ三〇〇万年前に噴火した巨大な火山の火口付近が陥没してできた一帯である。ンゴロンゴロとは、その地形のとおり、「大きな穴」という意味だ。目下のところ、平らで広大なくぼ地は草で覆われ、種類豊富な緑に恵まれている。肥沃な土地とそこを流れる川のもと、さまざまな動物がすみついて腹を満たす。

ところで、一九九八年時点のシュリンクにとって、ここは決して緑豊かな楽しい遊び場ではなかった。共同の巣穴での暮らしは、彼にはつらい毎日だった。ほかの子どもとの関わりはすべて戦いになった。シュリンクが誰かと遊ぼうとすると、決まって攻撃されるのだ。体が小さく、まだ幼く、雄という点で、シュリンクはほかの子ども全員からいじめられる。巣穴にやってくるそれぞれの子どもの母親たちさえ、シュリンクをたたこうとした。

母親の社会的序列の継承

共同の巣穴でハイエナの子どもたちが一緒に暮らし始めて数カ月経ったころ、彼らのヒエラルキーは組み直される。[1] 最初は動物のステータスに関する通常の基準——年齢、体の大きさ、外見、性別——にもとづいて順位が決まっている。しかし、生後四カ月までには、ほとんど一直線に近いヒエラルキーが生まれ、最高位のランクの母親ハイエナの子どもをトップに、ほかの子どもたちがその下に並ぶ。その新たなヒエラルキーは年齢、体のサイズ、性別、外見とは無関係になる。代わりに、母親たちのヒエラルキーの順位をそのまま反映する。最高位の雌の子どもが頂点に立ち、次の順位の雌の子どもが下につづき、以下同様に下に並ぶ。女王の息子として、メレゲシュがヒエラルキーのトップで、シュリンクは最下位となったのだ。

ハイエナの社会的順位の並べ替えは、「母親の社会的序列の継承」という、大昔から伝わる強力なパワーによるものだ。「銀のスプーン効果」〔訳註　古来、貴重な銀の匙を使うような裕福な家に生まれた子は一生暮らしに困らないことから、銀の匙は新生児の幸せのシンボルになっていた〕の一例として、母親の序列が受け継がれていけば、高位の母親の息子や娘は間違いなく高い地位を、そしてそれに伴う特権も、生まれながらの権利として手に入れることになる。[2] 野生動物のヒエラルキーで、個体の地位が、争いに勝ち抜く力や身体能力ではなく家族関係で決まってくるとは、意外な気がするかもしれない。血縁のある者をひいきするのは非常に人間くさい。

しかし、もう少し考えてみると、意外な気持ちは消えるだろう。自分の子どもが生き残ってまた子どもを産んでいくというのが、進化の観点から見た成功の定義だからだ。親が自分の子に生存と繁殖の可能性を高める有利な立場を受け継がせたいと思うのは自然な成り行きだ。動物社会における母親の社会的序列の継承は、高位の親の子が実力ではトップに立てない場合に備えてかけられる保険といえる。

ハイエナの群れは能力主義社会ではない。ハイエナの子どもが生まれると、その子（息子または娘）は自動的に母親の序列のすぐ下にはめこまれる。群れのメンバー全員がそのことを知っており、その小さい子の場所をつくるために、順位をひとつずつ下げる。こうした社会的慣習は、飛行機に搭乗する際、ファーストクラスのチケットを持つ子どもたちのために、おとなの旅行客が手続きの順番を譲るようなものだ。

序列の継承はハイエナだけにとどまらず、また、母親の序列に限ったものでもない。アカシカからニホンザルまで、高い序列の父または母のもとに生まれた幸運な子どもは、文字どおり何の苦労もせずに、ヒエラルキーのなかで非常にいい地位を占めることになる[3]。マッコウクジラ、家畜のブタ、クモザルなど多くの種でこうした特権を持つ者にとって、ステータスは幸運にも転がりこんできた特典とさえも思っていない[4]。彼らにとっては当然の権利なのだ。そしてそれは生き方全般におよぶ。

高位の親と有力な血縁者に囲まれた子どもは、親の社会的なつながりも受け継ぐ[5]。彼らは有力なおとなのネットワークから恩恵を受けるのだ。鳥類、魚類、哺乳類の子どもは、親とその友だちとの盛んな交流のなかで成長し、クモの巣のように広がる社会的関係をそのままキープしていき、親の仲間の子どもをつがいの相手にすることとさえよくある。

父親・母親の役割がより平等である種のなかでは、とりわけ鳥類がそうなのだが、父親の序列が高ければ子どものステータスがぐんと上がる。[6] ところが、哺乳類では、子どもの世話はかなりの部分が母親に任されるので、父親の影は薄くなる。子どものステータスに関しては母親の序列のほうがもっぱら大きな影響を与えるのだ。タンザニアのゴンベ国立公園にすむチンパンジーについて、研究者たちが子どもどうしのけんかを観察した。その結果、「争いの際、母親の地位が上の個体が勝つ傾向にあった」。[7] つまり、チンパンジーにとって、遊び場の口げんかでよく使うせりふは「僕の父さんがおまえの父さんをぶちのめすからな」ではなく、「僕の母さんがおまえの母さんをぶちのめすからな」になるだろう。

母親の介入

ハイエナの母親なら全員、自分の子の利益になるための介入をしようとするが、勢力のある高位の母親がそれを一番うまくやってのける。たとえばシュリンクの母、ビバのような低い序列のハイエナは自分の体で子どもの競争相手の動きをブロックして、争いを解決しようとする。あるいは、紛争の解決にはならないが、陽動作戦に出て、メンバーたちの気を散らして争いごとが自然に終わりになるのを期待する。こうした母親のやり方にあまり効果がないのは、その作戦が相手をなだめる方向でしかないのが一因だ。[8] ハイエナ社会でのビバのような低位の母親たちが、自分の子どもの社会的地位が危険にさらされているのに気づかないわけではない。彼女たちの介入は攻撃的ではないため、あまり効き目がないのだ。おそらく、母親自身が子どものころに教わった紛争時の身の処し方がそのまま出ているからだろう。また、もし子どものために攻撃的に介入したら、高い順位のおとなたちから自分が罰せられるからかもしれない。

他方、高い地位の母親は、とにかく自分の子どものためなら何でもする。子どものけんか相手に対しても直接、攻撃を仕掛けるのだ。このディスプレイで、群れ全体にわが子の優位性をはっきりとアピールする。同時に、子どもに権力の行使と、攻撃的に行動する手本を見せる。

争いの場では高位の母親が後ろ盾となり子どもを導き、子どもに勝利の高揚した気分を味わせる。そうしたことを親子のチームとして数回経験すると、母親は身を引く。その後、その子どもはシンデレラの義理の姉たちのように、母親の冷酷さを見習って試そうとして、自分ひとりで相手を攻撃し始める。彼らは簡単に打ち負かせそうな標的を選ぶ。周囲に親やそのほかの助けになるメンバーがおらず、反撃の望みもほとんどない者である。

ところで、母親の介入は常に成功を約束するものではない。ミシガン州立大学のハイエナ研究者、ケイ・E・ホールキャンプが私たちに語ったのは、高い序列の親のもとに生まれた雌の子も、ときに群れの実権を握る「才分に欠ける」場合があるという話だった[9]。そうしたケースでは、母親がいくら努力しても、子どもは母の地位を受け継いで維持しようとしない。といっても、群れを離れたり、ヒエラルキーの底辺に落ちたりする羽目にはならない。こうした個体はたいてい群れの中間層で安楽に暮らすようになる。つまり、優位性のディスプレイに大量のエネルギーを注ぐ必要もないうえ、集団のメンバーであることで、合同での狩りで捕らえた獲物の分け前もあるし、敵の攻撃から身も守ってもらえるのだ。

さて、高位の母親の子が権力を行使し始めると、それを見守ってきた母親は次第に現場に近づかなくなり、背後に控えてほんとうに必要なときにだけ力を貸す態勢となる。このころは、自分のまだ若い子のために戦ってくれるほかのおとなを、母親がまとめ始める時期でもある。誰の助けもないハイエナの若者が、強力な母親やそのまわりのおとなたちのバックアップがある競争相手に戦いを挑んでも、ふつうは勝ち目がない。その挑戦者はおそらく「負け癖」――いったん社会的に負けると、連鎖的に社会的な敗北を経験するプロセス[10]――がつく。最終的に、負け組の子は自分より序列の高い子に挑みかかろうとすることさえしなくなる。負け癖については、次の章で詳しく見ていく。

高位の母親から生まれた雌の子が、自分と同程度の年齢の仲間をいじめるのがうまくなり、後ろには母親の友だちの支援の輪があるのを実感できるようになると、彼女には次の課題が待っている。つまり、低い序列のおとなに対して、自分の権利を強く押し出す（見方によっては、いじめる）方法を学ばなければならない。ここで再び、母親が導き手となる。成長しつつある娘がけんかを売るように仕向け、後押しする。ときが経つにつれ、序列の低いおとなたち（そして、そうした関わりあいをかたわらで見ていた残りのメンバーたち）は、年齢・古手かどうか・体の大きさ、といった点で優《まさ》っているにもかかわらず、自分たちの序列は特権を持つ娘の下になるというのがわかるようになる。最終的に、高位の母親は、ほかのメンバーが娘の地位を認めて敬意を払うようにするために、現場に姿を出さなくてもよくなる。

ケンブリッジ大学の行動学者、ティム・クラットン＝ブロックは、トップの後継者のためのこの種の訓練行動を霊長類でも観察し、鮮やかに描写している。[11] スリランカに生息する雌マカクの低位のおとなが、えさの果物を求めて森に行く。雌がえさをほおいっぱいに詰めこもうとしていたところ、突然、高位の母親の娘である、小さく年若い子が木の上からどさりと飛びおりてきた。そして、年上のサルの下くちびるに手を伸ばした。つかんだくちびるをぐいっと引き延ばし、その口のなかに手をつっこみ、なかばかみ砕かれた果物をつかみ出す。下位のおとなは抵抗せずに自分のとってきたものをあきらめる。トップの雌が産んだ子のやりたいようにさせないと、あとでひどい目に遭うからだ。そして、自分の娘とその年上のサルのやりとりが思いどおりにいくのを確かめていたのは、群れのトップの雌だった。彼女は五〇メートル離れた木の枝の上にすわって、一部始終を眺めていたのだ。

母親の介入は哺乳類の社会だけに見られるものではない。そして、介入は攻撃的だったり肉体的な暴力をふるうだけではない。霊長類、鳥類、魚類の親は自分の子どもを助けてくれる仲間のおとなに贈り物を差し出すことがある。与えるものはずばり、食べ物の形をとることが多い。あるいは行動面でのプレゼントで、しばしばグルーミングの形をとる。サンゴ礁の海にすみ、ほかの魚の体表につく寄生虫を食べるホンソメワケベラの低い地位の個体や、同じく低い地位のヒヒは、高位のメンバーの体表を少しずつつついたりつまんだりしてグルーミングを行う。そうした前もっての懐柔策で、子どもの社会的地位は安定するか、上昇することがある。

母親の序列の継承や母親による介入は、シュリンクのようなハイエナの若者にとってはつらい経験となる。私たちヒトも含めてほかの種のメンバーにとっても、生涯を通じて受け入れなければならない苦しみのひとつだ。あなたがどれだけ善良で、頭がよく、強壮で、覚悟ができていたとしても、高い序列の親から生まれた子と対決せざるをえなくなれば、非常に厳しい戦いとなってしまうだろう。高位のハイエナの娘たちは（自然界のさまざまな種における強いリーダーの雌の子のように）、想像もつかない強みを持っている。栄養状態はいいし、おそらく免疫系でも優る。ただちに攻撃に出るだろうし、そうしたやり方に慣れている。というのは、自分が欲しいものをすぐさま要求するように教えこまれているからだ。権力をふるうチャンスをたくさん与えられ、過ちをおかしても守られてきた。さらに、親たちは子どもに小さいころから、相手をいじめる方法と負けないすべをきっちり教えこむ。

特権を持つ個体は魚類、爬虫類、鳥類、哺乳類の間でいくらでも見つかる。生まれながらにして優位な立場にあり、その地位ならではの行動を自然ととるようになっている存在だ。ワイルドフッドは特権階級特有の行動が始まる時期であり、それぞれの若者が受け継ぐ優位性がその個性に大きな影響を与えていく。

ヒトの社会では、幼児や年少の子ども時代は階級などについてよく知らないで過ごすことがある。しかし、青年期に入ると、階級、序列、ステータス、地位が急に鮮明になる。青年期の最大の難関は、恵まれない境遇に生まれた者が不当に扱われるおとなの世界に入ることなのだ。私たちヒトの社会構造の一端を読み解くうえで、親の序列の継承などによる特権を持つ者がいる自然界の状況を知っておくのは、何よりも重要になる。

なわばりの継承

動物社会における特権は、なわばりの継承という形をとることもあり、幸運な動物やヒトの子の地位をぐんと優位に持ち上げる。ヒトの君主のように、安全で資源が豊かな一帯の土地を持つヨーロッパビーバーの親から生まれた恵まれた子どもは、親が死んだら、ダムなどの建設物すべてを含めたなわばりを受け継ぐ。[12] ナキウサギ、アカギツネ、アメリカカケス〔訳註　カラス科の一種〕の子どもたちも、親の死後、そのなわばりを譲り受ける。[13] さらに、自己犠牲の塊であるアメリカアカリスの母親は、成長した子どもになわばりをすべて渡して、自分はどこか別の場所にすみかを見つけるために、「中年の旅立ち」をする。[14] なわばりを渡しても、子どもがまだその一帯を守れる状態にない場合は、独力で上手に切り盛りできるようになるまで、とりあえずは父親または母親が引きつづき見守りながらの継承が行われる。

自然界では、条件をすべて平等にするということはありえない。太古から連綿とつづく動物の特権はいたるところにある。特権を持つ個体は、バイソンにも、クマにもいる。特別待遇の昆虫の個体は群れのなかの一番条件のいい位置を占め、特権があるカキは海底の居心地がよく安全で快適な場所に入りこんでいる。花畑では、有力な花の「親」から生まれた子である特別扱いのチューリップが、日当たりがよい場所や水気がある場所に植えられている。森の奥深く、木々の根もとには、特権を持つトリュフが何の苦労もなく育ち、周囲にいる同じ系統の仲間が仮にそれを知ったら不快に思ったり憤慨したり切望したりするような暮らしをしている。

特権は、微細なレベルの世界でも影響力をふるっている。細胞どうしで比べても、ほかの細胞より大きな利点を与えられている細胞がある。たとえば、鉛筆の先についている消しゴムサイズの悪性腫瘍の内部では、数十億個の細胞が資源を求めて互いにしのぎを削る。[15] 群れになったツバメのように、腫瘍を形成する細胞はそれぞれ強みや弱みが異なる。血液の供給が十分な部位にいる腫瘍細胞は、その恩恵を旺盛な複製にあてる。腫瘍の中心部で、化学療法や免疫療法の力の届かない安全な場所に落ち着いている腫瘍細胞もいる。発達の初期段階でストレス環境にさらされたものもいるし、たやすくスタートが切れたものもいる。がんが転移する理由についてひとつには、実は、資源を奪われ、追いつめられた腫瘍細胞が原発部位（いわば、彼らの故郷）から離れ、条件のよいもっと好ましいほかの場所で運試しをしようとするという仮説がある。あるいは、がん細胞を攻撃するT細胞に追われて大急ぎで逃げ、最初に発生した場所から遠いどこかにすみつける場所がないか探って、体内を移っていくという説もある。

そして、私たちヒトの場合のように、ある動物集団全体が、生まれた場所が違うだけで、ほかの集団には望めないような特権を持つ場合もあるのだ。おそらくどの親に生まれたかの区別よりも、環境がしばしば運命を決める。ごくふつうのハイエナの寄せ集めであっても、緑豊かで、えさには事欠かず、ライオンがあまりいない環境にいるのであれば、その群れは大繁栄するだろう。非常に賢い最強のハイエナぞろいの群れであっても、干ばつや飢饉が多発し密漁者が横行する一帯のただなかで暮らすのは、あまりに厳しい状況となる。

シュリンクは群れのなかでの地位には恵まれなかったが、ンゴロンゴロ・クレーターの外で暮らすハイエナたちに比べれば、特権を与えられていた。ハイエナのクランでは、双子が生まれると、片方が食べるものをほとんど独占するため、もう一方が飢え死にするケースがほとんどだ。しかし、ンゴロンゴロ・クレーターでは事情が違った。一年のうち食べ物が豊富な時期が長い。ある研究によれば、なんと、一平方キロメートル内に二一九匹のえさ動物が確認されたという[16]。ところが、近くの不毛なセレンゲティのハイエナたちは、一平方キロメートル内にいるたった三・三匹のえさ動物をとり合いしなければならないのだ。そして、生存率はこうした環境によって決定される特権とかかわってくる。セレンゲティでは、双子が生まれてもどちらもおそらく生き延びられないだろう。ンゴロンゴロでは、双子はほとんどの場合生き残る。ヘーナーの調査によれば、三つ子でさえ（もちろん、三つ子は双子よりまれだが）、ンゴロンゴロでは生きていくという。シュリンクはその地に生まれたという点では、特権が与えられていたのだ。

特権を幅広い視野から見る

動物に由来するヒトの特権はいたるところに存在する。それは紛れてはいるが、探し方を知っていればすぐにわかる場所に隠れているのだ。そうした実態は、進化の観点から考えたら納得してもらえるのではないだろうか。動物の親は自分の子が資源や安全を楽に手に入れられる有利な立場を占めて、ひいては生き残って子孫を残すチャンスを増やしてほしいと思う。労せずして得た利益の積み重ねがある個体と、そうしたものが何もない個体とがかかわるたびに、その特権のあるなしが大きく響いてくる。

ヒトの場合、自分たちの社会は能力主義だと社会メンバーがみなしている場合は、若者に対して、一生懸命ことに励めばいいことが起きると言い聞かせるだろう。しかし、卒業生の子息などへの大学入学優遇制度、インターンシップ先や就職口を得る機会、強力な人脈の紹介など、特権を持つ者にとっては楽な道が開けているのは周知の事実だ。地球上のあらゆる場所で多くの人が、若いころの境遇――健康、環境、家族、あるいは、富、人種、性別――が、その後の運命を決めるうえで、能力よりももっと大きな影響力を持つ世界に入っていく。実はよく考えれば、特権が若者の生活におよぼす力はそれ以上に恐ろしく強大なものなのだ。特権のあるなしは、若者が貧困のうちに暮らすか、きれいな飲料水が飲めるか、その身が安全かの分かれ目になる。特権の有無で、性と生殖に関する健康管理が受けられるかどうかが決まる。特権に恵まれなければ、教育を受け職業につく機会は遠のく。

自然界において特権のおよぼす影響は、個々のがん細胞の生活史から野生動物の生活史までどこでも確かめることができる。もちろん、誤解しないでほしいが、自然界がそうだからといって、ヒトの社会が階層化されるのを容認したり正当化できるわけではない。それどころか、最初は直視するのが心地悪く、気が滅入りもするかもしれないが、太古からの動物における特権の起源には、現代のヒトにとって貴重な教訓が含まれているのだ。

序列は戦いに勝つことで完全に決まると考えられている種がある[17]が、勝利を収める個体は、何世代も前から有利な点が積み重なっている戦いを選ぶことが多い。通りいっぺんの観察だと、それは平等な動物の間での公平な戦いであるように映るかもしれない。しかし、特権はどこにでも存在し、さまざまな結果に影響を与えている。自然界にある特権が見えない大きな力をふるっている実情を認めれば、ヒトの若者の生活におけるそのとてつもない影響力を理解しやすくなるだろう。ワイルドフッドの間にしょっちゅう行われる戦いや評価は一見、能力をベースにしているようだが、特権という、社会的事象の根本に埋めこまれた特性を知れば、より複雑な実態が見えてくる。

空を飛ぶ飛行機をつくるには、重力の法則を理解する必要があった。細菌感染症に対抗する抗生物質を開発するためには、病原体のとる戦略を研究しなければならなかった。もし私たちが公平な社会を首尾よくつくり上げたいと思うのであれば、大自然の動物たちの間に存在する特権の様相を明らかにして理解するのが不可欠となる。

ただし、自然界における特権はたしかに強力なものであるが、そうかといって、若者の運命を常に決めてしまうわけではない。これまでも述べてきたように、気候、病気の蔓延、不測の事態によって環境が変化すると、不利な立場にあった者がいっぺんに優位に立つ場合がある。ほかの者の特権に阻まれたAYA世代にとっては、環境の変化によって自分のまわりの状況が組み直されるのを待つのではなく、環境の変化が起きるようにもっていくのはどうだろうか。環境を変えてうまくいくケースはあるはずだ。

オリバー・ヘーナーが私たちに述べたのは、低い順位のブチハイエナは、高い順位の者よりもそれまでの社会的状況から簡単に抜け出て、どこかほかの場所で自分の地位を立て直すことができるという話だった。実際、逆境のなかで育ったハイエナは、高い序列のメンバーよりも行動が柔軟になる。ミーアキャットや野生のモルモットについての研究でも、青年期に厳しい境遇を経験した個体には、革新性や粘り強さが育つのが実際に観察された。[18] ハイエナに関しては、高い序列の雌たちは常に食べ物が手に入るため、通常、それまでのなわばりに留まる。彼女たちはどこかほかの場所を求める必要がないのだ。一方、低い序列の雄や雌は、行動圏の外に出て遠くまで出向いてまわり、なわばりの主がいない新たな一帯を最初に見つける。ヘーナーは次のように述べた。

「低い序列の雌たちが、誰のなわばりにもなっていない地域に移って、生活がとてもうまくいっているケースを見てきました。健全な生態系で分布の空白地域ができるというのはそんなに多くは起こりませんが、たまたま、病気が広がったりそのほかの要因によって、起こることがあるのです。ケニアで、密猟者の仕掛けた毒入りえさで、群れ全体が命を落とした事例がありました。そのため、その群れのいたテリトリー全体が完全に空白地帯となると、序列の低い雌たちがそこに移り、とても幸せな暮らしを送りました。彼女たちはもともとの群れに留まるよりも、生活を大いに楽しめたのです」

生まれた場所、資源、家族の持つ社会的関係は、すべての動物の生活に非常に大きな影響を与えるが、それだけで運命が決まってしまうわけではない。若いころに周囲の状況が困難だからといって、それで一巻の終わりにはならず、逆に打たれ強さが鍛えられる場合もある。力を貸してくれる仲間が新たにできる。争いに勝つこともありうる。環境も変化する。さまざまな可能性のなかで、若い個体が特権の影響力を理解しながら、何らかのやる気を出せば、ちょっとした幸運で、特権の座に生まれついた者とはまるっきり異なる生き方の道が開ける。

もちろん、シュリンクがすぐに学んだように、必ずしも簡単にはいかないのだが。

第9章　社会的転落の痛み

一九五〇年代の米国で、五人の人々が重度のうつ病にかかった[1]。夫を亡くした女性、引退した元警察官、事業経営者、専業主婦、大学教授の五名だ。その時代の米国でうつ病を経験するのは珍しいことではなかったが、実は、彼らはそれぞれのメンタルヘルスとは無関係なところで、共通した疾患を抱えていた。うつ病を発症したとき、彼らは全員、高血圧の治療を受けていたのだ。五名とも、レセルピンという名前の薬を投与されていた。レセルピンはモノアミンとよばれる神経伝達物質のレベルを下げることで、血圧を下げる働きをする。ところが、モノアミンのレベルの低下は、五名の患者の気分も落ちこませたようだった。医学雑誌『ニューイングランド・ジャーナル・オブ・メディシン』はこの症例を報告し、レセルピンを服用するのをやめると、五名のうつ症状はよくなり、発症前の気分が戻ってきたことにも言及した。この研究は絶大な影響力をおよぼしたが、実は一部しか正しくなかったモノアミン仮説の誕生を後押しした形となった。すなわち、うつ病の原因は、少なくともその誘因は、モノアミンの低レベル状態だと示したのだ[2]。

その研究の発表から六〇年の間に、うつ病とモノアミンの関連性についての研究はつづき、細かな点まで調べられた。しかし、基本部分はそのままだった。ヒトのうつ病はその複雑さゆえに単一の分子グループの働きによるものとは言えないが、モノアミンがヒトの気分を形づくるうえで重要な役割を果たしているのは明らかだというのだ。そして、神経伝達物質モノアミンのなかで一番知られているものは？　そう、セロトニンである。そのレベルは、ＳＳＲＩ（選択的セロトニン再取りこみ阻害薬）という種類の抗うつ薬――プロザック、セレクサ、レクサプロ、パキシル、ゾロフトなど――でコントロールされる。(3)今日、ＳＳＲＩが治療に使用されるのは、ヒトの場合、脳の特定部位におけるセロトニンのレベルを上昇させると、気分の改善が認められるケースがあるという長年のエビデンスにもとづいている。

では、また別の現象を動物行動の領域から考えてみよう。卵からかえったロブスターは、自由に泳ぐ小さな幼生で、巨大なはさみを持つ闘士のおとなとは、外見も行動もまったくかけ離れている。(4)しかし、生後三カ月たった子どもは、おとなの形の小型版になっている。その後数年、子どもはひっそりと隠れて暮らす間、成長して大きくなる。六～八年ほど経ったロブスターの若者は、ほぼおとなと同じ大きさになる。この時点になると、ハイエナやヒトと同じように、自分たちをヒエラルキーのなかに順番に並べていくようになる。そしてつつき順位を設けるニワトリのように、野生のロブスターのヒエラルキー関係でも、実際の戦いは非常に少ない。ほかのロブスターの行動を観察したり尿のにおいをかぐことによって、それぞれは誰が上で誰が下かを判断して覚える。順位が上のロブスターは下位の個体の脚をつかんだり触角をつかんだりする攻撃を行って、巣穴から立ちのかせる。下位のロブスターは尾をくるっと丸めて跳ねながら退散していく。ロブスターの太古の祖先たちが地球上に姿を現したのは、世界中の原野を山火事がおおいつくしていた時期だった。それから三億六〇〇〇万年の間、ロブスターたちのステータスを巡る小競り合いはつづいている。

しかし、ある物質には、そうした力関係を決定する事情を変える力がある。これらの甲殻類の間の序列関係を研究する科学者たちによれば、順位が下のヨーロピアン・ロブスターがこの物質を与えられた場合、低位の個体がとる特徴的な行動はほとんど起こらなかった。[5] 戦いを挑まれても、退却するのはまれだった。彼らは進んで戦おうとした。これは下位のロブスターにはふつうない行動だ。そして、優位に立つ個体を思わせる姿勢とポーズをとるようになる。なかでも注目すべきは、典型的なロブスターの「メラル・スプレッド」とよばれる動き――体の前半分を持ち上げて、威力を示すようにはさみを振る、威嚇のディスプレイを行ったのだ。つまり、ある物質を与えられた以外は、彼らの環境は何ら変化していなかったのに、自分の順位が低い事実などまるでなかったかのように、異なる態度や行動をとり始めたのだ。

ザリガニに関する同様の研究が行われたが、結果は同じだった。[6] 順位の低いザリガニがその物質を与えられると、脅しや戦いを挑まれても退却しなかった。そして、あたかも地位が上昇したかのような行動に出たのだ。実際に戦って勝つ必要はなかった。彼らの姿勢、ポーズ、行動だけで、その優位性ははっきりと決まったのだ。そして、ロブスターと同じく、ほかのザリガニたちはその個体に対して彼のステータスが上がったかのような態度で接し始めた。順位の認知（ステータス）は現実の順位になったのだ。こうした効果は魚類、哺乳類でも観察された。この物質を投与された低位の個体は、順位が高くなったかのようにふるまい、その結果、周囲の仲間から高位の者に対するような扱いを受けるようになる。

その物質はもちろん、セロトニンだ。動物に対して、セロトニンは社会的序列、特にステータスの上昇・下降にかかわる脳の活動において中心的な役割を果たす。そして、ヒトの気分の上がり下がりにも同じく中心的役割を担う。ということは、これらふたつの知見を並べて考えれば、動物行動学者の研究とヒトの精神科医の研究には重要なつながりがみえてくるのではないか。つまり、気分の制御と動物のステータスとの関連性である。

なすすべもなく希望もなく

これまでも述べてきたように、社会的転落は、社会的動物にとってざらにある経験だ。トップの座を永久に占めることなど誰にもできない。社会脳ネットワーク（SBN）や社会的順位の推移的推論（TRI）などの脳の神経回路システムが、ステータスの変化をキャッチして、神経化学的メッセージ――ステータス信号――を送り、生存率を高めるような行動に出るよう動物に働きかける。ところで、この信号を受けとると、どんな「感じ」がするのだろう？　ヒト以外の動物は私たちに話してくれない。それでも、低い順位の動物の行動を観察している科学者たちは、もし彼らがしゃべってくれるのなら、気分がどうにもよくないと言うのではないかと考えている。

二〇世紀初め、トルライフ・シェルデラップ＝エッベは、擬人化の手法と客観的で精密な調査を存分に組み合わせて、「限りなき権威」の座から転落したトップの鳥が「ひどくうつうつとした状態で、ほこりにまみれた翼と頭を垂らし、弱々しく控えていた」と記した。[7] 王座から降ろされた鳥は、「肉体には傷などどこにも見当たらないのに動こうとせず、体から力が抜けきってしまっているふうだった」。シェルデラップ＝エッベはさらに、その鳥が「長期にわたる絶対的な支配者」であったならば、こうした反応はもっと重い症状になったと書き記し、そのうえ、その社会的転落が極端なものであった場合は「ほぼすべての場合、命取りとなった」とつけ加えた。

ほかの鳥類学者たちも彼の観察内容を確かめている。二〇世紀英国の動物学者、V・C・ウィン＝エドワーズは、スコットランドに生息するアカライチョウで、なわばりを巡る戦いに敗れてステータスが下がった個体が、「ふさぎこんで死んでしまう」場合があるのに気づいた。[8] もし、こうした様子の鳥がヒトであったならばうつ病と診断されていただろう。彼らの気持ちが落ちこんだきっかけは？　そう、社会的転落だ。

四〇年前、ベルギーの鳥類学者で精神科医でもあったアルベール・ドゥマレは、彼が好んで研究した鳥と、自分の患者の行動に類似点があるのを書き留めている。[9] なわばりを持つ鳥は自分の力を誇示するかのように気取って歩きまわった。その姿は、意気揚々とした彼の患者がいばって歩く様子を彷彿させた。一方、気分が落ちこんでいる患者は、ほかの鳥のなわばりにひそかに忍びこんだ鳥のようにふるまった。そうした鳥たちは小さい歩幅で、こっそりと動きまわり、鳴き声を極力立てず、誰からも見つかりたくなさそうだった。

群れのトップとして誰もがあこがれる守られた地位を失い、危険な低い地位に押しやられたとき、鳥がどう感じるかをそれぞれに尋ねることはできないのは、魚、トカゲ、ヒト以外の哺乳類に尋ねられないのと同じだ。

しかし、私たちは同じヒトになら尋ねることができる。侮辱されたり、屈辱や金銭的損失を受けたり、失恋するなど、ステータスを低下させるこうした体験によって、人々の気分は落ちこむ。悲しい気持ちになる。身が縮みあがるような批判や状況が、現実として自分を襲うかもと考えただけで、一気に苦悩が押し寄せてくる。社会的転落の極端な例では、心の痛みがあまりにも深刻なために、極度の苦しみから逃れようとして、薬物やアルコールの乱用や自傷行為などの過激な手段に訴える者もいる。

私たちが感情面で経験するあれこれはヒトに特有のものかもしれないが、その情動脳はほかの動物も持っているのだ。ヒトの感情の変化を操る脳の活動と化学物質は脳の報酬系の回路として、多くのほかの動物も同じように持っている。この報酬系のメカニズムは、典型的なアメとムチの力で動く。簡単にいえば、生き残るための行動をとると、報酬として快感が得られる。私たちの体は、ドーパミン、セロトニン、オキシトシン、エンドルフィンなどの万能薬のごとき神経化学物質[10]を放出する。そして、その化学物質から「よくやった！　いいことをしたね。それをつづけてやったら、もっといい気持ちになるから」というメッセージを受けとるのだ。

その一方で、気分の落ちこみは、コルチゾールやアドレナリンなどの神経化学物質の放出で不快感を覚えることで起こる。こうした不快感は、快感を生む神経伝達物質の分泌が低下することでさらに強まる。それをほかの動物はどういうふうに感じるか、私たちは知らないし決してわからないだろう。

ただ、私たちの間では、それを気分の障害、そして程度が重いときは悲しみとさえ表現する。ムチの働きをする化学物質によって、動物は低下した地位をもとどおりに上げなければと、自分の行動を変える気にさせられる。

ステータスの上昇は、動物の生存チャンスを高める。ステータスが上がった動物は、化学的な報酬を受ける。ステータスのアップはとても気持ちがいいのだ。

逆に、ステータスが急降下すると、動物の生存チャンスが低くなる。ステータスが下がると、動物は化学的な罰を受ける。ステータスが落ちるとみじめな気持ちになるのだ。

近年のグリーンアノール〔訳註　トカゲの仲間〕、ブルーバンデッドゴビー〔訳註　ハゼの仲間〕、ロブスター、ザリガニ、ニジマスなどを対象に、ステータスとセロトニンの関わりあいを確認した研究からは次の可能性が導き出される[11]。すなわち、セロトニンのレベルは動物の気分を「コントロール」しない。セロトニンはそのほかの神経伝達物質とともに、動物の「ステータス」が変化したという信号を発する。

ステータスと気分がつながっているという図式を知れば、AYA世代の行動、気分の浮き沈み、不安、うつ病を理解するうえで強力な視点となる。人前で恥をかくなどステータスの転落をはっきりした形で経験すると、自殺の可能性さえ高まる恐れもある。社会的地位を失うのは苦痛を伴う。文字どおり、心も体も痛むのだ。そして、青年時代を社会のヒエラルキーの底辺で過ごすのも苦痛を伴う。

ワイルドフッドの間、若者は社会のステータスに対して非常に敏感になるのに加えて、社会的な苦悩を強烈に受けとるために、うつ病を容易に発症する可能性がある[12]。若者にとって社会的痛みは耐えがたいほどつらく、たいしたことはないと片づけられるものではないのだ。彼らに向かってなぜ他人の思惑をそんなに気にするのかと尋ねるのは鈍感なだけでなく、何にもわかっていないことになるだろう。結局、ヒトから、ハイエナ、ロブスターまで、すべての青年期の社会的動物の仕事と最大の関心事は、自分たちのステータスに関する手がかりを探して世界を見渡し、集めた情報から何か得られるものがないか、詳しく調べることなのだ。そして、ステータスが変化すると、ときに喜びを、ときに痛みを、強烈に感じる。

社会的痛み

ステータスの転落に伴って急上昇する負の感情の根底にあるのは、私たちが「社会的痛み」とよぶものだ。その現象はカリフォルニア大学ロサンゼルス校（ＵＣＬＡ）の神経科学者、ナオミ・アイゼンバーガーが広範囲にわたって追究している。その研究は、集団から締め出されたときの身体的痛みと精神的痛みを結びつけるものだ。

アイゼンバーガーたちが行ったある研究では、社会的排除を模擬体験するオンラインゲームを若者にさせて、その脳の画像撮影を行った。アイゼンバーガーが発見したのは、身体的痛みも社会的痛みもともに共通の神経経路を介するだけでなく、社会的に排除されるのは若者にとって、とりわけ苦痛であるという点だった。[13] つまり、すでにステータスに無関心な両親にとっては理解できないようなことを、子どもはしでかしてしまう理由があるのだ。のけ者にされると非常に傷つくのだから。

アイゼンバーガーは社会的痛みをヘロイン中毒や過剰摂取とも関連づけた[14]。注目すべき点は、AYA世代の主要健康リスクのひとつである、物質使用および乱用が、若者がのるかそるかの社会的選別の段階に初めて入るときにしばしば始まるということだ[15]。若者の社会脳ネットワーク（SBN）が社会的転落や社会的痛みに最も敏感になるとき、社会的痛みを鈍らせてくれるアルコールや麻薬などに手が伸びる可能性がある。

アイゼンバーガーは関連研究で、アセトアミノフェン――米国では「タイレノール」という商標名が最も知られている――が、肉体的痛みだけでなく、社会的痛みも和らげるのを明らかにした[16]。磁気共鳴映像法（MRI）の画像からは、社会的排除による痛みは、肉体的痛みがかかわる脳の領域や神経経路と同じ部位を原則的に活性化させるのが見てとれた。アセトアミノフェンが痛みを低減させる仕組みには、μ《ミュー》オピオイド受容体の活性化もかかわっている。そして、この受容体は、大麻に含まれる生理活性物質、テトラヒドロカンナビノール（THC）にも反応するのである。

ドラッグ、アルコール、タバコの使用は、社会的痛みを和らげるために若者が個人的に頼るという範疇《はんちゅう》を越えて、彼らにあたかも自分のステータスが上がったかのように感じさせる役割までも果たす可能性がある。ドラッグなどを使用していることによって、その者が年上であるという信号が集団に送られることもあるだろう。これまでも述べてきたように、社会的ヒエラルキーのなかで年齢が上のメンバーは一目置かれる傾向がある。

社会的転落によってどれだけ社会的痛みに苛まれるかを知れば、若者の面倒を見るおとなたちも、ステータスについてオープンに話すほうがいいと思うようになるはずだ。人気とステータスは私たちの進化の歴史のなかに深く埋めこまれているものであり、多くのAYA世代のもっぱらの強迫観念となっている。気分はどうだと直接質問するよりも、人気や友人関係について質問したほうが、社会的痛みを感じているかどうか、現状がわかるかもしれない。

標的となる動物

共用の巣穴で約八カ月過ごし、シュリンク、双子の姉、王子メレゲシュなど、ハイエナの仲間たちは自立度が少し高くなり、新たな発達段階に入った。えさを自分で見つけ始め、クランのほかのおとなたちと関わりを持つようになった。読者のあなたは、ハイエナの子どもも少し大きくなれば、彼らのヒエラルキーにおとなが介入するのが減り、少しは自由にやらせてもらえるようになると考えたかもしれない。しかし、この時期に母親の介入はさらに強烈になるのだ。

高い順位のハイエナの母親は、子どもどうしの争いとなると必ず割って入る。[17] さらに、子どもが自分で戦えるぐらい大きくなったあともずっと介入してくる。優位のハイエナの母親は下位の親の産んだ子を押しのけて、娘や息子に獲物の死骸を最初に食べる機会を与えようとする。子どもが年上のおとなと争うときは、すぐさま走り寄って、その子を助けて勝たせる。

女王マフタの母親としての介入によって、メレゲシュは最良の食べ物や寝る場所から、一番人気の友まで、望むものを何でも確実に手に入れられた。それだけでなく、恐ろしい負け癖を経験しないですんだ。負け癖とはどんなものか、母親のハイエナは本能的に知っている。一度争いに勝つと、その勝者は勝ちつづける傾向にある。しかし、いったん負けると、その敗者は負けつづけ、敗北の連鎖反応はしばしば止まらない。したがって、勝ち癖をつけようとしている間、負け癖を避けるのは、発達途上の若者（と、若者の発達途上の脳）が高い順位にいる感覚に慣れるためのトレーニングの一環となる。

簡単に倒せる者を相手に練習するのが、その訓練となる。若者は、上位の者から目をつけられて暴力をふるわれる、いわゆる標的動物になる可能性がある。[18] 順位が下の個体は、まず身体面や行動面での違いを理由に、標的動物にされることがあるのだ。そして、助けにやってくる味方や支持グループがいなければ、上位者からさらにねらわれてしまう。標的動物がしばしば経験する社会的挫折は、ときに途方もなく厳しいものとなる。

マウスの社会的挫折に関する研究では、戦いに負けた個体はそれ以後の勝負で攻撃性がぐんと低くなり、さらに負けやすくなることがわかった。[19] そのうち、負け癖によって、順位の低い動物は戦おうとしなくなる。彼らは順位争いやそのほかの社会的活動など、ほかの仲間との関わりもやめてしまうことが多い。ロブスターの支配関係についての研究でも同様の傾向が認められている。[20]

標的動物になると、シュリンクのような低いステータスの若者は、臆病で用心深くなり、常にびくびくするようになる。ステータスが低ければ友だちをつくれない。友だちがいなければ、ステータスを得て維持するのはむずかしい。もし低位のハイエナが一三歳のヒトであったならば、最低の毎日だと言うかもしれない。

重度のうつ病にかかったＡＹＡ世代のヒトは、しばしば無価値感、無力感、絶望感を訴える。[21] 彼らは何をやっても自分の心の状態を救ったり変化させられないような気がするという。これは、魚類、鳥類、哺乳類、甲殻類の間での負け癖の定義にほぼ等しい。

戦いに負けたロブスターやハイエナが自分たちのことを言葉で表現できれば、彼らも無価値感（優勢な攻撃者に対して、自分は低いステータス）、無力感（助けにきてくれる仲間がいない）、絶望感（自分は勝てないという予感。なぜわざわざ戦う必要がある？）という気持ちを伝えてくるかもしれない。

無価値感は、『精神疾患の診断・統計マニュアル（DSM）』で、うつ病の診断基準に記載されている症状のひとつだ。また、うつ病に関する別の診断ガイドラインでは、無力感が取り上げられている。[22]鳥類もそうした気持ちになるということを、一九三五年に、シェルデラップ＝エッベが記している。[23]下位の鳥は「将来の見通しは暗く、絶望感にどんよりと沈んでいる」ようにみえ、それと対照的に、優位の鳥は「相手をつつく欲望がかなう喜び」を感じているようだった。

心をむしばむヒエラルキーからまだうまく離脱できるおとなと違って、AYA世代は動きがとれない場合が多い。馬鹿にされたりいじめられたりしている学校に法律上、通わざるをえず、近隣のコミュニティや家族からないがしろにされても、社会的・経済的に縛りつけられ、多くの若者はどうしてもそこから脱出できない。あるいは少なくともそう思っている。

すべてが望みどおりになっているようにみえる若者やおとなでも、悲しみに襲われ、重症のうつ病になってしまうときもある。ヒトそれぞれの自己認識は、他人から見たその人物像とはまったく異なる。青年期の社会的経験によって各自のステータスについての見方ができあがり、それはおとなになってもつづくときがある。青年期に経験した社会的挫折の影が邪魔をして、成人後に成功したとしても、その幸せを存分に味わえないことがあるのだ。

実は、これまで観察した動物のヒエラルキーは、何らかの行動によって変化しうる。この点に、親、教師、メンタルヘルスの専門家、ティーンエイジャーたち自身は関心を抱くはずだ。ヒエラルキーの安定性に関する実験からは、魚やサルの個体をそれぞれの集団から引き離して、その後、もとの集団に戻すと、社会的順位が新たに仕切り直されて、前とは異なる順位に配されるときがあることがわかった。[24]ヒトの場合では、学生が夏休みで集団から離れ、休みが終わってまたもとの集団に戻ってくると、ヒエラルキーでの居場所が以前とは違う位置になるということがある。そうなれば、集団の底辺で苦闘する青年にとって、戻ってきたら前よりいい地位を占められるようになり、うれしい話だ（逆のケースもある。青年期にグループで活動する機会を逃すと底辺にやられる場合もあるのは、それを体験したほとんどの者が証言する）。

また、物理的空間が増えると、固定化したヒエラルキーがゆるむときがある。二〇一四年の夏の終わり、私たちはカナダのサスカチュワン州に行って、アメリカバイソンの群れを観察する機会があった。バイソンたちはプリンスアルバート国立公園の開けた放牧地でひと夏を過ごしたあと、大きな囲いつきの牧草地に移されていた。ぬかるんだ牧場のなか、私たちは大きな美しい生きものの間を彼らの低いうなり声を聞きながらひとしきり歩いた。すると突然、バイソンたちみなが移動し始め、水桶まで近づくと、のんびりと素直に一列に並んだ。

水を飲む順番はランダムではなかった。優位に立つ者が最初に飲み、その順序はずらりと最下位まで直線的につづく。獣医科大学や酪農場を訪問しても、私たちは搾乳室に向かう雌牛の群れが、力を持つボスを先頭に、同じように平和な直線的ヒエラルキーをつくっているのを見ている。

サスカチュワン州のそうしたバイソンたちの健康を管理する獣医師によると、水飲みのヒエラルキーは夏の終わりと冬、家畜小屋に移されるシーズンに見られるそうだ。[25] しかし、春になって、国立公園の広大な土地に放されると、そのヒエラルキーはゆるむ。優位な者たちと下位の者たちが、広々とした湖のまわりで一緒に水を飲む。がちがちのヒエラルキーも、広い外に出てみれば、簡単に緩和されるのだ。一番忘れてはならないのは、資源が少なくなるとき、ヒエラルキーの締めつけはより厳しくなるという点だ。そして、個体の空間を十分に持てるということは大切な資源となる。

しかし、物理的な空間の条件が改善されたとしても、あるいは、若者がそれまでの身の置き所のない集団から逃げ出せたとしても、自分のステータスは低いという自己認識はずっとつづく場合がある。小学生の間での順位の自己評価はおおむね正確だが、うつ病にかかった若者に関する研究によると、若者は自分のステータスを、仲間サイドからの見方よりも大幅に低くみなしている。[26] 多くの者が心のなかで自分はヒエラルキーの底辺にいると感じているのだ。負け癖というのは、ほかの個体と実際に争って負けるところから始まるのだが、その挫折感は敗者の心のなかに生きつづけ、結果的に、戦おうともしないうちからやっつけられた気分になってしまう。さらに、その負け癖はアイデンティティそのものも形づくり、長く影を落とすことになる。負け癖はワイルドフッド——ヒエラルキー形成が集中して行われ、さまざまな社会的役割が試され、脳の神経細胞の網の目が再編成される時期——に特に強く現れる可能性がある。

負け犬のような気分――いじめ

若者にうつ病を発症させると誰もが認める誘因のひとつに、いじめがある。多数の研究によって、いじめられていることと、うつ病や不安神経症にかかることの間には密接なつながりがあるのが明らかになった。[27]二〇〇五年、二八カ国の一一歳、一三歳、一五歳の子どもたちの間でのいじめ状況を比較する調査が実施された。いじめの割合が最も多かったのは、リトアニアの男子たちの間で、最も低かったのは、スウェーデンの女子たちだった。[28]アメリカ国立衛生研究所（ＮＩＨ）は青年の健康に関する対策本部のもと、いじめ防止部署を特別に設けている。そのＮＩＨの発表によれば、米国の九年生から一二年生まで〔訳註　日本の中学三年生から高校三年生にあたる〕の約二〇パーセントがいじめの被害者である。[29]ＮＩＨによるいじめの定義は「個人あるいは集団による、相手の意に反する攻撃的行動」だ。いじめは、ぶつ、ける、押すなど身体的な攻撃、また、相手の所有物を隠す、盗む、損傷を与えるなど行動面での攻撃がある。また、言葉による攻撃もある。それは、悪口を言う、からかう、うわさを流す、根も葉もないことを言いふらすなどだ。いじめにはまた、間接的だが威圧的なやり方もある。「ターゲットに絶対話しかけない、あるいは仲間はずれにされたと感じるように物事をもっていく。あるいはそのターゲットをいじめるように別の者をそそのかす」

ここ一〇年の間で、いじめについて数多くのことがわかったが、ヒトのいじめの複雑な実態を十分に理解したいのであれば、まずは、動物の間で行われるいじめのメカニズムと形態[30]を調べないことには話は始まらない。私たちは動物のいじめを調べた結果、動物行動学者がほかの動物のヒエラルキーについてずっと前から知っていたことをヒトの行動に当てはめれば、いじめについての昨今の考え方、さらにはその解決の糸口となりそうなことも、もっと深めていけるだろうと考えるようになった。そして、研究分野の垣根を越えて探っていった結果、いじめを行う動物に三つの異なるタイプがあるのがわかった。ヒトのいじめもそれらのタイプで分けることができる。ここでは「支配型《ドミネーター》」、「同調型《コンフォーマー》」、「転移型《リディレクター》」と名づける。

◇いじめをする者　タイプ一——支配型

動物のいじめについてこれだけは知っておかなければならないことは、いじめはほとんどの場合、ステータスを得るためや維持するために行われるという点だ。順位が上の動物は自分の地位を保つために、優位性のディスプレイとして、集団のメンバーたちの前でほかの個体をいじめる。メンバーたちにその見世物を見せることで、いじめをするボスの高いステータスを再確認させる。ところで、ステータスは認知にかかわる概念だったのを忘れないでほしい。それゆえ、支配型のいじめ加害者は、ステータスを手に入れてキープするためには観客が必要なのだ。もし観衆が個体もしくは集団の優位性のディスプレイを受け入れたら（通常は受け入れる）、支配型のいじめは続行される。

支配型のいじめの場合、標的は慎重に選ぶ。社会的な仲間や自分に匹敵するライバルからは選ばない。いじめる相手はステータスが低い個体だ。ただし、支配型のいじめで、動物とヒトとの間にはひとつの相違点がある。ヒトでは攻撃は必ずしも肉体的暴力でなくてもいい。屈辱によって相手の心を傷つけようとするのも、支配型の武器になる。

これまでハイエナや、霊長類などを含めた動物について述べてきたように、支配型のいじめ加害者は雄、雌を問わず、ときに、同じくいじめる側の親たちに仕込まれて幼いうちから権力を握り、脅し、いばりちらし、相手が反抗しようものなら過剰反応するように訓練されている。いじめをする側に立つ方法は早いうちから学び始め、それはどんどん自己強化されていく。つまり、優位にふるまえばふるまうほど、まわりのメンバーの目には、その個体がますます偉くなったように映るのだ。標的動物に対する攻撃は、まだ若い支配者見習いにとっての練習機会になるだけでなく、集団の残りのメンバーにとっては教育の場にもなる。彼らは若い特権を持つ者の地位が上がるのと連動して、自分たち自身の地位が下がるのを目の当たりにして現況を知るのだ。

支配型のいじめは強烈でかつ、いつ誰に振りかかるか予測できない。なぜならば、支配者側は常に自分の権力を実地で示す必要があるからだ。もし集団が支配者に注目しなくなったら、支配者は観客効果で自分の座を押し上げてもらおうと、弱い個体を即座に見せしめにしていじめるだろう。

軍隊や学校では、支配型のいじめが世代を越えて受け継がれることがある。集団・共同体が一致団結しなければ、そのいじめの構図をなくすのはむずかしいかもしれない。そして驚くことに、共同体は親から子に受け継がれるこうしたいじめ行動がそのままつづくのに任せているときがあるのだ。年長のおとなたちの連合――しばしば、権力者の一門にどうしても気に入られたいと思う、低い順位の動物の親たち――は、汚れ仕事に手を出す。つまり、自分たちの順位を上げたいがために、同じような低い順位の若者をいじめにかかるのだ。観客がいじめる側に歯向かわないようにしているのは、自分たちが標的になるのを恐れているからだ。しかし、同時に、標的動物がほかのメンバーとは違ったところがあり、集団自体のステータスを低くしたり、危険を招く可能性があるために、傍観視している可能性もある。観客がいじめの場に介入したがらないのは、自分たちとは異なる個体を集団が避けるという太古から続く傾向が、ある程度かかわっているのではないだろうか。それは、第三章で述べた「風変わり効果」の遠い残響なのである。

◇いじめをする者　タイプ二――同調型

シュリンクのステータスが低いのは、彼の「特別な」耳が影響しているのではないかと私たちは考えた。彼の耳は上の部分が丸まっているので、ほかのハイエナの子どもとは少々違って見えたからだ。オリバー・ヘーナーに尋ねたところ、シュリンクの耳の形は、彼のクラン内の地位にまったく影響していないという。ただし、別の方面に、たとえば、彼の性格やさらに聴力にも影響を与えるかもしれない。それでも、シュリンクの場合、性格や聴力への影響の可能性はどちらもまったくありそうにない。研究されてはいないので断定的には言えないのだがと、ヘーナーはつけ加えた。しかし、私たちが驚いたのは、ヘーナーが、ハイエナの順位と彼らの耳の状態に相関関係があるのを発見したという話だった。「アルファの雌は、順位の低いハイエナよりも耳の形がいい」のだという。彼の説明によると、ハイエナたちが戦うときは、相手の耳にかみつく。そのため、か弱い付属器官がひどく裂けたり、かみちぎられたりするのは珍しくない。しかし、必要なときに服従の意を示すために耳をうまく動かせないハイエナは、社会的に不利な立場に置かれる。ヘーナーは、耳の切れこみの数と順位との間に、因果関係は見いだせなかったが、相関関係があるのを発見したという。

ここまで述べてきたように、多くの支配型のいじめでは、ほかのメンバーと違いがあるかどうかを基準にして標的動物を選ぶ。同様に、よくいわれる「見た目によるいじめ」――身体的あるいは行動面でほかと違う者を、排除する、辱《はずかし》める、避けるといった行動――は、ヒトのティーンエイジャーの前半期に頻繁に行われる。非営利団体「Youth Truth」が二〇一八年に発表した報告書によれば、中学生の四〇パーセントが、最もよくあるタイプの「見た目によるいじめ」で被害者になったことがあるという。(31)この種のいじめは、権力とステータスを維持しようとするその集団内の支配者のしわざであることが多い。

しかし、何かしら違いを持っている者を標的にするいじめには別のタイプもある。それが同調型のいじめであり、おまえをのけ者にするぞという脅し――社会的排除――を武器に使う。ただ、そのいじめの根本的な目的が支配型と違う。同調型のいじめは、ほかの個体に対して攻撃的行動に出て、自らのステータスを示して高めようとしているのではない。意識していようがいまいが、集団に同調していないものを排除して、自分たちとその集団を守ろうとしている可能性がある。「変な」メンバーと一緒のグループにいると、望まない関心を引くことになるのだ。

支配型のいじめと同じく、同調型も、太古から長くつづく強固な進化的基盤がある。第一部で述べたように、魚の群れ、鳥の群れ、哺乳類の群れは、その集団メンバーの外見や行動が目立ったら、捕食の危険が増す。風変わり効果は、対捕食者行動にそのルーツがあるのを読者は思い出してくれただろうか。それは、何らかの部分でほかと違っているメンバーをグループ全体で避けることだ。体の色が変だったり、妙な行動をとったらする個体のそばで、立っていたり泳いでいたり飛んでいるのは、動物にとってリスクが特に高くなる。風変わりな個体のそばにいるだけで、自分たちも格好の餌食にされてしまうという恐怖から、その個体から離れなければ生死にかかわる重大問題になるとメンバーたちは感じるのかもしれない。

私たちヒトは鳥やほかの哺乳類や魚のように、群れになって生きているわけではないが、集団生活をする動物たちに典型的に見られるいくつかの行動を共有している。風変わり効果は、同調型のいじめを引き起こす可能性がある。つまり、ヒトの場合、グループのメンバーは別の危険――恐ろしい社会的転落――をよびこみそうな者を避けようとするのだ。

中学校・高校では、標的の（実際の、あるいは誇張された、あるいはでっちあげの）異質性を指摘して、集団がもともと同質性を好む点を目いっぱい利用しながら、いじめが行われることがある。性的なうわさや同性愛者だと悪口を言いふらすのは、よくある手口だ。ほかのメンバーとの違いを強調して、標的のステータスを下げ、距離を広げようとする。これは社会学者が「他人化」とよぶプロセスだ。[32]標的にされた者がいったん「他人扱い」されると、大きな集団内でそうした者が支持される可能性は低い。メンバーたちはいじめに加わりさえするかもしれない。「他人扱い」されることへの恐怖によって、グループメンバーは同質化していく。これは若者の間でもおとな社会でも見られるのだ。

いじめを行う若者のように、政治的指導者のなかには、おそらく本能的に「他人化」を理解して、その他人化と風変わり効果のつながりをうまく利用する者たちがいる。ドイツのナチスは、ユダヤ人を「発疹チフスをばらまくノミ」と決めつけ、また、ルワンダ内戦ではフツ族のプロパガンダ放送が、ツチ族を「病気を持ったゴキブリ」とよんだのは、典型的な例だ。[33]標的とされたグループは、集団の安全を脅かす存在として「他人扱い」されたのだ。

◇いじめをする者　タイプ三――転移型

いじめについては、あたりをにらみつける威圧的な加害者自身が、実は、傷ついた犠牲者であるという考え方がある。おそらく、自尊心が低く、自分の抱えるフラストレーションをほかの者にぶつけるのだろう。ただし、動物のいじめの大半は、高位の者が低位の者に対して優位のディスプレイを見せつける形をとるため（順位の低い者が高位の者を攻撃するケースは非常にまれだ）、いじめをする者が犠牲者とみなされる場合は、ここではいじめの三番目のタイプだと考える。それを転移型《リディレクター》とよぶことにする。

支配型のいじめがあふれんばかりの自信から出ているのと異なり、転移型のいじめはそのベースに不安と恐怖がある。イヌでの同様の例を考えてみよう。そのタイプのいじめがヒトの間でどのように機能するかが、よりはっきりととらえられるようになるのではないだろうか。

ジェームズ・ハはワシントン大学の動物行動学者で、本も出している。彼は四〇年以上にわたり動物の行動の意味を明らかにして、ペットの問題行動に悩む飼い主に助言してきた。ハは私たちに、いきなり出現するかのようなイヌの攻撃性のひとつの形を説明した。それは、何事もなければとても行儀がいいのに、ひどく罰せられたり支配されたりしたことがあり（飼い主の家族の誰かがイヌを横暴に扱う場合がある）、不安を感じているイヌにしばしば起こる行動だ。そうしたイヌは、特にそのこわいヒトがいると、恐怖に襲われて、吠えたり、突進したり、かみついたりする反応を示す場合がある。しかし、イヌたちはほんとうにこわいものを攻撃したりはしない。そばにいる無関係なヒトのあとを追う。その相手は家族の最年少のメンバーだったり、自分より小さい動物だったりすることが多い。

イヌのこうした行動は、ハが「誘因の積み重ね」とよぶ要因によって深刻さを増す。普段からイヌを不安にさせるできごとが積み重なっていくと、そのイヌは攻撃行動に出る以外に方法はないと感じてしまう。イヌの不安を誘発するものは、花火や雷の大音響などのよくあるわかりやすい事象、あるいは、一日のある時間帯や奇妙なにおいなどの微妙でわかりにくい事柄がある。そして、誘因が重なっていくと、イヌはいよいよ不安に陥り、ついには攻撃行動となって表に現れる。

転移型の動物に対しては力ずくで抑えこもうとしても何の進展もない。ひどく荒っぽい罰を加えると、逆に、恐れや不安が重なり、彼らの攻撃性がますます高まることがある。「私たちは不安を罰しません」とは、ウマの行動に関する専門家であるロビン・フォスターが繰り返し述べる信念だ。[34] なぜならば、脅えている動物はそのときの罰を頭でどう処理していいかわからないだけでなく、そうした罰によって彼らの不安と攻撃性がさらに強固に結びつくことにもなるからだ。転移型のいじめは、特に過敏な青年期の発達段階に突如起こると、その後、通常の生活上の心配事に対処する際の標準的《デフォルト》な行動になる。イヌたちは不安と攻撃を結びつけるように条件づけされたのだ。イヌたちが身につけたことをハは説明してくれた。「こわくなったときに、攻撃的になれば、そのこわいものは消えうせると学ぶのです」

ハによると、イヌにこの行動を起こさせるおもな要因は、社会化の経験がない点が挙げられるそうだ[35]。つまり、そうしたイヌは、発達の大事な時期にほかのイヌの子どもやヒトと一緒に過ごしていない。不安からくる攻撃行動をとるリスクが最も高いのは、保護施設にいたイヌだ。そして、そのなかでも影響をもろに受けるのは、青年期に保護施設に入れられていたイヌたちだ。ことに、そこにいた間にほかのイヌから攻撃を受けていると、ハの言う「ケンネル症候群」を起こす場合がある。彼らは恐怖誘因性攻撃行動が骨身に深くしみこんでいるので、引きとり手がなかなか見つからない。青年期に隔離され、攻撃を受け、あるいは厳しく罰せられたりしたイヌは、死ぬまで行動上の問題で苦労し、ほかのイヌと一緒にすむのも、単に同じ場所にいるのもむずかしくなる。こうした動物の多くは薬物治療でも、忍耐強く楽観的な飼い主が彼らの回復を助けたいと思っても、決して幸せな、あるいは静かな生活に落ち着こうとはしないのだ。

そして、これがとても重要な点なのだが、もし、青年期など、重要な発達段階に不安症状が起こり始めたならば、そうした不安のおよぼす影響はさらに大きなものになる可能性がある――それは長びき、深まり、脳や遺伝子の変化まで起こすことがある。

低いステータスにかかわる脳領域

ステータスと気分の関連性がわかると、ほかにもさまざまなつながりが見えてくる。いじめられた動物のステータスは下がり、悪い影響が出る。マウスを使った実験から、ステータスの転落が学習能力を低下させる様子が明らかにされた[36]。まず、一八四匹のマウスの迷路学習能力を調べた。その後、彼らを三日間一カ所に閉じこめた結果、一匹のマウスが有力な地位につき、残りが従う勢力図ができた。迷路学習試験をもう一度行うと、有力なマウスたちの成績は向上したが、下位に沈んだマウスたちの迷路をクリアする力は落ちた。勢力争いに勝ったマウスたちはテストステロンのレベルが上がったこと（勝者効果）で、学習能力がアップした可能性がある。あるいは、下位になったマウスたちはストレスホルモンのレベルが上昇したために、学習能力が損なわれたのではないか。メカニズムがどうであれ、ステータスが低くなったマウスの成績低下という結果は、教室や学校内でステータス争いを繰り広げながら、同時に勉強しようとする若者たちの現状に大いに当てはめて考えられるだろう。

アカゲザルの研究では、ステータスの低下がまた別の、才能や学習能力の発揮を邪魔するという形で観察できた[37]。サルをふたつのグループに分け――ひとつは高位の母系に連なるメンバーだけでまとめる。もう一方はステータスが低いメンバーだけにする――一連のテストを実施した。まず、見慣れない箱に近寄り、そのなかのピーナッツを見つけ出せるようになるかのテストを彼らに行った。次に、ピーナッツが入っている色の箱と、岩が入っている色の箱のなかから、どれだけ早くピーナッツの箱を選べるか、時間を計った。そしてピーナッツを合計いくつ手に入れられたかをチェックした。

サルたちがテストを受ける際の状況はふたとおり設定された。ひとつは自分と同じステータス（高位もしくは低位）の仲間の前で、テストを受ける。もうひとつは、自分と同じステータスの仲間と自分とは異なるステータスのメンバーがミックスされた集団の前で、テストを受ける、というものだった。高位の家系のサルたちはどちらの条件でも好成績を収めた。しかし、低いステータスのサルたちは、自分より上の地位のサルがいないときだけ、テストの結果がよかった。

研究者たちは、ステータスが低いサルは意図的に能力を発揮するのを抑え、実質的に「知的レベルの引き下げ」を行っていると考えた。これはおそらく従属関係にある者の典型的行動の一端であり、社会的対立を避け、優位な者から攻撃されるリスクを最小限にするのに役立つ。そして、この反応は私たちヒトの社会脳にも埋めこまれているはずだ。もし、同じ部屋に有名人かいじめっ子がいるなかで会話に集中しようとしたことがあるならば、あるいはライバルがあなたをにらみつけているときに知的作業をやろうとしたことがあるならば、この効果がどれほど強力か、理解できるだろう。

あらゆる生徒と教育者が常に心得ておかなければならないのは、メンバーどうしのステータスの違いによって、学習能力や学業成績が損なわれる場合があるということだ。これは、小学校の先生が、頭のよい子がある概念を理解できないのはなぜかと頭を悩ますときに、考えるヒントになるかもしれない。また、中学校あるいは高校の生徒が、内容は理解しているはずなのにテストではどうしても結果を出せないのはなぜか。大学のキャンパスの会話でも同様の話題が上がっているはずだ。クラブや社交団体が、人種、性別、社会経済的レベルで入会資格者を限定して、一種のステータス階層をつくり、その結果として、排除されたグループメンバーたちの学習能力や学業成績が損なわれ、ひいては彼らのよりよい将来のための機会が得づらくなっているのは有名な話だ。

第10章 味方のちから

いじめ被害者の若者すべてがすべて、どんと落ちこむわけではない。いじめられるストレスに、ほかの者よりうまく対応できる者もいる。ヒトにとっては、そのストレスを和らげるひとつの大事な要素は、味方や友人がいることだ。カリフォルニア大学ロサンゼルス校（UCLA）で青年期のいじめを専門に研究するヤーナ・ジュヴォネンは、その事実を次のように述べる。「友人がひとりいるだけで信じられないような力が生まれます。たったひとりの友だちを持つだけでも、いじめを受けるリスクが減り、最初のターゲットにされる可能性が低くなります。さらに、たとえいじめられたとしても、友だちがいればその苦しみは和らげられます(1)」

ヘーナーはハイエナでも同じことが言えると、私たちに断言する。「友だちの数が多ければ、社会的ステータスの維持も確実になるでしょう」

幼いころのシュリンクには、有利な点は何もなかった。しかし、共同の巣穴でほかのハイエナと交流するシュリンクを観察して、ヘーナーたち研究チームは興味深い場面を目にするようになる。シュリンクは「社会的連合ウォーキング」[2]とよばれる行動がとりわけ得意だったのだ。これはヒトが友だちに対してお茶しようと誘ったり、みなで一緒にバスケットボールで遊ぼうともちかけたりする行動の、ハイエナ版だ。この愛嬌のあるハイエナの行動は、もっとくだけた言い方では「フレンドシップウォーク」として知られている。

ヘーナーは私たちに語った。「二匹の雄が出会って、どういうわけか『一緒にちょっとした遠出をしよう』と決めるのです」。ヘーナーは楽しげな、愛情がこもっているといってもいい口調で、シュリンクがほかの雄に近づくまでのそぶり、そして二匹が連れだって、お互いの体が触れるくらい近寄り、自信にあふれた様子で尾をぴんと立てながら小走りする様子を説明してくれた。シュリンクとその友だちは数メートルごとに足を止め、関心をそそるものやにおいがなくても、草の茎のにおいを注意深くかぐ。フレンドシップウォークの最中ににおいをかぐというのは、ヒトが社交のために天候やスポーツや政治についてあれこれ話すように、ハイエナにとっては彼らの間のおしゃべりなのだ。ハイエナのフレンドシップウォークは数時間つづくことがあり、二匹はときどき立ち止まってはこのにおいをかぐコミュニケーションをする。実際、この行動はおとなのハイエナも行い、社会的きずなを維持するためのおもな方法のひとつなのだ。シュリンクのように青年期にこれをたくさん重ねておくと、あとになって仲間と気軽につきあえるようになる。

ハイエナどうしで友情を結ぶためのスキル、ほかのハイエナとのきずなをつくろうとする意欲や能力をシュリンクは持っており、それが大きな力となった。ほかのハイエナと友だちになろうとするのが得意な個体とそうでない個体がいるのはなぜか、個性、気質、あるいは機会などが関係してくるのかどうかまで、ヘーナーは調べていない。しかし、ひとつのことだけははっきりしている。ワイルドフッドの間に、友だちをつくって、その友情を保つことを学ぶのが肝心であり、それは自動的にはできないということだ。若者たちはきずなの土台となるギブ・アンド・テイクを繰り返しながら、友だちをつくる練習をしなければならない。特に重要なのは、関係を強固にする血のつながりのない、仲間どうしの関係だ。そしてハイエナたちは、遊びを通じて互いに練習することで、つながりを深めていく。

遊びのなかのステータス

自然界は巨大な遊び場で、魚や爬虫類から鳥類や哺乳類まで、その子どもたちが、川や牧草地や海や空で騒ぎ、はしゃぎまわっている。ドイツの哲学者で心理学者のカール・グロースは、一八九八年の自著で次のように提案した。「動物の子は若くて陽気だから遊ぶのだとはいえない。むしろ……将来こなすべき課題を考えて個々の経験を……補う……ために遊んでいるのだ」(3)

グロースの記述は、遊びから楽しさの一部を取り払ってしまったが、「将来こなすべき課題」は、まさに多くのヒトやヒト以外の動物の遊び行動に組み込まれている。捕食者の若者は狩りの真似事をして、そのうち自分でえさをとるために必要になる、忍び寄って襲いかかり爪をつきたてるスキルを練習する。これらの行動はふつう、親がまず子どもに「おもちゃ」を運んできて練習を促す(4)。そのおもちゃとは、ヒョウアザラシの子には傷ついたペンギンを、ミーアキャットの子には動きを封じたサソリ、といった具合だ。

動物行動学者ゴードン・バーグハートによれば、サーバルとよばれるアフリカにすむ野生のネコは、「釣り遊び」をする。(5) サーバルは「捕まえたマウスやラットを、木の根っこ部分の空洞や洞《うろ》のなかに逃がし、その後、前足でまた取り出そうとする……サーバルは獲物の背の毛皮を注意深くつかみ上げ、割れ目の近辺に運び、そのまま走りまわらせる。穴のなかになかなかすべり落ちない獲物に対しては、サーバルはまたそれを釣り上げられるように、前足を使って穴に押しやることが多い」。

シャチのなかには、波に乗って浜辺ぎりぎりまで近づき、獲物を捕らえてそのまま引き波とともに海に戻っていく狩りをする者がいる。(6) そうしたおとなの狩りを真似て、シャチの若者は浜辺に乗り上げる遊びを行う。青年期にこの遊びに取り組んだシャチは、おとなになって優れたハンターになると考えられている。彼らはスキルの上達が早い。

同様に、おとなになってからつがいの相手と適切に首尾よく交流できるようになるためには、若者は求愛行動（第三部で詳しく取り上げる）も早い時期に学習しておくことが重要だ。たとえば、ハクトウワシの求愛儀式には、「デス・スパイラル」とよばれる、恐ろしくときには命取りになる、二羽で車輪のように回転しながら落下する空中ダンスがある。(7) ハクトウワシの若者たちはそれを真似て、飛びながら互いに近寄って、相手の足先を触る遊びをする。空中で、リアルタイムで相手のかぎ爪に近づいてつかむ練習をすることで、将来、パートナーの足をしっかり握って、互いを振りまわすときの準備を重ねているのだ。

遊び行動だとすぐにわかるものには、格闘ごっこがある。たとえば、カンガルーの定型化されたボクシングごっこや、雄の子ヒツジの頭突き遊びがある。オーストラリアのウォンバットやオオフクロネコは互いに追いかけ、忍び寄り、取っ組み合いをして遊ぶ。アカクビワラビーには、跳ねまわる、つかむ、さわる、スパーリングする、けるなど、二一種類の格闘ごっこのパターンがある。(8)

ヒトの目には、こうした格闘ごっこは、将来の捕食者行動に対する自己防衛の練習のように映る可能性がある。それは安全に生きていくための準備にみえるかもしれない。しかし、実際は、自己防衛と格闘ごっこはそれほどぴったり重なるものではない。格闘ごっこで動物の若者は別の種類の戦いに備える。それは、自分たち自身の集団内の順位争いだ。ここで、特筆に値するのは、モルモットからオマキザルまで、青年期に仲間と荒っぽい取っ組み合いごっこをたくさんした者たちは、ほかの個体と出会ってもすぐに戦い始めたりはしない点である。若いころ取っ組み合っていた者たちは仲のよい友だちになるのだ。そして、おとな社会のヒエラルキーのなかで非常にうまくやっていける。遊びを通して、動物の若者はダメージを受けずに、対立の折り合いのつけ方を試すことができる。それに加えて、下位の動物は、優位の動物がやっていることが気にくわないときに、その気持ちを伝えられるようになる。

マサチューセッツ大学アマースト校の生物学者、ジュディス・グッドイナフは次のように記す。「支配的な役割の経験がないと、サルの若者は成長して過度に服従的な態度をとるようになることがある。また、服従する役目の経験がないサルは、長じていじめをする側に回ることがある。格闘ごっこは若者にほかの個体の意図を読みとることも教えているのかもしれない。対戦相手ははったりをかけているのか？　どのくらいやる気があるのか？　実際、そうした社会的な認識能力は、身体的能力よりも明らかに重要な場合がある」[9]

私たちがヘーナーに、シュリンクはこのレッスンを受けたかどうかを尋ねたところ、彼は、すべてのハイエナは格闘ごっこでふたつの立場を学ばなければならないと言った。アルファ雌でさえ、ときに、ほかのクランのなわばりに入りこむことがあるそうだ。自分のクランでは女王でも、ほかのなわばりでは侵入者であり、そこのメンバーたちに従う態度を示さなければならない、とヘーナーは指摘した。「ハイエナならみんな、服従サインを示す方法を知っています。生き残るにはそれが非常に重要なのです。もし、服従サインを示さなければ、手ひどく痛めつけられます」。そして、そうした服従サインの多くは、ワイルドフッドの初期に仲間どうしで格闘ごっこをしている最中に学びとっていくのだ。

オジロジカの若雄たちはさまざまな年齢の混ざったグループで、基本的に「遊んで」夏を一緒に過ごす。[10]そして、集団生活のルールを学び、あるいは学び直すのだ。夏の初め、雄たちは老いも若きも枝角を落とす。枝角のない守備力の弱まったこの時期にも集団でまとまれば、捕食者から身を守るための監視の目と耳がたくさんできる。それはまた、シカにとって、銃を玄関に置いてくるようなものだ。武器を身につけていなければ、戦いごっこをやっても誰も傷つきにくくなる。

こうしたシカの、そしてほかの多くの動物の戦いごっこの目的は、単に捕食者を撃退したり、資源やつがいの相手を巡って互いに競い合う準備をするためだけではない。その隠された目的は、動物の若者に、お互いに「戦わずにすむ」方法を教えるところにある。なぜならば、それこそが安定した動物集団がやっていることだからだ。そうした集団のメンバーは戦わない。戦いごっこによって、動物の若者は社会的ヒエラルキーのなかにさまざまな地位があるのを理解できるようになっていく。[11] さらに、そうした遊びから将来生まれるのは、より柔軟で優れたリーダーや、自ら選んだグループのより生産的で堅実なメンバーだ。

　社会的動物にとって、これ以上に重要な訓練はほかに見当たらない。ＡＹＡ世代のヒトには、選択肢がたくさんあるので、しょっちゅうヒエラルキーの並べ替えが行われる。団体スポーツ、演劇、音楽などの特定のスキルをもとに若者を支持する環境では——外見、体の大きさ、強さ、家族のネットワークなどの優位性を競うのではなく——若者のステータス変更が可能になる。したがって若者は事態をささやかにコントロールしながら、独自の領域での強みでヒエラルキーをあちこち移動できるようになる。賢明なコーチや振付師や指揮者ならば、メンバーにサポートの手を差し伸べるとともに、スターになるチャンスも与えるはずだ。

　ヒトの若者にとって、大きなヒエラルキーのなかに、小さなヒエラルキーをこしらえるのは、並べ替え戦争に生き残るための優れた戦略となる。ひとつの集団のなかで低いステータスに置かれる経験は、本人が成熟する大事なチャンスだ。一二年生が指導係となって九年生を導くといった、同輩リーダーの仕組みと同様に、インターンシップや見習い期間はまさにそうした制度である。と同時に、異なるグループのなかで高いステータスを味わうのも、本人のためになる。学校で、地域コミュニティで、そしてオンライン世界でも複数の集団に属するのは、次のふたつの目的にかなうのだ。ひとつは、若者の社会的スキルを高める。同じくらい重要なもうひとつの目的は、この時期に直面する困難にまだ耐えられるようになることだ。

ところで、動物の遊びが肉体をフルに使うものであるのを考えると、現代人の一〇代のバーチャルゲームがその適切な代替物（あるいは似たもの）になるかどうかは少し考えてみる価値がある。そうしたゲームは、シカ、サル、ゾウ、ハイエナたちの、顔を寄せてにおいをかぐ、枝角を互いにこすり合わせる、タッチした相手の体をひっくり返す、フレンドシップウォークを行うといった遊び行動に、はたして匹敵するだろうか？　動物にとって肉体的接触は、一種の社会化のためには不可欠であり、いずれおとなになったときに友だちを持つ準備だと思われる。一方、ヒトによる、多人数型オンラインゲームは肉体面とは無縁だが、若者にほかの人々、ときには世界中の人々と知り合う時間を与える。ゲームをしている最中は、ゲームのバーチャル世界のヒエラルキーのなかで、さまざまな立場を経験することが多い。他者と一緒にプレイするビデオゲームは、ひとりだけでするゲームとは明らかに異なり、根本的に社会的経験なのだ。多くのゲーマーは、直接に対面してのプレイと同じように、一緒に事を行うことで得られるものがあると述べている。近年の研究からは、ビデオゲームは必ずしも社会的孤立につながらないということが確かめられた(12)。一方で、疑問視する人々が考えるように、ゲーム障害は、社会的スキルの発達に負の影響をおよぼすとする研究も複数ある。ビデオゲームばかりにのめりこんでいる若者は、協力する、責任を負う、利他的行動をとる、自分の感情を表現するといった社会的スキルが弱くなっている。

評価に次ぐ評価——過剰な負担

野生動物の若者には、現代人の若者に比べて有利な点がふたつある。野生動物も失敗したら大変なことになる試練に直面し、それに伴うストレスも経験するのだが、評価される時期には始まりと終わりがある。自然界の季節は、遊ぶとき、繁殖するとき、移動するときに分かれているのだ。ところが、今日のヒトの若者には、休憩のひとときが与えられていない。インターネットで広がるソーシャルメディアに、シーズンオフはないのだ。

野生動物の若者にとってのもうひとつの利点は、自分の目の前の競い合いだけをすればすむことだ。シュリンクは、日中は同じクランのメンバーに自分の価値を認めてもらい、それから夜になると、もっと広い範囲での順位を気にする、といった暮らしはしないですむ。ンゴロンゴロ・クレーターのほかの八つのクラン、そしてセレンゲティ国立公園内の数十のクラン、ひいてはヨーロッパ、南北アメリカ、オーストラリア、アジアの公園や動物園にいるあらゆるハイエナのクランのなかで、自分の相対的順位はどの程度なのかと考えこまないでいいのだ。シュリンクは自分がハイエナでなくて、ジャッカルだったら、あるいは猟犬、それとも、オオカミ、ヒョウアザラシだったら、生活はどんなものになっているのだろうとつくづく考える必要もない。

ソーシャルメディア上の若者は、自分たちが行っている競争の全体像を決してつかめない——しかも、そこから完全に自由になれないのだ。現代のソーシャル・ネットワークはあまりに広大で、そのなかにいる全員を知ることはできない。一方で、遠く離れているはずの有名人や政治家が、威嚇的であれ親しげであれ、身近に感じられる。実際は、有名人たちの支配や名声といったものは、若者個人の現実の日常生活とは何の関係もないのだが。もちろん、評価される負担の拡大は、今になって始まった問題ではない。その問題は都市、通信手段、ラジオ、テレビの発達とともに広がっていった。インターネットは、「ハイパーソーシャル」で自意識のあるヒトの間に、初めて競争をつくり出したわけではない。しかし、ソーシャルメディアが、同じくらいの地位のメンバーの範囲を飛躍的に広げたために、若者はライバルたちとの競い合いを前例のないレベルで行わなければならなくなったのだ。

ところで、自分をほかの者と比較するのは、ヒト独自の習慣ではない。思い出してほしい。動物は社会脳ネットワーク（SBN）の働きによって、社会的情報を処理・解読し、それに従って行動できるようになった。SBNは、動物がほかの個体と比べて自分を評価するのを助ける重要な機能のひとつだ。ただし、この脳内システムは、評価が決まった時期にしか行われない動物の間で進化した。一方、現代のヒトの生活では、評価は果てしなくつづき、それも、ワイルドフッドの段階が始まるかなり前からスタートする場合が多い。

多くの者にとって、青年期は有無を言わさずのしかかってくるノンストップの仕分け、格づけ、順位づけの試合場になってしまった。最初の競争の舞台である中学校は、容赦ない評価づけゾーンとなり、若者の肉体的・精神的生活のあらゆる側面が格づけされる。たとえば、体つき、健康レベル、運動能力、食べ物の選択、性表現〔訳注　自分が選んだ性別を服、仕草などで表現する〕、性体験、社会的スキルの高さ、学業成績、社交性、持ち物、全体的な印象までおよぶ。こうした要素は、ずっと昔から少年少女の関心事ではあったが、現代のように、人々を広く査定する終わりのない計量ツールが提供さ

白揚社

2021 Autumn

だより

vol.9

お買い上げ、まことにありがとうございます

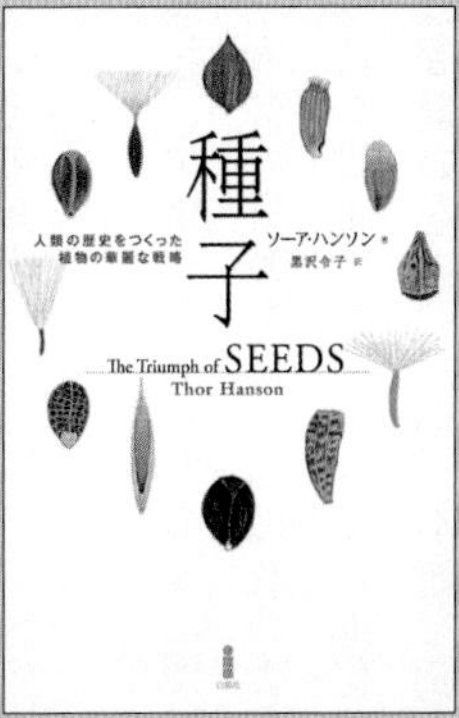

人類の進化や文明の発祥、世界経済に大きな影響を与え、人間の衣食と文化を支える種子の、奥深い世界を楽しむ一冊。

今回の注目書

スポーツを変えたテクノロジー

アスリートを進化させる道具の科学

スティーヴ・ヘイク 著　藤原多伽夫 訳

2640円（税10％込）

進化したスポーツテクノロジーの利用は「ドーピング」とどう違うのか？

もし今のトップランナーが大昔と同じ条件で走ったらタイムはどれほど遅くなるの

9割以上が着用し、やがて使用が禁止された疎水性素材を用いた水着「LZR」をめぐる騒動を取り上げている。進化しすぎたテクノロジーは競技の様相さえも変えてしまいうるのだ。

競技にエポックをもたらした道具の歴史

本書の縦軸を貫くのは右のようなスポーツにおけるテクノロジーの進化であることは間違いない。だが、本書を読み物として最上級のものに押し上げているのは各競技の進化の歴史だ。古代ギリシャの幅跳び競技で、選手が両手に重りを持って跳躍したその理由とは？　やり投げの記録を3倍以上にまで伸ばしたその工夫とは？　陸上、

〒101-0062 東京都千代田区神田駿河台 1-7-7 ☎ 03-5281-9772

ハナバチがつくった美味しい食卓
食と生命を支えるハチの進化と現在

トマト、ナス、キュウリ、カボチャ、リンゴ、ブルーベリー……ハナバチが花粉を運んで受粉させ、さまざまな作物を実らせてくれるおかげで、多彩な食べ物が手に入る。特定の花と共進化した驚きの生態、古代人類との深い関係、世界各地でハナバチが突然消え、農業が立ちゆかなくなる現在の危機まで、今こそ知っておきたいハナバチのすべて。

ソーア・ハンソン 著
黒沢令子 訳
2970 円(税10%込)

歪められた食の常識
食品について聞かされた事のほぼすべてが間違っているわけ

あなたも知らないうちに、食べさせられている！ 糖質フリーは体にいい、低脂肪食品でやせられる……食品パッケージに躍る宣伝文句には裏がある。不正確な情報を広め、私たちの健康と引き換えに莫大な利益をあげる巨大食品メーカー。その影響は学術界や行政にまで及ぶ。科学エビデンスをもとにあばく、食品産業の不都合な真実。

ティム・スペクター 著
寺町朋子 訳
2860 円(税10%込)

れる文化はこれまでになかった。

一日中、仲間、教師、親、教授、ボス的存在、友人から査定を受けたあと、学生は家に帰る。かつて、家庭はステータスとは無縁の安らぎの場所だった。しかし、今では、若者が勉強しているときも、テレビを見ているときも、ゲームをしているときも、読書をしているときも、休憩しているときも、ノートパソコンやスマホを通じて、選別をしてくるデジタル情報網が直接、多くの若者の寝室、夕食のテーブル、車のなかにどっと侵入してくる。さらに、一晩中、デバイスの輝くスクリーン上でステータスの測定基準をちらちら示しながら、評価はつづく。

二一世紀の今、ソーシャルメディアの導入がもたらしたのは、手に負えず健康も害するほど大量な評価だった。私たちの社会脳ネットワークは、とにかくこれらを全部処理できないのだ。若者のSBNはほとんどひっきりなしの評価でいっぱいになって、そこから不安や苦しみが生まれている。そうした状況については、新しい用語を提案したい。「評価による過負荷」だ。

評価による過負荷は、進化生物学者のいうところのミスマッチ病である。ミスマッチ病は現代のヒトの環境と、私たちの体と心が進化していった大昔の環境との食い違いから起こる。[13] 昨今の肥満の蔓延もミスマッチ病だ。肥満は、ヒトやヒト以外の動物の新陳代謝システムが進化した時代における食べ物が少なかった環境と、カロリー過多の今日の環境との相違が原因とされている。

青年期においてストレスと不安のレベルが上昇するのも、おそらくミスマッチ病として理解できるだろう。哺乳類のSBNは、断続的な競い合いのなかで進化していった。現代の若者の生活では、試験の成績、スポーツの結果、そして最近のソーシャルメディアでの格づけなど、のべつ幕なしの評価が続き、彼らのSBNは疲弊している。なにしろ、そのSBNは、評価が小休止になるときもあった時代の環境で進化したものだからだ。カロリーの過多と同じく、しつこくつづく評価は、現代のヒトの世界特有のものだろう。これまでに社会的動物の若者が対処しなければならなかった評価より、もっと厳しい評価がそれこそ休みなくつづいているのだ。

ステータスとは無縁のサンクチュアリ

進化上のミスマッチから引き起こされる問題には、生理機能と環境を再びうまく連携させるのが最良の解決法になるかもしれない。つまり、生理機能（あるいは行動）はもともと大昔の環境のなかで進化してきたのだから、その以前の環境条件を復元すればいいのだ。ミスマッチ病といわれる肥満の解決には、有り余っている食品を減らし、現代の食生活に旬を取り戻す方策が考えられるだろう。評価による過負荷の場合は、若者の生活に、評価を受けない期間を導入することが解決の道になるはずだ。おとなは若者が点数や序列の洪水のなかで溺れかけているのを見過ごすのではなく、彼らに、評価が入りこまない範囲・時間・場所といった形で命綱を投げてやることができる。くつろぎの場とか、多忙な日常からの解放スペース、落ちつける空間などという代わりに、そうした場所の本質をつくような別のよび方もできる。「ステータスとは無縁のサンクチュアリ」だ。

ステータスとは無縁のサンクチュアリなら、若者は純粋に楽しむためだけにスポーツをし、好きな本を読み、ソーシャルメディアに邪魔されずにプライベートな休息のひとときを送れるだろう。若者

（そして彼らの発達途上のSBN）は、彼らの目の前にある現実世界のヒエラルキーと、スクリーン上にあるバーチャル世界のヒエラルキーの双方のなかで悪戦苦闘するのを中断してひと休みできる。評価自体は、若者の生活に通常組みこまれた重要な要素だ。しかし、評価による過負荷となると、不健康と苦悩が生じる。

ヒトの若者にとって、同じヒトの友だちはなくてはならない存在だが、SBNによる種を越えたつながりのおかげで、彼らはほかの動物との関わりからも助けてもらうことがある。ウマ、イヌ、ネコなどのペットは高度なSBNを備え、ヒトに対する反応は驚くべきものだ。ペットセラピーはヒトの精神的健康によい影響をもたらすことが広く知られ、その人気が高まっている。公認ホースセラピストのキャシー・クルーパが『ニューヨーク・タイムズ』紙で次のように述べている。

「ウマは、目の前のヒトが刑務所に入っていたことがあろうと、学習障害を抱えていようと、そんなことはおかまいなしです。その瞬間の状態だけで、あなたは判断されます。ウマのまわりにいてこわがっていても、あなたがその事実を認めていればウマは許してくれます。一頭のウマが震え上がっている子どものそばにまっすぐ近寄って、自分の頭を子どもの胸に預けた場面を、私は見たことがあります[14]」

フィラデルフィアでは、「Hand2Paw」という名前の非営利団体が、落ちこぼれの恐れのある若者と、同様に弱い立場である、保護施設に収容された動物を引き合わせている[15]。その団体を創立したのは、ペンシルベニア大学の当時一九歳の学生だった。彼女自身が大学二年生で、大学の外で社会的つながりを求めていたころに、その活動の青写真をつくった。ヒトと動物の交流から生まれる社会的安心感は、双方の心と体を満たす。Hand2Pawのプログラムに従って、若者のボランティアは飼い主のいないイヌやネコを世話するのだが、何か得るものがあるのは若者だけでなく、イヌやネコたちも、きずなを育み、グルーミングを施され、社会化のプロセスにもつながる多くの時間が持てる。そして、この活動では、ケンネル症候群を食い止め、新しい飼い主のもとに行けるイヌたちを増やそうとしているのだ。

運命に立ち向かう

大部分のハイエナにとって、シュリンクのような前途多難なスタートであれば、みじめな一生を送るか、あるいは、飢えか捕食により早死にするのは目にみえていただろう。しかし、シュリンクはその大部分のハイエナのなかには入っていなかった。遺伝的特徴、環境、生まれついた社会的序列によってきっちりと敷かれた道をとぼとぼ歩くだけで終わりはしなかった。ひとつの驚くべき決断で、シュリンクの将来は違ったふうに展開していく。

ある日、空腹で矢も楯もたまらなくなったのだろう、シュリンクはクランの最も権力のあるハイエナ――女王マフタ――のところへとまっすぐ進み出た。そして、彼女に助けを求めたのだ。マフタは彼を撃退した。彼は再び願い出た。マフタはまたも彼をはねのけた。シュリンクは拒絶にもめげず、何度も繰り返し女王に頼みこんだ。すると数日後、オリバー・ヘーナーが未だに完全には理解できない理由から、マフタは折れたのだ。シュリンク自身の決意と、通常はありえないマフタの妥協が重なり合い、彼の日々は変わる。

シュリンクが求めたのは乳だった。そして、マフタは自分の乳を飲むのを彼に許したのだ。数週間、メレゲシュとシュリンク、王子と乞食は、マフタの胸もとに並んで乳を飲んだ。マフタの栄養豊富な乳はあふれんばかりの量があり、シュリンクはすぐにがっしりした、へーナーの言葉を借りれば「ハンサムな」ハイエナに育った。

ハイエナが自分の子でない者を養うのは非常に珍しい。なぜ女王マフタが最後には承諾したかはわからないが、へーナーによれば、シュリンクのカリスマ性、社会的知性、行動力が相まって、マフタと彼の間に特別な結びつきができたという。シュリンクの女王ハイエナとしての魅力はたしかに大いに助けになったのだが、彼の社会的地位が変わったのは、結局のところ、彼が築いた密接な協力関係、その根性と度胸、そしてもちろん、幸運のおかげである。もしかしたら一番重要だったのは、シュリンクは、チャンスが訪れたときにそれを見つけてつかむ方法を心得ていたことだったのかもしれないとへーナーは述べる。彼はほかの雄とのフレンドシップウォーク、格闘ごっこや役割交替の経験をすることで、ほかの者と仲よくするための貴重な社会的レッスンを受けたのだ。

マフタに助けてもらうようになったそのときから、シュリンクにとって、さまざまなことが変わった。彼は栄養がよくなった。ステータスの高い者たちと一緒に行動した。クランのほかのメンバーと出会う場面で、女王マフタがシュリンクを守り始めた。彼の社会的スキルにこうした要素が加わって、クランを移る時期がやってくると、シュリンクは新しいクランでよい地位についた。彼はつがいの相手として人気が高く、数多くの子どもの父親となった。のちに、彼は再び分散し、三つめのクランに加わった。新しい集団に移りすむのに、彼の社会的スキルはまたもや役立ったのだ。

ただし、この話がすんなりとハッピーエンドになると思うのはまだ早い。シュリンクの成功にすべての者がよしとしたわけではない。ステータスの変化にはときに犠牲が伴う。このときは、シュリンクは自分を守るために母親を見捨てた。シュリンクがマフタに自分を養ってくれと懇願し、丸めこもうとし、強く求めている間ずっと、彼の実の母親は自分を見捨てさせまいと必死になっていた。ヘーナーによると、ビバは「シュリンクがマフタの乳を飲みに行くのがあまりうれしくありませんでした。彼女はマフタのそばから彼をさらっていこうとさえしました。でも、シュリンクは頑として動かず、マフタにせがみつづけました」。

私たちヒトは歴史を通じて、つらい、あるいは恥ずかしい、そして、ときには愛情があってもうまくいかなかった過去から決別してきた。それと同じように、シュリンクは自分のサバイバルのための切符が、子どもの面倒を十分に見られない母親との関係のなかに絡まっているのに気づいた。そして彼はチャンスのほうをつかみ、母のもとを去ったのだ。

世界中で毎日、ヒトは生まれついた状況のなかで奮闘し、めざす境遇になろうとがんばっている。ひとつ例を挙げよう。歴史家タラ・ウエストオーバーは、二〇一八年に出版した回想録『エデュケーション――大学は私の人生を変えた』[16]で、自分の子ども時代について記している。彼女はアイダホ州の田舎で、サバイバリスト〔訳註　核戦争などに備えた生活スタイルに徹し、自分たちだけ生き残ろうとする人〕の娘として育つ。父親が学校教育を信じていなかったため、ウエストオーバーは一七歳まで学校に通わなかった。代わりに、そのワイルドフッドの間、「父親の廃品置き場で働き、自称ハーブ専門家・

助産師の母親の手伝いでハーブを煮つめていた」[17]。彼女は大学に行こうと決意し、独学で勉強を始め、ついにはブリガム・ヤング大学をきわめて優秀な成績で卒業し、ケンブリッジ大学で歴史学の博士号を取る。ハイエナの行動の動機はもちろん、ヒトとは大幅に異なるだろうが、ウエストオーバーの驚異的な不屈の精神のある部分は、シュリンクのように、気性やものの見方などが支えていたのではないか。彼女は『タイムズ』紙のインタビュー記事で、自分の気性について次のように語る。「私の性格の一部だと今思い当たるのは、強情。それから、物おじしない。もしかするとちょっとばかり攻撃的かも」。つづけて、家族との不和についての気持ちも打ち明けた。「誰かを愛しながらも、やっぱり別れを告げることもあります。毎日その誰かさんがいないのをさびしく感じながらも、同時に、自分の生活に入りこんでこないのをうれしく思うことができるのです[18]」

トルライフ・シェルデラップ＝エッベにとって、青年期につづき、成人してからも人生は上昇方向に広がっていかなかった[19]。社会的スキルが低かったせいで、彼は自分の研究を推し進め、学者世界の昇進のはしごを上れなかったのだ。彼は自分を認めてもらおうと必死の努力をした。しかし、動物のヒエラルキー研究の先駆者にはなったのだが、結局、自分の生きる社会に設けられた「つつき順位」のなかをうまく進んでいくことはできなかった。

シュリンクの物語はAYA世代のヒトの運命が、特権、環境、それぞれの主体性によって、どのように形づくられるか、数多くの教訓を与えてくれる。シュリンクは母親と同じように、社会集団の底辺で暮らし、馬鹿にされ、いやがらせを受け、収奪され、危険にさらされる日々を送る生涯をたどっていたかもしれなかった。しかし、どの母親に生まれたかで、運命は必ずしも決まりはしない。ハイエナの若者たち、そしてほかの多くの種の若者たちは、ときに、自分たちの未来を自分自身の手（足、かぎ爪、ひれ）で握って進んでいくのだ。

地球上で幸せに暮らすには、まずいくつかの厳しい現実を知る必要がある。自然界には、公平な条件での競争の場はない。親の序列の継承は実際に行われており、親たちは四六時中介入して自分の子を助けようとする。また、自分のステータスを感知しては、それぞれの気分は揺れ動く。集団のどのあたりの地位を占めるかで、不安になり、落ちこみ、あるいは、ほかのメンバーとのつながりを感じ、幸せになるのだ。そして、動物は必ず互いにいじめを行い、また、おとなは若者をいじめる。ただし、成長するにつれて、そうした状態はずっといいほうに変わっていく可能性はある。

ヒエラルキーのいい面を少しでも増やし、有害な側面をなんとか和らげるために、動物ができる一番の方法は、社会的スキルを伸ばすことだ。自分の生まれた境遇はどうにも仕方ないが、社会的スキルは、なんとかしのげる生活をつくり上げるための最も重要なツールとなる。とにかくそのスキルを磨くのが大切だ。

シュリンクなら次のように言うかもしれない。もし、あなたが特権を持つ立場として生まれてこず、巣穴・群れ・教室内で最低のステータスの暮らしを送って、大変つらいとしても、実践と粘り強さ、そしてンゴロンゴロ・クレーターで見つけたぐらいの幸運さえあれば、ステータスをひっくり返すことはできると。

第Ⅲ部 SEX（セックス）

ワイルドフッドの間、ヒトやヒト以外の動物は、求愛の気持ちを伝え合うさまざまな表現の形を読み解いて、性的欲求と抑制のバランスをとることを学ばなければいけない。求愛の際にやりとりされる信号によって、性行為が同意によるものか強制によるものかの大もとが示される。

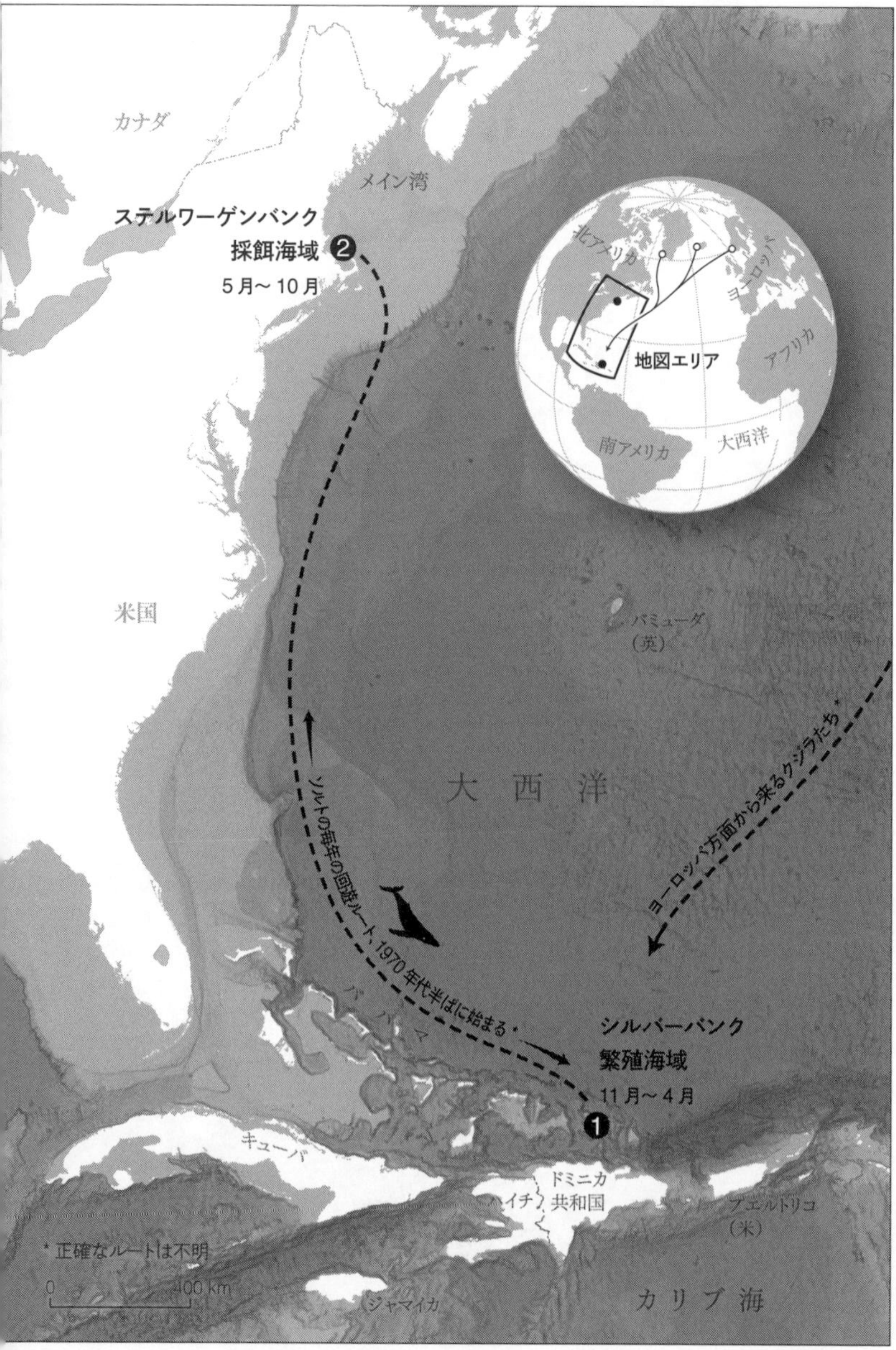
カナダ
メイン湾
ステルワーゲンバンク
採餌海域 ❷
5月〜10月
北アメリカ
ヨーロッパ
地図エリア
アフリカ
南アメリカ
大西洋
米国
バミューダ
（英）
大　西　洋
ソルトの毎年の回遊ルート、1970年代半ばに始まる*
ヨーロッパ方面から来るクジラたち*
バハマ
シルバーバンク
繁殖海域
11月〜4月
❶
キューバ
ドミニカ
共和国
ハイチ
プエルトリコ
（米）
* 正確なルートは不明
0　400 km
ジャマイカ
カリブ海

ソルト、愛を伝えるすべを学ぶ

第11章　動物のロマンス

一九七〇年代から毎年、ステルワーゲンバンクの貴婦人《グランド・デイム》は、ケープコッド沖で夏を過ごした。五月から一〇月までつづくシーズンの間、この堂々とした女家長は常に早くやってきて、五月の一週目か二週目にはその海域に落ち着くのを好んだ。食べ物が一番豊富な場所の近辺に、彼女はいつも陣取る。そして、古くからの友だちや知り合いと情報交換をする。その海域にはよく、同性の連れと一緒に来た。そしてまた、脇に小さな赤ん坊を連れて到着した夏も一四回あった。そのたびに新しい子どもと一緒で、すぐ近くに殿方のエスコートはなかった。

このステルワーゲンバンクの貴婦人は、ザトウクジラだ。灰色の背びれに大きな白い傷跡があるため、海の塩が付着しているようにみえる。そのため、数十年にわたって、海洋研究者や一般の人々は愛情をこめて彼女を「ソルト」とよんだ。ソルトはニューイングランド、ノルウェー、グリーンランド、カナダ沖の北大西洋海域に生息する数千頭のザトウクジラの巨大クランに属する。冬になると、彼らは全員何千キロも南のカリブ海まで回遊する。そこはシルバーバンクとよばれる繁殖海域だ。

ソルトが青年期に入りかけた遅くとも一九七六年以来、彼女は自力でシルバーバンクとステルワーゲンバンクの間の海を行ったり来たりしてきた。北のメイン湾への最初の移動は、カリブ海で生まれて間もない子クジラとして、母親に付き添われての旅だった。それが今では、曾祖母として何度も往復し、きちんと記録が残っているザトウクジラの家系図の女家長という座を占めている。ソルトは、毎年のカリブ海への往復移動の間を安全に過ごす方法を完全にマスターしていた。そして、彼女の社会的スキルが確かなのは、長くつづく雌どうしの友情や、属する小グループでの安定した順位からもよくわかる。

しかし、ソルトの地球上での五〇年ほどの輝かしい年月には、それ以外のストーリーがある。それは、子、孫、ひ孫が多数いることからもよくわかる。ソルトの生涯をひもといていけば、映画「タイタニック」の優雅な女家長ローズのように、彼女がロマンスの自信と冒険に満ちた歳月を送ってきたことがもっと理解できるようになる。ソルトには、相手を魅了し、拒み、求めてやまず、そして愛する、情熱的な過去があったのだ。

安全に過ごす、ヒエラルキーのなかでうまく生き抜くといったことと同様に、つがいの相手を探して選ぶことも、動物が学ばなければいけないスキルだ。野生動物は肉体的に可能になれば即座に交尾し、とにかく本能のままに行動するものだと考える向きが多いかもしれないが、現実を知ったら驚くだろう。多くが考えるよりも、彼らの行動は私たちヒトの経験にずっと近いのだ。まず自然界全体で、思春期が完了して性的に成熟しても、繁殖が開始されるまでかなりの遅れ、つまり待機期間が見られる。行動や情緒の面で性的に成熟したおとなになるのは、時間がかかる。さらに、野生動物はライフステージの非常に早い段階から性教育を受けている。そして、そのカリキュラムは交尾に関してではなくコミュニケーションのほうに力が注がれるのだ。おとなになるには、自分自身の欲求を表現し、相手の欲求を解読する方法を習得しなければならない。

ワイルドフッドの間、こうしたレッスンは重大さを増す。ソルトがロマンスを経験する者たちの仲間入りをしたのは、一九七八年後半ごろだった。ポップグループ「アバ」や「ビージーズ」がビルボード・ホット一〇〇〔訳註　シングル人気チャート〕にランクインし、映画「グリース」や「未知との遭遇」が上映されていたころ、ドミニカ共和国の沖合付近の温かいカリブ海では、一頭の若いザトウクジラが初めての恋をした。

愛の予感

情熱と抑制のせめぎ合い、拒まれて心が痛んでもまだ思いは断ち切れず――恋心とは究極のところ、確信が持てないながらも求めてやまない気持ちだ。どこに目を向けるべきかがわかっていたら、この地球は、ロマンスに満ちた世界だ。

ニューヨーク市北部の公園の上空で、二羽のハクトウワシが急速度で近づき、空中で互いのかぎ爪をつかみ、フィギュアスケーターのように回転しながら、地上へと急降下する(1)。あわや地面に衝突という直前、二羽は相手のかぎ爪を放して、空高く勢いよく舞い戻る。そして彼らは再び一緒になって大空へと身を投げ出し、「デス・スパイラル」とよばれる壮絶な死の空中ダンスをもう一度繰り広げる。

オーストラリアの熱帯で、二匹のオオコウモリ（世界最大のコウモリ）が互いに叫び合う。[2] 雄がロバのような耳障りな声で鳴くと、雌が叫び返して、翼で雄をはたいて追い払うか、あるいは雄の足首をつかんで引き寄せて、さらなる行動を促す。

米国バージニア州グレイソン郡の小川では、二匹のサンショウウオが「尾振り歩行」をして、雌がリードし、スローモーションでの両生類版タンゴを踊る。[3] 尾を振りながら歩くと、つづいて、「共同での頭振り」とよばれる、一連のエアーキスのパターン行動をとることが多い。二匹のサンショウウオは向かい合って頭を左右に動かし、相手のほおに自分のほおを近づける。最近まで、科学者たちはこのサンショウウオの求愛儀式を始めるのは、雄だけだと考えていた。ところが数年前、獣医学科の学生が詳しく調べたところ、彼らの求愛行動は両方向であり、雄だけでなく雌も相手を誘うことがわかった。

そしてちょうどここ、キッチンカウンターの上、バナナの盛られたボウルのなかで、二匹のミバエが初めて出会い、興味津々で落ち着かない様子だ。[4] 雄が脚で雌の体を軽くたたたく。雌は化学信号と行動の両方で気持ちを伝える。もし雌にその気がないとわかると、雄は別の相手を探そうと飛び立つ。雌が応じる気を示すと、彼らは歌う、追いかける、羽をぱたぱた震わせるといったミバエの交尾行動を始める。それはもしあなたがそこに詩的なものを感じるなら、劇を見ているようだと言いたくなるものかもしれない。

ところが、動物学者による科学的定義となると、動物の生殖に関するさまざまな行動様式は、まったく詩とはほど遠い。ある専門誌には、「複雑な儀式的行動で、適切な相手を引きつけるためのこみいった運動出力とともに、視覚・嗅覚・味覚・触覚・聴覚に訴える多くの合図を送ることが含まれる」と記されていた(5)。

ミバエだろうがヒトだろうが、こうした行動すべてと「こみいった運動出力」は、結局のところ求愛なのだ。求愛行動をとれば、つがいの相手を選びやすくなる。その際に、関心を持っているか、関心がないかの信号が出される。求愛儀式はともすると共通パターンをなぞるが、雄と雌が親密になろうとする行為の背後には、それぞれの内なる感情――ドラマや拒絶、ときめき、苦悩、失意、喜び――があり、それはそれぞれの個体同様、この世にひとつだけのものだ。求愛は、お互いの複雑な欲求をそのまま表現し評価するプロセスなのだ。

何よりも重要なのは、求愛行動は本能に根差しているものの、学習と経験によって形づくられるという点だ。動物が社会的に成熟すると、求愛行動もとれるようになる。求愛がどのようなものかを理解するには時間がかかる。思春期を完了しても、求愛のコツがわかるまでは、つがいの相手を見つけるのをしばしば待たなければならない。また、ある程度まで社会的に成長しないと、相手に近寄ろうとしても、十中八九拒まれてしまう。

ヒトの若者も同じようなもので、肉体的には性的能力が十分に備わっても、社会面や感情面に関する知識がまだ不十分で、彼らはどう踏み出したらいいのかわからない。今日の米国での中学校・高校で正規に行われる性教育の多くは、特に妊娠や病気などの性行為の結果に焦点を当てる。もちろん、この方針は賢明だ。若年成人は自分たちの健康を守る必要がある。そして、セックスは動物にとってもリスキーな行為だ。複数のパートナーとセックスをしても、セーフセックスを実行できないため、野生動物は、ときに命取りとなる性感染症にかかる可能性が大いにある(6)。

しかし、自然界では、順調なワイルドフッドを送った動物は、セックスの身体的リスクについての助言は受けてはいないものの、求愛の際につがいの相手候補の出す信号を読みとるための高度で細やかな教育はきちんと受けているのだ。

どのように互いに出会い、関心を示し、相手の関心を評価し、次に何が起こるかを判断するといった複雑な手順を、動物たちは学習しなければならない。そして、その練習は、動物が実際に交尾を行うようになるずっと前から始まっている。

何度も言うようだが、私たちはセックス自体の肉体の仕組みについて述べたいのではない。重要なのは、求愛行動の練習だ。つまり、ちらっと見る、うなずく、首を傾げる、顔をそむけるなど、未来のパートナーをその気にさせる、何千もの微妙に調整された特別な仕草である。求愛行動の練習は興奮と抑制のバランスをとることを学ぶプロセスだ。それは「イエス」を伝えるのと同じくらいに、「ノー」を断固としてきっちりと伝えるメッセージを学ぶことである。おそらく私たちヒトも含めて、種によっては、生殖に関するこのコミュニケーション能力の習熟には何年もかかる。

要するに、セックスはたやすい。しかし、ロマンスは手ごわいのだ。

ザトウクジラの乙女がほかのクジラに関心を持った話を少しばかりしよう。彼女は次に何をしたらいい？　その個体にまっすぐ近づき、交尾を始める？　もちろん、違う。その相手が彼女の背に乗りたいと強く思うかどうか、どうしたらわかるだろう。二頭のクジラは自分たちの関心、魅力度、同意をどのように表現するのか？

二頭の若い動物の間で交わされる性的コミュニケーションの優しさと複雑さは、ティエラ・デル・フエゴ〔訳註　南米大陸南端にある諸島〕の先住民ヤーガン族が、この瞬間のために持っていたであろう言葉「Mamihlapinatapai（マミラピンアタパイ）」で言い表わせるかもしれない。(7) ヤーガン語には、食べる、水浴びをする、カヌーをこぐ、槍の柄をつくる、あるいは木登りをする間のぎこちなさを表す言葉がたくさんある。この「マミラピンアタパイ」という言葉の正確な意味と歴史に関する論議はつづいたままだが、大まかな意味合いは「ふたりのどちらともが強く願うことを、相手のほうが始めてくれたらいいのにと互いに望むのだが、ふたりともそれをどうやって行動に移せばいいのかわからないとき、彼らが見交わすまなざし」といったものだ。「マミラピンアタパイ」とはまさに、経験不足の自分と相手が互いに次のステップに進もうと決意する、ぎこちなさと興奮のひとときを表す言葉だ。

しかし、自分と相手が向き合うという展開にもっていこうとするだけでも、クジラは大がかりな課題を克服しなければならない。彼らはなにしろ大海原の何千キロも向こう側にいるはずの恋の相手を探すのだから。少なくともミックステープ〔訳註　既存の種々の楽曲をダビングしてまとめたテープ〕の発明以来、ロマンティックなヒトの若者が行ってきたのと同じ方法のひとつで、ザトウクジラもこの課題に取り組んでいる。そう、音楽で。

クジラをデートに誘う方法

一九七八年の後半、温かいカリブ海のシルバーバンク海洋保護区の水面下に、木管楽器バスーンのような低い音がぶぉーんと響いていく。悲しげな音は海中をリボンのように上下に波打ちながら、二〇分以上、同じフレーズを繰り返すことなくつづく。

世界中のザトウクジラの繁殖地では、荷物を積んだトラクタートレーラーと同じ四、五〇トンもの体重の成熟した雄たちが集まって一緒に歌う。彼らの口からは、ユニークなメロディー、強弱、装飾的楽句《カデンツァ》のついた複雑な歌が流れ出る。ザトウクジラの歌は毎回およそ二〇〜三〇分つづくが、それがさらに繰り返されて何時間にもおよぶコンサートになるときがある。クジラの研究者が確かめたところによると、ある歌マラソンはほぼ一日半つづいた。ザトウクジラのメロディーは格調高い伝家の宝刀のように、世代から世代へと受け継がれる。その歌は本質的な部分は変わらないものの、長い年月の間に変化する。先祖から伝わるバラードに加えて、それぞれのクジラが自分たち固有のメロディーもつくり出し、それを何度も歌って練習しなければならない。歌のセクションを変えたり一時停止して、少しずつ練習していく。習得しなければならないことがたくさんあるため、ザトウクジラの若者がすばらしい歌い手になるには何年もかかる。

一九七八年、ザトウクジラたちの歌についての研究はやっと軌道に乗ったばかりだった。[8] そして五〇年近く経った今でも、人々を喜ばせるこの信じがたい動物の能力を巡っては、まだ謎が残っている。雄たちの歌は、ほかのグループのクジラに自分たちのなわばりに入るなと伝えているとか、もっと親切に、えさのある場所を教えているという説もある。さらに、繁殖期に雄たちは歌うことで、つがいの相手候補の居場所を探しているとも考えられている。

ザトウクジラの壮大な歌に対してはたくさんの賛美の声が上がっており、下手だという話などそう聞かないだろう。ただときたま、彼らの歌に耳をすませる海洋生物学者たちが、あまりコツをうまくつかんでいない歌い手がいるのに気づくことがある。そうした歌い手は音をはずす。その音はか細い。フレーズの順番を忘れたり、どこまで歌ったかわからなくなる。科学者たちはこうした歌い方を「逸脱」とよび、歌が下手なクジラは「逸脱した歌い手」とのレッテルをはられている。

しかし、ハワイ大学のザトウクジラ研究者、ルイス・M・ハーマンは、実はそうしたクジラは逸脱者ではないのではと思いいたった。[9] もしかしたら合唱のはみだし者は、単に経験が足りないだけなのではと考えたのだ。彼らは歌のレパートリーを学んでいる最中の若者にすぎないのではないか？

ハーマンの率いるチームはハワイ島沖の海域に行き、歌を歌う八七頭の雄ザトウクジラを調べ、すべて成熟した雄ではないかと予測をした。というのも、この研究以前は、おとなの雄たちはおそらく競争上の理由から、若手を歌のグループに加わらせないとされていたからだ。実際に、歌い手のほとんどはおとなだったが、彼らのうち一五パーセントは若者だということがわかった。彼の報告によると、若い雄はおとなのコーラスの一員として誘われ、ラブソングを一緒に感傷的に歌っていた。ただ、なぜおとなのグループは、元気だけはいっぱいだが血縁関係もない侵入者を受け入れるのだろうか？

雄の若者にとっては明らかに利点がある。おとなと一緒に歌うのは、貴重な練習時間となる。ジュニアのバイオリン奏者が交響楽団の後ろの列に加わり一カ月過ごすときのように、若いクジラは熟練した歌い手たちの声をじかに聞けるだろう。おとなのテクニックを観察し、レパートリーを学び、自分自身の表現法も試せるかもしれない。そうでもしなければ代々伝わる歌を残らず学べないはずだ。その練習の間、クジラの若者は肺を鍛え、息を長く止める力を養う。スタミナが増せば、歌はさらに美しく響く。ただし、歌のインターンシップは単なるお楽しみではない。その期間はそれぞれがクジラの歌い手としてのキャリアを築いていく足がかりとなるか、あるいはキャリアの中断になるかの分かれ目なのだ。

年長の雄が若者の間違った歌い方や、将来的な競争相手の存在を我慢する理由について、ハーマンは次のような仮説を立てる。若いクジラは経験値は低いが、彼らが加わればコーラスの音量がパワーアップする。歌声が大きくなり、強まった音波は水中遠くまで達し、結果的に、コーラスに耳をすませて関心を持つ雌クジラの数も増えるのだ。

クジラが歌をうまく歌えるようになるまでには何年もかかる。年上のおとなと一緒に繁殖期の歌を練習する時間は、クジラにとっての求愛教育となる。若いクジラがセックス自体に関する具体的な指示を受ける必要があるかどうかはわからないが、明らかに愛の歌の歌い方はほかのクジラから学ぶ必要がある。

さまざまな動物にとって、歌うことは求愛の中心となる部分だ。そして、年長の歌い手から学ぶことは、若者が必要な歌の特訓を受けるための一般的な方法だ。歌うコウモリの間では、若者が割り当てられたおとなの指導係から歌声の表現方法を学び、成熟したおとなになったときにロマンティックに歌い上げられるようになる。[10] 鳴き鳥の場合、年長の鳥から鳴き声の指導を受ければ、異性のパートナーを引きつけるために歌うメロディーに磨きをかけられる。（鳥では雄と雌の両方ともが歌い方を教わる。何世紀もの間、鳥の求愛は雄を対象にして研究され、雌については見過ごされていた。そして、つい最近まで、明らかに異性愛だけしかないと誤解されていた)。

ところで、外洋の愛の詩人・誘惑者はザトウクジラだけではない。ヒョウアザラシの雄や雌は、つがいの相手を探すために、広大な海のはるか向こうまで聞こえるように声を上げる。[12] 繁殖期の間、独り身のヒョウアザラシは一日に何時間も鳴き声を響かせる。しかし、彼らはある朝目覚めたらなぜかすべてのコードや歌詞を知っていたというわけではない。一歳ぐらいになったヒョウアザラシの若い雄は、繁殖活動までまだ四年ほどもあるのに、歌の練習を始める。そうした稽古の年月の間に、若者たちのスタミナは増し、その声は大きく朗々と響くようになり、歌は微調整されていく。うめき声、クリック音、ビブラート、裏声などを発して、後々、パートナー候補者に性的意図を伝えるようになるのだが、練習するなかで、若い雄も雌もそうした種々の声を出すべき適切な状況など、重要な社会的ルールを学ぶ。

歌声が性的欲望に火をつけるということは、遠い昔からヒトの恋人たち、あるいは音楽業界にはわかっていた。ビヨンセは承知している。プリンスもわかっている。エルビスやシナトラも理解していた。声は強力な媚薬なのだ。

鳥類の多くや一部の哺乳類では、性的な刺激を与える歌は、外耳から入り聴覚皮質を活性化して脳内を進んでいき、つづいて、性的興奮を引き起こすホルモンの分泌を促す、という仕組みになっている。[13] フランスの研究者たちは、雄のカナリアが上手に歌えば、反応した雌が欲求を返してくれるような特定の「性的に興奮させる音節(14)」さえも見つけだした。

カナリア、ハト、インコでは、雄の鳥の歌は、実際に雌の排卵を誘導するほどの十分な威力がある。「歌の機能のひとつには、排卵を同期させることがあるかもしれない」という報告が『*Canadian Journal of Zoology*（カナダ動物学雑誌）』に掲載された。(15) その現象は、特に、繁殖期が限られていたり、あるいは個体がそれぞれ遠くに離れて暮らす動物で見られる。ザトウクジラの研究者たちは次のような仮説を立てる。とどろき渡る雄のコーラスの音波があたりの海中を共鳴させながらはるか向こうの雌のもとまで届くと、雄と雌が互いに居所をつかむきっかけになるだけでなく、排卵を促す役目も果たしているのかもしれない。ただし、雌の生殖機能の刺激だけが、歌の持つ機能ではない。ザトウクジラの歌はひとりぼっちの雄も引き寄せる。(16) その雄はコーラスの歌い手たちのもとに近づき、ロブテイリング〔訳註　イルカやクジラが振りあげた尾びれで水面を強くたたく行動〕、ブリーチング〔訳註　クジラが巨体を宙に持ち上げて大きくジャンプする行動〕などのディスプレイを行う。その行動は、雄と雄との結びつき、社会的ステータスのディスプレイ、友情、あるいは以上の三点すべての表れであることが考えられるだろう。

あなたの好きなラブソングを頭に浮かべてほしい。プライベートコンサートで歌手がその歌をあなただけのために、何度も歌ってくれるのを想像してみよう。その音量をステレオアンプを積んだ八七台のトラクタートレーラーで大きくしてみたら？　ソルトが初めての恋のシーズンにカリブ海で聞きとったのはそんな音の大饗宴だったのではないか。ソルトの体は受け入れ可能で、興奮しやすくなっていた。泳ぎ出て、歌声が聞こえないか耳をすませていたところに、彼女はその雄たちのよび声を聞いたのだ。ソルトの何かがよび覚まされた。彼女は向きを変えて、音楽の方向に速度を上げて泳いでいく。

第12章　欲求と抑制

ディズニーによる一九九四年のアニメーション映画「ライオン・キング」のなかほどには、ティーンたちの愛のシーンがある。[1] 非常に暗示的だが、セックスまでにはいたらない——少なくとも、スクリーン上では。

二頭のライオン、シンバとナラは幼なじみだったが、数年間離ればなれで暮らした後に再会したのだった。ワイルドフッドを生きるシンバたちはともに思春期を終えておとなになる手前の段階にあった。シンバには見事なたてがみが生え、ナラはきゅっと締まった横腹とぱっちりした目が魅力的な若ライオンになっている。エルトン・ジョンが作曲した心地よいバラード「愛を感じて」が音の風景いっぱいに広がり、二頭の若者はともに一日を過ごし、滝で跳ねまわり、空き地で取っ組み合って遊び、夕暮れの野原を駆け抜け、もつれ合って丘を転がり落ちる。下の平地でやっと止まったシンバたちは、互いに抱き合う形になっていた。それまでの遊び心に、突然、まったく異なるエネルギーがあふれ出る。ナラがシンバのほおをなめ、緑の草が広がるなかにゆったりと背中をうずめる。そして、あごを引きながら細めたまなざしで友を見上げる。二頭は鼻をすり寄せるのだった。

このひとときは、若者になったばかりの者たちなら、次はどんなことが起こるのだろうかと考え始めるくらいの長さはあるのだが、いきなり、ミーアキャットのティモンと、おならを連発するイボイノシシの友だち、プンバァの登場で断ち切られる。ティモンたちは、それまでシンバを交えたトリオで楽しくやっていたのに、シンバにガールフレンドができて万事終わりになりそうだというような歌を歌いながら現れるのだ。この突然の中断は、映画のG指定〔訳註「General Audiences」年齢制限のない、誰でも鑑賞できる映画〕を順守したものだが、若者の性行動がセックスの寸前で止まるというのは、自然界でしばしば起こる事態と言っていいだろう。野生ライオンの若い雄と雌は、映画のなかでシンバとナラがしたように、格闘ごっこをしたり求愛したりするだろうが、いつもそのまま繁殖行動を始めるわけではない。言葉を換えると、彼らは肉体的に成熟しても、すぐにセックスを始めようとはしないのだ。

肉体的に成長した野生動物の若者が、必ずしも性的に活発ではないという事実は、ほんとうに意外だが重要なポイントだ。これはヒト独自の現象のように思えるかもしれないが、実は、動物界全般で見られるのだ。もちろん、思春期を終えて、繁殖可能な体になったらすぐにセックスをする場合もある。しかし、普段は、魚類から鳥類、爬虫類から哺乳類までさまざまな種で、個体の初体験は、思春期を通り抜けてから数カ月後、あるいは何年か後、または数十年経ってからということもある。

それにもかかわらず、自然を撮った映画からは、別のストーリーを聞かされるだろう。自然のドキュメンタリーは、おとなの男性たちが発明しそのほとんどを制作しているジャンルで、ここ数十年の間、一般の人々にとっては野生動物についての主要な情報源となっている。(2) こうしたエンターテイメントが結果として誤解を招くとしても、実はそれは少なくともカメラの前の野生動物を映し出すのと同じくらい、カメラのうしろのヒトの文化と特質を反映しているのだ。

映像がキリン、キツネ、ナマケモノ、あるいはキジオライチョウについてのものであったとしても、ふつうは、交尾したがる雄が煮え切らない雌を追いかけ、ついには雌も雄の魅力に屈するという流れにまとめ上げられている。あるいは別のバージョンでは、すべての雄たちが、雌の陪審団の前で、互いに必死に競い合う。その場合、雌たちはふつう例外なく同じものを欲しがる。それは一番強い雄で、自分たちを守り資源も与えてくれる格好のつがいの相手だ。そうした映像がどれほど繰り返されても、ほんとうのところ、こうした典型的な使い古された筋書きは単に不完全であり、誤っているケースも多い。ただちにベッドに飛びこむふたりを侮辱する言葉は「動物のようにふるまう」だが、この言い回しも正確ではないのだ。

ほとんどの自然ドキュメンタリーは、制作者の男性的視点に大幅に偏っているのに加えて、おとな中心主義でもある。体はおとなサイズに成長した野生動物は、性的に活発にみえるだろうが、実はそうではないのだ。自信が持てず、経験不足で、こわがっている動物の若者の性的欲望は、自然ドキュメンタリーにはほとんど取り上げられてこなかった。多くの動物の若者が禁欲を守る現実では、おそらく人気番組をつくるのはむずかしいのだろう。

自然界における若者のセックスについての真実には、さらに多くの複雑な実態が絡んでいる。ドキュメンタリーでめったにお目にかからないのは、優勢な年長メンバーから交尾行動をとらせてもらえなかったり、おとなになっても数シーズンの間、巣にとどまり、繁殖のチャンスを見送る若者の姿だ。おとなになったばかりの雌ゴリラが、すでに性的には成熟し生理周期も正常であるのに、子どものように遊んでばかりで、つがいの相手になれるはずのおとなの雄から無視される、といった状態が映し出されることはないだろう。社会的行動の練習、いろいろな役割への挑戦、様々な行動の試み、といった場面もまったく出てこない。多くの若い動物がセックスを受け入れられない、あるいは怖がっている、という事実をあなたは見ていないはずだ。

誤解のないように言うと、野生動物は性的活動に乗り出すタイミングをヒトと同じように決めているわけではない。私たちの知る限り、ヒトは、道徳、宗教、道徳的規範などのあいまいな網の目をくぐり抜けて、性的経験のメリットとデメリットを意識的に比較できる能力を持っている点でユニークなのだ。

一方、動物の初体験のタイミングには、宗教・倫理・大衆文化の影響はないのだが、環境要素は確実に影響する。日光や繁殖シーズンの到来はホルモン生成に大きな影響を与え、それによって性的機能が完成し、性的欲求が起きるようになる。(3) えさがあるかどうか、そして周囲の捕食者の数も、動物の若者が性的に活発になる時期を左右する。えさがほとんどないか、あるいは捕食者がたくさんいる場合は、生き残る可能性が低い子どもをつくるためにエネルギーを使ってリスクを負うのは意味がないかもしれない。そこでとるべき戦略は、待つことだろう。たとえば、ナンキョクオットセイの体は、四歳ごろには性的に成熟する。しかし、えさの魚やイカが少ないときや、彼らを捕食するシャチが飛びぬけて多いときは、繁殖開始が七歳まで延びる場合がある。(4)

所属集団のメンバーも、個体の性生活の開始や機会に対して、大きな影響力をふるう。多くの種で、基本的には年長の優位なメンバーが若者に禁欲を強いる。有力な雄や雌は威圧的な行動によって、下位のAYA世代の生殖機能を文字どおりシャットダウンさせる。つまり、本来ならば繁殖可能なはずの若者の性行動（交尾）を遅らせるのだ。下位に甘んじる若者は神経がすり減り、ストレスホルモン濃度が高くなれば生殖能力もダウンするようだ。キイロヒヒやミーアキャットからハムスター、デバネズミまで、哺乳類の優位な雌たちは、下位の者たちを脅えさせ、彼女たちに一時的な不妊症、着床障害、流産を引き起こさせる。[5] トップのペアだけが繁殖するオオカミの群れでは、尿に含まれるフェロモンが、下位の雌や雄の性的衝動を抑えこんでいる可能性がある。[6] リーダーのペアが繁殖活動を独占すれば、妊娠期間と生まれる子どものために資源をたくさん確保できる。ボルネオ島の野生のオランウータンの間では、交尾の特権を持てるのは一度に一匹の雄だけだ。[7] 優位性を示す大きくふくれたほおの肉ひだ（フランジ）があるのもその雄だけである。ステータスが上がらないかぎり、若い雄のほおは小さいままだ。また、マッコウクジラの雄は、一〇年間の思春期を経て一五歳ごろにやっと性的に成熟するが、しばしば二〇代に入るまで性行動は活発にならない。[8] というのも、上位の雄たちが若手の繁殖機会を封じようとするからである。同じ理由と同様の寿命の長さから、ゾウの雄も長い思春期のあと肉体的に成熟するが、二〇代後半、ときに三〇代まで繁殖を始めない。[9] 繁殖能力がある雄の若者は交尾したいと思うかもしれない。あるいは、やってみようとするだろう。しかし、若者の順位の低さや社会的未熟さがネックとなり、性行動の機会は限られるのだ。

準備できた？　それともまだ？

動物の初体験のタイミングは、将来に途方もなく重大な結果をもたらす。性行動の開始を遅らせた場合、個体は年齢を重ね、肉体的にも健康度が増し、社会的な知恵もつき、その結果、よりよいパートナー・親になることができる。あまりに早く子どもをつくった動物は、子どもへの適切なえさの与え方やえさ探しのためのノウハウや資源がない場合が多い。子どもの世話をする準備ができていない親のもとに生まれついた子は、しばしば病気になったり死んでしまったりする。親が口のなかに卵を入れて守る魚は「マウスブリーダー」とよばれており、たとえば、初めてそれを行うときは、決まって卵全部を飲みこんでしまう。[10] 初めて出産した雌ヒツジは自分の子を受け入れて世話を始めるまで時間がかかる。[11] 不慣れなヒグマやゴリラの母親の子どもは、命を落とすリスクが高い。ある研究によると、ニホンザルの母親の四〇パーセントは、初子の育児を放棄するという。

年がいかないうちに子どもを産んだ経験不足の雌にとっては、自分も子どもも生き延びるのが容易でないだろう。体がまだ小さい若雌の妊娠は、雌にとっても胎児にとっても危険を伴う。哺乳類の若い雌において授乳という肉体的重荷は、さらにやっかいな負担となる。マンドリルの若い母親の子は、発達が遅い。[12] 同様に、マーモセットやアカゲザルの若い母親が産んだ子は体が小さく、そのうえ、母親の出す乳の量は少ない。[13] また、サバンナヒヒでは、若い母親の第一子は、年かさの母親の赤ん坊より体重が軽い。

動物たちにみられるこの現象は、ヒトの場合と重なる。マーガレット・スタントンたちは「ヒトの社会において、一五歳未満の少女が妊娠すると、有害な妊娠転帰が起きる可能性が高い[14]」と学術誌『*Current Anthropology*（最新人類学）』で先行研究成果を紹介している。世界保健機関（WHO）は、ティーンの妊娠は早産につながりやすく、生まれた子どもの体重は少なく、成長しても病気にかかりやすいと報告している[15]。そうした子どもたちは幼児のうちに死亡する確率が高く、失明、難聴、脳性麻痺、知的障害などの問題に直面する恐れも高い。そして、年長の母親が産んだ子どもに比べて、貧困のなかに生き、長じて、自身も若すぎる妊娠というパターンを繰り返す可能性が相当に高い。当の母親にとっても、早すぎる妊娠は命取りになる。WHOによると、世界中の一五～一九歳の少女の主要死因は、妊娠に関係した合併症だ。

ヒトやヒト以外の動物のAYA世代のほとんどは社会的ステータスが低いために、若いカップルが繁殖活動をするとなると、危険度が高いテリトリーのうちでもさらに望ましくない周縁部で暮らさざるをえないかもしれない。低い順位のAYA世代の鳥のペアは、好ましくない環境のはずれのエリアで、えさも手に入れづらく、捕食者もうようよするなか、巣をつくって子育てをするしかないときがある[16]。鳥のつがいが最初に産む卵は、親たちがとても若いときは特に、産み落とされた瞬間に捕食者に食べられてしまうリスクが高い。というのも、親になったばかりの若者たちは、捕食者の接近を防ぐ経験をそれまでにほとんど積んでいないからだ。

あまりに早い性体験が心理社会的にも危険であることは、動物の多くから見てとれる。ウマのブリーダーによれば、社会的な面で成熟していない雄ウマと雌ウマをつがわせると、彼らの生涯にわたるトラウマとなり性機能に問題が残る可能性があるという[17]。また、雄の子ウマや一歳馬において、早すぎる性体験は、とりわけ「意地悪な雌」が相手だったときは、おとなになってからの気性を決定的に変えてしまう恐れがある。底意地の悪い雌はしっぽを激しく振ったり、甲高い声を鋭く上げたり、もろに攻撃してきて、うぶな若い雄ウマのやっと働き始めた性機能にダメージを与えてしまう。ただし、雄ウマも年を重ね雌の扱い方に慣れていくと、こうした危険性は減る。

ウマの飼育の世界では、交尾をしてもいい段階になったかどうかは、ヒトが決めている。ひるがえって、私たちヒトの間では、それぞれの性的関心や性的表現については、一人ひとりが思うままにコントロールすべきだ。ところが、現実は悲しいことにそうではない。世界中の若者の間では強制的に初体験させられる事態が、あまりに頻繁に起きている。[18] 被害者となった若い男女とも、その後の悪影響は大きく、長くつづく。抑うつ状態、自傷行為、アルコールや薬の乱用などに陥ることはめずらしくない。それに加え、被害を受けた若者たちは学業に問題を抱えることが多く、さらなる困難に陥る危険性がある。

それでも、年若い妊娠の危険性や、ときを待つことの利点はだんだん広く知られるようになった。過去二〇年の間、世界の多くの場所で、ティーンの妊娠と出産は着実に減ってきた。[19] より豊かになった現代社会では、出産を遅らせることで、子どもの将来の安全や機会を最大限に拡大しようとする努力がみられる。親の手持ちの物質的・社会的・教育的資源が、待ち時間の間に徐々に増えていけば、その後に生まれた子どもが仕事や家や医療を手に入れる機会はぐんと増える。

ところで、今日、多くのＡＹＡ世代が、妊娠を避けるのとはまったく異なる理由から、セックスをするのを引き延ばしている。ハーバード大学の研究者たちによると、米国各地の約三〇〇〇人の若者を調査したところ、高校卒業時にセックス未経験の学生数が過去二五年〜三〇年間で一番多くなった。[20]こうしたティーンの性的活動には、経済や、デジタル技術の発達から生じた新しい形の社会的交流などの要素も影響を与えているだろうが、この研究が示唆しているのは、彼らが自分の感情を守ろうとして、性的関係を結ぶのを先延ばしにしている可能性だ。若者たちは傷つくのをこわがっているのだ。

とはいえ、待機期間にはもうひとつ重要な役目がある。数週間か、数カ月か、数年か繁殖能力が備わってから実際にセックスをする時期までの間、若い動物は教育を受けていく。社会的かつロマンティックな関係――自分たちの属する種に固有の求愛に関する文化と伝統――を学んでいくのだ。

練習、練習、練習あるのみ

私たちを乗せたフィールドトラックは右への急カーブを曲がり、わだちのついた斜面を揺れながら進んで、小さな丘の上で止まった。眼下に広がるのは、なだらかな起伏になった緑の草地で、野花の黄色がけむるように広がっていた。その小さな低地には湖があり、水辺のまわりには、シフゾウ〔訳註　シカ科。漢字では「四不像」と書く〕のひと群れが動きまわっていた。[21]ここ、「ザ・ワイルズ」でじかに見るまで、聞いたこともなかった種だ。オハイオ州コロンバスから車で一時間ちょっとのところにある約四〇平方キロメートルの野生生物・自然保護地域でのことだった。

シフゾウは中国原産だが、野生のものは絶滅している。世界最大といわれるシフゾウ集団は「ザ・ワイルズ」で暮らしており、一九九五年の一五頭から現在のおよそ六〇頭へと増えている。その日私たちを案内してくれた獣医は湖のほうを指差しながら、シフゾウの群れが湖のそばで午後を過ごすまでの動きを説明した。

一番遠いところには、年上の若雄が三、四頭岸辺に集まって、鼻先で地面のあたりを何やら探っていた。私たちが車を停めている場所に少し近づいたところには、若者になって間もないグループがおり、彼らの角の柔らかい突起はやっと生え始めた様子だった。彼らはプールパーティーでの中学生のように、湖に走りこんだりまた急に出たりしていた。もうちょっと手前には、年齢がばらばらの雌のグループがいて、耳をひょいと動かしながら岸辺でゆったり座っている者や、湖のなかで水を跳ね上げている者や、妊娠している者や、隣に幼い子を連れている者もいた。そして、王様のようにひとり全景を見渡しながら、湖の端で私たちに一番近いところにいるのは、群れのトップの雄だった。

完全に成熟した雄シフゾウの例に漏れず、そのトップの雄は、実に立派な枝角を生やしていた。太い枝に分かれ、複数の枝先ができた角は、雄の頭上で大きな籠となっていた。その王冠はあまりに巨大だったため、小ぶりながらがっしりした木々が頭蓋骨のてっぺんにどっと現れ出たかのようにみえた。それでも、その枝角自体よりもっと驚きに満ちていたのは、雄が自分の角に施した装飾だった。彼は湖のなかや岸辺のまわりを頭を下げて動きまわり、すくい上げた雑草や草などの植物で自分の角を飾ったのだ。泥だらけの葉っぱの重なりや茎や葉柄《ようへい》がごちゃまぜの愉快な塊が、角のあらゆる場所からはお祭り気分のリボンのように垂れ下がり、角のV字型の合わせ目にはトリの巣のように押しこまれ、彼の枝角を飾り立てていた。いわゆる「枝角飾り」は、南アジアの多くのシカたちによくみられる行動だ。

目を見張るこうした飾りに生きていくうえでのメリットが少しでもあるとしても、それはどんなものか、誰もほんとうにはわかっていない。だが、このディスプレイが豪華であればあるほど、シフゾウの雄は繁殖のパートナーとして人気が高くなる。クジャクの雄が広げる飾り羽のように、シフゾウの枝角飾りのすばらしい眺めが果たす機能として考えられるのは、つがいの相手となってくれそうな雌に対して、自分が繁殖パートナーとして最適だ――そして、もっと重要なのは、社会的に成熟している――という信号を送ること、それに尽きるだろう。

私たちは、枝角飾りだけが、成熟度を宣伝するための雄の信号ではないのを観察した。彼の体の色は、群れの残りの者たちとは異なっていた。雌や年若い雄は茶色く焼けたビスケット色だったが、この優位な雄は濃いチョコレート色だった。ただし、実際の毛色が違うわけではなかった。彼は泥や自分の尿のなかに体を浸していたのだ。この体色もシフゾウにおける性的信号となる。また、成熟した雄はほかにも「ビューグル（ラッパ）」とよばれる特徴的な鳴き方をしたり、飾りをつけた枝角をみせびらかすために、いばるような独特の頭の振り方をすることも知った。

湖の向こう側にいる若者たちは、そうした成熟したおとなになる途上だったが、まだゴールにはいたっていなかった。彼らの枝角にはもじゃもじゃの房飾りが少しついていたが、群れのボスの飾り立てた垂れ幕のようなものは何も見当たらなかった。体色はまだ母親や弟妹と同じビスケット色だ。彼らは体や枝角の成長といった、思春期の体の変化を経験し、あの優位の雄と匹敵するくらいには育っていた。とはいえ、まだワイルドフッドのただなかで、真の意味で成熟するための文化的経験を積んでいなかった。ゆっくりと過ぎていく夏の日の間に、若者たちは枝角の飾りつけも、ビューグルの鳴き方も、泥や尿のなかで自分の体を転がすのも少しずつうまくなっていくだろう。やがては、力もつき自信も蓄えて、ボスの地位を奪おうとあの雄に挑戦できるはずだ。しかし、今はそのときではない。さしあたり、彼らは湖の向こう側で、仲間で集まって観察がてら待機しつつ、スキルを磨きながらぶらぶらしていた。

ニューギニアやオーストラリア北部原産のニワシドリは、成熟した雄が雌の関心を引くために非常に凝った巣をつくることで、鳥類研究者の間では有名な伝説的存在だ。[22] しかし、海中で歌うのを学ぶクジラや、枝角を飾りつけるシフゾウと同じように、ニワシドリも一夜にして、頑丈で魅力的な巣のつくり方を考えつくわけではない。AYA世代のニワシドリは、一年間かそれ以上の間、巣づくりの名手の行動を観察する。見学に何時間も費やし、さらに多くの時間をその東屋《あずまや》の組み上げ練習をしてみるのに使い、それに加えて、あたりに邪魔する者がいないときは、師とするその大先輩のつくった東屋をいじり何時間も飾り方を自分で練習して、雌が気に入りそうな、熟練した頼もしい雄になろうと一心に励む。ところで、ヒト社会で目先が利く実習生というのは、一生懸命に働くだけの賢さがあるが、実際に仕事に就く準備が整うまでは、どのおとなも脅かさない程度で仕事をやめておく利口さがあるものだ。ニワシドリの若者たちも同じようなやり方をする。雄の体が繁殖可能になるのは五、六歳だが、成熟のあかしの飾り羽を伸ばすのは七歳まで待つことが多い。飾り羽の成熟に時間がかかるおかげで（前述のレッドシャツ制度の鳥版のように）、これらのAYA世代の若者は、嫉妬する恐れのあるおとなの雄たちからの攻撃を受けないで安全に過ごせる間に、より強く、より経験も積むことができる。[23] ただし、誤解のないように言えば、その遅れは意識的なものではなく、特定の環境・社会面からの合図に応じて自動的に起こる現象だ。余分な時間をもらったニワシドリの若い雄たちは、彼らのユニークな求愛行動を学んで練習できる。結果として、雌を自分の巣に引き寄せて交尾にも成功する確率が高くなるのだ。

愛は形を変えて

何千年もの間、シフゾウやニワシドリたちは同じ基本的な行動で、性的関心の信号を発してきた。対照的にヒトの求愛行動は、世代ごと、経済的圧力、文化面の移り変わり、そして性的欲求・期待についての新たな解釈に応じて変化してきた。現代のAYA世代のデート状況は、いろいろな意味で、彼らの祖先たちが行ったおつきあいとは（一番近いひとつ前の世代と比べても）別物のようだ。

コロンビア大学の公衆衛生学の教授、ジェニファー・ハーシュは、その著書『現代の愛』で、結婚の文化人類学的考察を行い、「世界中で、若い人々は……自分たちを意図的に、両親や祖父母とは異なったところに位置づけている」と記している。[24] 現地調査を行ったハーシュは、メキシコからナイジェリア、パプアニューギニアまで、一般的なデートの方法や求愛時のコミュニケーションが変化してきたのに気づいた。

「メキシコ西部の田舎では、若いカップルたちは手を取り合って広場を歩いたり、街のディスコの暗い隅で一緒にダンスを踊ったりさえする。彼らの両親が石壁の隙間から内緒のささやきをしたのとは大違いだ」とハーシュは述べる。つづいて、パプアニューギニアのフリ族の夫婦は、かつては別々に男性たちの家、女性たちの家に分かれて住んでいた。昨今では、若い夫婦は一緒に住む場合が多く、いわゆる「家族の家」は愛しあう男女にとって「現代的」で「キリスト教的」な住み方だとされている。ナイジェリアでは、結婚については個人どうしの関係にとどまらず、血縁集団の間での義務が発生する関係だとまだ根強く考えられているが、少なくとも求愛行動においては、若い男女が自分たちの現代的な個性を示す機会だという考え方に変化してきた。

二〇一二年にピーボディ考古学・民族学博物館で開催された展覧会では、十九世紀の大平原の戦士が描いた作品が展示された。そこには、彼らラコタ族の男女が互いの関心を伝え合うために行っていた慣習が描かれていた[25]。立っているふたりは、大きな赤い毛布にすっぽりと覆われて、顔を近づけ合っている。頭の部分だけが毛布のてっぺんからのぞいている。男女の口の間を結ぶ破線で、会話を交わしているのがわかる。解説のラベルによれば、「求婚を決意した若い男は、意中の人が夜に水を汲みに出たときに、話しかけようとする。娘がそのアプローチを受け入れる気なのがわかると、男はダブルサイズのウールの求婚用毛布で自分たちを包む[26]」。ゆったりした毛布にくるまれ、一時的に周囲をさえぎる環境のなかで、息子・娘を守りにかかる親たちや共同体の人々の目を気にせずに、カップルは話をしてお互いの気持ちを測り合えた。

デジタル化が進んだ二一世紀のデート事情はどうだろう。おとなになりたての若者のなかには、プライバシー空間をつくるラコタ族の求婚用毛布のようなもの、あるいは少なくともロマンティックな関係のつくり方についての明確なルールを強く望む者がいるかもしれない。事実、遅くとも古代ギリシャの時代より（おそらくもっと昔から）ずっと、年長者たちは若者の流行について心配してきたのだが、今の時代は、性行動における未曾有の大混乱期に入っている感がある。若者たちは自分のセクシュアリティをまるで理解できないまま放っておかれているのだ。とはいえ、実は別の方向から見ると、現状はもっとクリアな様相をみせる。変わったのはセックスについての青年の不安や、青年たちがセックスをすることに対するおとなの心配ではない。それは、現代のおとなたちが、若者に恋のメソッドを教えられないということだ。準備ができた動物たちが対になるのに役立つ真摯で複雑なコミュニケーションは、おとなにはもはや訳がわからないし教えもしようとしないのだ。

ティーンのためのライフコーチ、シンディ・エトラーはCNNの番組で、AYA世代の安全を守るために、性教育は社会的行動まで広げて教育すべきだと述べた。[27]「ティーンたちは、自分たちを餌食にしようとかかる者たちの行動はどんなものかも含め、社会面・情緒面・行動面での情報を知りたいと言っています。知り合いから好ましくない方法で言い寄られたときの対処法は？　ふつうはタブーになっている話題を持ち出すには？　どんな言葉をきちんと使って話を進めたらいいのか、彼らはほんとうに知りたがっています」

心理学者リチャード・ワイスボードは同じメッセージを違う切り口から発する。[28]二一世紀のAYA世代の多くは、愛についてのレッスンを受けたいと心底望んでいるという。ふたりの関係を始めるには？　関係を終わりにするには？　破局のときの身の処し方は？　失恋を避けるには？　こうした疑問に対するアドバイスを、彼らはもっとほしいと思っているのだ。

ワイスボードは、健全な関係についてもっと話しあうだけで、セックスについての昨今の態度のなかに（彼の言葉によれば）「横行している」女性蔑視やジェンダーにもとづいた侮辱を押し止めるのに役立つだろうと考えている。彼の考えによれば、「ふたりで築く関係というのは、私たちがみな実地に練習していかなければならないものだ。失恋すればひどく傷ついて終わりになるかもしれないが、私たちはそこから学べる。うそ偽りなく、思いやりをもって相手との関係をつづけるにはどうしたらいいかを身につけていくのだ。そして、おとなとしての成熟した関係をつくっていけるようになる」。

ワイスボードによれば、若者たちにとってそれを学ぶための最良な方法のひとつは、恋愛中の親密さや失恋などの経験も含めて、ギブ・アンド・テイクの関係についてを教わることだという。恋愛のロールモデルはテレビや映画、それに古典・現代小説で見つけることができる。オーストラリアの作家、ジャーメイン・グリアは次のように記す。「図書館は、純潔を失わずに、無知から脱却できる場所だ」

私たちヒトにとって、本、映画などのメディアは、セクシュアリティについての社会的学習における重要なツールとなる。ジェーン・オースティンの『高慢と偏見』では、エリザベス・ベネットとウィリアム・ダーシーが両親や共同体の期待を背負いながら自分たちの義務と欲求のバランスをとる様子から目を離せないのだが、そうしたふたりの微妙な関係性がこの作品の魅力の大きな部分だ。本を開いてオースティンの書いた言葉を読んでいようと、その小説を映画化した二〇〇五年の「プライドと偏見」のキーラ・ナイトレイ（エリザベス役）とマシュー・マクファディン（ダーシー役）を見ていようと、このストーリーは重要なことを教えてくれる。歴史的背景も越えて、私たちに大事なメッセージを伝えてくれるのだ。ヘレン・フィールディングの『ブリジット・ジョーンズの日記』の大ヒットは、その証拠だ。これは『高慢と偏見』を現代的に再解釈した小説で、レネー・ゼルウィガー（主人公ブリジット役）とコリン・ファース（マーク・ダーシー役）が男女関係の機微を演じた記念碑的映画ともなった。求愛の基本——欲求と不確実性の間のバランスをとること——は、身につける衣服やヘアスタイルが変わっても、ヒトの文化を通じてずっとつづくものだ。

ザトウクジラのソルトが性的に成熟したころ、彼女の横並びのグループのある者たち——つまり、ヒトの若者——は、共通するさまざまな経験を探り求める一冊の本を貪るように読んでいた。一九七五年にジュディ・ブルームが出した『キャサリンの愛の日』は、大学をめざす一八歳の高校最上級生、キャサリン・ダンジガーが、同じ町の少年マイケルと初めての性体験をする話だ。この本はヤングアダルト小説の古典となった。しかし、ステファニー・メイヤーのバンパイアものの『トワイライト』シリーズ、スティーブン・チョボスキーの『ウォールフラワー』、ジョン・グリーンの『アラスカを追いかけて』など、若者のセックスシーンの入ったほかの小説と同じく、この『キャサリンの愛の日』も、アメリカ図書館協会（ＡＬＡ）が一九九〇年以来編集する「最も批判を受けた図書」[29]のリストに名を連ねた。ＡＬＡは、一八七六年に創設された図書館員のための専門職団体で、社会の多様性と知的自由を擁護する立場をとる。[30]協会の報告によると、図書館に置くのは好ましくないとして苦情申し立てで最も多かったのは、若者の性的描写で、暴力、ギャンブル、自殺、悪魔崇拝などを大きく引き離している。[31]

読んだり見たりするものから受けとる情報は、セックスも含めて、若者が人生の多くの側面を理解するのに役立つ。ただし、それで必ずしも若者たちの行動が方向づけられたりしないのはいいことだ。テレビドラマ「セックス・アンド・ザ・シティ」を見て大きくなったミレニアル世代が残らず、不安定なキャリー、性的に貪欲なサマンサ、冷めているミランダ、あるいは、ひどく保守的なシャーロットのような性的側面を持ったおとなになるよう追いやられるわけではないのだ。性の領域でより適切に選択できるようになるためには、本のページやスクリーンの登場人物がどのようにセックスをうまく扱うか、あるいはしくじるかをじっくり考えるのがいいだろう。その後、ヒトのセクシュアリティの広大な世界に身をさらすことで、自分の持つ衝動や魅力がもっと理解できるようになるかもしれない。

ただし、多くの動物、特に霊長類において重要なのは、社会的学習がことのほか強大な力を持ち、動物の若者が仲間の行動を観察した結果が大きな影響力を持つ点だ[32]。若い動物たちは文字は読めないが、注意して見ることはできる。そして、物事がうまく行くときと、うまく行かなかったときについて、よく見て学ぶ。それればかりでなく、早期の性的体験はワイルドフッドの間に起こり、ヒトやヒト以外の動物にとって、その影響がおとなになってもずっとつづく[33]。

野生動物の性教育には検閲はないが、現代のヒトのように、あからさまな性描写の情報が即座にかつ絶え間なく手に入るわけではない。合法、違法を問わず、人気の依存性薬物の取引関係者は、製品の効き目や中毒性を増せばもうかることに気づいた。大麻では一九八〇年代と比べて成分が二～五倍強化された品種が育てられている。同じように、今日のポルノグラフィーはより露骨な描写であり、誰でも手に入りやすく、しばしば青年の生活の一部になっている。それは一世代前には誰も想像できなかった現象だ。野生動物の若者ならば、セックスの現場にじかに居合わせるのは日常生活でふつうにあることだが、誇張された強烈な性的イメージに、常時リアルタイムで接するという状況には陥っていない。

若い野生動物はもちろん映画やテレビを見ないが、一方で、性行為を自分の目で見る機会はたくさんある。つまり、若手の動物はよく心得ている年長者の見事な行動を観察して、セックスについてだけでなく、自分の欲求を伝えて相手の気持ちを理解する方法を学んでいくのだ。繰り返しになるが、動物たちは単に性行為を観察しているのではない。欲求の表現の仕方と相手の反応を受けとる方法を、理解するために学んでいるのだ。

求愛の木

マダガスカル島の熱帯雨林には、フォッサとよばれる肉食類が生息する。丸い耳を持ち、テディベアのような顔だが、ヒョウを思わせるほっそりした体で、ヘビのように敏捷に木の幹をするすると登り、クズリの獰猛さでまっしぐらに獲物を追い詰める姿を想像してほしい。それがフォッサだ。そしてフォッサの求愛行動は、その姿と同じく、ほかに見ない風変わりなものだ。

ドイツの進化生物学者、ミア＝ラナ・ルアが私たちに説明してくれたことによると、フォッサたちの社会では、背の高い特定の木々を、つがいとなった二匹が交尾をする木にしている。[34]相手を探す雌は、そうした特別の木の枝に上り、求愛の鳴き声を上げる。その声は森中に響き渡る。あちこちからフォッサの雄がやってきて、われこそつがいの相手になりたいという気持ちを示しながら、木に登る。まるでラプンツェルのようなシナリオだが、魔法の髪の毛でできたはしごはない。とはいえ、興味津々の年ごろの雌が、熱狂的にすばやく動く雄たちを引き寄せるところなどはまるで、おとぎ話のようだ。

しかし、雌の求愛の声に応じてやってくる求婚者たちは全員、盛りの雄ばかりではない。実は、年若い雄たちまで特別な木へと引き寄せられて、年長のライバルたちが自分こそ木に登ろうと大騒ぎするのをそばで見ている。ルアはとりわけ騒々しい集まりだった日に、求愛の木の下に座って観察記録をつけていたときのことを思い出す。二匹の若者フォッサが全速力で現れる。彼らは年長者たちの行動に大変興味があるようで、木の根もとのまわりを猛スピードで駆け、椅子に座っていたルアめがけて突っこんできて走り抜けた。次は、木から離れて弧を描き、再び、大騒ぎが起きている木に向かって走りこんでくるのだった。しかし、二匹の若い雄たちはただの一度も、木に登ってみようとしなかった。フォッサの雄にとっては、求愛の木に登る行為は、自分たちの欲求を伝える信号である。彼らはそういうことをする時期がまだきていなかったのだ。ダンスパーティーでの六年生か、ナイトクラブでの高校生のように、彼らは目の前の情景に目を配っていたが、まだ傍観者の立場にとどまっていた。

そして、求愛の木は単に交尾をするだけの場所ではないのだ。そこは、求愛行動について学ぶ場所でもある。実は、フォッサの雌も彼らの社会の年長メンバーから求愛行動を学ぶ。ルアはフォッサの母親と娘が、求愛の木まで一緒に来たのを観察した話をしてくれた。娘のフォッサは木に登って、さっそく求愛の声を上げ始めた。その間、母親は地面に座って待ち、うとうと眠ってさえいた。しばらくして、よびかけに応じた雄はいなかったため、娘は木から降りた。母娘は連れだってその場を立ち去った。

私たちはルアに、母親フォッサがおとなになりたての娘に付き添って、求愛の木までの送り迎えをしたのはなぜか、考えられる進化的あるいは社会的理由について仮説を立ててほしいと頼んだ。ルアはその母親の行動は、母から娘に伝えられる「伝統、社会的学習」に従ったもののように思えると答えた。進化的見地から観察すると、フォッサの娘たちが実際にのるかそるかの交尾の時期を迎える前に、母親に導かれて性行動の領域を試してみるのはメリットがあると考えられる、ということだ。娘が実際に求愛のよびかけと応答の儀式を進める必要が出てくる前に、自分たちの種に伝わる求愛の鳴き声の練習をしておけば、初めて臨むときに身体的にもより安全で、繁殖面でも成功率が高くなる可能性がある。

ルアがつけ加えたのは、フォッサの娘がまだ親がかりの最後の一、二年に、母親のほうがまだ繁殖行動をとっていたら、若い娘は母親がどのように同意を取り結ぶか、つまり、自分の欲求を伝え、相手の欲求を評価し、次に何をするか決める様子を見る機会があるかもしれないという点だった。そうすれば、若い雌は適切な知識を得て、初体験にもスムーズに乗り出せるだろう。

求愛行動をやってのける能力をおとなが持っているかどうかで、その子どもたちの未来のセックスにかかわる行動は大きく左右される。おとなは成熟した健全な関係とはどんなものかを、若者に示すことができるのだ。

求愛の木から遠く離れて

フォッサにとって、ワイルドフッドは性的に流動する独特の時期になることがある。[35] 雌はおよそ一二カ月で青年期に入り、体や行動が雄のように変化する。雄の陰茎に似たとげ状の付属器官が生える。若い雌の雄性化は二〜三歳でピークを迎える。若い雌が完全に成熟したおとなになると、外見や行動は再び雌のようになるのがふつうだ。フォッサの雄は、雌とは反対の様相を見せる。特に単独で生活し狩りを行う場合は、肉体的に雌のようになるときがあるのだ。一時的な雄性化（あるいは雌性化）は、いくつかの鳥類や魚類だけでなく、ブチハイエナ、モグラ、一部の霊長類など、ほかの哺乳類でも認められている。

ヒトの若者の性的アイデンティティがその親と異なるときは、やっかいな難問が立ちふさがる。一番親身になって共感してくれるおとなたちでさえ、自分たちにはなじみのないセクシュアリティの領域における欲求の伝え方については、何もわからないだろう。アンドリュー・ソロモンは著書『「ちがい」がある子とその親の物語』の序章で、こうした特殊な親子間の断絶について考察する。

ひとつの世代から次の世代へと伝えられるアイデンティティによって、ほとんどの子どもたちは少なくともいくつかの特質を親と共有する。それらが垂直方向につながるアイデンティティだ。

特性や価値観は、ＤＮＡ鎖だけでなく共通の文化的規範を通じても、親から子へと世代を越えて受け継がれる。たとえば、民族性は垂直方向のアイデンティティだ……しかし、しばしば親たちとは無縁の、生得・獲得形質を持つ子どもがおり、そうした者たちは仲間たちからアイデンティティを獲得しなければならない。これが水平方向のつながりだ……ゲイであるのは、水平方向のアイデンティティだ。ゲイの子どもたちのほとんどは、ストレートな親たちのもとに生まれる。彼らのセクシュアリティは仲間が決めるものではないにしろ、そうした子どもは家族の輪から出て、外の集団のサブカルチャーを体験してまわりを観察しながら、ゲイのアイデンティティを学びとる。[36]

親とは異なる性的アイデンティティを持つ若者は、性表現〔訳註　服・ふるまいなど、自分の性別を表現する方法〕についてもっと学ぶために、家族の外に目を向ける必要があるだろう。ジェンダーノンコンフォーミング〔訳註　従来の性に関する固定観念に当てはまらないあり方〕やＬＧＢＴＱＩＡ〔訳註　セクシュアル・マイノリティの総称。レズビアン、ゲイ、バイセクシュアル、トランスジェンダー、クエスチョニング、インターセックス、アセクシュアルなど〕の若者たちにとって、同じようなセクシュアリティと水平方向につながるアイデンティティを共有する仲間は、お互いに重要な情報源となる。

ソルトは母親や群れのほかのメンバーの行動から社会的学習を行い、ザトウクジラの求愛行動を多少なりとも理解したうえで、最初の性的体験にいたったのだろう。母親と一緒に泳いでいた子ども時代に、ソルトは雄クジラの毎年のコーラスを聞き、母親がどのように反応したかを目にしていたはずだ。彼女はザトウクジラの求愛グループ（そのことについては後ほどすぐに詳しく述べる）の騒々しく高揚した気分を感じとったかもしれない。その集団の中心には、雄たちが切に願いあこがれる雌がいたのも見ていただろう。

およそ二～一〇歳までの間、思春期に入ったソルトは多くの時間を単独で、またはほかの若いクジラたちとともに過ごしたはずだ。アホウドリからペンギン、ゾウ、カワウソまで、動物の若者は群れを成す。そしてふつうは、ザトウクジラの若者だけをねらうシャチや、キングペンギンを追いかけるヒョウアザラシなどの捕食者から身を守り、採餌や狩りのスキルを高めることに集中する。こうしたAYA世代の集団で行われる性的活動では、子どもは生まれない。

ソルトは一〇年間かそこらは、冬の繁殖シーズンの雄たちのコーラスを聞いても、おそらく欲望も、よびかけに応える必要も感じなかっただろう。しかし、ある冬になって、状況は変化した。

第13章　初体験

大地をとどろかせて移動する一万頭のカリブーや、石油流出に見間違うような五〇〇万匹のカタクチイワシの巨大な群れを目の前にすれば、その集団を構成するありとあらゆる哺乳類や魚類の年齢、性別、体の大きさが、各個体で異なるという事実をつい忘れてしまう。そうした群れのメンバーはそれぞれ、相手を引きつける力や自分の欲求のレベルが異なっている生きものなのだ。すべてのカリブーの雌が雄ならどれでもいいから交尾したいと思っているわけではない。ムクドリの雄は、大群のなかにいる雌に片っ端から引き寄せられてはいない。魚でさえも、獣医師が「パートナーの選択」とよぶものにもとづいて行動する。

私たちヒトはそれを「ケミストリー」と表現する。

シフゾウが自分の枝角に飾りつけをする練習をしていたオハイオ州「ザ・ワイルズ」内の湖のほとりから、また少しばかりトラックで進んだところには、チーターたちが生息している。「ザ・ワイルズ」は、その大きくほっそりしたネコ科の動物の繁殖を引き受けている、世界に九つあるセンターのひとつなのだ。チーターの数はもともと生息していたアフリカで減少の一途をたどっている。「ザ・ワイルズ」での試みは、「種の保存計画（ＳＳＰ：the Species Survival Plan）」とよばれる、世界規模の保護運動の一環だ。(1) ＳＳＰでは、動物園、保護区域、そのほかの専門委員などが共同で、生息数が減っている動物を守り、その遺伝的多様性を最大限に高めていくために、動物のカップリングを手がけている。

私たちが訪れた日、チーターの飼育係たちはやきもきしていた。大型のネコ二匹はお互いにパーフェクトなマッチングだった（理論上は）。しかし、彼らはロマンスに発展するような行動は何もやりたくないようだった。雄は雌に近寄ろうともしなかった。雌も雄のほうに行くそぶりも見せなかった。その場にはケミストリーが生まれていなかったのだ。私たちは同じような話を、ジャイアント・パンダ、ノガン、フェレット、ハイエナ、さまざまな有蹄類〔訳註　シカ・ウシ・ラクダ・ウマなど、ひづめを持つ哺乳類〕を選択飼育する人々から聞いたことがある。つがいになってもらいたい二匹は、繁殖適齢期で経験も積んでいるというのに、彼らの間には互いに引き合うものがまったくないというのだ。ある動物学者は次のように述べる。「雄と雌が初めて出会ったときに、物事がいつもうまく行くとは限らない」

獣医師たちは、家畜の間では、「ムード」といってもいいものがぴったり合っていなければならないと気づいている。悪天候のときは、性的関心も起きない。(2) 種ウマにとって、その気持ちをそぐ条件には、滑りやすい床やあまりにたくさんの見物人などが含まれる。ウシでは、夜に性的興奮の徴候が多く現れ、時刻の要素が重要になる。

ケミストリー――双方が発する特別の魅力で、互いに引きつけられ、交尾の欲求を後押しする――は、つくろうと思ってつくれるものではない。もし、あなたが地球上のパンダやチーターの赤ちゃんを増やす仕事についていれば、ストレスがたまるばかりだろう。しかし、生きものとして性的欲求を発信し、性的欲求を投げ返してくれる別の生きものを探しているとき、ケミストリーは生きているなかで最も心踊ることのひとつに数えられるだろう。

ケミストリーをつくり出す、相手を引きつける力と自分の欲求の複雑な感情は、ワイルドフッド真っ最中に、ますます不可思議な最高レベルに達する。ステータスの認知にかかわる神経回路や、動物の防衛メカニズムを生み出す恐怖体験と同じように、求愛の身体的、行動的基盤は、いずれの種においても共通であり、同時に、それぞれの若者に独自のものとなる。それはさらに、経験を重ねて高度なものとなる。

もちろん、ソルトは自分の気持ちを表現する言葉を持たないだろうが、身体的、生物学的に見て、受け取る情報はほかの動物とそんなに変わらないはずだ。ソルトの最初のつがいの相手がどの雄かはわからないが、ひとつのことだけはたしかだ。彼とソルトの間にはケミストリーがあった。その相手はおそらくノルウェーか、カナダか、グリーンランドの海域グループの一員で、毎年、子どものころは母親のかたわらを泳いで、ソルトがしてきたのと同じように、そのカリブ海の繁殖地と北部のえさ場の間を行ったり来たり移動していた。彼はまた、それまでずっと年長のクジラたちの求愛行動を見てきたし、ＡＹＡ世代のグループに入って、大西洋を数年の間泳いでまわり、えさのとり方、捕食者の回避、社会的行動を学んできた。たぶんある日、雄たちのコーラスに加わるよう誘われ、そこで彼は昔から伝わる求愛の歌を教わり、少しばかり自分なりのメロディーもつくっただろう。

ソルトは雄たちの歌に気づいて声のするほうに泳いでいき、歌声をじっと聞いただろう。いったん近くまで来ると、ソルトはメロディーのなかに身を置き、歌い手たちの正確さや創造性を値踏みし、自分の相手になるかもしれない雄の魅力を真剣に比べた。繁殖地に彼女がやってきたのは、性的関心の最初の段階だといえるだろうが、それ以上彼女が何かするというものではなかった。

ソルトの最初の相手はおそらく彼女の耳をとらえたその心地よい声で歌っていたのだろう。好ましいしっかりした声の調子で、強く優れた潜り手だという印象をソルトに与えたにちがいない。ソルト自身もなぜ彼を選ぶのかはっきりとわかっていないのだが、夏の間、ノルウェー（カナダあるいはグリーンランド）沖で食べていた良質のオキアミのおかげで、彼が健康でえさ探しがうまいという点を納得してしまったのではないか。

彼の歌の魅力がどんなものだったにせよ、ソルトは近づいて、ザトウクジラ研究者が依然として完全には理解していない信号を発し、その雄を自分の第一の「エスコート」に選んだ。どういうふうにやったかはわからない。胸びれで水面をたたく行動だと説明する者もいれば、単に、「信号」とだけ述べる者もいるが、とにかく、ソルトは自分の欲求を示したのだ。彼女に選ばれたエスコートは信号を送り返し、太古からのプロセスが開始される。

ザトウクジラの求愛儀式で次に起こることは、ホエールウォッチャーにとってはわくわくする展開だ。旅行者や経験豊富な科学者たちによる興奮に満ちた報告から判断すると、「騒がしいグループ」あるいはもっと科学的にいえば「競争グループ」として知られるこの現象は、地球上で最も大がかりなディスプレイ行動のひとつだろう。シルバーバンク沖で数十年来ツアーを行っているホエールウォッチング船のふたりの船長は、ウェブサイトでその様子を次のように語る。

発情期に入った雌はまず「エスコート」とよばれる首位の求婚者を一頭選ぶ。もしほかの雄クジラが自分こそ相手としてふさわしいと考え、エスコートの地位を奪うつもりでペアの間に割って入れば、その雄は「チャレンジャー」となる。チャレンジャーが複数頭だと「騒がしいグループ」ができあがり、雌のかたわらの垂涎のポジションを獲得しようと互いに争う。

典型的な「騒がしいグループ」は三〜六頭の雄が集まったものだが、シルバーバンクでは二〇数頭以上ものグループも目にする。雌は先導役になり、雄たちは競い合って有利なポジションを得ようと、グループの競争は何キロメートルにもわたり、長時間つづくときがある。争いは激しい肉弾戦となる可能性がある。雄たちはくちばし状突起（口吻《こうふん》上のくちばしに似た突出部分）で押し、激しくぶつかる。下あごの骨質の「アンヴィル」で打つ。尾びれや胸びれを使って互いにたたき合う。あごを動かして鋭い音を立てたり、声を上げる。ペダンクルスラップ（尾柄部《ペダンクル》や尾など下半身を海面に強烈にたたきつける行動）を行う。突進したりブリーチング〔訳註　海面から体を躍らせる、大ジャンプ〕をして威嚇する。そして、相手が呼吸をしに浮かぶのを邪魔して疲れさせようと、海中でお互いに押さえつけにかかることまでする。争いの結果、傷を負うクジラが出る。通常は、あごやひれについているフジツボでできるたくさんのひっかき傷だ……皮膚はこすりとられて血まみれとなったり、軟骨性の背びれがぽきんと折れたりするケースもある。[3]

水中写真家トニー・ウーは、太平洋でザトウクジラの競争グループをカメラに収めてきたが、雄たちの競い合いを「全力を尽くして、胸びれで打ち、泡を吹き上げ、体ごとたたきつけ、尾で激しく打ち、しわがれた音を出し、競争相手の体に直接攻撃をかける大混乱の戦場」と形容する。(4) 別のカメラマン、ロジャー・マンズはBBCの自然史ドキュメンタリーシリーズ「ライフ」のために、トンガ王国沖でザトウクジラの騒がしいグループの映像を撮った。その雄たちの集団のまんなかにいたときについて、「途方もない気分になって……まるで高速道路の真ん中に立っているような感じでした」と述べる。(5)

あまりに騒々しく暴力的にさえ思えるのだが、クジラの求愛行為における専門家たちは、実は雌がそのペースをコントロールしているのに気づいた。同意を差し出すのも、雄たちに要求するのもせがむのも、すべて雌の気持ち次第だ。雄たちは、その争いに加わることで、自分たちの関心を明らかにしている。最初から納得しない雄は、競争に参加しない。

競争グループの行動は、何時間もへとへとになるほどつづく場合がある。求愛行為は雌と選ばれた雄の交尾によって突如、終わりになる。騒がしいグループになったクジラたちは世界中の海で観察されるが、驚いたことに、クジラ研究者たちは交尾の瞬間をめったに見届けられない。というのは、彼らの交尾は三〇秒ほどのあっという間のできごとらしいからだ。

二〇一〇年、ひとりの写真家が太平洋グループのザトウクジラの交尾を目撃したと報告した。(6) トンガ王国の近くで、二頭の巨大な雄の間で派手な衝突があったあと、騒がしいグループも解散したという。その間にかたわらでは、雌が小さめの若手の雄と、静かにすばやく（ニュースによれば「わずかの時間に優しく」）交尾していた。

セックス初心者

野生生物学者は性行動の経験がない個体を簡単に見分ける。なぜならば、うぶな者が性的行動に出ても、しばしば大げさになり、タイミングも明らかに悪いからだ。いちゃつくのもマウンティングするのもぎこちなく、ときに失敗する。さまざまな動物研究者から聞いた話だが、そうした未経験にもかかわらず、あるいはおそらくそれゆえに、ペンギンからウマまで動物は、互いに初体験のときは、性行動がそれぞれ不慣れでも受け入れあう。

蛾のようなあまり目立たない生きものでさえ、初体験がある。蛾が処女（童貞）かなど、考える機会はそうそう多くはなかっただろうが、こうした昆虫もクジラやヒトと同じように、初体験のときは何もわからずまごまごするばかりだとすれば、好奇心がわくかもしれない。私たちがそのことについて知ったのは、現在は図書館員のシャノン・ファレルが昆虫研究者だったころに行った、ミネソタ州のトウモロコシ畑での興味深い研究のおかげだ。

彼女は、メイガ科のヨーロッパアワノメイガの求愛行動を調べていた。[7] 性行動を経験していない個体を必要としたため、まず、二五二匹の処女（童貞）の蛾――研究室で、雌雄別々に分けて育て、性行動をさせないままにした個体――を準備し、調査をスタートした。ファレルは、初めての性的関わりを持つ蛾たちが、どのように行動するかを見たかったのだ。特に、求愛行動がパターン化されている（まったく同じで、生得的）か、初心者たちがそれぞれ異なる動きをし、特徴的な違いが各自あるのかどうかを観察しようとした。ヨーロッパアワノメイガは、蛾や蝶の多くの仲間と同じように、驚くほど複雑な行動をとりながら、相手の欲求を評価し、自分の欲求を送り返す。そうした行動を昆虫学者がどちらかというと抒情的に描写したものには、「風を送る（羽を振動させる）」「旋回する」「おじぎする」「脚を折りたたむ」、さらには「抱きしめる」などがある。

ファレルの研究は米国農務省（USDA）が資金を提供していたが、彼らは蛾の求愛ダンスの斬新さには興味はなく、そのダンスをやめさせる方法を突き止めるほうにかなり重点を置いていた。ヨーロッパアワノメイガの別名は、「ヨーロッパの恐ろしいコーン穴あけ機」で、毎年、この昆虫のせいで何百万ドルものトウモロコシの収穫がふいになっているのだ。USDAは、農薬や殺虫剤などの化学防除の代わりとなる手段を探していた。当局はファレルに、求愛行動を妨げて、繁殖を阻止し、蛾の大量発生を抑制できるかどうかを調べてもらおうとしていた。

繁殖経験のあるおとなの蛾は、性的受容性と欲求を表現する方法をきちんとマスターしているのがわかった。その行動は特定のパターンをたどる。一方、初体験となる蛾は、めちゃくちゃな動きをする。彼らの求愛行動はそれこそ千差万別だ。しかし、時間と経験を重ねると、動き方は合理化されていく。初体験の蛾たちが「マミラピンアタパイ」（互いに結びつきたいという欲求があるのだが、どうやって始めたらいいのかわからないジレンマ）を経験したかどうかはわからない。しかし、ファレルの実験では、蛾の生まれて初めての試みは不器用さ丸出しで、失敗つづきだった。雄も雌も相手の発した信号を誤解したり見逃したりした。求愛行動の重層的な和声を会得するのは、性行動を経験していない蛾にとっては、むずかしい課題だった。同じことは、性的にうぶなヒトにも当てはまる。

相手がニジマス、アノールトカゲ、ハクトウワシ、あるいはヒトのいずれであろうと、セックス自体は基本的におおむね同じパターン化された行動をなぞっていく。(8) それぞれの種や個体を際立たせ、文化や個体に独自性とすばらしさを授けるのは、セックス行為ではなく、むしろ、二者がそれぞれ相手と結ばれようとして欲求を表現する特別な行動なのだ。

地球上のあらゆる種にとって、初めてのセックスは、一生の不覚あるいは甘美な体験、興奮あるいはばつの悪さばかりが思い出される、親密あるいはおじけづいて過ごしたひとときとなる。もちろん、セックス行為がパターン化された行動だからといって、初体験がこわくないわけではなく、あるいは、興奮度や楽しさが減るわけでもない。うぶな個体が初めてセックスを経験するのは、感慨深いひとときとなるだろうし、そのときにわき起こる感情によって、子ども時代は終止符を打ち、おとなの時代が始まる場合がある。また、性的経験をした者は、親との距離を置くようになる。(9) ほかに親と子の関係性が何も変わっていないときでも、何かが違うように感じるのだ。

ソルトの海中での最初の交尾がどんなふうだったかとか、あるいは、さらに言えば、彼女の三五年ほど後の、一四回目となる交尾はどうだったかを正確に知るのは不可能だ。ソルトの最初の騒がしいグループが競い合ったのが長距離だったのか短距離だったのか。グループにはたくさんの雄たちがいたのか、それとも、一、二頭だったのか。あるいは、どの雄を選んだのか。そういったことはすべて大海原のミステリーのままだろう。

自然界の一夫一婦制

動物の若者がいったん性の世界に乗り出すと、その先に広がる風景は、成長のあらゆる段階と同じく、それぞれの個体にとってユニークなものとなる。重ねていく経験はさまざまであり、そうした経験によって、各自のセクシュアリティ・プロファイルができあがるのは、恐怖体験によってそれぞれに体の内部のよろいができあがるのと同様だ。交尾後に一定の時間、休息したり、鼻をすり寄せたり、触れあったりして一緒に過ごす種もいる。[10] 南アメリカ一帯に生息するティティモンキーは、交尾のあと、互いの尾をからませてきずなを結ぶ。[11] そうした行動をする時間がわずかの間であれ、ひとシーズンであれ、一生涯であれ、その行動は「つがいのきずな形成」とよばれる。

同じペアが繰り返すそうした行動を科学者たちは「一夫一婦制のきずな形成の維持」とよぶ。長期にわたってお互いに関係を保とうとするための、ときに胸躍る、ときに退屈な関わりあいにカップルが投じる感情労働に対して、思わず苦笑したくなるほど殺風景な表現である。ところで、動物のロマンスについて最もよくある疑問のひとつは、一夫一婦制に関するものだ。つまり、ヒトのほかに生涯、添い遂げる動物はいるだろうか？

数十年間、決まった相手と一緒に過ごす婚姻関係のきずなは、ヒトの多くの文化やカップルに見られるが、ほかの動物の世界では実にまれなケースとなる。金婚式のようなお祝いを迎えられる動物のカップルはほとんどいない。ハクチョウ、ある種のタカなど鳥類のなかには、死ぬまで一夫一婦制のきずなを結んでいるように思える者たちもいる。[12] ある繁殖期は同じパートナーとずっと一緒にいるが、翌年には別の新しい相手を見つける動物もいる。それでも、ほとんどの動物は一対一の関係はとらず、多くは生物学者が言うところの「乱婚」型だ。

タツノオトシゴの近縁種であるイシヨウジは、生涯にわたり同じ相手ときずなを維持する方法で注目される。[13] イシヨウジのペアは、あいさつ行動とよばれる毎日の不思議な儀式を行う。毎朝、二匹の魚は同じ場所で出会い、短時間の決まった泳ぎ方をする。互いに背をアーチ状に曲げる、並んで水平に泳ぐ、上下になってすばやく上昇・下降するといった行動を数分間行ったのち、カップルは別れて、翌朝のあいさつ行動までそばに近寄ることはない。その儀式は必ず決まった相手とだけする。繁殖期以外の時期にも毎日ずっとつづけるのだ。動物行動学者、ジュディス・グッドイナフは次のように記している。「その行動は、来るべき繁殖期の準備として、もっぱらパートナーとのきずなを維持するためにあると考えられる」

DNAによる親子鑑定を行った結果、一夫一婦制のイシヨウジとは違って、ザトウクジラの雌はその一生の間、多くの異なる性的パートナーを持つことがわかっている。一九七九年の繁殖シーズンが終わると、ソルトとつがいの相手は関係を終わらせたようだった。ソルトはステルワーゲンバンク国立海洋保護区に血縁者たちとともに向かった。ソルトの相手だった雄はおそらく彼のグループと一緒にノルウェーか、カナダか、グリーンランド沖か、彼の夏のえさ場があるほうへと泳ぎ去ったのだろう。

もし彼らがその後別のシーズンに再会していたなら、再びつがいになったかもしれないし、あるいは二頭の間の火花は消えたままだったかもしれない。しかし、最初に二頭を引きつけ合ったケミストリー、そして、お互いに求愛したことで得た経験が、二頭がふたたびペアになるかどうかを教えてくれただろう。求愛行動、それは欲求と不確実さのなかを導く、太古からつづく地球規模の営みで、何千キロも大海原を離れた二頭のクジラを引き合わせたのだった。

そして、この行動のすばらしさは多くの生きものが共有している。求愛行動をマスターするには、自分自身の性的関心を理解し、それを表現し、相手の性的関心を正確に評価し、そしてさらに重要なこととして、互いにとるべき行動を調整し相手と合わせる方法を学ぶ必要がある。こうしたステップは若い時期に繰り返し練習され、自分と相手との間に、性的な関係に進む合意を形づくっていく。そうした動物の合意は、私たちヒトの同意にかかわる行動と密接に関連している。

第14章　強制か同意か

ボストンのある神経生物学の研究室では、パーカーを着てスニーカーをはいた大学院生たちがデスクに向かってコンピューターのキーボードを打ったり、顕微鏡をのぞきこんだりしていた。彼らのワークステーションを見下ろすように設けられているのはいくつものビデオ画面で、それぞれ黒いスクリーン上に白い円がずらりと並んでいるのが映し出されていた。その円のなかでは小さい何かがたくさんちらついている。よく注意して見ると、無数のハエが動いていた。私たちはマイケル・クリックモアのもとを訪ねていた[1]。彼は同僚のドラガナ・ログリャとともに、大昔から備わる脳内の動機づけシステムを研究している。研究者たち（ふたりはたまたま夫婦でもある）が平等な立場で取り組みを進めているラボで、まもなく私たちはミバエが互いに追いかけ合い、ランダムにせわしなく動き、円を描き、グルーミングをするのを、ログリャとクリックモアの詳しい実況解説つきで観察することになった。

ミバエの脳にはニューロンが一〇万を少し超えるくらいしかなく（それに対して、ヒトの脳には一〇〇〇億ものニューロンがある）、脳は大変小さく比較的単純なつくりであるため、ヒトなど哺乳類の衝動と同等の反応を引き起こす神経系が研究しやすくなっている。ログリャとクリックモアが研究する多くの神経回路のなかには、睡眠・摂食・攻撃をつかさどる経路がある。

そして、彼らの研究にはほかにも見逃せない一面がある。この研究は、雄と雌が性的な交渉をどのようにするかを理解するための重要な可能性を秘めているのだ。ログリャとクリックモアは、彼らが雄のミバエの「求愛コントロールセンター」とよぶものを特定した。それは、もっぱら交尾行動にかかわる約二〇のニューロンの集まりだ。興味深いことに、その二〇の脳細胞は、ミバエが欲求にもとづいて行動するように仕向けるだけではない。この求愛コントロールセンターは「ストップ」と「進め」の信号を受けとり、制御する。雄がどんなふうに行動するかは、この脳領域が中心となり、興奮と抑制の間でプッシュ／プルの指令を出す。

ミバエの雄が交尾をしたくなったとしよう。欲求はあるのだが、めざす雌が関心を持っているかはたしかではない。駆り立てられる気持ちと抑制の間の緊張感を解消する――欲求と不確かさのせめぎ合いをうまく乗り切る――必要から、次のことが起こる。ミバエの雄が脚で雌を軽くたたいて、求愛行動を始めるのを思い出してほしい。ミバエの脚は、フェロモン――空中を浮遊しながら同一種のメンバーに対して化学的情報を伝えるにおい分子――を感知する小さな受容体で覆われている。雄は脚でぽんと触れることで、相手の関心の度合いについて、化学的手がかりを感じとっている。（ミバエの雌の神経回路は雄の神経システムほど幅広く研究されていないが、ケース・ウェスタン・リザーブ大学の研究者たちは、雌が雄に性的な関心を持つかどうかは、三つの脳領域にある同様に数少ない、わずか一九のニューロンによって決められることを突き止めた)。

雌が雄の関心を感知すると、雌の求愛コントロールセンターが自分の興奮と抑制のレベルを検討し、評価する。求愛行動のやりとりは両方向で行われ、交尾まで進むときもあるが、いつもそうなるわけではない。もし、相手がまだ成熟していない、その気になっていない、若すぎる、あるいは老いてしまっているのを感じとると、より強力な抑制信号が送られ、相手もそれを受けとる。実際、ログリャとクリックモアは、半分以上のケース(五六パーセント)で、求愛行動がそこで終わってしまうのを確かめた。脚でのタップのあと、二匹は互いに「ありがとう。またこの次ね」という気持ちを伝え合う。しかし、残りの四四パーセントはその後、求愛の次の段階――特徴的な追いかけっこ、歌、羽を震わせてのダンスなど――に進む。

複雑なプロセス全体をうまく調整するのはある脳内化学物質で、報酬を求める行動にかかわることで最も知られているドーパミンである。ドーパミンは、ミバエからザトウクジラ、ヒトまでさまざまな動物の体内で作用し、意欲を起こさせ、欲求を導く。つがい候補の相手も性的な関心が高まっている場合は、ドーパミンによる興奮が高まる。そして、ドーパミンの量が多くなればなるほど、ハエたちは抑制の気持ちを感じとらなくなるのだ。

ログリャとクリックモアは、ドーパミンが求愛行動が実際の交尾まで進むのを促す重要な神経伝達物質であることも発見した。ミバエのなかには求愛行動を始めても途中であきらめてしまう者がいる。そうしたハエたちはドーパミンのレベルが最も低いことがわかった。求愛行動をつづける可能性が最も高いハエは、ドーパミンのレベルが最高値の者たちだった。

ドーパミンの威力やそれがどういう仕組みで働くかを説明するために、クリックモアは神経生物学者オリヴァー・サックスの『レナードの朝』[2]のなかにある話を語った。「ミセスB」は孫のいるおばあさんで、ウィーンからの移住者だったが、緊張病性昏迷を示していた。数十年の間に感情の平板化が進行した結果、意識はあるが、外界の刺激に反応しなかったのだ。サックスはその症状はドーパミンと何らかの関係があると考えた。ミセスBはおそらく体内でその神経化学物質をつくれなかった、あるいは処理できないようになっていたのだろう。サックスはL－ドパとよばれる、脳内でドーパミンとなるアミノ酸を投与した。治療開始から一週間後、ミセスBは反応し始めた。おしゃべりになり、サックスが記録したように「疾病のせいで、知性、魅力、ユーモアのほぼすべてが背後に隠されていたのだが、それが再び表に現れた」。ミセスBはサックスに、L－ドパを服用する前はどんなふうに感じていたかを話すことができた。つまり、自分が「存在しない人」に感じられたという。サックスは彼女が次のように述べているのを思い起こす。「すべてどうでもいいと思っていました。心を動かされることなどひとつもない――両親の死さえ何も感じなくて。幸せや不幸せがどんなものだったか、忘れました。いい気分それともひどい気分？　どちらでもありません。何にも感じませんでした」

クリックモアが私たちに説明したのは、ドーパミンがやる気を起こさせるという点だった[3]。行動を引き起こしはしないが、外部の刺激がイエスで迎えられるか、ノーで迎えられるかの方向づけを行うという。それだけではなく、ドーパミンは行動が開始されたら、その行動がつづくようにする。クリックモアはドーパミンを、エンジンをかけるひもがついているガソリン式芝刈り機の燃料になぞらえた。もし、タンクのなかのガソリンがあまり多くなければ、エンジンをかけるのに何度もスターターのひもを引っぱる必要があり、作動しても長続きはしない。芝刈り機のエンジンは動き出したと思っても急に止まるだろう。しかし、タンクがガソリンで満杯になっていれば、スタートも容易で、仕事も長くこなせるだろう。ドーパミンはそのガソリンのようなものだ。ある行動の火つけ役となり、かつ、その行動をつづけさせるモーターの燃料となる。

しかし、動機づけにかかわるドーパミンの役割（そして、求愛行動にかかわる動機づけの役割）の重要な点は、そのどれもが決定論的ではないということだ。求愛行動は自動的に進行したりしない。ドーパミンの分泌によって、行動は勢いが強まったり弱まったりするが、オートパイロット方式ではない。クリックモアが述べたのは、ミバエは断固として「小さなロボット」ではないということだ。

その後、ログリャとクリックモアは求愛と同意から関心が遠のき、研究は誤った動機づけ、たとえば、依存の衝動がいかに欲求そのものとなるか、あるいは抑制はいかに抑うつに傾くか、といった方向に向かった。しかし、彼らの発見のうちふたつの興味深い部分は、求愛と同意のつながりを理解するのに役に立つ。ひとつめは、ハエが求愛を始めるかどうかの決断は、自身のリビドーと、相手候補のリビドーの両方を考慮に入れて行われている点だ。

文字どおり、そこにはハエたちによる、セックスについての双方向のやりとりがあるのだ。

これはとても大事な事実なので、改めて別の言い方をしてもいいだろう。ヒトの場合、セックスに関する双方向の会話は、そこにいたる同意の構成要素ではあるが、ハエの行動からわかるように、セックスにかかわるイエス・ノーのやりとりに、精巧な脳の仕組みは必要ない。

ふたつめは、クリックモアが述べるように、ハエが「反射マシン」ではないという点だ。彼によれば、ハエたちの行動には非常に幅広い柔軟性がある。求愛行動が始まっても、双方どちらからでもそれを止めたり修正することができる。

もちろん、ミバエの性的ケミストリーは、ヒトの性的ケミストリーとは大きく違う。ヒト独自の複雑で微妙な性愛には、特別に集中し、配慮し、敬意を払う必要がある。

脳領域に制御され、文化に形づくられた求愛行動であるが、その太古から受け継いできた部分を、私たちヒトはほかの動物と共有している。つまり、私たちは性的場面で相手の反応に絶えず敏感でいるよう準備されているのだ。そして、性的コミュニケーションのやりとりを発達させるのは、ワイルドフッドの初期に始まる。

野生動物の強制性交

関心があるという信号を発し、相手の反応を情報として取りこむコミュニケーション・システムは、セックスを行う動物のほとんどが備えている。となれば、性的メッセージがないがしろにされる場合はあるのかという疑問がどうしても浮かんでしまう。動物は求愛行動のプロセスをまったく踏まないときがあるのだろうか？　あけすけに言えば、気が進まない相手に対して強制的な性行為を行うことがあるのか？　その答えは、簡単に言うと、イエスだ。

動物の強制性交に関する報告のなかで、出始めのころよく知られたものに、一九一〇～一三年のスコット南極探検隊の一員だった科学者、ジョージ・マレー・レヴィックによる記述がある(4)。

「ごろつき」の雄ペンギンが、雌やひな鳥さえ無理やりに押さえつけて交尾をするという、その衝撃的な内容は、当時の英国の科学出版物としてふさわしくないのではないかと、多くの論議を引き起こした。

それ以来、強制性交の例は昆虫、爬虫類、鳥類、海洋哺乳類、霊長類など、広くさまざまな動物のケースで報告されている。本書執筆に際して独自に行った調査の一環として、科学文献のシステマティックレビューを実施し、強制性交が記されている種の包括的リストをつくった。ヒツジ、シチメンチョウ、オットセイ、モスキート・フィッシュ（メダカの仲間）、グッピー、ラッコなど多くの種の雄が、セックスをするために相手に強制力を行使するときがある。[5] そうした四三種を系統発生図（特定の動物間での進化上のつながりを示すモデル）のなかに当てはめると、明らかになったのは気を重くするが重要な事実だった。つまり、強制性交（雄が雌に、雄が雄に）は、動物界全般に広く見られる行動なのだ。

生物学者の間では、ヒトのセクシュアリティを考えるうえで、動物の生態に目を向けるのをためらう雰囲気もあった。ヒトの性行動を進化論的・比較論的レンズを通して理解しようとする初期の試みは、性差別的な仮定や結果によって科学的に不備や欠陥があるとされてきた。また、野生生物の間に強制性交のケースがあるのを認めれば、誤解が生まれるかもしれないと心配する者もいた。つまり、自然界でそうしたできごとが起こること――あるいは、その行為を「自然」とよぶこと――は、ヒトの性暴力を正当化したり許す方向に向かうのではないかと考えたのだ。しかし、強制性交が自然界に存在すると認識しても、ヒトの間で強制性交が起こるのを正当化したり許したりすることにはつながらない。同じ種どうしが互いにさまざまな方法と理由で殺しあっても、ヒトがヒトの命を奪うことが許されるわけではないのと同じである。むしろ私たちの調査では、動物界の性的関係において、かかわる者たちの間のやりとり、つまり、求愛における双方向のコミュニケーションがすべての鍵を握っている場合がどれだけ多いかがわかったのだ。

動物の性行動の研究では、動物の性的活動の多くが非強制的なものであることも報告されている。「イエス」「ノー」「よくわからない」という信号は認識されるだけではない。ふつうは理解されて、動物行動の観察からするとおそらく「尊重される」のだ。近づく雄ウマに関心を示さず耳がぴたっと寝ている雌ウマは、落ち着かずに体の位置を変え、そばに来ようとする雄に突き進み、噛んだり蹴ったりする。ほとんどの場合、こうした明白な無関心の信号を受けた雄は撤退する。興味がないという雌の気持ちの表出に対する同様の雄の反応は、ネコ、イヌなどの哺乳類に見られる。爬虫類の雄でさえ、雌が受け入れ状態にあるかどうかの手がかりを得ようとする。アマゾン川などに生息するズアカヨコクビガメの雄は、めざす相手に鼻を寄せたり、噛んだりする儀式をして、自分の意図を示す[6]。雌はもし関心がなければ泳ぎ去ることで答える。一方、関心がある雌は、自分の甲羅の上に雄が体を乗せるのを許す。ある研究では、ズアカヨコクビガメの雌は、セックスのために近づいてきた雄のうち、実に八六パーセントを拒む。注目すべきは、拒否された雄のうち、それでも交尾しようとトライしつづけるのは、わずか四パーセントしかいないということだ。研究者たちは、大多数のケースで雌の「ノー」の信号が尊重されたと結論づけた。

ところで、ほかの種に比べて、強制的な性的活動をたくさん行っているようにみえる種もある。インド洋・西太平洋地域に生息するコメツキガニの間では、求愛行動がまったくなく、雌は交尾するのを常にあらがっている様子だという報告が上がっている。(7) また、ブチイモリの雌は近寄ってくる雄を鼻づらで軽く押す行為によって、交尾しようという信号を送ることが「できる」。しかし、「ノー」という信号を効果的に出す方法は持っていないと考えられている。もし、雄が近づいて、雌が歩き去ろうとしても、雄はとにかく雌を押さえこんでセックスをしようとする。しかし、こうしたカニやイモリには、ヒトの研究者たちが見逃している性的コミュニケーションの形があるのかもしれない。私たちヒトの限定的なレンズを通すと、いくつかの種では強制性交がふつうに行われているようにみえるのかもしれない。

強制性交はいかに起こるか──力ずく、ハラスメント、恐怖

私たちヒトはつい最近まで、身体の拘束や暴力によってセックスが強いられた場合のみを強制性交とみなしていた。しかし、肉体的暴力なしでの強制性交があるという認識もできるようになり、同時に、動物研究者たちも自然界に存在するさまざまな強制性交の形を理解しようとしている。ケンブリッジ大学教授のティム・クラットン＝ブロックは一九九五年の論文で、動物の強制性交には三つの異なるタイプがあると説いた。(8) 最初のタイプは、肉体的暴力を利用したものだ。二番目のタイプでは、絶え間なくつづく激しいハラスメントを終わらせるために、雌がセックスをさせるケースが述べられている。三番目のタイプは、力ずくには出ないものの、暴力行使の脅しをかけて、相手を性的に服従

させるものだ。

身体的暴力がふるわれて明らかに強制性交だと思える場合でも、動物たちはそうした性接触をどう感じているかを話すことはできない。たとえば、ナンキョクオットセイの雄が捕まえたキングペンギンの上に覆いかぶさって交尾し、また、ラッコの雄がゼニガタアザラシの子どもに襲いかかる（しばしば、アザラシは内臓が破れて死んでしまう）場合、それを強制性交だとするのに異論はないだろう。[9]こうしたケースが異なる種の間で起こるという事実は、性的場面にいじめの要素があるのを裏づけている。しかし同一種の間でさえ、専門家なら強制性交と強制ではない性交を区別することができる。

雌のホオジロオナガガモ（南半球のカモ）は交尾を受け入れる時期とそうでない時期がある。[10]交尾に乗り気なときは、体の正面を地面に押しつけるようにしてうずくまる姿勢になって、ＯＫの信号を出す。しかし、ときには、草むらに隠れていた雄が雌を押さえつけ、あるいは空中を追いかけて、受け入れ態勢にない雌に対して無理やり交尾するときがある。二〇〇五年のカナダの研究報告によれば、「ホオジロオナガガモの場合、強制的な交尾とそうでない交尾は簡単に区別できる。雄は求愛ディスプレイなしに抵抗する雌を押さえてマウントし、雌のほうは、受容を表す特徴的なうつ伏せの態勢をとっていないからだ[11]」。さまざまな種において、身体的な力で性行為を強制するという記述がふつうに出てくるのには驚くほどだ。それでも、強制性交はこのように露骨なものばかりではない。

身体的暴力がその場で観察できないために強制には見えないセックスでも、雌がハラスメントを受けて服従させられていたら、実際は見えにくい形で無理強いされているのかもしれない。雄のなかには受け入れ態勢にない雌に交尾を迫り、えさあさりや食事をさせないようにして、しつこく苦しめる者もいる。[12] そうした現象は、イルカ、ヒツジ、ウズラ、ギンザケなどで記録されている。セクシャル・ハラスメントを受けたゾウアザラシ、ダマジカ、コヒオドシ（タテハチョウ科）の雌は結局折れて、自分の生活を邪魔されないようにするために、セックスに応じてしまう。知識のない観察者だと、相手は抵抗していないか、あるいは身体的な押さえつけが見られないために、そうした場面が実は強制性交だとわからない可能性がある。[13] しかし実際は、暴力の脅しや脅迫が性行動の場より何時間も前、または何日も前に行われていることもあるのだ。

霊長類学者リチャード・ランガムと、人類学者マーティン・ミュラーは、ウガンダのキバレ国立公園にすむチンパンジーの雄たちの間で見られる性行動の強制について研究した。[14] そして、ときに発情期の雌が雄に近づいてセックスを始めることが観察された。しかし、どの雄でもいいわけではない。雌たちはそれより前に自分に攻撃的だった雄のそばに行ったのだ。

研究時は、発情期の雌のチンパンジーは、自分の好みの雄を選んでいるのだと考えられていた。しかし、ランガムとミュラーは、雌が選んでいないのに気づいた。彼女たちは服従していたのだ。雌は恐ろしさで従わざるをえず、特定の雄に近づいていた。その雄は数日～数週間前の間に、敵対的な態度で暴力をふるい、雌をすっかり脅えさせていた。そのため、雌は繁殖可能な時期になって、その雄との交尾を拒めず、おそらく自分から始めようともしたのだろう。これは身体の自由を奪われずとも強制性交が行われるという明白なケースとなった。

セックスを確実なものにしようとする雄によって雌が脅しをかけられている実例は、飼育下のゴリラに関する研究で報告された。[15] 雌のゴリラは群れのなかでも攻撃的な雄に交尾の相手としてみずからを差し出して、雄からなるべく攻撃されないようにしていた。ヒト以外の動物における強制性交が、身体的暴力によって無理やり行われるものばかりではないことがわかれば、ヒトのセックスの強制と同意について、これまで見過ごされてきたが実は大きな力を持つ側面が明らかになるだろう。

同意のうえと思われるセックスも、実際には全部がそうではないのは、ヒトも同じだ。二〇一七年の#MeToo運動(16)は、多くの企業で男性たちが性的脅迫や権力乱用を安易に行っている実態を明らかにした。チンパンジーやゴリラの雄たちのように、そうした権力者は相手をどうにでも罰する力を振りかざし、拒むことのできない女性たちに性行為を強制していた。セックスに持ちこもうとするには、ふつう、身体的・経済的な脅迫、あるいは評判を傷つけるといった脅しをかける。日常的に家庭内暴力が起こる厳しく張りつめた雰囲気の家から、自分が家族を養えるかどうかの瀬戸際に立たされている職場まで、権力の乱用と恐怖は、私たちヒトの間で強制性交が起こる一因となっている。

脅しと恐怖は、有無を言わせぬ強大な力を発揮する。というのも、犠牲者たちはほかの選択肢を持っていないからだ。みんな身動きがとれなくなっている。青年に対する強制性交で驚くほど多く見られる形には、似通った戦略が使われている。つまり、居場所を変えたり逃げ出すことができない者を選んでいる点だ。酒やドラッグで酔うと通常の能力が奪われるため、性的攻撃者を含むあらゆる種類の捕食者たちは、そうした身体的に抵抗できない標的を探す。デートレイプドラッグを飲ませるのもこの一例だ。酒に酔ったりドラッグでハイになったりしている若者たちは、絶好の餌食となる。アルコールとドラッグに関する教育は、捕食者について何も知らないうぶな若者たちが性被害に遭わないために欠かせないトレーニングだ。

友だちからのちょっとした助け

動物の個体が孤立したまま成長すると、青年期の訓練や求愛行動の練習ができないため、どうやってセックスをしたらいいかがまったくわからなくなる。たとえば、ほかの仲間と一緒に過ごさずに大きくなったモルモットは、早期から社会的行動を身につけてきた者たちと比べて強引さが目立ち、性行動をうまくやり抜く確率が低い[17]。遊び仲間がいないなかで育ったラットは、性的方面に有能なおとなとして成熟しないことが多い[18]。さらに、アメリカミンクの若者は雄、雌ともに、おとなになってからの性行動の準備のために、荒っぽい格闘ごっこをする必要があるという研究結果も報告されている[19]。ミンクの行動を研究している科学者のジェイミー・アロイ・ダレアは、次のように言及している。「格闘ごっこは通常、〝戦いごっこ〟として知られているが、少なくともいくつかの種では、〝交尾ごっこ〟と考えたほうがもっと適切かもしれない」

手本となる存在や遊び仲間がいないまま育つと、性的衝動も低下する可能性がある。「社会的交流がまったくない場合、つまり、離乳後おとなになるまでの間に隔離されて育つと、性行動が発現しない[20]」と、動物の行動に関する教科書に記したのは、コーネル大学の行動学者、キャサリン・フープトだ。一頭だけで大きくなった雄ブタは、性的衝動が低下し、セックスにほとんど関心を持たない。同様に、ほかのイヌと接しないで成長したイヌには性的衝動はふつうにあるが、子イヌ時代にマウンティングごっこをしていないために、交尾の際のマウンティング態勢がとれない。

医学では、セクシュアリティなども含め、女性の健康についての研究が男性に比べて遅れをとっている。同じように、社会化が女性に与える影響は「十分に研究されていない」とフープトは述べる。しかしながら、社会化が不十分だった雌ネコは雄ネコを拒む可能性があるのを、フープトは指摘している。

受け入れることや受け入れないことをそれぞれ伝える信号を若者が会得するためには、さまざまな社会的経験を積む必要がある。というのも、そうした信号はときには単純で、意味がはっきりしている場合もあるが、そもそも求愛行動は微妙なものであり、社会的共同体に参加したことがなければ十分に理解できないからだ。

動物の性的コミュニケーションについて考察を重ねれば、ヒトのセクシュアリティを理解するうえでの洞察力が養われるのではないだろうか。求愛行動の中核には、表現・評価・応答の双方向のやりとりがある。そして、ワイルドフッドの間にこそ、求愛行動についての学習が集中的に行われる。ワイルドフッドほど、性行動をとる生きもの――ヒトまたはヒト以外の動物――が、柔軟で、新しいものをどんどん受け入れ、欲求を相手に伝えるやり方を学べる時期はない。ヒトやヒト以外の動物の求愛行動は、本質的に、セックスについての会話だ――具体的にセックスをしようとしなかろうと。私たちヒトやほかの動物において、セックスについての気持ちのやりとりは、双方の欲求が満たされないまま終わることが多い。しかし、もしそこに会話がなければ、言い換えれば、求愛の性的方面の意思の交換がなければ、片方は喜んでその場にいるわけではないことを意味する。別の言い方をすれば、双方向の求愛の意思疎通なしで行われるセックスは、強制的なものになる。

動物の性行為における強制の三つのタイプは、同様にヒトにも当てはまる。男性と女性は身体的暴力、ハラスメント、威嚇によってセックスを強制される。動物のセクシュアリティや求愛行動の研究からは、私たちヒトにおける強制性交の深刻な問題の解決策は、すぐには出てこないかもしれない。しかし、そうした研究は、ワイルドフッドの間に動物が性的コミュニケーションを学ぶことが非常に重要であるという事実に、私たちの目を開かせてくれるだろう。

自然界での一夜限りの関係

セクシュアリティが高まる時期を迎えた若者は、セックスなど何も目新しいことはないと感じるかもしれない――セックスがどんなことか、誰もが（当人を除いて）知っているのだから。と同時にその若者は、セックスは本能的で生まれつきの「動物的な」、とにかく起こってしまうものだというメッセージも、もしかしたら受けとるだろう。ところが、実際は、地球上のセックス初心者のなかで、最初にとるべき行動がわかっている者はまったくいない。蛾の性行動を観察した研究からもそれは明らかである。私たちヒトにとって、酒の混合摂取に加えて、未成熟な状態、性行動をやり遂げることに対するプレッシャー、性行為の同意についての解釈の変化などで、セックスに関する事情は急激に複雑化している。

二一世紀におけるセクシュアリティのこうした複雑な様相のひとつに、フックアップ・カルチャーがある。[21] それは、米国心理学会の定義によると、「恋愛感情のない相手、あるいは互いにデートを重ねる間柄ではない者どうしの、短期間の気軽な性的関係」となる。二〇一三年、米国のフックアップ・カルチャーを学術的に再考察した、キンゼイ研究所とビンガムトン大学の研究者たちの報告によると、若者のデート文化は、よりオープンでより割り切ったセックスへとシフトしていることがわかった。

「新たに出現した成人世代がセックスを気軽な関係としてとらえ、長期的な深い関係よりも性的体験を重要視する文化について、私たちは調べていこうとした[22]」と、発表者たちはこの研究についてのインタビューで答えた。そして、文化が変わったと認めたうえで、それでも、性行動の当事者たちは話しあったほうがいいとアドバイスする。「同意にもとづく性的活動であれば、私たちは非難も容認もしない」と彼らは記す。「しかし、新たにおとなになった世代が自身の意図、欲求、性的活動をしている最中に自分と相手がどの程度の心地よさを感じているかを意識し、正直に伝え合う必要があるという点は声を大にして言いたい」。こうした文化の変化がＡＹＡ世代の精神的・情緒的健康におよぼす影響に触れる代わりに、研究者たちは次のように戒めた。「フックアップ・カルチャーは社会的に徐々に容認されているとはいえ、一般的に論じられているよりも多くの〝あと腐れ〟のようなものを残しているかもしれない[23]」

社会学者リサ・ウェイドは、大学キャンパスでは「フックアップ・カルチャーはいたるところで見られる」と述べる[24]。それは「一帯を覆いつくす勢力であり、強制力を持ち、あらゆる場所に存在する。単なる行動以上のもの。すなわち、すべての者が従わざるをえない風潮だ」。ウェイドは二〇一七年の著書『アメリカのフックアップ・カルチャー』にそう記している。

もっとも、フックアップ・カルチャーが実際に生まれたのは事実だが、ウェイドが気づいたように、フックアップ自体は大げさに言い広められたほど頻繁には行われていない。大学生はセックスばかりやっているというのは神話だと、彼女は主張する。「学生たちは、ほかの仲間は一年に五〇回セックスしていると思いこんでいた。しかし、その憶測は実際のセックス回数の二五倍なのだ」。学生たちはフックアップするのをやめることはできるが、フックアップ・カルチャーからは逃れられないのだと、ウェイドは述べる。

心理学者リチャード・ワイスボードはその意見に同意する。[25] フックアップが平均的な状況だと思ったら大違いである。とはいえ、気軽なセックスはのべつ幕なし行われているという神話は世にはびこっているのだが、と彼は言う。この矛盾した状況は、米国心理学協会（ＡＰＡ）の調査や、キャンパスにいる学生たちの報告でも裏づけられている。ワイスボードが考える若者たちが一番ほしいものは、ロマンスだ。若者たちは互いに理解しあうことを望み、それを必要としているのだ。

フックアップするふたりの間のコミュニケーションは、ザトウクジラの雄たちの騒がしいグループほど、ついでに言えば、ミバエのダンスほど複雑ではないかもしれない。しかし、フックアップにおいて大事なのは、おそらく双方ともセックスをしたいという気持ちを持っている点だ。たとえ、結局それが手早い欲得ずくの手段になっても、双方はお互いにセックスをしたいというサインを出し、相手の意図を解釈し、受け入れなければいけない。もし、そうでない場合は、本物のフックアップではない。おそらくもっと強制的なものになるだろう。ウェイドが書いているように、フックアップはお手軽な一夜限りのお遊びのはずであっても、「奇妙にも範囲が厳格に決まっている。自然に発生するのだが、同時に台本が存在する……つまり、それは、ソーシャル・エンジニアリングのなせるわざなのだ」。

昨今では、相手が何を欲しているかを理解する方法がはっきりとみえてこないことが広く議論されている。この当惑は未熟さ、性行動をとることのプレッシャー、これまでの世代から受け継がれるはずの情報が不足している状況からくる。しかし、特にひとつの要素が確実に、同意か否かの意思がはっきりと伝わらなくさせる。それは、酩酊状態だ。研究者によれば、アルコールやドラッグを摂取すると、フックアップにともなう身体的・感情的なリスクが大幅に高まる[26]。野生動物にとって、酩酊を問題にしなくていいというのは、教訓として受け止めるべきだろう。

フックアップ文化がどれくらい盛んなのかに明確な答えはないが、多くの若者にとって期待が不安をよぶのに加えて、フックアップ・カルチャーが、AYA世代は性欲ではちきれんばかりで見境なくセックスする奴らだというういい加減なイメージを与えているのは間違いない。完全にうそとは言わないまでも、それはセンセーショナルな見方で、おそらくある意味、ティーンエイジャー恐怖症的でさえある。フックアップ神話は、私たちヒトとほかの動物たちのセックスライフにおける、微妙だが強力な社会的・行動的な力——ケミストリー、求愛、ロマンス——を無視しているのだ。

大自然の愛のレッスン

二〇一八年の時点で、ソルトはそれまでの三五年間のうち少なくとも一四シーズン（おそらくそれ以上）で、ザトウクジラの雄から追い求められる対象となってきた。ソルトの交尾は、自分を求める望ましいつがいの相手を見つけ、熱狂的についてまわる雄たちのグループを従え、カリブ海のどこかヒトの目の届かないところで、相手とつがって関係をたしかなものにするという、不可欠なパターンを毎回同じようにたどってきた。

ソルトは今や五〇歳ほどになった。息継ぎに海面に出たところで、背びれの特徴的な白い傷跡があれば、すぐ彼女とわかる。雄たちのコーラスの音色がソルトのもとにまで届くとき、彼女は自分が耳をすませているものをちゃんと理解している。雄とともにいるときは、自分と相手がどのように欲求を表現し、どう反応するかがわかっている。ソルトの成熟した雌としてのセックスライフが、一九七〇年代におとなになったばかりのころとどれだけ違うかは誰にもわからないだろう。彼女の最初の性体験は失敗したり不器用なことばかりだったのだろうか？　また、これまでの研究がすべて、ザトウクジラの繁殖は雌雄双方が進んで受け入れるプロセスを踏むと指摘しているとはいえ、ソルトが自分から喜んで毎回交尾をしていたかどうかまではわからず、彼女がお気に入りを見つけられたとき、その相手を選ぶ基準は何かも、想像の域を出ない。

これまでに述べてきたように、求愛行動は動物界におけるコミュニケーションのひとつの形だ。それは気持ちを伝え合う方法である。といっても、言葉に限定はされない。それは理解と経験がかかわる話だ。十分にコミュニケーションが取れているときは、相手から与えられた情報をそれぞれきちんと読み解いて行動している。決してそれぞれがひとりごとを言っているのではない。

すばらしいラブストーリーとはそもそも、セックスについて書かれた話ではない。その多くはセックスについてまったく触れもしない。すばらしいラブストーリーでは、興奮、ふたりの心を動かしたもの、相手の送った合図を気づき損ねたこと、そして、実際のセックスへとつながる瞬間へと引き寄せられ、ときにはその瞬間がすっと遠のいていく奔流のようなものが描かれる。ラブストーリーで物語られるのは、コミュニケーションにかかわるままならぬ難題なのだ。

大西洋でロマンティックな冒険を重ねるソルト、そして地球上でロマンスを経験するほかの生きもの、蛾、ミバエからミンク、フォッサまで、彼らのセックスライフから導かれる教訓は、以下の点が挙げられる。

第一に、性行動を始める時期を遅らせるのは、非常に道理にかなっているときがある。世界中の多くの動物が、交尾するのに肉体的には準備が整っていても、社会的に成熟するときまで待つ。

第二に、成熟したおとなになるまでの間に、求愛行動を学び練習しよう。求愛行動とは、欲求の信号を送ったり受けとること、次の段階として何をするべきか互いに決めることだ。正直で、協力的な、意気投合できるコミュニケーションが取れれば、そこにケミストリーが生まれる。

第三に、動物の間では、パートナーの好みはさまざまで、行動の柔軟性こそセックスとセクシュアリティの不可欠な要素であるのを忘れてはならない。ミバエでさえ、小さなロボットではない。

そして最後に、理解してほしいのは次のような情景だ。いかなる瞬間にも、全世界で、ＡＹＡ世代のカップルがお互いに、大昔の人々がはるか遠く離れた凍てつく海辺ですでに理解していた感情、マミラピンアタパイ――互いに結ばれたいという欲求、そしてそれをどうやって始めたらいいかを悩みながらの高揚した気持ち――を抱きながら見つめあっているということを。

第Ⅳ部　SELF－RELIANCE（自立）

ワイルドフッドの渦中の動物のなかには、親もとを離れることで、おとなとしての生活を始める者がいる。一方、生まれ育ったテリトリーに留まる者たちも、新しい役割と責任を引き受ける。どちらにせよ、ＡＹＡ世代は自分やほかの者の日々の糧を確保できるようになることで、自信をつけていく。

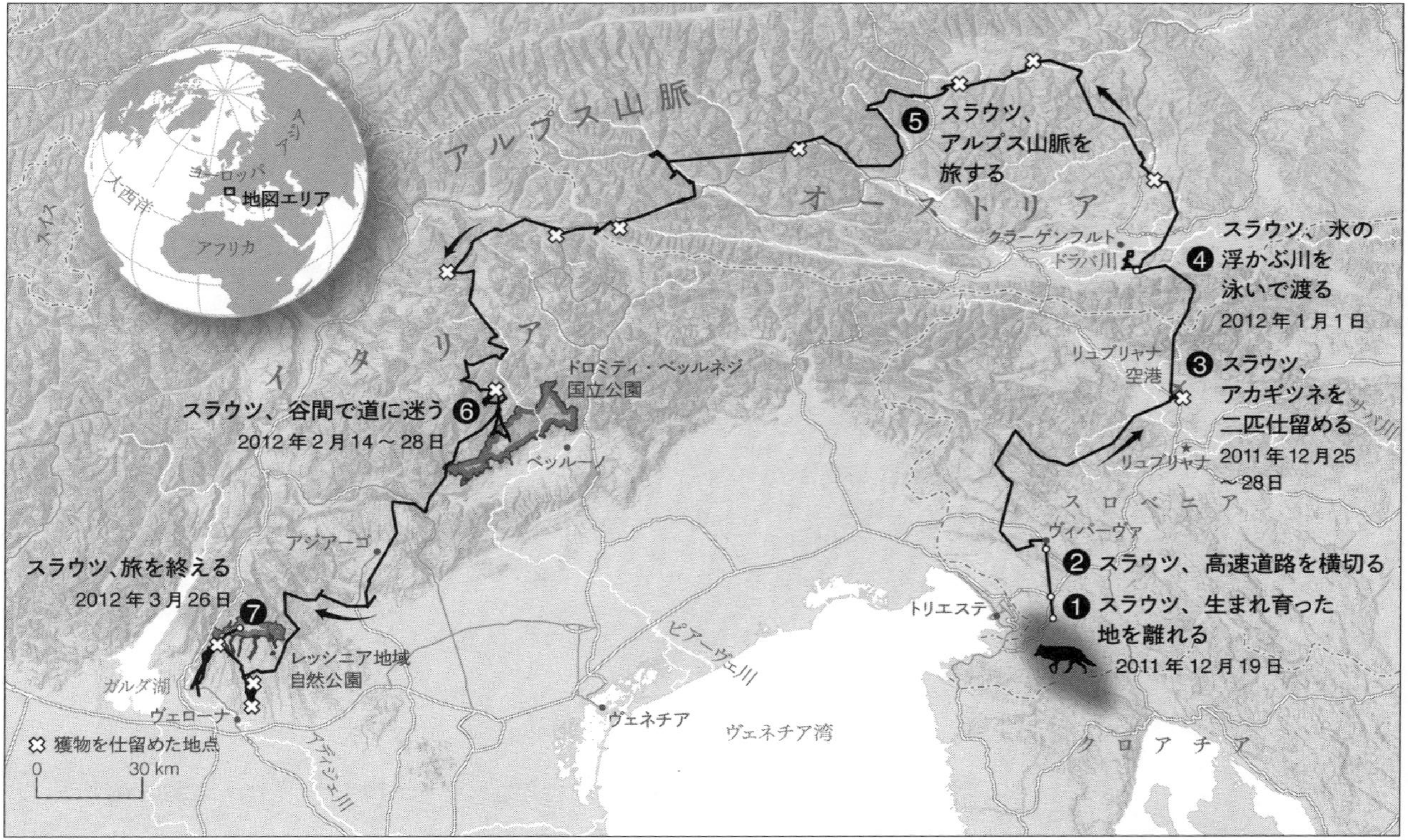
アルプス山脈
オーストリア
イタリア
スロベニア
クロアチア
スイス
大西洋
ヨーロッパ
アジア
アフリカ
地図エリア
❶ スラウツ、生まれ育った地を離れる
2011年12月19日
❷ スラウツ、高速道路を横切る
❸ スラウツ、アカギツネを二匹仕留める
2011年12月25～28日
❹ スラウツ、氷の浮かぶ川を泳いで渡る
2012年1月1日
❺ スラウツ、アルプス山脈を旅する
❻ スラウツ、谷間で道に迷う
2012年2月14～28日
❼ スラウツ、旅を終える
2012年3月26日
クラーゲンフルト
ドラバ川
リュブリャナ空港
リュブリャナ
サバ川
ヴィパーヴァ
トリエステ
ドロミティ・ベッルネジ国立公園
ベッルーノ
アジアーゴ
レッシニア地域自然公園
ガルダ湖
ヴェローナ
アディジェ川
ピアーヴェ川
ヴェネチア
ヴェネチア湾
獲物を仕留めた地点
0
30 km

スラウツ、単独での出発

第15章　旅立ちまで

若雄のオオカミ、スラウッは、二〇一一年一二月一九日、イタリアの都市トリエステのほど近く、スロベニアの森のなかで目覚めた。まだあたりは真っ暗だった。その年の冬はいつも以上に寒い夜がつづき、あと二、三時間経たないと太陽も昇らなかった。その朝、スラウッは旅立つことを決意する。北方のイタリア・アルプスの方向に向かい、これまで唯一なじんできた生まれ故郷をあとにした。

その数カ月後、約九六〇〇キロメートル離れたロサンゼルスの峡谷でも、一匹のマウンテンライオン〔訳註　ネコ科。南・北アメリカに分布。ピューマ、クーガーともいう〕が日の出前に目を覚ました。かれた川《アロヨ》の背後の屋敷で眠っている人々に物音も姿も感づかれずに、彼は水のない川床をゆっくりと進んだ。

オオカミとライオン、二匹の若者は、つい最近まで家族と一緒に暮らしていた。出発にいたるまでの数週間、もはや子どもとはいえなくなっていた彼らは、子オオカミ（子ライオン）として過ごした行動圏から出てみるようになっていた。そして、体は十分に大きくなっていたものの、経験値はまだ低いのに、誰の助けも借りずにどちらも広い世界へ乗り出していったのだ。

二匹の大きく異なる運命は、一生のうちのこの成長段階が持つ決定的なパワーを、劇的に表わしている。もちろん、その旅立ちの朝、彼らを外の世界へと駆り立てたものが、数億年前から連綿と受け継がれてきた強力な遺産だというのは、二匹とも知る由《よし》もなかった。圧倒的に危険で、太古の昔より地球上のあらゆる場所で独り立ちを目の前にした若者の心をつかみ、居ても立ってもいられなくする現象が彼ら自身に起こっていたのだ。私たちヒトは、その時期と行動をともに「分散」とよぶ。(1)

自然界の教養小説《ビルドゥングスロマン》

もしあなたが青年期動物についての成長物語を書くつもりならば、「分散」をストーリーの支柱として使いたいと思うだろう。分散は脚本家が「つかみとなるできごと」とよぶもの、つまり行動を誘発する事件になる。それによって、主人公の冒険の旅が始まるのだ。分散（しばしば「巣立ち」とよばれる）によって、登場人物たちは恐怖と向き合い、友情を築き、愛を見つける運命をたどる。故郷をあとにして、若者は夢を追い、運試しをし、自分自身を知る。ストーリーが動き出すきっかけとして、分散は文句なくすばらしい。AYA世代に対して孤立と葛藤を突きつけて、彼らを試し、ゆくゆくは次のステージ——成熟したおとな時代——へと送りこむのだ。

分散行動は驚くほど複雑だが、定義自体は単純で、「別離に伴う一連の行為」「成体になったばかりの動物が自立して生活し始める時期」である。もし、あなたが分散しようとする若い動物であれば、自身の安全、社会生活、食べ物の調達に関する責任のすべてか一部を引き受け始める。生まれたエリアから遠く離れてうろつき始めるだろうし、通常は親のそばにいない時間が長くなり、結局は永久に離れることもしばしばだ。しかし、分散する動物のすべてが生まれた場所から出ていったきり帰ってこないわけではない。また、まったく巣立ちしない動物もいる。

現代の世界各地におけるヒトのAYA世代の初めての分散では、さまざまな形態が見られる。[2] 就職するとか実習生になるとか、学校に通う、あるいは兵役やそのほかの業務に就くのがきっかけで、生家を出るのだ。結婚が分散の時期となる者たちもいる。経済的自立や、あるいは経済的に安定しただけでも、多くの者にとっては、「真の」おとなになった感覚が得られる。また、分散が路上生活を意味することもある。

ヒト社会で見られる若者のさまざまな分散パターンは、野生動物が生まれて初めて親もとを離れるときの数多くの形態とよく似ている。ひとつの極端な例としては、オーストラリアのポッサムで、ある晩突然起き出し、生まれ育った巣から一直線にずんずん離れていく。[3] その対極が、ヤマガラで、子どもたちは大きくなっていても、大仰にえさをねだる。[4] ヤマガラの子たちは長期間巣にとどまっているため、親鳥は結局、彼らを巣立ちさせるためにエサの供給を打ち切らなくてはならない。

世界文学の伝統では、旅立つ主人公は男というのがだいたいの決まりだった。[5] しかし、自然界での多くの実例はこれとは異なり、雌雄はもっと平等になっている。たとえば、野生のウマやシマウマでは、雌が家族のもとを離れ、新しい群れに加わる。ヒトと近縁の霊長類であるボノボ、さらに、ヒヒや熱帯にすむコウモリも同様だ。彼らの間では、親しんだエリアを出て自分の運を試しにいくのは雌なのだ。[6]そして、ペンギン、クジラ、ミーアキャット、サメ、多くのヒトなどでは、雌雄どちらの若者も旅立って、勇敢な冒険を始める。それぞれ独自に出発する場合もあるが、グループとなって移動を開始し、泳ぎ、飛び、疾走し、ちょこちょこ駆け抜けながら、定住しておとなとしての生活を始めるまでの間、ときには数年間、世界を探検してまわることもある。

生物学者によれば、分散へと駆り立てる衝動は、家族メンバー間の近親交配を防ぐなど、いくつもの生物学的メリットをもたらす。[7]しかし、分かれて散っていくことには利点だけでなく、否定的側面もある。動物が初めて分散するときは、その一生のうちで最も危険な時期のひとつなのだ。サウスジョージア島を生まれて初めて出発したペンギン、アーシュラのことを思い出してほしい。アーシュラと仲間は肉体面では親もとを離れる準備ができていたが、死をよぶヒョウアザラシの集中攻撃を初体験しないことには、巣立つことはできなかった。分散する若者たちはしばしば危険に遭遇し、多くはうまく乗り切れない。

先ほどのオオカミ、スラウッは、突如親もとを離れた。[8]「それは分散以外の何物でもない」と私たちに述べたのは、スロベニアのヒューバート・ポトチニクで、この一六カ月の若オオカミに発信機つき首輪をつけ、スラウッとニックネームをつけた科学者だった。スラウッが突然旅立ったときまで、ポトチニクはぶらぶら歩きまわる彼の様子をおよそ一年間チェックしていたのだという。一方、カリフォルニアのマウンテンライオンには名前はつけられていなかったが、ここでは「ＰＪ」とよぶことにする。ＰＪも同じようにさまよい出る衝動に駆られたのだろう。分散するマウンテンライオンの若者は、新しいテリトリーを見つけようとするとき、たった一日で数十キロも進める。

ひとりきりであろうと群れであろうと、分散する若い動物は、現代の世界では自動車などを含めて、自分たちの命を奪ったり害をおよぼしたりするものを避けなければならない。しかし、たとえ外部の危険から身を守れても、あらゆる動物は別の無慈悲な死の危険性に直面する。それは、常にすきあらば襲いかかろうとする恐ろしい存在——餓死だ。空腹の動物は、十分にえさを食べている仲間なら絶対に避けるようなリスクをとろうとする。ワイルドフッドの最中の動物の、一見したところ無茶な行動のなかには、飢え死にしないように努力している可能性が高いケースがある。もっとはっきり言えば、自然界であれ、近代都市の混雑した路上であろうと、どうやって自力で食べていくかわからないAYA世代の動物は、重大な危機に直面する。

規則正しく食べるための方法を身につける——文字どおり、自活する——のは、若い動物の前に立ちはだかる、最もこみいった課題のひとつだ。

分散の予行演習

キングペンギンのアーシュラは、大西洋に飛びこむ前に、海での予行演習などしなかった。沖合に潜んでいるヒョウアザラシについても何も知らなかった。彼女の両親は魚のとり方も教えなかった。アーシュラは泳ぎ方もほんとうに知らなかった。彼女の場合は、生物学者がいうところの「十分な教育を受けていない」分散だ。

オオカミのスラウツ、マウンテンライオンのＰＪはその逆だ。何の経験もなく広い世界に向かう代わりに、彼らは親もとを離れる前に、ライフスキルの訓練を受けた。その「情報を得たうえでの」分散では、出発に先立つ指導が親やほかのおとなたちからあり、それはまだ小さいうちから始まっていた。

多くの哺乳類、鳥類、そして魚類では、幸運にも、情報を得たうえでの分散をする者たちがいる。[9] たとえば、ポッサムはそのいい例だ。[10] というのは、巣を離れるための訓練が、さまざまな角度から複数の段階を経て行われるからだ。最初、ポッサムが子どものときは、兄弟姉妹たちが順番に母親の背中に乗る。子どもたちはその安全な場所から、捕食者はどんな外見でどんなにおいがするのか、自分自身をどう守るのか、安全な食べ物をどうやって見つけるのかを学び始める。母親が背負って運ぶには大きくなりすぎるほど成長すると、成熟途上のポッサムは、母親の「足もと」にいるようになる。そして、彼らは母親のまわりをちょこちょこ走り、日に日に遠くまでうろつく探検段階に入るが、それでも必ず最後にはくるりときびすを返し、親の保護と世話を受けるために戻る。次は巣の外で寝る訓練だ。ポッサムの若者はそれぞれ、生まれ育った巣の近くの木を選び、一匹で外泊する。訓練中の分散予定者は自力でやってみるのだが、母親は助けが必要なときのために近くにいる。

「ポッサムはほんとうにとてもいい母親です」と、オーストラリアの保全生物学者、ハンナ・バニスターは私たちに話した。「ポッサムのお母さんは、赤ちゃんができるだけよい生活を送れるようにお膳立てしているように見えます」。バニスターは、一匹のポッサムの母親を思い起こす。その一番上の子どもは、ほかの兄弟姉妹に比べてなかなか探検時期を迎えそうになかった。この母親は息子が巣にもう少し余分に留まるのを許し、彼が一匹でやっていく準備が整うまで何くれとなく支えた。ヒトも同じようにワイルドフッドの間、お泊まり会、修学旅行、サマーキャンプ、親戚宅での外泊などで、分散の予行演習をしている。

非常に複雑な群れ社会のなかで生きるオオカミは、雄、雌ともに青年期になると、さらに長い時間を分散のための訓練に振り向けなければならない[11]。スラウツは子ども時代から、ほかの動物の骨、羽根、皮などの「おもちゃ」を与えられて、それで練習していただろう。生きた動物を狩れるようになるまで、スラウツやその兄弟姉妹は、そうしたおもちゃに飛びかかり、戦利品のように持ち歩いたにちがいない。思春期に入ったスラウツの声が変わり始め、それまでのキャンキャンと高い声が低くなり、押し殺した吠え方や遠吠えができるようになると、群れのほかのオオカミたちと一緒に吠えて、声の抑揚のつけ方――集団で効率よく狩りをするためのとても大事なコミュニケーション・スキル――を練習しただろう。次の段階としてポトチニクが私たちに説明したのは、成長するオオカミにとっての重要な節目がスラウツの身にも訪れたということだった。有能なハンターにはまだなっていないが、スラウツは家族で行う狩りの遠出に参加できるようになったのだ。このハンティング・スクール[12]――オオカミの専門家デイビッド・メックがいう「フィニッシング・スクール」〔訳註　もともとは、花嫁学校の意味〕――は、若いオオカミが過ちをおかしながら学ぶひとときだ。もし、この訓練期間に狩りでしくじっても、パピーライセンスで守られ、もっと大きくなったオオカミなら叱られ制裁されるところを、見逃してもらえる。

ハンティング・スクールの間、スラウツは大切な身体的スキルを磨き、社会的共同体の生活に必要なギブ・アンド・テイクを実地に練習しただけではなかった。自分の狩りの技術を上達させる途中ではあっても、彼は依然として家族と一緒に暮らしていたため、食べ物が必ず手に入る保証があったのだ。情報を得たうえでの分散をする者は、餓死に対する一種の保険を与えてもらっている。

マウンテンライオンは、オオカミが一般的に家族集団で暮らして狩りをするのとは違って、おとなになると単独行動をする。[13] しかし、分散する前は、一年か、あるいは二年間も母親と一緒に生活する。青年期を終えるまでは、一三〇キログラムを超えるミュールジカを襲って殺すことは、ＰＪにはまったく歯が立たない大仕事だっただろう。それまでは母親が、仕留めた獲物を分け与え、同時に狩りの手順を教えたはずだ。家ネコが傷ついたネズミやコオロギを子ネコのところに運ぶように、マウンテンライオンの母親にも自分の子どもに教えるひとときがある。ＰＪのお母さんも、傷ついた獲物を彼に与え、忍び寄って襲いかかるという彼らのもって生まれた行動に、磨きをかけようとしたにちがいない。ＰＪは親もとを離れるまで、子ジカ、齧歯類などの小動物で狩りの練習をしたのではないか。

分散は若者にとって、身体的・社会的にとてもストレスが大きいのはたしかだ。さらに、訓練や準備が不十分なまま親もとから出ていくと、危険な目に遭う可能性がある。たとえば、アフリカゾウの場合、違法な密猟で両親を殺されるケースが多く、そのために孤児になったゾウは十分な経験や情報を得ることなく分散しなければならない。[14] そうした孤児のゾウは、自分だけで生きていこうとしてもしばしば餓死してしまう。若者を導くおとなのゾウがいなければ、彼らは社会的スキルも身につかず、ほかのゾウとすぐにもめごとを起こし、ヒトやほかの動物に暴力をふるう傾向にあり、そうしたトラブルで殺されてしまうことがある。

留まるべきか、出ていくべきか？――時期遅れの分散

そろそろ分散する段階に入った動物の若者も、そろって同じ時期に親もとを離れるわけではない。ヒトとまったく同じように、ほかの動物でも、出発する前にちょっとぐずぐずする者がいて、避けられない試練を遅らせる場合がある。アーシュラはひな鳥時代のふわふわした羽を落とすまでは、巣を去れなかった。そもそも、おとなの羽毛に生え変わらなければ泳げないのだ。しかし、いったん、水を通さない黒と白のしっかりした羽毛が生えれば、アーシュラは分散へと一歩近づくことになる。

メンフクロウのひなは際立って白くやわらかい羽毛に覆われているが、成長すると羽毛は茶色に変わる。[15] しかし、おとなほどに大きくなったフクロウでも羽がまだ白いままの個体がたまにいる。ひな鳥の外見を保っていれば、青年期が終わりに近づいても、おとなとしての責任を担う前の保護とチャンスをすぐに手放さないですむのだ。

成熟を先に延ばす現象は自然界全体で見られ、独立後に遭遇する危険や課題――十分なえさを見つける、捕食者を避ける、新しい土地にうまく定着する、新たな集団メンバーと出会う、性行動を試す――にうまく取り組めるように、動物の若者は備えがきちんとできるまでは、分散を遅らせる。

ヒトの場合、自分の年齢よりも若い子向けの服を着たり、赤ちゃん言葉を使ったりして、発達段階を逆戻りする者たちは、「退行」とよばれる防衛機制を働かせている。[16] 若者の退行を引き起こす要因は必ずしもはっきりしていない。しかし、ヒト以外の動物で見られる、たとえば、成鳥の羽毛への生え変わりが遅れる生理的メカニズムや行動からは、環境面の何かの要素が若者に、成長するのはまだ

危険だと合図を送っていることがうかがえる。

分散の時期を遅らせると、繁殖が先送りになる場合もある。多くの種の鳥が、いわゆる巣のヘルパーとなり、親が新たにひなをかえしたときに手伝いをする。[17] 彼らはベビーシッターの役につき、新しい弟妹を守り、えさを運んでくる。こうした年長の鳥のヘルパーは、自身の繁殖にブレーキをかけるが、次のシーズンに自分たちの番が回ってきた際に、その体の大きさと、経験とステータスで、繁殖をよりスムーズにできるという見返りを得ることが多い。ひなの世話をする経験も、自分たちがより優れた親になる下地として役立つのだ。さらにおまけとして、親もとにとどまっていれば、親のなわばりを受け継ぐチャンスも増える。

重要なスキルを身につけるために賢明にも出発を遅らせようとしているのであれ、単にまだ準備ができていないと感じているのであれ、若者のなかには親のひと押しが必要な者もいる。オオカミの間では、優位性を示すディスプレイとして、おとなが若雄に対して取っ組み合って押さえこむ様子が観察されており、これを生物学者は分散前のハラスメントと解釈している。[18] 動物の若者はこうした注意喚起を必ずしもありがたがってはいない。おとなになったばかりの齧歯類は、母親が巣から立ち去るように仕向けると、ときに歯向かう。[19] 彼らは母親を前足でたたき、つかみ出されるのを拒む。

マウンテンライオンの母親は、成熟途上の子どもを分散させるための独自の戦略を持っている。彼女たちはテリトリーの端まで子どもを連れていき、そこで向きを変え、ひとりで歩き去る。子どもがあとをついていこうとすると、母親のうなり声や、おそらく前足での攻撃に阻まれるだろう。マウンテンライオンの母親は、親子がばらばらになった場合に設けてあった待ち合わせ場所にも姿を見せないかもしれない。[20] マウンテンライオンの若者はそこでずっと待って、最後には、お母さんは戻ってこないというメッセージを受け入れるしかない。兄弟たちがこうして置き去りにされたときは、彼らはその後何カ月か一緒に過ごし、グループで狩りをし、眠り、うろうろすることが多い。そのうち、それぞれが成長し、スキルも身につけ、ばらばらで暮らすようになる。しかし、一匹で生まれてきた子は、その子だけでやっていくしかない。

親の意地悪行為と、親子の葛藤

一九七〇年代以降、動物の分散の時期と様相を調べてきた生物学者たちが研究の中心にすえた概念は、次のようなものだった。[21] 動物の親とその子どもの利害は、必ずしも一致しない、とする考え方である。親たちはなるべく多くの健康な子どもをこの世に送り出したいと思っている。一方、子どもたちは、親の資源を独り占めしようとしている。そこで持ち上がるのは、「親と子の間の葛藤」で、配慮・保護・世話を求めてのバトルロイヤル（サバイバルゲーム）だ。子どもはもらえるものはできるだけ手に入れようとする。親は、それまで生まれた子と将来的に生まれるはずの子たちに対して、限られた資源を手堅く投資し、配分する必要がある。この理論の枠組みのなかでは、親が与える用意がある保護と、子どもが求める配慮の間に、解決できない不釣り合いがあるせいで、子どもが分散せざるをえないことになる。

親と子の間の葛藤は、動物が親もとを離れる時期とどのような経緯をたどるかで、さまざまな形をとる。[22] たとえば、アカオカケスの親たちは、成長したひなにとどまってもらおうとえさを差し出して気を引く。かたや、マウンテンライオンの母親は、自分の仕留めた獲物に、成獣になりかけている息子が近づきすぎると、うなって警告する。この微妙な時期に、青年期動物の行動は変化するが、親の行動もまた変化する。葛藤が親と子の関係の根本にあろうとなかろうと、あらゆる種で、ひとつのことだけははっきりしている。葛藤のピークは分散時期のころにくるのだ。

親の行動が、子どもを励まし支える形から、無関心になったりあからさまに攻撃的になるのは、子どもにとっては青天の霹靂《へきれき》だろう。ひとりで生活する準備など整っていないと感じるかもしれない。実際、この段階の多くの動物は、独力で狩りをする方法さえ知らない。ほかにも、飛ぶ、走る、自己防衛する、おとなと交流する、友をつくるといった重要なスキルは持っているかもしれないが、おとなになったばかりの者たちでは、まだまだ発展途上だ。現実世界の厳しい競争の場で役に立つほどの力量はない。

ヒトの親たちの多くは、自分の子どもがそろそろ家を出て自立できそうかどうかがわかるものだ。それでも、旅立ちの日まで、さらにそのあともずっと気をもんで、子どもはまだまだ準備不足ではないかと心配する。親子間の葛藤がピークに達するのはまさにこのころだ。親と子の衝突は、おとなになりたての子がひとりでやっていくのに、十分に安全でもないし、機転もきかないという確実な証拠のようにみえるかもしれない。だが実は、そうした対立が、子の準備が整ったという合図であるかもしれないのだ。

スペインにあるドニャーナ国立公園のイベリアカタシロワシは、このきわめて重要な、ときに動物の行動が激変する時期を非常にわかりやすく示す例のひとつだ(23)。そして、この鳥を調査する研究者たちは、そこで行われていることを特別な用語で表現している。それは「親の意地悪行為」だ。

巣から追い出す

スペインの海岸地方に生えるオークの木々の上空を、大きな茶色の雌ワシが滑るように飛びながら、金色の目を下の大地にちらりと向けてあたりを調べる姿を想像してほしい。突如、彼女のめざす標的が目に入る。翼をすぼめ、真っ逆さまに急降下し、自由落下《フリーフォール》中のスカイダイバーのようにぐんぐん速度を上げていく。あわや地上に衝突すれすれの瞬間、翼を広げ、脚を下方に伸ばしながら、かぎ爪をぐいっと突き出す。この一連の動き――翼を広げ、脚で最初の一撃――は、「ストゥープ」とよばれる。ワシはこのストゥーピング攻撃で、優れた恐るべきハンターとなれるのだ。というのも、ものすごい速さでほとんど音を立てずに急降下して放つ脚での一撃は、きわめて正確で致命的だからだ。

ところで、この母親ワシは獲物を狩ろうとしているのではない。標的はウサギでもモグラでもなく、自分の息子だった。息子は十分に育ったのだが、まだ巣を離れようとしていなかった。依然としてえさを母親に頼っていた。この母親ワシはいつもの獲物に対するストゥーピングと同じような態勢で息子を襲ったのだが、ひとつだけ違いがあった。普段なら獲物の息の根を止めるため、彼女のかぎ爪は開いている。しかし、このときはかぎ爪はかみ合わさって、足先は棍棒のようになっていた。そして、母親の脚の棍棒でぴしゃりとたたかれた息子は、衝撃でバランスをくずしてよろめく。母親のストゥーピングは、息子が木の枝にとまっているときでも、空中を飛んでいるときでも、容赦なく加えられる。息子の体はらせんを描くようにくるくると舞い、それからようやく体勢を取り戻す。

研究者たちがこうした親の行動を「親の意地悪行為」とよんでいる理由がおわかりかと思うが、これは「一生を通して行われるいじめパターン」とはみなされていない。ワシの親はふつう、子どもがこの段階に成長するまで、攻撃的行動はとらない。実際、ワシの親は、鳥の鑑《かがみ》というべき父親・母親で、十分に世話をして大事なことも教えるため、ひなたちは心強いスタートが切れる。親の意地悪行為は、ワシの一生のうちごく特別な段階にだけ起こる。つまり、子どもが分散する直前だ。

イベリアカタシロワシの場合、大きくなった子どもが巣のあたりでぐずぐずして飛び去らない期間が長くなればなるほど、親の意地悪行為が起こる可能性が高くなる。しかも、親たちはその度合いを少しずつ高めていく。ストゥーピングを始める前に、まずはちょっとずつ不親切になっていく。子どもたちがいくら世話を求めてきても、関心を持たなくなる。えさを与える量を減らし、もっとほしいとせがまれても相手にしない。この合図が通じなかったとき、親たちはいらついて徐々に攻撃的態度を強める。こうした敵対行為は、飛行中のニアミス・ハラスメントとして始まる。親は子どもに向かって急速度で飛んでいき、最後の瞬間にくるりと離れるのだ。その後、子どもを直接攻撃するストゥーピングへと、厳しさを増していく。

こうした親の猛烈なしごきを数日受けたあと、ワシの子どもはついに親の意図を悟り、巣立ちを始める。研究者たちはこの現象を次のように解釈する。「イベリアカタシロワシにおいて、最終的に子どもに自立を迫るのは親たちであり、えさを渡さないようにし、攻撃的な行動に出る」。おそらく、新しく生まれる次のひな鳥たちに居場所を譲らせるために、息子（娘）を巣から押し出すのだろうが、ほかの利点もあるかもしれない。つまり、親の行為は結果的に、子どもの助けになっているのだ。

科学者たちは、分散する時期を迎えた子どもが親たちにストゥーピングされている間に、飛ぶのもうまくなる点に気づいた。一見、攻撃的な行動にみえるものが、コーチングの場――巣立ち前の最後の集中レッスン――でもあるのではないか。もちろん、鳥たちはそうなるように計画したり考えたりはしていないが、親から強要されて巣立ったワシは、成鳥として必要な、最も重要な身体的スキル――飛行能力――が向上している可能性があるのだ。

一方ヒトの親たちは、攻撃行動はなしで、子どもの安全に絶えず注意しながらも自然の成り行きに任せながら、ライフスキルをじわじわ身につけさせることがある。これはときに「タフ・ラブ（愛のむち）」とよばれる。若者は厳しいが重要なそうしたレッスンを受け、のちに、親が自分に対してずっと深い関心を寄せてくれていたのに気づくと、目の覚める思いがする。コメディアンのトレバー・ノアは、自叙伝『トレバー・ノア　生まれたことが犯罪!?』[24]で次のように述べる。南アフリカ共和国で白人と黒人の間に生まれたノアは、アパルトヘイト体制が崩れ始めた一九九〇年代におとなになろうとしていた。ティーンエイジャーだった彼は、ある日、義父の車に許可なく乗っていたとき、警官から車の停止を命じられ、車を盗んだ容疑で逮捕される。拘留されたノアは、母親に自分の窮地を知られないようにし、自分だけで司法制度をなんとかうまくくぐり抜けようとしながら、つらい一週間を送る。結局、ノアは保釈されて自由の身となる。不思議なことに、急に現れて彼の事件を引き受けてくれた弁護士が力になってくれたからだ。実は、事の顛末《てんまつ》を友人や親戚たちから聞きつけ、弁護士を雇い保釈金を出してくれたのは、ノアの母親だったのだ。「私は牢屋でまるまる一週間過ごしながら、自分はなんて利口なんだと考えていた」とノアは記す。「でも、母はその間ずっとすべてお見通しだったんだ」。ノアは母親が自分に説明した言葉を思い出す。「私がこれまでやったことは残らず、愛あればこそだよ。もし私がおまえを罰していなければ、世界がもっと手ひどくおまえを罰するだろうよ。世界はおまえを愛していないからね」

旅立ちの準備

成熟したおとなへの移行期に若者が経験する、生理学的・情動的変化の多くをここまでに見てきた。そして、そうした変化は、両親との衝突を引き起こす可能性がある。親と子の対立は、分散という節目によって、えてして激化しがちである。

子どもたちがそろそろ親もとを離れる時期になると、親たちは子どもの様子を見ては、準備がどの程度できているか再々確かめようとする。自分の子どもがまもなくひとりで向き合うであろうあれこれを想像していたら、親は心配でたまらなくなる。特に子どもが持っているスキルがお粗末で、もっと教えておけばよかったと感じるようであればなおさらだ。

もうすぐ巣立ちする子を持つ親たちは、自分の子が、一見簡単そうにみえるおとなとしてのさまざまな仕事——定刻に起きる、自分が汚した場所をきれいにする、お金をやりくりする——をやり遂げられる力を持っているかどうか、心配になるかもしれない。子どもの旅立ちのときが迫るにつれて、ソファから濡れたタオルをどかすようにとか、車にガソリンが入っているかをチェックしろとか、インフルエンザの予防注射をしろなどと、父親は娘に文句を言いたくなり、けんかが起きるだろう。しかし、親は娘を追い出そうとしているわけではないことを頭に入れておいて損にならない。父親は娘に教えようとしているのだ。

インドのベンガルで野放しになっている母イヌと子イヌのグループを対象とした研究は、子イヌの誕生から分散までを観察し、親たちの戦略の変化を明らかにしている。[25] 科学者たちによれば、子イヌが小さいときは、母イヌは子どものために巣穴を掃除した。しかし、子イヌが古巣を離れる年齢にさしかかると、母イヌはそれ以上掃除をしなかった。子イヌが外の世界に出る数週間前になると、母イヌは掃除を徐々にやめ、自分たちのねぐらをどうやったらきちんと保てるかを、若いやんちゃな子どもたちに理解させる。

野良イヌの母親は子イヌに、まもなく一匹で出ていくベンガルの街なかの生活環境で、食べ物を見つける方法についても訓練をしていた。乳離れのちょっと前から、母イヌは生ごみの残飯を持ち帰り、子どもの食事に組みこみ始めた。そうすることによって、さまざまな栄養源に対して子イヌの味覚や嗅覚を慣れさせていった。これまでも述べたように、分散する若者は絶えず空腹状態だ。えさを与えてくれていた親がまわりにいなくなったときのために、親は前もって、どうしても必要となる食べ物を子どもがかぎ分けられるようにしていくのだ。

準備ができていようといまいと、親もとからの旅立ちに伴う感情はヒトにとって、ときに劇的なものであり、ときに何ともいえない微妙なものである。それでも、おとなとしての生活に乗り出す際の不安、興奮、恐れ、スリルの表現がヒト独特であるからといって、ほかの動物が出発のときに何も体験していないわけではない。ケンブリッジ大学の行動学者ティム・クラットン＝ブロックは動物社会に関する教科書のなかで、雌ウマが生まれ育った群れを離れて新しい家族グループに加わる様子を、感動的に描写している。

命がけで外の世界に乗り出す

ネバダ州のグラニット・レンジの乾燥した山並みで、野生馬《マスタング》のふたつの群れが乾いた低木の間で草を食べている。ひとつの群れにいた若い雌ウマがそわそわして歩きまわり、群れ雄《レジデント》から何度も集団のなかに戻される。その群れが曲がりくねった道を伝って立ち去ろうとしたとき、雌ウマは出遅れた。雄の注意がほかにそれたときに、近くにいたもうひとつの群れの雄が駆け寄り、取り残された雌ウマと、その雌の属している群れの間に自分の体を置き、雌を自分の群れのほうに導く。最初の雄がその作戦に気づき、急いで戻って攻撃しようとするが、ときはすでに遅く、まもなく、彼もほかの雌たちのほうに戻っていく。わずか数分のうちに、若い雌ウマはそれまでの生活をひっくり返すような決心を下し、母親や父親の保護の下から出て、以前に良質な草場を巡るライバルたちとして遭遇しただけの、血縁関係のないよそ者グループのなかで生きることにしたのだ。群れ雌《レジデント》たちに近づこうと若い雌は慎重に歩みを進める。先ほどの雄は彼女のそばでぴったりとガードし、もとの群れに戻らないようにしていた。(26)

ウマの文化では雌がほかの群れへと分散するが、ベルベット・モンキーの社会では雌は生まれ育った群れにとどまり、出ていくのは雄になる。(27) 雄が五歳前後になって性的に成熟すると、しばしば兄弟、仲間など同調する者たちと一緒に分散する。決定的な日にいたるまでの数カ月間、こうした若い霊長類は興奮し、内にこもり、気分屋になり、あるいは、ベルベット・モンキーの専門家のひとりが記すところの「落ちこんだ」状態になる。(28) 彼らは何が起こるのかはっきりわからないかもしれないが、こうした思案に暮れた雄ザルたちの前途には大きな課題が待っている。新しい群れを見つけると若雄たちがまずしなければならないのは、成熟した雄のリーダーのところまで行って戦いを挑むことだ。それは、サルたちが生まれた家族の群れを出てわずか数週間後、あるいは数日後のときもある。おとなになったばかりのこうしたサルたちは、立派なおとなの雄に立ち向かう勇気を奮い起こさなければならない。おとなの雄に立ち向かうのと同時に、外交的手腕をとりわけうまく発揮する必要もある。若雄たちを群れに加えるかどうかの最終的な決断は雌たちが握っていて、ベルベット・モンキーの雌は、粗暴な雄は許しておかないのだ。ベルベット・モンキーの雄がうまく成功するためには、新しい集団への参入をスムーズにこなせるだけの社会的スキルを十分に身につけていなければならない。そして、社会的な訓練ができていれば、戦わずとも群れを移れる場合が多い。つまり、サルも自立した生活を首尾よく始めるためには、何よりもワイルドフッドの間に社会的スキルを鍛える必要がある。

ロードキル

スラウツとＰＪが自然界の冒険に旅立った朝、まだ夜明け前のそのときに何を感じたかは、私たちにはわからない。早朝、私たちのような哺乳類は生物化学的に、ストレスホルモンであるコルチゾールの値が自然に上昇し、血圧が上がり、心拍数が増える。[29] そのため、夜明けとともに車の長旅に出発するほうが、ランチを食べた後に家の前から乗り出すよりも、なんとなく胸がどきどきするものだ。そうしたたぐいの、ヒトなら興奮とよぶようなものを、マウンテンライオンとオオカミがほのかに感じた可能性はある。

しかし、スラウツは出発したかと思うと、たちまち行く手を車の往来に阻まれた。そこにはトリエステとリュブリャナを結ぶＡ－１高速道路が伸びており、猛スピードの車やトラックがひっきりなしに走っていた。

自動車は世界中で、ＡＹＡ世代のヒトのおもな死亡原因である。[30] 私たちヒトは、その大部分が自然界の捕食者の脅威に頭を悩まさずにすんでいるのだが、その代わり、そうした自動車が若者に（車の外にいようが車のなかで運転していようが）生死にかかわる最大の危険をもたらす。一〇歳から二〇代初めまでの年齢グループは、ほかのどの年齢グループよりも車両衝突事故で負傷する者が多い。また、六五歳を超える老人の歩行者の死亡率が最も高い（自動車にはねられたときに死亡することが多い）のだが、ＡＹＡ世代ははねられる回数と負傷者の数がぐんと多い。

そして、ご存じのように、自動車は動物たちの命もあっという間に奪う。[31] 米国の幹線道路では毎日、無数の動物が交通事故で命を落とす[32]。私たちはその事故のことを気軽に「ロードキル」とよんでいるが、路上に残された毛皮や羽根やはらわたの持ち主は、それぞれの命を持った生きものだったのだ。都市環境が急速に自然領域を侵害していき、たくさんの動物の前には、車にはねられずに道路を渡るという難題が立ちはだかっている。そして、ヘッドライトの光のなかに立ちつくすおなじみのシカは、分散中の若シカが圧倒的に多いのだ。彼らはそれまで保護してくれた親たちから離れ、慣れない環境のなかをなんとか乗り切ろうとしている若者たちだった。

経験の浅い動物の若者と車との組み合わせは危険このうえない。ニュージーランドのセイケイ[33]〔訳註　クイナ科の鳥〕、オーストラリアのポッサム[34]、米国カリフォルニア州ハート・キャッスル近くのハイウェイ一号線に入りこむゾウアザラシ[35]、カラハリ砂漠で年長者から道路を最初に渡って掃海艇の役目を果たすよう強いられるミーアキャット[36]など、うぶな動物の若者の命を自動車は奪う。北アメリカ沖の航路帯の近くで育ったクジラの若者でさえ、経験を積んだ年長のクジラに比べると、タンカーやはしけによくぶつかる[37]。

野生生物学者たちによると、シカ、リスなどの動物は経験を重ねると、道路上を安全に通る知恵を学べるという。都会のコヨーテのなかには、信号標識に従って道を渡るようになった者さえいる[38]。現代のヒトの多くが学ぶ最初の安全レッスンのひとつは、車にひかれずに道を渡る方法を身につけることだ。九歳以下の子どもは車にはねられるリスクが最も低い。青少年は一四歳まで、道路を安全に渡るための指導をおとなにしてもらうべきだと提言する健康擁護団体もある。

免許とりたての若者が車のハンドルを握るときは危険度がさらにアップする。実際、車の運転は現代の若者の生活で唯一命取りとなる活動だ。[39] 運転を始めたばかりの若者はほかの年齢グループと比べて死亡率は四倍ほど、けがを負う確率は三倍ほど高い。リスクを十分に理解していないため、飲酒運転をする可能性も最も高く、シートベルト装着を守らない者の割合も一番多い。運転しながらのメールは、あらゆるドライバーにとって、運転がおろそかになる危険な行為だ。[40] 米国幹線道路交通安全局（NHTSA）によれば、運転中のメール送信行為によって、交通事故が起こる確率は四倍上昇するという。さらに、二〇一二年の報告書では、調査対象の若者ドライバーのほぼ半分が、調査の前月に、メールをしながら運転したことが明らかにされた。[41] 実際、交通事故で死亡したあらゆる年齢層のなかで、注意力散漫が死につながったケースが最も多かったのは一五～一九歳の若者たちだった。

そこで当然、ティーンは興奮を求め、目測を誤り、仲間や電子デバイス機器に注意が行き、衝動的に行動するものだという不名誉なレッテルがついてまわる。若者のこうした特性すべてが厳しい統計数値につながるのはたしかだ。十六歳という若さで段階的運転免許（「GDL：Graduated Driver Licensing」若年ドライバーが路上での経験を重ねるにつれ、運転の制限を解いていく制度）を利用したドライバーは、交通事故抑止に一役買っている。

高速道路を前にしたスラウッの話については、ポトチニクが興味深い事情を説明してくれた。スラウッの群れを何年も研究したポトチニクは、オオカミたちがたくさんの車が走る道路の周辺を、定期的に行ったり来たりしているのに気づいた。スラウッは歩けるようになってから、実際に道路を安全に渡っていたのだった。群れの年長と若手メンバーの間である種の社会的学習が行われているのを、ポトチニクは見たこともあるという。スラウッの生き延びるチャンスを増やしたのは、ヨーロッパの多くの国々が野生動物のために考えた安全構造だった。主要な高速道路には道路下の通路や陸橋が設けられ、動物が道を渡れるようにしているところが多い。スラウツの旅の途上に、動物の若者の命を奪う最大の難物のひとつが立ち現れても、彼はすべきことがわかっていた。スラウツは陸橋を見つけて、速足で渡った。その日のうちにスラウツは、もうひとつの交通量の多い高速道路、A－3に行く手を阻まれたが、高架部分を探し、その下の通路をそっと進んで旅をつづけた。

PJ

広大なロサンゼルスの街には、降り注ぐ日光と同じくらい、いたるところに幹線道路が見られるのだが、動物が安全に通れる横断路はそれほどない。そのため、マウンテンライオンたちが道路を渡ろうとして車にはねられるのは珍しい話ではない。ＰＪにとって幸運なことに、その朝、彼がたどった川床のルートは、車の騒音が激しいフリーウェイ四〇五号線や一〇一号線から離れていた。ところが、サンセットブルバードはどうしても渡らざるをえなかった。その幹線はロサンゼルスの北端の輪郭をカーブしながらなぞる三五キロメートルほどつづく四車線の大通りで、ダウンタウンから太平洋まで伸びている。夜明け前のためサンセットブルバードも比較的静かで、ＰＪは大股でゆっくり走ってたやすく通り越したかもしれない。どんな様子で進んだとしても、ＰＪは無事に大通りをクリアした。太陽は昇り始め、まもなく朝の通勤時間帯が始まり、職場に向かう車の耳障りな音がヒトの一日の始まりを告げたことだろう。

サンセットブルバードを過ぎるとすぐに、ＰＪはまったく見慣れない一帯に入ったのに気づいた。カリフォルニア特有の常緑の低木林《シャパラル》がどこにもないのだ。若いマウンテンライオンの足の下は、岩地から、コンクリートとアスファルトに代わってしまっていた。隠れ場所や休憩地点を提供してくれていた草木の茂みは消え、刈りこまれた芝生や平らな壁のように整えられた緑しか目につかなくなった。ＰＪは混乱しながらも足を止めなかった。彼は走り出した。陰の多いその通りはアリゾナアベニューという名前の広い大通りと交わっていた。おそらく、大音量で音楽を流しながら車がさっと通りすぎたか、トラックがクラクションを鳴らしたのだろう。ＰＪは、大都会のど真ん中に入ったのだ。生まれ育ったところから遠く離れてひとりぼっちで。びっくりしたＰＪは、アリゾナアベニューを突進し、どこかに隠れるところがないか、あたりを必死で探した。

のちの報道と目撃者の話から、次に起こったことが明らかになった。[42] ＰＪは入口にアーチがかかった道を見つけてなかに入る。選んだ道が向こうに抜け出せないとは思ってもいなかった。そこはＵ字型の中庭だった。行き止まりだ。ＰＪは閉じこめられてしまう。壁がとぎれているように見えた箇所に走り寄ったが、そこはガラスのドアに映った外の景色だった。前足で絶望的にガラスをひっかいたとき、背後に音がした。向きを変えたＰＪの前にはひとりのヒトがいた。ＰＪは近寄った。その男性は背を向け、走って逃げた。ＰＪは、その男が警察に電話するために逃げたのを知らなかった。

ＰＪはガラスを前足でたたいては、中庭を歩きまわった。突如、ヒトの小部隊が現れた。棒を手に持ち、ＰＪに向かってゆっくり動き始める。恐怖に襲われたＰＪは、腰を屈めては突進するのを繰り返し、なんとか逃げ出そうとしたが、片側を建物に、もう一方を合衆国魚類野生生物局の係官たちにはさまれた。突然、バンという音がする。麻酔薬の入ったダーツが当たったとは知らず、PJはもう一度、急いで逃げようとした。あと少しでヒトの間を突進していくはずが、未だかつて受けたことのない激しい力によって、おそらくそれが何なのかわからないまま、後ろに投げ飛ばされた。それは、サンタモニカの消防士たちが消防ホースから放出した水の壁だった。麻酔薬が効くまでの間、ライオンをなんとか食い止めようとしていたのだ。PJは再び立ち上がろうともがいた。さらに何発かの弾丸が彼の体に命中した。発砲したサンタモニカの警察は彼を殺そうとしたのではなかった——鎮静剤が効くまでの少なくとも10分間、非致死性の弾丸でPJをその場に釘づけにしようとしたのだ。PJの目に、火を噴いたような痛みが走った。非致死性の弾丸の一部は、トウガラシのエキスが充填されたペッパー弾だった。

恐怖におののき、PJはそれでもなんとか逃げようとした。その中庭の近くには幼稚園や、サンタモニカのダウンタウンのにぎやかなショッピングエリアである、サード・ストリート・プロムナードがあったのを、彼は知るはずもなかった。警察官、消防士、野生生物局職員たちは、興奮したマウンテンライオンに、山まで連れ帰って放してやりたいから落ち着いてもらいたいのだとは、説明できるわけがなかった。そのうえ、鎮静剤がすぐには回らなかった。混乱し、われを失ったPJは、体を前のめりに起こし、最後にもう一度だけ逃れようとした。この必死の突進で、PJは迫るヒトをすり抜けて道路まで戻れそうになった。公共の安全のために、警察官たちはPJに銃を向けた。

スラウツ

スロベニア南部ののんびりしたヴィパーヴァは、観光客に対して、ワインとプロシュート〔訳註 イタリアの生ハム〕の楽園と宣伝している町だ。夏になると、テラコッタ・タイルの屋根をのせた白い家々は、大きな木々から垂れ下がった緑の葉で優美に飾られる。観光客も住民も、歩道のカフェでコーヒーやビールを飲み、ジェラートを食べる。

二〇一一年の一二月の寒い夜、ヴィパーヴァの町は珍しい客を迎えた。スラウツの居場所の情報を三時間ごとに送る発信機つき首輪からのデータによって、ポトチニクはオオカミがヴィパーヴァの農家の裏庭にいるのがわかった。しかし、送られてきたGPSのデータを詳しく検討した彼は、絶望的な気分になった。ヴィパーヴァはスラウツの生まれた場所からかなり遠いため、オオカミがたった一日の間に独力でそこまでたどりつけたようには思えなかったからだ。スラウツは相当長い距離を移動したことになり、子どものころから知っていたこの若オオカミがハンターに撃たれて殺され、その遠方の家まで車で運ばれたにちがいないとポトチニクは思いこんだ。

ところが実際は、スラウツはぴんぴんしていた。その日はずっと警戒怠りなく、走りまわり、高速道路を横切り、車を避け、ヒトに見つからないようにしてきた。彼はその農家の住人に気づかれずに裏庭にそっと入りこみ、ひとりきりでの最初の夜を過ごそうとしていた。生まれて初めて親もとからこれほど遠く離れ、親や兄弟姉妹たちの慣れ親しんだぬくもりやつながりもなく、スラウツは孤独にうずくまり、体を休めようと丸まって寝た。

PJ

ニュース報道で、ショッピングモールやアパートのロビー、遊び場に迷いこんだ野生動物についての話が始まれば、つづく言葉には、「若い雄」あるいは「分散中の若い動物」、あるいはときに「動物のティーンエイジャー」といったフレーズが入るのはほぼ間違いない。たいていの場合、道に迷ってヒトと遭遇する野生動物はワイルドフッドの最中の個体で、絶望的な状況で、ステータスも低く、空腹で、テリトリーをもたず、生物としてやむにやまれず放浪に駆り立てられてきた。分散する途上の若い動物は、まだ経験の浅い身で現実世界に向き合い、大変な目に遭うことがある。

ＰＪがたとえ数カ月間、安全に過ごし、自分でえさを見つけていたとしても、そうしたスキルは、まったく異質の環境に入ると少しも役立たなかった。サンタモニカの中庭で、銃が発砲された。今度は実弾だった。ＰＪの息の根が止まり、その体が倒れる。

スラウツ

ポトチニクは一晩中、スラウツのことを気に病んでいた(43)。翌朝のＧＰＳのデータで、オオカミが北に向かって再び出発していたのがわかったときは、ほっとひと息ついた。だがポトチニクにはわかっていた。今回スラウツは想像上の銃弾をかわしただけなのだ。いざ本物の銃弾が、家畜を守る牧場経営者や、住民を守る警察官によって発砲されれば、スラウツの旅立ちなど簡単に終わらせられるだろう。というわけで、ポトチニクはオオカミの若者のためにほかの人々の力を借りようと乗り出した。スラウツが生き延びるのを助ける人たちを、広く集めようとしたのだ。そして、スラウツの生涯のうち最も危険な旅の最中に彼を見守るための共同体をつくりあげた。

ポトチニクは、スラウツが向かいそうなルート近辺に住む知り合いの生物学者や科学者に、残らず電話した。各地域の野生生物にかかわる法執行機関にも連絡し、ハイカー、牧場経営者など、放浪するオオカミと出くわしそうな人々に向けて、スラウツのことを広く知らせた。さらに、メディアにも注意をよびかけた。まもなく、スラウツの旅を追いかけるのは、ポトチニクひとりだけではなくなった。報道ニュースやウェブサイトでは、ほぼ毎日、スラウツの居場所の最新情報が流れた。

保全科学者たちは自然界の個々の動物を観察し、その動物の健康と安全を守るために位置情報を利用し、必要があれば介入できる。(44) 科学者たちは余分なえささを出しておいたり、動物たちの感染症や寄生虫による疾患を治療したり、折れた脚や翼をもとどおりにしたり、動物たちが道に迷っていそうであれば正しい方向に導いたりする。親もとを離れたばかりの一九歳のわが子を気にかけるヒトの親が、スマートフォンで子の居場所を確認したり、メールを送ったり、じかに訪問したりするように、こうした活動は「野生復帰（再導入）後のモニタリング」とよばれ、科学者たちは気にかけている動物の若者がどうしているかを確かめ、いざとなれば食料や保護を与えて助けられるようにしている。

そうした準備をすべてしたにもかかわらず、ポトチニクはまだ心配だった。スラウツがハンターや、猛スピードで近づくトラックや、ほかのオオカミ、あるいは病気の犠牲になる可能性はまだ残っているのだ。さらに困難なことには、スラウツがアルプス山脈に向かってまっすぐ進んでおり、季節は寒い冬の一二月後半だった。気温は急に下がっており、ポトチニクには一匹オオカミの若者がまもなく最大の難問に直面するのがわかった。そう、スラウッは自分の食べるものを探さなければならないのだ。

第16章　生きるために食べる

直近の食事について尋ねてみたい。あなたは自分でどの程度準備したか、思い出してみてほしい。あなたは材料を選び、味見し、探し出し、代金を払い、狩りをし、仕留め、つみとり、あるいはもぎとったのだろうか？　集めた材料にどれだけ手を加えただろうか？　切る、すりおろす、殻をむく、たたき切る、皮をむく、あるいはかじりとったのか？　その食べ物で空腹はおさまったのだろうか？　栄養は足りた？

途切れずにずっとつづけなければいけないことだから（でなければ死んでしまう）、地球上で動物たちが食べていくということは、驚くほどむずかしい。巧みに狩りをするためにはたくさんのスキルが必要だ。肉食ではない者たちにも同じことが当てはまり、草を食んだりえさをあさってまわったりするような採集生活にも技量が不可欠となる。食べることでもうひとつ問題になるのは、コストがかかるという点だ。つまり、エネルギーと時間が必要になるのである。もし、あなたが野生動物ならば、自分のえさを探している間に、捕食者が襲ってくるのではないかと考えなければならない。逆に捕食者であれば、捕食のステップを身につけ、狩りのたびにうまくいくのを祈るしかない。

自分でえさを手に入れられるようになるのは、おとなの動物の最も重要な目印のひとつだ。それまでの行動圏からの旅立ちや繁殖、角・枝角・たてがみ・低い声など、おとなとしての肉体的特性の獲得よりも、自分で食べていけることこそ、十分に成熟したことを示すより強力なあかしとなるだろう。捕食者を避ける、友をつくる、性的欲求や同意を伝える、といった方法を学ぶ必要があるのと同じで、動物は自然界で十分にえさを探す方法を生まれながらに知っているわけではない。餓死は若い動物が直面する最大のリスクだ。しばしば、捕食される危険よりも大きい。

分散していく動物はお腹を空かせている。というのも、自分でえさを手に入れられるようになるのは生易しいことではないからだ。そして、動物は必ずしも喜んで、あるいは、巧みに、えさを探そうとしているわけではない。世界はそれぞれ新たに乗り出してきたAYA世代でいっぱいで、彼らは自分たちの食べ物を探すのに必要なスキルをまだ学んでいない。空腹と餓死に対する恐怖は私たちの体に深く染みこんでいるため、成長物語の主人公にさえもつきまとう。

スーザン・コリンズの小説『ハンガー・ゲーム』シリーズは内容にふさわしい題名だ。その一八歳の主人公、カットニス・エヴァディーンが生き残るのは、何よりも狩りをして自分で食べものを調達できるからである。物語の冒頭部では、カットニスが父親からアーチェリーと野山で食料を探してくるコツを教わっていたおかげで、彼女と常に腹を空かせている母妹がなんとか生き延びている。のちにそうした技は、死闘が繰り広げられるアリーナで、サバイバルするのに強力な頼みの綱となるのだが、あるとき食べ物がどうしても見つからず、カットニスはごみ箱をあさりながら、パンを盗むしかないのかと悩む場面がある。

カットニスのそのときの絶望は、同じく一八歳のジェーン・エアの打ちのめされた心情と重なる。ジェーンは「飢えた迷い犬」のように、パン屋で食べ物を請おうとしてそれができなかった。店を再度訪れた彼女は恥をかきすてて、ロールパンひとつでいいから自分の革手袋と交換してくれと申し出て断られる。ついには、別のところで、ブタの飼料桶に入るところだった冷たいおかゆをもらって食べる。飢えたジェーンにとって幸運だったのは、農夫が自分の食べていたパンをひときれ分けてくれたことだった。わずかでも食べられたおかげで、ジェーンは牧師館（のちに、長らく消息不明だった親戚の住居だとわかる）までたどり着き、生き延びることができた。

科学者フランケンシュタインの創造物――文学作品に登場する成人したばかりのどの分散者にも劣らず痛ましい存在――は、山小屋の老人やアルプスの山あいの村人たちをなんとか説得して、食べるものをちょっとだけ分けてもらおうと頼みこむのだが、うまくいかない。彼は追い払われ、武器で脅され、ついには森のなかでベリーを食べて、生きていくために付近の家から食べ物を盗みながら、あばら小屋に隠れるしかなかった。

現代の豊かな社会で、若者が初めて自分だけで実世界に飛びこんでいくとき、もはや餓死について考えることはほとんどない。しかし、これはあらゆる若者におしなべて当てはまるわけではまったくない。ワシントンDCを本拠地とするNPOシンクタンクであるアーバン・インスティテュートの報告によれば、米国では、一〇～一七歳のほぼ七〇〇万人の若者が日常的に十分に食べられない状況に直面している。(1)

十分な資金がない者は、何を食べるか、どのように食べ物を手に入れるかの選択肢がほとんどない。これは若者の行動を理解するうえで、重要であるのに見逃されている事実だ。ヒトのすべての社会、そしてあらゆる種において、お腹を空かせた個体は大きなリスクを取らざるをえない。[2] 空腹が命取りとなるのは、餓死の場合だけではないのだ。

ずっと何も食べていない動物の若者は、開けた牧草地に走り出たり、満月の夜で自分の姿が露わになるのに狩りに出たりする。彼らが細い木の枝の先や、激しく流れる水のなかにじりじりと進むのは、低いステータスや経験不足のせいで、最も危険で、ふつうなら避けるべきルートをとらざるをえないからだ。彼らはまた、栄養価が低くてまずい、質の悪い食べ物を食べるしかない。対照的に、優位に立つ年長の動物はより安全な場所で待てる。彼らは上等のえさをたくさん食べる。餓死への恐怖を引き起こす空腹感に襲われることもなく十分に満ち足りた動物は、安全にも生きていける。

空腹によって、それでなくても脆弱なヒトの若者はどうしてもリスクを取ってしまう。アーバン・インスティテュートの報告によれば、米国で満足に食べられないティーンエイジャーたちは、盗みをしたり、ドラッグを売ったり、ただ食べていくためにセックス産業にかかわったりする可能性がある。こうした食べ物を手に入れる方法は、短期的な肉体的リスクに加えて、刑務所に入れられたり犯罪歴がつくことになるかもしれない。そうなると将来のチャンスが損なわれるだろう。

スラウツにとって、スロベニアの森でこれまで両親と一緒に狩りの稽古を行っていても、えさを自分だけで見つけるのは至難のわざだった。一日一日と経つにつれ、空腹感は増し、スラウツの絶望感は深まっていった。飢えのせいで、ふつうなら考えもしなかったようなリスクを取らざるをえなくなっていく。

腹ごしらえ

ヒトは分散する際、その危険性（餓死などを含めて）を念頭に置いて、さまざまな準備をする。お金を貯める。食べ物を荷物に詰める。情報をかき集めておく。必要になりそうな生活必需品をまとめる。だが、野生動物の若者はそんな複雑な準備はしない。とはいえ、動物は体の奥深くから生物学的な助けを得る可能性がある。その助けはヒトの若者も共有して備えているものだ。

子どもが家から出たあとで、多くの親たちがまず気づくことのひとつは、食費ががくんと減る点だ。そう、それまでたらふく食べていた人間がひとりいなくなったからであり、そのいつも空腹の者は、成長する体が多くの燃料を必要としていたのだ。しかし、誰もが知っているティーンエイジャーのとどまるところを知らない食欲には、もうひとつの原因があるかもしれない。それは、大昔よりつづく、分散前の生体メカニズムが根底で働いているのだ。

巣を離れる準備が始まる直前になると、活性化した（アップレギュレーションされた）遺伝子によって、未知のおそらく危険な世界で生活できるように、体が変わっていくという研究結果が出ている。[3]外部環境が遺伝子に合図を送り、その遺伝子はさっそく体の変化を指示する。こうした双方向の関係は、遺伝子と環境因子の相互作用とよばれる。

移動の前に、多くの哺乳類が体内に脂肪を（もちろん、無意識に）貯め始めるのは、旅の途上で、食べ物がほとんどない場合に役立つからだ[4]。おとなになったばかりのマーモットは、親たちのそばを離れて危険な世界に乗り出す際、脂肪を取りこむ代謝機能によって、体に余分のエネルギー供給源をじかに蓄えている。こうした遺伝面の働きによって、餓死のリスクが少しでも低くなる可能性があるのだ。マーモットなどの分散中の動物は、青年期に活性化する体のもうひとつのメカニズムである免疫系にもさらに守られているかもしれない。活性化した免疫システムによって、動物の若者たちは親もとから遠く離れて新たな病原菌や感染症にさらされても、それを撃退しやすくなるだろう。

食欲や抵抗力の変化は、巣立ち直前の動物の体内深く、目に見えないところで静かに起こり、その有益な変化はヒトにも認められる。研究者たちはそうした発見が私たちヒトにどのように当てはまるのか、仮説を立て始めたばかりだ。おそらく太古の動物の分散時における生理的機能が、餓死しないように体に対してエネルギー源を貯めこむように仕向けるのだろう。それが、ティーンや若年成人の肥満率の高さの一因となっている。あるいは、全身性エリテマトーデス、多発性硬化症、潰瘍性大腸炎などの自己免疫疾患の発症時期について考えてほしい。これらの病気はAYA世代に発症するケースが多いのだ。若者の免疫システムが分散を前にして、全面的に見直しをされるという点を考えれば、こうした疾病の一連の過程が理解できるのではないだろうか。

先が読めない旅に向けて肉体の準備ができるようDNAレベルで変化が起こっているなか、分散前の動物の若者たちにとっては、激しい空腹に陥らないかどうかが最大の関心事になる。幸運な場合は、物知りの親たちが自立生活のコツを教え、分散後でさえ新生活の要領をつかむまでの支えとなってくれる。助けになる親のいない者たちは、自分自身で何から何まで考え出さなければならない。

ティーンの好きなもの

スラウッは出発して一週間後、リュブリャナ空港の近くでようやく食事にありつく。[5] 彼はアカギツネを二匹、仕留めて食べた。その獲物の選び方からは追い詰められて必死な様子が見てとれる。オオカミはシカを食べるのを好むのだが、シカを倒すのは至難のわざだ。そのため、自立してまもなくのころは、おとなになったばかりの捕食者は捕まえやすい獲物を食べるのがふつうなのだ。

オオカミの専門家、デイビッド・メックによれば、ノースカロライナ州のアメリカアカオオカミは、オジロジカ、アライグマ、ヒメヌマチウサギから齧歯類まで、さまざまな獲物をえさにする。[6] しかし、興味深いのはどういった個体が何を食べるかだ。ある研究では、若いオオカミはおもにラットや小型ネズミを食べ、一方、おとなのオオカミはシカを堪能したという。アライグマやウサギは、おとなになったばかりで経験を積もうとしている最中のオオカミの腹に入った。彼らにはシカを襲うのに必要なスタミナや知力がまだ足りていなかったのだ。しかし、成熟したオオカミになるころには、齧歯類を食べる必要はほとんどなくなる。給料の低い新入社員が、仕事をしていくうちにより稼ぐようになるように、オオカミの若者も技能を身につけていくと、食べるえさの質も向上するのだ。

シカを仕留められるというのは、私たちが訪ねた「絶滅危惧オオカミセンター（ＥＷＣ：the Endangered Wolf Center）」で用いられる基準でもある。[7] そこはミズーリ州のセントルイスのほど近くにあり、米国で最も歴史があるオオカミ保護施設だ。ＥＷＣは親のいない子オオカミを引き取り、訓練して生活技能を身につけさせ、再び自然界に戻している。訓練中の若いオオカミはおもに、彼らの囲い地のなかに入りこんでくるアライグマ、オポッサム、齧歯類を追いかける。その間、訓練スタッフは、彼らのスキルがミュールジカのような大きな獲物を倒せるほどうまくなっているかを注意深く見守っていく。そして、シカを殺すのを見届けるまでは、オオカミのえさを足してやる。オオカミを自然界に戻すかどうかの判断は、二件以上の狩りを確認してから行うのが望ましいというのがセンターの考えだ。

クロクマの自然保護活動家で、ニューハンプシャー州の野生動物コンサルタントであるベン・キラムは、同様のアプローチで、親のいないクマの子どもを救い出し、リハビリを行い、大自然にまた戻している。[8] キラムは「必ずしも私が自分でえさを探す方法を教えるわけではありません。ただし、クマたちがえさの探し方を学ぶ間、彼らを守ってやるのです」と話す。

これまで述べてきたように、大自然のなかでのえさ探しは簡単にはいかない。経験の浅いミーアキャットは貴重なサソリをいじくりまわして、結局は逃げられてしまい、食べられないときが多い。[9] 地球上の代表的な捕食者たちでさえ、獲物を捕らえるために何度も狩りを試みなければならない。セレンゲティ国立公園のライオンや、北アメリカのオオカミの狩りは平均して八〇パーセントの失敗率だ。[10] つまり、一匹仕留めるために、五回、異なる動物を追いかけ攻撃しなければならない。インドのトラやホッキョクグマの場合、九〇パーセントの失敗率が標準となっている。[11] 近辺に獲物がどれだけいるかが狩りに成功するうえで大きな役割を果たしている。だが、同じように、捕食者としての経験も重要である。

アーシュラは魚の捕らえ方を身につけるのに何カ月もかかったはずだ。キングペンギンにとって、水中で長く息を止めていられることは、狩りのスキルの大きな進歩となる。同様に、食べ物についてのノウハウがほとんどない分散中の若者は、たいてい安くて入手しやすい低品質のもの、つまりジャンクフードでお腹を満たす。スキルと資源を手に入れて、オオカミがシカを倒すのと同等の行動――つまり、良質な食べ物を買ったり、料理したりすること――ができるようになるまでは、それで済ますしかないのだ。

年長者が拒むような食べ物にAYA世代が引きつけられてしまいがちなのには、ほかにもおもしろい理由がある。ワイルドフッドの最中に知覚が変化すると、動物にはほんとうに食べ物が違って見えることがあるのだ。たとえばオマキザルは、青年期に入ると赤ん坊やおとな時代よりも見える色の幅が広くなる。(12)年をさらに重ねると、見える色は次第に少なくなる。生物学者によれば、こうした色覚の変化によってサルの若者にはある種の果物が見つけやすくなり、えさ場でおとなと競合しながら食べ物探しを始めなければならないとき、有利なスタートを切れるのかもしれないという。

ベニザケは子どものときとおとな時代には、紫外線領域が見える。(13)しかし、青年期の短い期間、彼らは突如この能力を失う。それには、ある種のえさを避けることに関係があるのかもしれない。なぜならベニザケが食べるものの多くは、紫外線によってコントラストがはっきりするからだ。生物学者たちはこうしたえさの「包装」が一時的に見えなくなるのは、どうもワイルドフッドの最中のサケに必要な、生き残りのための利点を与えているのではないかという仮説を立てている。

青年期の動物はその時期に害を与える食べ物から身を守るために、視覚・嗅覚・味覚が実際に変わり、利益をもたらす食べ物に引き寄せられるのではないか。これは、妊娠時の食べ物に対する強い欲求と嫌悪感が、胎児の成長を支えている可能性があるのと同じだ。若年動物の食事内容が貧しいのは、彼らのステータスが低く、順位は最後のほうで、選択の幅はほとんどなく、栄養分も低そうな代物しかない最も危険なエリアでえさを探さなければならないからだ。あとで述べるように、若者の変わった食の好みは、分散時の青年期動物の役に立っている。つまり、それまでになかったえさの見つかる場所で何をどのように食べるかを学ぶ際に、目新しいものに適応しやすくさせてもいるのだ。

逆境でのチャンス――やりぬく力《グリット》のあるリス

応用動物行動学者（専門知識を動物の訓練や動機づけの場で具体的に活かす人々）の間では、すべての食べ物は平等にはつくられていないというのは常識である。イヌたちはチーズの小片、レバーの塊、ピーナッツバター少々のほうが、ありふれたドッグフードよりもはるかに興奮するのだ。応用行動学者はそうした特別のおいしい食べ物を「高価値のごほうび」とよび、気が散ったり、新しいスキルを学ぼうと努力している動物を励ますために戦略的に利用する。高価値のごほうびは、非日常的で魅力があり、意欲を促してそれに報いる。高価値の食べ物の野生バージョンは、自然界に少なからずある。たとえば、ブリティッシュコロンビア州の海岸部に生息するヒメコバシガラスにとって、アサリはその特別な食べ物だ。

カラスにおける時間とエネルギーの観点からいうと、そうしたアサリを食べるのは恐ろしく高くつく。この軟体動物は調達するのがむずかしく、中身を食べるまでの準備に時間がかかる。まず、カラスたちはアサリがいそうな干潟を特定しなければならない。次に、柔らかい泥をくちばしで掘って貝を探し当てなければならない。重たい貝を苦労して空高く運びながら、近くの岩場の上に落とし、殻を割って中身をむき出しにする必要がある。もし、貝殻が割れなかったら、もう一度回収して、再び空に飛びあがり、再度貝を落とす。四、五度空から落としてやっとなかの身が取り出せる貝もある。ひとつのアサリに多大な時間とエネルギーが必要なのだ。

サイモン・フレーザー大学のふたりの科学者が、カラスの一見して非効率的な行動をもっと詳しく調べようとしたところ、奇妙な点——アサリを食べるプロセスの余計な行動——に気づいた。(14) カラスたちはアサリを見つけようとする際、泥のなかから貝を掘り出して、拾い上げるのに大変な時間を費やしていた。それなのに一方では、せっかく見つけた貝をまた干潟にぽとりと落とし、空高く運んで岩の上に落下させて割る作業までもっていかず、そのまま置き去りにするときもあったのだ。カラスは申し分なさそうなアサリをわざわざ掘り出したのに、食べるプロセスの途中であっさり捨ててしまうのはどうしてなのだろうか？

結局、その却下されたアサリは小さすぎたことがわかった。泥のなかからアサリを持ち上げたときに経験を積んだカラスならば、身を取り出すための飛行と投下の手順で費やさなければならない時間とエネルギーに対して、殻のなかの肉の潜在的エネルギー含有量を計算できるのだろう。

そうした計算がうまいのはどんなカラスだろうか？　そう、年長で経験豊富なカラスだ。経験の浅いカラスは、貝のいる場所を見つけ、掘り、くわえ上げ、計算し、飛び、落とし、食べる、という各プロセスにより多くを費やしてしまう。そして、そうしたすべてを成し遂げたとしても、彼らはたかり屋の競争相手を出し抜かなければならない。たかり屋の鳥は、貝の中身を取り出すまでの疲れ果てる手順を踏もうなどとはまったく思わず、ほかのカラスが貝を相手に苦闘している近くでただ待ち伏せし、襲いかかり、その苦労の結晶を盗んでいく。たかり屋に対しても、経験の浅い若いカラスは不利な立場にある。カラスの若者がせっかく食べようとした貝は、年長のカラスが食べようとしている貝よりも盗まれやすい。とはいっても、若いカラスたちも何度もがんばってトライしていくにつれ、アサリをまずまず食べられるようになる。

鳥のなかには成功への道をひた走れる特別な性質を持つ者がいるのかもしれない。その特質とは、粘り強さ、根気強さ、不屈の気構えという、情熱と忍耐の特別なコンビネーションだ。心理学者アンジェラ・ダックワースはこの力を「グリット（やりぬく力）」とよんでいる。[15] 気質、生物的要素、訓練、環境、そして期待と機会など、グリットはさまざまな要素を含んでいる。ダックワースによれば、ヒトが目標を達成するには、長期間の努力、実践、高い意欲が必要であるそうだ。

ンゴロンゴロ・クレーターで生まれたハイエナ、シュリンクのグリットのレベルを調べれば、非常に高い値が出ただろう。ハイエナから熱帯のクロウタドリ、ミーアキャットまで、個体によって粘り強さのレベルが違う点は研究されてきた。[16] その違いを比べるために、科学者たちは食べ物を用意し、それをしばしばパズルのなかに隠して、えさを手に入れるために各自で努力をするよう仕向ける。同じ障害物に直面しても、ほかの者よりもあっさりとあきらめる個体もいる。

パズルの箱から生肉を取り出すのに、数回試しただけであきらめるハイエナたちがいる一方で、肉を取り出そうと何度も一生懸命にやりつづけるハイエナもいる。[17] 同様に、ミーアキャットのなかには、瓶からカリカリのおいしいサソリを取り出すために、仲間があきらめたあとも何度もチャレンジをつづける者たちもいる。

グリットがあれば、ヒトの場合と同じように、ほかの動物でもよい結果を出しやすくなる。たゆまず努力し、何度も試み（練習し）、高い意欲を見せる粘り強い動物は、問題を解決し革新を生み出す可能性が高い。問題に取り組む時間の長さは、成功と相関する。それは瓶からサソリを引き上げるのになんとか成功するミーアキャットであろうと、パズルボックスから生肉を取り出す方法をとうとう編み出すハイエナであろうと同じだ。たゆまない努力を重ねて、若者はワイルドフッドの間のあらゆる難題に立ち向かっていけるようになる。安全に暮らす、社会的スキルを伸ばす、性的関心や欲求について相手と気持ちのやりとりをする、そして最終的には生き抜くことそのものすべてが、ワイルドフッドの間に、何回もの挑戦の末にスキルアップされていく。

動物のグリットには、ヒトに対する教訓が含まれている。つまり、必要は粘り強さのもとかもしれないということだ。最も粘り強い者たちは、優位にある成熟したおとなではないのがわかったのだ。それは、若手で従属的な立場の者たちだった。ご存じのように、下位の者たちの根気強さをぐんと高く押し上げるのは、空腹だ。若い動物は手持ちの資源が少ない。十分にえさを食べ、それゆえやる気があまりない年長の優位な者たちが、あきらめていなくなったあとも、ＡＹＡ世代は生き延びるために必要なものを手に入れるために、居残って粘り強くがんばらなければいけない。

動物実験から報告される注目すべき観察結果は、ヒトにも当てはまるとダックワースは言う。つまり、グリットは固定された特性ではないということだ。グリットは強化できる。特別仕様の箱からごちそうを取り出すむずかしい仕事を根気強くつづけたリスたちは、さらに粘り強くなった[18]――そして試してみればみるほど、成功の回数が増えるのだ。ヘーゼルナッツ欲しさに意欲がわき、リスたちはがんばって何度もトライした。そして、あきらめないでやる間に、彼らの粘り強さはさらに高まった。言い換えれば、グリットはさらに強いグリットを生み出したのだ。

物知りの母親

オジロライチョウの母鳥が子どもたちに体にいいものを食べてもらいたいとき、タンパク質が多く含まれている草を指し示すのに特徴的なピーピー声を上げる。[19]幸運にも栄養についての優れた「ガイド」役を果たす母鳥を持つひな鳥は、成長してえさの知識を思い出させようとしてあたりをうろつく母親がいなくなっても、栄養価のより高い植物を見つけられる。子ヒツジが母ヒツジと一緒に、そして、子ウシが母ウシと連れだって草を食べていると、子どもたちは幅広い種類の栄養価の高い草を自然と食べるようになっていく。[20]

ヒトの場合も、栄養に関する知識を持つ親がいる青年たちは運がいい。摂食行動に関する親の影響を研究した結果、親は栄養面において強力な影響《インフルエンサー》を与える存在であり、時間の限られた絶好のチャンスである幼少期に、長期におよぶ食の好みや習慣を形づくることがわかった。[21]ヒトの親は、子どもと一緒に料理し、買い物の仕方やラベルの読み方を教え、食物の生産・貯蔵・調理のテクニックを使って実際にやってみせるなど、さまざまな方法で食に関する情報を次の世代に伝える。

しかし、何を食べるかを学ぶことは、自分が食べるために、狩りをする・えさを探してまわる・えさのありかを見つける・盗むといった方法を習得することとは根本的に異なる。動物たちにとってワイルドフッドこそ、えさを手に入れるスキルが親や彼らの所属する共同体から広く伝授される時期となるのだ。動物の若者の体力や集中力が十分に高まったらすぐに、その教育は始まる。

シャチは「ストランディング（意図的な座礁）」とよばれる方法で、波に乗って浜辺に乗り上げアシカやペンギンを襲い、獲物をくわえたまま返す波に乗ってまた海に戻っていく。[22] おとなのシャチは寄せる波に自分の子どもを押しやって浜に乗り上げさせたり、獲物のほうに向かわせたり、子シャチがうまく波に乗って戻れないときに助けてやったりして、この狩りの方法を教える。これはほんとうに危険なわざだ。もし、きちんと正確にやれるようにならなければ、本物の座礁という危険が待っている。親たちからそのスキルを学んだあと、シャチの若者は仲間たちと一緒にときどき練習するようになる。あたりに親シャチの姿はなく、危険な座礁ごっこを友だちとしていくのだ。

ヒトの親たちが、食物の安全に関する知識を子どもに伝えるのは、劇的な場面からはほど遠いところで淡々と行われる。現代社会において、そうした知識はふつう、短期的に見て病気や死さえ招く恐れのある食べ物（毒物や、アレルギー反応・アナフィラキシーを引き起こす食物）、あるいは長期的に見て疾病や死亡（糖尿病、心臓病、がん）の一因となる食べ物についての情報という形をとる。その詳細はそれぞれかなり異なるが、子どもが体にいいものを食べて安全に過ごしてほしいという親の気持ちはみな同じだ。

互いに協力して狩りやえさあさりをする集団内で暮らす動物の若者たちは、集団での活動に参加し、力を合わせて目的を果たす。ここでまた母親が重要な役割を担うために登場する。ソルトなど、ザトウクジラは、「バブルネットフィーディング」という天才的な方法を利用して魚を捕まえる。[23]四、五頭のクジラがひとつのグループとなって漁をするもので、魚の群れのまわりを泳ぎながら、一種の海水の竜巻を起こし、その渦のなかに魚たちを追いこむやり方だ。クジラたちがらせん状に旋回しながら泡を大量に発するため、魚たちは混乱してよく見えなくなり、そのバブルネットに閉じこめられてしまう。魚の群れがすべてかき集められると、クジラたちは即座に下方から大きな口を開けて襲いかかり、コーン状に集められた多数の魚を、音を立てながらやすやすと飲みこんでいく。この集団行動には学びと練習が必要であり、母親から子どもへ、そして集団内でのスキルの伝達が行われるという研究報告が挙がっている。

一九八〇年代、メイン湾で、ソルトが最初の子を妊娠していたころ、ザトウクジラたちはバブルネットフィーディングの技法に、新たに改良された工夫を加えていた。いわゆる「ロブテール法」であり、バブルネットをつくる前に、尾びれで水面をたたくというおまけの行動をとる。[24]この新しい行動が始まったのは、クジラたちのえさがそれまでとは異なる種類の魚に移った時期と重なっている。その魚たちは脅えると水中から飛び上がる習性があった。尾びれで水面をたたくと恐らくバブルネットに音波の「ふた」がかぶさり、ザトウクジラの望みどおりの位置に魚を留めておける。ソルトは自分の子ども一四頭それぞれが青年期に入るたびに、多くのスキルを教えていったことだろう。その教えのなかに、旋回しながらバブルネットをつくるやり方やロブテール法のコツが含まれているのではないかと考えるのは楽しい。ソルトが教えたのかどうか、実際は定かではないが、メイン湾の仲間のザトウクジラたちはたしかに自分の子どもに教えていた。幸運な子どもや仲間は、物知りの母親からその狩りのスキルを教わったのだろう。

ハンガー・ゲーム

ほかの動物を仕留めるのはちょっとやそっとではいかない。捕食のステップを楽々こなしているように見えるためには、何年もの訓練を重ねる必要がある。捕食者の親のなかには、子どもが命をつなぐ行動に出なければならなくなる前に、事前練習の機会を設ける者たちもいる。その際には、生きたえさ動物を子どものところに運んでくることが多い。

ヒョウアザラシの母親は子どもに傷ついたペンギンを与え、その息の根を止める練習をさせる。チーターの母親は子どものもとにけがをしたガゼルを運ぶ[25]。同様に、マウンテンライオンの母親は子ジカ、ビーバーの子、スカンク、ヤマアラシを、捕食のための「遊びながら学習」の教材として持ち帰る[26]。

食肉類のミーアキャットはサソリ・スクールを開く[27]。そこで子どもは、太い尾を持つキョクトウサソリ科の有毒のサソリを安全に殺して食べることを学ぶ。経験を積んだおとなは、このクモ形類を殺さずに毒針を取り除き、子どもに渡すのだ。ミーアキャットの子どもが成長していき、サソリについての知識を少しずつ身につけていくと、今度は生きた、毒針も何もかもそろった完全なサソリが運ばれてくる。おとなの監督のもと、子どもはサソリを動けなくして、毒針をちぎりとり、殺し、食べる。

捕食者としての訓練は、イベリアカタシロワシにとっても、分散プロセスの一部となる。[28] 実際、それをきっかけとして別れのプロセスが始まり、最後には親のストゥーピング攻撃〔訳註　一五章に既出〕や意地悪行為が行われる。ほかの猛禽類と同じように、このイベリアカタシロワシは、おとなになりつつある若鳥にえさを与えるのを徐々にやめていくうえで、効果的なパターンを踏んでいる。

まず、親たち（母親も父親も）は、子どもがどこかの枝の上にいるのを見つけて、えさを運ぶ。親は子どもの隣に舞いおりて、えさの肉を引きちぎって、まだ小さいひな鳥だったときにしてやったのとちょうど同じように、くちばし移しで食べさせる。ところが、その数日後、そうした赤ん坊に対するようなえさの与え方は減っていく。親たちは依然としてウサギや齧歯類を息子や娘のために運ぶが、肉を小さくちぎって与える代わりに、子どもから離れたところに降り立つ。もし、子どもがえさを食べたかったら、そこまで飛んでいかなければならない。さらに、子どもが近づいてきたら、親はそこにとどまるものの、えさを食べさせはしない。親が見守っているなか、子どもはえさの生肉を食いちぎる方法をなんとか自分でものにしなければならない。

第三ステージに移ると、若鳥はえさを持っている親のもとに飛んでいく必要があるうえに、今度は親がただちに飛び去ってしまうため、えさとともに取り残された子どもはひとりで食べなければならない。親たちがえさを持ってくる回数が次第に少なくなるにつれ、子どもはどんどんストレスが高まっていく。そして子どもは、えさの供給とスケジュールの変化をおとなしく我慢するわけではない。彼らはみな、しつこくせがむ。しかし、親たちは子どものうるさい鳴き声も無視する（親の意地悪行為の開始）。そして、断固とした姿勢を変えず、えさ運びの回数をますます減らしていく。子どもたちは結局、永久に巣離れする。

このワシの巣離れプロセスをさらに興味深くしているのは（そしてイチかバチかの要素がかなり強くなるのは）、ワシの親たちが、まだ子どもが狩りのやり方を知らないうちにそれを始めるという点だ。ワシの若者たちに狩りの腕前はない。というのもそれまでに狩りの経験がないからだ。これは合理的でないように思える。子どもはネズミの立てる音に耳をすませたり、ウサギをつかむ方法を一体どうやったら知ることができるというのだ。急降下、脚での一撃（ストゥーピング）、捕獲、引き裂きはどうやればいい？　別の言い方をすれば、発見、評価、攻撃、仕留めるのは？

スペインの研究者たちは、ワシの子どもがいくらせがんでも親たちが「無関心」で意地悪行為をするのは、優れたハンターに不可欠な飛行スキルを、子どもが練習せざるをえないようにしているからだという仮説を立てた。親たちは、自分の子が自立したおとなとして生きていくためのスキルを学ぶ意欲を起こすために、彼らの空腹を利用しているようだった。

バブルネットフィーディングであろうと、サソリ・スクールであろうと、あるいは浜辺への乗り上げレッスンであろうと、動物の若者は、何をどのように食べるのかについての重要な知識を年長者たちから受け継いでいく。自分で食べていける能力は、うまく生き延びることにつながる。この種の自立――それに伴って生まれる自信――によって、ヒトやヒト以外の動物は他者に配慮するようになり、それが子どもであろうと、血縁者であろうと、共同体のメンバーであろうと、自分以外の存在の面倒を見る態勢もできていく。

犠牲を払う親の事情

動物の親は時間とエネルギーを注ぎこんで、子どもがこの世界で生きていくのに必要なスキルを確実に学べるようにする。おとなになるまで生き延びそうな子どもに対しては、親はより多く投資する場合がある。ヒョウの研究では、子どもが成長して独立間近になると、母親はその子の練習台となる獲物を探す時間が実際に「多く」なっていた[29]。しかも、そうした母親は自分自身のえさを探すのに費やす時間よりも、子どもの教育のために使う時間のほうが長い。私たちヒトでいうと、前途有望な息子や娘の教育資金を出すために、仕事をひとつふたつ多く引き受ける親とたいして違わない。

しかし、親や教師の役目であっても、常に利他主義に立って、励ますためにうなり声を上げたりのどを鳴らしてばかりはいられない。子が親から学ぶのには限界があり、親の立場からすると、自分の子を生徒として扱うのは苦労だらけの仕事となる。オオカミやシャチの若者はグループで行う狩りを台無しにする場合がある。若者の無知とおふざけで、家族の食事がなくなってしまう可能性があるのだ。動物の親たちは、何も知らない子どもに狩りやえさあさりを教えるのにうんざりしてくるかもしれない。特に子どもが大きくなって、パピーライセンスの有効期限が切れかかってくるころにはなおさらだ。

こうした教育の場での親子の衝突を、親以外の共同体のおとなが若者を導くメンターとなることで回避している種もある。ウガンダに生息するシママングースは、生後約一カ月になると巣穴を出て、望ましい食習慣にもとづいてえさを集めるための複雑な事柄についてアドバイスしてくれる師《メンター》を選ぶ。[30] 血縁関係のないそのマングースは、爬虫類の卵を盗む、ヘビや鳥類を狩る、落ちた果物をあさるといった方法を教えてくれる。マングースは、マングースの若者はメンターを自分専属とみなすようになり、ほかの仲間を近寄らせようとしない。数カ月後、マングースの若者が必要なことを学んでしまうと、そのエスコートの関係は終わりになる。それでも、教育を終えたマングースが終生好むえさ場とスキルは、メンターが教えてくれたものであり、自分の親が利用するえさ場には出向かない。

彼女と同じものをいただきます

動物の若者は狩りやえさあさりのスキルがそれほどうまくはなく、十分とはいえない食生活を送っているが、別の意味でも、食事内容はたちまち悪くなる可能性がある。彼らはしばしば友だちの食べ物の好みをまねするのだ。

たとえば、もしドブネズミの若者に、彼らの好むおいしい食べ物といやな味の食べ物のどちらかを選ばせたら、毎回おいしいほうを選ぶ。[31] しかし、ある研究では、ドブネズミが思春期に入り仲間と一緒にされると、食べ物の好みが変わることがわかったのだ。[32] 自分のそれまでの味の好みに逆らい、仲間の好みをまねする傾向が二倍に上がった。こうしたピア・プレッシャーが個体自身の味の好みよりも強力に働いたのかどうかを調べるために、研究者たちはナトリウムが欠乏しているラットに、健康状態を改善する量の塩分を含むえさを用意した。ラットの若者はまたしても、仲間が食べているものなら何であれ、そちらのほうを好み、栄養学的に強化された健康的なえさを拒否した。驚くべきことに、仲間の好みのまねは毒物にまでおよんだ。[33] 過去に有害物質の含まれた食べ物で体調を崩したにもかかわらず、仲間がそれを食べているのを見たラットは、やはり同じように、その体に悪い食べ物を食べた。

ラットは毛皮やほおひげに残り香をつけているため、それまで何を食べていたのかが、すぐにばれてしまう。[34] さらに強い影響力があるのは、仲間の息に含まれる食べ物のにおいだ。それが苦いもの（ラットが好きでない味）だろうと、友だちの息にそのにおいを感じとれば、ラットの若者はそれを食べようとする。同様に、仲間が避ける食べ物についても右にならえし、同じ食べ物を嫌がるようになる。

ヒトの親たちにとって、若者の食べ物の選び方におよぼす仲間の影響力の大きさにはストレスが溜まるだろう。ことに、食物教育をそれまで一五年近く注意深くつづけてきたのであれば、なおさらがっくりくるだろう。あるいは、食べ物問題を若者の反逆の警戒すべき兆しのように思うかもしれない。健康的なランチを投げ捨てる、家族との夕食に加わるのを拒むといった、若者に共通するこうした行動は親たちを動転させ、その心を傷つける。ところが、齧歯類の行動の理由は生態学的に説明でき、同じ要因が、ヒトの行動にも影響を与えている可能性がある。ある特定の環境については、仲間が持つ情報は親の情報よりも最新のものであることが多い。年齢を重ねた動物の親は、自分たちのやり方にこだわり、資源、ステータス、あるいは伝統から恩恵を受け、栄養生態系の変化にいちいち影響を受けないですんでいる。しかし、若い動物たちは生態系がもっと身近にあり、より大きな影響を受けている。

そして、仲間は最新の情報を提供するだけではない。分散する時期に仲間がいれば、貴重な、ときに命を助ける支援体制がつくれるのだ。マダガスカル島原産の食肉類で、キツネザルをおもなえさとするフォッサの雄は、ほかの雄（兄弟あるいは仲間の友）としばしばチームを組む。[35]「二匹でチームになったフォッサの雄たちは、力を合わせて狩りができます。そうなれば、一匹で暮らす個体よりもたくさん食べられ、大きくなれる可能性があります」と、フォッサの研究者ミア＝ラナ・ルアは説明する。[36]気の合う連れとしてなら兄弟どうしのほうがうまくいくだろうし、ひと組になるメリットは狩りが効率よくなるだけではない。狩りのパートナーにもいい相手を見つけられれば、フォッサの将来はより楽しいものとなる。相手を見つけそこなったフォッサは、ルアによると、「一匹だけで生きていく道を歩む」そうだ。

バーガー店やコーヒーショップで友だちと一緒にワッフルフライ〔訳註　ワッフルの形をしたフライドポテト〕を食べたり、甘いミルクティーを飲んだりしてだらだらつきあうのは、健康第一の食生活にはつながらないかもしれない。しかし、子どもたちの食事について心配している親は、こうした子どもの行動を違う角度から見られるかもしれない。子どもたちはワイルドフッドの本能に従って——そして楽しんで——友だちと飲み食いしているのだ。

最後に言っておきたいこと。若者の食生活があまりにひどいものでないかぎり、最も重要な部分は食べ物ではなく、友人たちのほうなのだ。すべての社会的動物は、集団のなかで自分が占める位置関係が、アイデンティティの根源となる——独り立ちは自立から生まれるのであって、孤立から生まれるのではない。

第17章　ひとりでやり抜く

旅を始めて一週間以上経ってスラウッが食べたのは、不本意ながらノロジカではなくアカギツネだったのだが、ひとまず胃袋をいっぱいにした。ヒューバート・ポトチニクの研究チームは、スラウッが旅の間に獲物を倒した地点を調べ、何を食べたかを記録した。そして、回を重ねるにつれてスラウッの狩りがうまくなっていくのも見守った。少し経てば、およそ週に一度の割合で定期的にシカを食べていくようになるはずだった。しかし、まだその時点では、空腹がスラウッを前へ前へと駆り立てていたのかもしれない。

スラウッは北に進みつづけ、オーストリアに入った。ところが、二〇一二年の元日、前方に突如、巨大な川の流れが見え、進路がふさがれた。そのドラバ川はイタリア側のアルプスの山深い地を水源とし、オーストリアを東に流れ、クロアチアのオシエク近くでドナウ川に合流する。冬になると、ドラバ川の深い流れの上には、氷のかたまりがびっしりと浮かぶ。スラウッはそれまでのルートを変えないかぎり、その川を渡るしかなかった。あたりの地理もわからず、橋も見つけられず、スラウッはドラバ川の川幅が最も広い地点のひとつから飛びこんだ。二八〇メートル――アメリカンフットボールの競技場およそ三つ分の長さ――の凍える水のなかを、彼は力強く泳いでいった。

向こう岸で、極寒の流れから姿を現したずぶぬれのスラウッツは身震いした。彼を阻むものはない。スラウッツは前進をつづけた。一月いっぱいと二月に入って、オオカミの若者はイタリアンアルプスを西に進んだ。気温が氷点下になっている山間で、深さ六メートルの雪のなかをとぼとぼ歩きながら、標高二六〇〇メートルまで登る。

バレンタインデーに、スラウッツはコル・ディ・プラという名の山道を通って、ドロミテ（イタリア北東部の山岳地帯）に入った。ここで彼の旅は終わるかにみえた。冬は依然としてあたりを支配していた。そして、ここでスラウッツの動きは、それまでの勢いを初めて失った。何日もの間、彼は「エターナル・プレインズ（永遠の高原）」の名にふさわしい一帯を、出口を探してぐるぐる回っていた。その後、ポトチニクは異例の事態に気づいた。五日もの間、スラウッツのGPSのマーカーがほとんど動かなかったのだ。オオカミは狩りをしていなかった。前進するための道を探そうともしていない様子だった。道に迷い、たった一匹で、寒さのなか、極度の空腹に苦しめられながら、彼らしからぬ長い休息をとっているようだった。

ヒトのほとんどは生のある時点で孤立を経験していき、それになんとか対応できるようになることが、成長のひとつなのだ。実際、ひとりでサバイバルすることは、世界各地で成人として認められる通過儀礼の特徴のひとつとなっている。たとえば、イヌイットの少年は、おとなになるための先祖代々の儀式として、ほかの人々と離れて、たったひとりで狩りとイグルーづくりができるようになる必要がある。[1] ピーボディ博物館の一階には、動物の枝角と腱でつくられた雪かきスコップが展示されている。一九世紀、その道具の持ち主はおそらく、父親や共同体のほかの男たちから使い方を教わったのち、ひとりきりで過ごしながら、自分の狩りの腕前を示し、おとなとしての能力を認めてもらったのだ。

オーストラリアのアボリジニに昔から伝わるウォークアバウトの通過儀礼では、若い男たちは数カ月間ひとりになり、自力で生きていかなければならない。[2] また、同様に、北アメリカのラコタ族が行う通過儀礼のビジョンクエストでは、若者は丘の上で四日間ひとりで過ごす。[3] 現代の軍隊に入ったAYA世代はサバイバル訓練を受け、ひとりきりでサバイバルする能力を試される。[4] 米国では、ナショナル・アウトドア・リーダーシップ・スクールやアウトワード・バウンドなどの機関が作成するプログラムによって、若者は荒野で生き延びるのに必要なスキルを教わる。アウトワード・バウンドが提供する最も強烈な体験プログラムのひとつは「ソロ」――数時間から数日間、大自然のなかでひとりで生活することだ。参加者は食べ物やシェルターの支援を与えられる。孤独とどう向き合うかが大きな課題であり、訓練の核心なのだ。荒野でひとり生き抜くのは、食べ物や寝る場所を見つけるだけですむ話ではない。そこでは、孤独による精神的苦悩と、さらに肉体的苦痛にも対処していかねばならないのだ。

一匹のオオカミが孤独に苦しんだかどうかは、私たちにはわからない。しかし、ヒトを対象とした研究では、孤立によるマイナスの生理学的影響――炎症、免疫抑制、心臓血管機能の変化などまで――が確認されている。少なくとも、ヒトでは、孤立は身体に害をもたらす。

ただし、ひとりでいるのをこよなく好む若者もいて、[5] 専門家も、すべての青年にとって発達途上に単独行動をする期間を持つメリットを指摘している。と同時に、孤立、さびしさ、断絶をずっと感じるならば、それは、うつ病など健康面の危険な前兆かもしれない。[6] 社会的孤立は、青年期における自殺の危険因子となる。[7] ワイルドフッドの間の孤独は心身を活性化する可能性がある一方で、孤立は命を脅かすことがある。

自然界のセーフティ・ネット――親の子育て期間の延長

過去一〇年間、米国をはじめとした国々で、親たちは「ヘリコプター・ペアレント」――子どもたちのまわりをうろうろし、子のあらゆる活動や気持ちに干渉してくる――となったとして批判されるだけでなく、いわゆる「ブーメラン・キッズ」――実社会で働いたり大学に通ったりして独立したものの、再び実家に戻る子どもたち――を育て上げたとしてもそしりを受けてきた。

実際、米国では、この現象は標準的な状況になってきている。二〇一六年、一八～三四歳の年代層では、恋人と一緒に暮らすよりも、親もとで生活する者たちのほうが多い傾向にあった。[8] ポーランド、スロベニア、クロアチア、ハンガリー、イタリアの一八～三四歳の年代層では、六〇パーセントを超える若者たちが親と一緒に暮らす。[9] 同様に、中国、香港、インド、日本、オーストラリアの二二～二九歳の三分の二が実家住まいだ。[10] さらに、中東地域のほとんどの国では、若者は結婚するまでは家を出ない。

ヒトはほかの種と比べて、子どもが青年期に入っても親に依存する期間が長いことで知られている。しかし、このことによりヒトが例外的存在だとは言えないかもしれない。さまざまな野生動物の親は、子どもが巣離れするやいなや、支援を止めるわけではない。実際、多くの場合、援助や訓練の度合いを強めるのだ。子どもが十分な食べ物を確保するのにてこずっているときは、親たちは食べるものを与えることがよくある。子どもに仲間ができそうにないときは、親が仲間を見つける手助けをするときもある。用意周到なヒトの親が、子の大学進学資金として貯めたお金をぽんと投じるように、動物の親たちはまさにその大事な節目のために、なわばりを残し、蓄えてきた食糧を子どもが自由に食べられるようにする。分散後の子に対するこうした親のサポートは生態学の用語で、「子育て期間の延長」とよばれる[11]。ヒトやヒト以外の動物の親たちが、成長した子どもに保育の延長をするようになる条件は、種の違いを越えて、驚くほど似ている。危険な環境、食べ物の不足、厳しいなわばり争い、つがいの相手を探すプレッシャーによって、おとなになったはずの子が、親もとで暮らす。

もしブーメラン・キッズが、社会科学者から非難されているヒトの子ではなく鳥類学者が観察中の鳥だったら、親が子を支援する関係には「巣立ちした子への世話」という、鳥類の親子にもっと寄り添った名前がつくかもしれない。そして、評論家はその現象を嘆いたりせずに、生物学者がそうするように、そうしたケアは子どもが将来的に生き延びて成功するのを後押しすると認めるだろう。

ヒトにおける子育て期間の延長を、もっと広い歴史的・文化的文脈のなかに置くのは有益であり、おそらく気持ちが落ち着く作業となるかもしれない。ヒトのライフサイクルを研究する歴史家、スティーブン・ミンツは、米国の状況について次のように述べる。「若者がなかなかおとなにならないのは、何も今に始まった新しい現象ではない」。そして「二〇代後半から二〇代後半までの一〇年ほどはずっと前から、自信を持てず、ちゅうちょし、決断できない時期となっていた[12]」。ミンツは、一八三七年にハーバード大学を一九歳で卒業した青年についての話を語る。その若者は「学校教師として働き始めたものの、わずか二週間で退職した。その後、とぎれとぎれに両親の鉛筆工場で働き、家庭教師を務め、庭師としてシャベルで肥料をすくったときもあった」。編集助手の職についた時期もあった。そのヘンリー・デイビッド・ソローは、依然として家族の鉛筆製造業にかかわって経済的には支えられていたのだが、ついに、物書きと土地測量士としての地歩を固めたのだ。

初期の米国についてミンツはこう述べる。「多くの人々が思っているのとは違って、過去の圧倒的多数の若者は、おとなとしての生活をあまり早いうちからは始めなかった……一九世紀初めのころ、一〇代だけでなく二〇代の若者も、比較的自立した時期と、実家に戻って依存する時期を行ったり来たりする傾向にあった[13]」

そういった状況が、米国が建国されてこのかたつづいているのだ。結婚は伝統的に分散を意味する境界線とされることが多いが、ほとんどの若者は二〇代のなかばか後半まで、あるいは三〇代初めまで結婚しなかった（ただし、短期間であるが、唯一の例外が第二次世界大戦後にある）。米国がまだ植民地時代のときでさえ、「大概の若者は、遺産を受けとるときまで、結婚を遅らせなければならなかった。それは通常は父親の死後である」とミンツは記す[14]。彼は、米国の歴史を通して、成人期の移行が精神的に非常に厳しい状況のなかで行われた様子も描く。親たちは早死にし、教育はしばしば中断し、生活がどうなるかもはっきりしなかった若者たちもいたのだ。移民のうちかなりの人数が若い女性で、彼女たちは職を探すのにひとりで家を離れて旅立っていた。

鳥類や哺乳類の多くの種で、親もとから出ていく「準備」ができているほど十分に年を重ねた個体は、親のなわばりに留まってヘルパーとなるのを許されたり、そうなるように仕向けられることさえある。[15] こうした未婚のおばや、(想像以上の頻度で)未婚のおじは、自分の生まれ育ったところで終生過ごすこともある。そうした取り決めは親たち、子ども、新しく生まれる弟妹の三方にとってよい結果を生む。若者は弟妹に食べ物を運び、ベビーシッター係をし、メンターとしてふるまう。そして、周囲を警戒したり安全を守ったり、モビング(擬攻撃)を行う際のメンバーに加わり、家族集団の防衛力を高める助けをする。えさを食べるだけで何もしない者など、めったにいない。

分散前にもうしばらく余分な時間親もとにいるのは、巣立ちを失敗したしるしでもない。ぐずぐず居残る若者の受けとる利益は大きい。もし、周囲の環境にあまりにたくさんの捕食者がいれば、若者は親と長く一緒に暮らすほうが物理的に安全だろう。もし、仲間との競争が激しい年であれば、ひとシーズン待つと、えさやなわばりやつがいの相手を探すチャンスが増える可能性がある。親もとでうろうろするもうひとつの恩恵は、親が死んだ際に近くにいると、親の後継者になりやすいという点にある。親のなわばりを引き継げるのだ。たとえば、低い順位の雌のミーアキャットが自身のなわばりを手に入れる最良の戦略は、生まれ育った巣を離れずに、母親が死ぬ日まで控えて暮らすというものだ。チンパンジーでは雄の兄弟がなわばりを継ぐ傾向にあるが、同様にこうした戦略がとられている。

チャカタルリツグミの息子が巣離れせずに少なくとも片親とひと冬過ごした場合、その季節を生き延びる可能性が高いだけでなく、春がくれば親のなわばりの一部も受け継ぐ傾向がある。[16] そうしたなわばりには、コーネル大学の研究者たちが「ヤドリギの財産」――この鳥の隠れ家となりえさにもなる植物の備蓄――とよぶものがしばしばくっついてくる。

子どもに地上の所有物を遺す生きものはヒトだけではない。どんな土地の片隅にもすでに（ヒト以外の）多くの「所有者」がいるのだ。アメリカアカリスの母親はなわばりを、通常は子どもが若いうちに譲り、できれば、手近の空いている土地も子どもが管理できるだけの量をまとめて差し出す。(17) 母親は不動産のギフトを与えるだけではない。あたり一帯に余分の食料をひそかに蓄えた箇所をいくつもつくっておき、それを子どもが自由にするのを許すことがある。こうしたリスの母親は、自分が死ぬまで子どもを待たせたりはしない。母親は老年期に入る前に、自分の財産を差し出すのだ。おとなになりたての子どもが引き継ぎの準備をするなか、母親は支度をして、新しい旅立ちをする。

動物の親にとって、分散する子どもを助ける最も手厚い方法のひとつは、子どもが実際に巣立つ前に正しい方角を指し示してやることだ。親が子を連れて遠出するのは、哺乳類の一部や多くの鳥類で見られる行動である。親が独り立ち前の子を連れて外の世界を回りながら、えさのありかを探ったり、なわばりを確保したり、子どもを同類の群れに紹介したりする。(18) ジェーン・オースティンの小説に出てくる、社会階層のはしごを上ろうと画策する母親のように、シジュウカラとよばれる鳴き鳥は、妙齢になった子どもを連れてほかの群れを訪れ、未来の孫やひ孫を産ませるため、ステータスが最も高く理想的なつがいの相手になりそうな鳥に子どもを紹介する。(19)

子育て期間の延長により子の命が救われているのは、さまざまな種に関する多くの研究から明らかだ。そうした親のケアは、生活に不可欠なスキルが足りない若い動物が自立したばかりのときに、巣立ち後の危険な数日・数週間に命を落とすのを防いでくれている。しかし、延長された子育ての恩恵は代償も伴う。長くサポートされた子どもは、自分自身で食べていくようになるのが遅くなるのだ。オーストラリアに生息する鳥、オオツチスドリの研究によれば、多数の成鳥と一緒に巣にとどまった若鳥はえさもたくさん食べられて、冬の終わりにいい体調を保っていた[20]。ところが、一羽きりで暮らし始めるとすぐにその代償がはっきりと現れた。何の助けもなかった若鳥たちと比べると経験不足で、えさあさりが下手だったのだ。

子育て期間の延長の恩恵を受けた鳥は、対捕食者行動もなかなか習得しない。メキシコカケスの若者は、成熟したおとなの鳥とともに過ごす期間が通常よりも長いと、大事なモビングのスキルを身につけない[21]。

動物の若者は結局のところ、危険な環境で身の安全を保って食を保証してもらうのと、ほんとうに自立したときに必要になる生きるためのスキルを磨くのを、うまく両立させなければならない。動物におけるこうした子育て期間の延長という観点から、現代のヒトの親がAYA世代の子に関わりつづけることに向けられる批判について考えてみるのは、なかなか興味深いものがある。

ハーバード教育大学院の報告書によれば、「特に豊かな社会では、親たちは子どもの学業や社会的生活に過度に干渉する。そのため、ティーンたちが、勉強したり、悪い成績をとったときの面談をしたり、友人とのいさかいを解決するのさえ、親の助けなしにやることはまれだ[22]」。

一部の親の行きすぎた行動を馬鹿にするのは簡単である。そしておとなになったばかりの若者がもめごとを自分たちで解決しようと試みる機会を奪うのは、明らかに間違っている。しかし、親の家に戻るミレニアル世代をただ批判するだけでは、親たちの関与の延長が明らかに重要である部分が論じられず、曖昧にされたままである。ミンツがそのことを次のように述べる。「今となっては確実な雇用が保障されていないおとな時代に向かう、昔からあるが今や荒れ果てた道を子どもたちが進もうとするとき、（親たちが）命綱を手にし、そばに立っているのは当然だ。最も危険がいっぱいの一〇年間は、従来はティーンの時期だったが、今はそれが二〇代となった。問題行動――短時間での大量飲酒、違法薬物の使用、疾病や望まない妊娠につながる無防備な性交渉、凶悪犯罪――は二〇代にピークを迎え、そうした時期に道を踏み誤ると、一生その報いを受けることになる[23]」

親の過剰な干渉を非難するのを急ぐあまり、多数の若者が親の十分な世話を「受けられない」という大きな問題がどこかに消えてしまう。おとなになったばかりの若者が、親やあるいは親代わりのメンターなしに、外の現実世界に分散していくのはとりわけ危険だ。ペンシルベニア大学の社会科学者たちの分析によれば、米国の児童養護制度の対象年齢を越えた若者――財政的・精神的支えを与える家族がいない一八歳――は、失業率が高く、生活保護に頼る者が多い[24]。同じ年齢層と比べて、彼らは不健康で、問題行動が多い。さらに、教育レベルも低い場合が多い。法律に違反した行為で刑事事件になる率も高くなっている。

よき指導者《メンター》、いわゆるヒトにおける「巣立ち後の」社会的ケアによって、そうした弱い立場の若者たちの生活は大幅に向上する。調査報告書は、面倒を見る有能なおとなの指導者とのつながりがあった子どもたちは、青年期や成人への移行期を非常にうまく乗り切れたと述べている。最良の結果が出たのは「自然な形の」メンターを見つけた若者たちだった。このメンターは研究者たちの定義によれば「親ではないが若者にとって非常に重要な存在のおとなで、若者の社会的ネットワーク内におり、たとえば教師、拡張家族のメンバー、福祉サービスを提供するスタッフ、地域共同体のメンバー、あるいはコーチなど」だ。こうした親密なおとなのメンターは、親のない子自身が進んで頼っていった人物で、州や非営利団体が子どものために選ぶなじみの薄いおとなとは対照的に、「子どもの能力と人格を発達させる目的でそのときどきの助言、指示、激励など」を与えていき、おとなへと移行する際にサポートを必要とする子のための「安心要素」となった。

子育て期間の延長は、ヒト社会のいたるところで貧富の区別なく広く見られる。子へのサポートはときとして、住居、食料、直接的な財政援助などの形をとることがある。しかし、それは同時に、キャリアに関するアドバイス、スキルの指導、心のサポート、社会集団へのつなぎ役、話し相手、といったお金では買えない形でも行われる。

子どもの世話をどの程度まで延長するかは、親たちの手持ちの資源や子どもの必要性によって決まる。そして、例外がないわけではないが、自然界でもそれは幅広く行われているのだ。そこには、それ相応の進化的な理由がある。つまり、親の遺伝子は子に受け継がれており、それは孫にもつづいていくのだ。そうであれば、親は子を助けるためにできることなら何でもするはずではないか。こうした行動を突き動かしているのは、自己本位の気持ちなのか、あるいは進化上の適応度を高めるためか、あるいは、愛なのか、読者はどう考えてもいい。どういう気持ちからでも、地球上のいたるところで親たちが、子どもの安全、健康、そしてそう、幸福のために励んでいるのは、動かしがたい事実だ。

動物界での子育て期間延長のメリットとデメリットを認識することで、おとなの年齢に達した子どもをどのように支えるか、そして支えつづけるべきか否かを、もっと現実的に、そして共感もしながら判断できるだろう。親たちの巣にとどまったオオツチスドリやメキシコカケスの若者には、巣離れした同輩ほどえさ探しやモビングのスキルが身につかなかったかもしれない。しかし、外の世界が危険だらけで、年若い動物に自分を守るすべがないときは、巣に留まるほうが安全だろう。生態環境は、少なくとも心理的要素と同じくらいは、依存をつづけるかどうかを決めるのに影響を与えるだろう。ミンツはそのことについてストレートに述べる。「親のサポートは、子どもの将来の道筋が大幅にそれてしまわないようにするのに重要な役目を果たすことができる[25]」

動物界での具体例は、親の子育て期間の延長が甘やかしの面があると同時に、進化的戦略の一環ともいえることを示唆している。

野生復帰（再導入）後のモニタリング

保全生物学者は、分散しようとするＡＹＡ世代の子どもを持つ親のほとんどがうらやむような方法で、研究対象動物の行動記録をつけていく。ポトチニクが発信機つき首輪や研究者をはじめとする地域の人々のネットワークを通してスラウツをずっと見守っていたのと同じように、衛星遠隔測定法《テレメトリー》、遠隔カメラ、ドローンによる調査、双眼鏡などで、若くてか弱い動物の動静を常に見守るのだ。保全生物学者は野生復帰後のモニタリングによって、困難な目に遭う若年野生動物に対して、ハイテクを駆使した「子育て期間の延長」を実質的に行える。[26]これは通常どうしてもえさにかかわる仕事となるが、手間はかからない。成人したばかりの子のポケットにいくらかのお金を押しこむ親のように、生物学者は、苦労している動物が見つけられそうなところに多少の食べ物を置いていく。

カリフォルニア大学デービス校の野生動物学者、マーク・エルブロックは、野生ネコの仲間を保護する非営利団体「パンセラ」のプロジェクトリーダーでもある。彼はブログに、ワイオミング州のグランド・ティトンの山中で追跡調査した孤児のマウンテンライオン二匹についての記事を書いている。(27) その一帯のマウンテンライオンはふつう、母親と二年間一緒に暮らす。しかし、姉妹のライオンは七カ月のときに母親を失ったため、親から狩りの仕方を学ぶという恩恵がなかった。

母親の死後数週間経って、二匹の年若い子たちは飢え始めた。「彼らは骨と皮だけのゾンビのようになって、日中あたりの様子などまるで目に入らないようにふらつきまわっていた」と、彼は記す。子どもたちの一匹は、よい結末を迎えなかった。エルブロックは彼女の丸まった死骸が、ベイマツの根もとにあるのを発見した。そのなかの巣は、数週間前に母親と姉妹とで一緒に寝ていたのが今は打ち捨てられたものだった。子の口からは、生え始めていたおとなの犬歯が見えていた。死んだのは、思春期の身体になろうとしていた時期だったのだ。

その後、エルブロックはワイオミング州鳥獣魚類保護局の許可を受け、生き残ったもう一匹の雌、孤児の姉妹の片割れで腹を空かせた子に対する介入を、計画的に実施することにした。エルブロックたちのチームは彼女の居所を突き止め、「その通り道に、路上で死んだヘラジカの後脚を置いた。一五分後、子どもは思いがけない恵みを見つけた。その贈り物を四日間ずっと食べて命をつなぎ、あっという間に、無くしていた野生ネコの本性を回復する……以前はあてどなくさまよい、あたりの危険も何もかも気づかないかのようだった。だが、ヘラジカの肉が彼女にしっかりと栄養を与え、本来のマウンテンライオンに戻したのだ。

エルブロックたちはこの若いマウンテンライオンのモニタリングをつづけ、彼女が自分の力で小型の獲物を殺してうまく食べているのを確かめるまで、さらに二度ほどえさを与えた。

助けの手を差し伸べれば、ひとりぼっちが危険な孤立に陥るのが防げる。ここから得られる生態学の教訓は、「リスクを取れば安全になる」という考え方と同様に、逆説的ではあるが明白だ。つまり、ときにはちょっとした助けによって、実際に自立を高めることができるのだ。

ああ、わが家に帰ってきた

スラウツはドロミテの山中で道に迷い、そこで一〇日間とどまった。しかし、ついに出口を見つけると、もともと持っていたエネルギーを取り戻した。ただちに動き出し、まっすぐ南へと、ヴェローナの方角に向かう。

三月の初め、スラウツはその美しい都市のはずれに着いた。近くにあるオオカミの保護区に引き寄せられたのか、スラウツは一二日間、その地域で過ごした。

ヴェローナの郊外のよく耕されたブドウ畑や農場では、スラウツはアルプスの高い山々にあったような危険には出くわさなかったが、山にたくさんいる野生のシカにも出くわさなかった。これまで述べてきたように、新しい環境は危険がいっぱいだ。さらに野生動物にとって、ヒトが絡む初めての環境は特に何が起こるかわからない。マウンテンライオンのPJがサンタモニカのど真ん中で、疾走する車や大声を上げている大勢の人々が四方にいるのがわかったときのように、スラウッは初めて経験する状況に適応しなければならず、そのために、ある間違った決断をせざるをえなくなった。近くにはシカなどほとんどいないようなので、スラウッは家畜をねらい始めた。数日の間に、彼はヒツジ一頭とヤギ一頭を襲い、ウマ一頭を餌食にした。GPSから送られてきたデータを見ながら、ポトチニクは、怒った農場主がいつなんどき反撃に出るかもしれない危険な局面からスラウッを救い出すために、介入したい気持ちがつのった。

幸運なことに、才覚があるスラウッは自分で脱出路を見つけた。彼はヴェローナを出て北に進み、レッシニア広域自然公園へと向かった。森林保護地域であるその一帯で、ポトチニクの言葉によれば、「分散へと駆り立てたスイッチが、ぱちりとオフになった」。そして、スラウッの旅は突如終わった。彼は自分の安心できる地にたどり着いたのだ。

スラウッはヴェローナ近隣の森林地帯に到着して以来、そこを出ていない。しかし、多くの動物は、ンゴロンゴロ・クレーターで生まれたハイエナのシュリンクや、成人になった多くのヒトのように、新たななわばり、チャンス、愛を求めて新天地をめざしたり、あるいは争いや苦しい生活から逃れるために、一生を通じて分散をつづける。また、まだ知らない世界を体験したいという気持ちだけで、何度も住む場所を変えるヒトたちもいる。ほかの動物も成熟後に、単に冒険好きというだけで、どうしても放浪してしまう場合があるようだ。

さらに、ある意味重要な視点となるのは、新たに「分散」するたびに、おとなの動物であってもワイルドフッドに再び突入するということだ。それまで重ねてきた経験は脇に置いて、もう一度最初からやり直さなければならない。新しい行動圏では、捕食や搾取をしようとする者たちの手にかかったらひとたまりもない。なじみのない社会構造に入りこんだばかりの者は、その集団のなかでの居場所を探す際の不安や興奮とともに、不安定な状態がつづく。新しい仲間との間で、自分の欲求を表現するとともに、相手の欲求に反応できるように、コミュニケーション手段を新たに学ぶ必要が出てくるだろう。そして、たいていのおとなにとって、食べ物を探すのは若者に比べると楽だろうが、自活していくというのは、いずれにしても常に最優先項目に入ってくるだろう。おとなもワイルドフッドの状態に入り直すたびに、青年時代の最も多感な日々にまず刻みこまれた思考・行動パターンを再び試行錯誤しながらなぞっていくのだ。

第18章　自分を見つける

スラウッはどの瞬間におとなになったのだろうか？　生まれたところを離れて最初の日を生き延び、スロベニアの農家の庭で初めてひとりで眠ったときだろうか？　えさとなるアカギツネを初めて倒したときか、あるいはシカをついに餌食にしたときだろうか？　ドロミテで孤立した後、抜け出る道をとうとう見つけたとき？　それとも、ほかのオオカミに求愛する方法を身につけたときか、あるいは、もっと待って、自分自身の子孫をもうけるまで、真の意味ではおとなになれないのだろうか？　たとえばヒトのような動物は、ある瞬間に完成したおとなになるわけではない。成熟とは、スキルと経験の積み重ねによるものであり、ワイルドフッドでの基本となる四つの試練を理解し立ち向かった末に獲得するものだ。

独立して旅立とうとするAYA世代が、これまでに行われてきた無数の動物の分散から学べる、重要な教訓は次のとおりである。

一　分散とは通常、成長するうえでの道筋にあるものなので、親もとから離れるための前もっての訓練がほんとうに役に立つことがある。早いうちに、キャンプ、修学旅行、親戚宅の訪問など、初めて接する習慣や責任が伴う行事を分散の予行演習としてこなしていけば、後の分散がうまくいく可能性が高くなる。旅立ちに先立って、親が導く小旅行も「情報を得たうえでの分散」への助走となる。しかし、若者に親のサポートがないときでも、よき指導者《メンター》がいれば、資源を手に入れる方法を教えてもらえる。生活に必須のさまざまなスキルは仲間内で身につけたり、日々の試行錯誤からも学べる。

二　若者がどんなにたっぷりと訓練を積んでいようと、仲間と比べてどれほど有能であろうと、分散する動物が成功するかどうかを決める決定的なファクターは、動物が新たに入っていこうとする世界そのものなのだ。自然界から学ぶ重要な教訓は、環境面の違い――資源が豊かか乏しいか、競争が激しいかそれほどでもないか、捕食者が多いかわずかなのか――が、ひとりで旅立とうとする者の将来を大きく左右するという点である。もちろん、個人の主体性、能力、やり抜く力《グリット》があれば、難関を「切り抜ける」のが大幅に楽になる。しかし、いくら強運の若者であろうと、みずからの成功と失敗、ときには運命そのものが、これから入っていく――特権を与えられた、もしくは、それしか道がない――世界にかかっている。

三　親もとを実際に離れて出ていく行動は、ヒトやヒト以外の動物すべてがとるわけではない。ただし、成熟途上の生きものにとって、出ていこうととどまろうと、自分で必要な栄養をとれることが、おとなとしてのひとつの証明になる。

四　新しい環境は危険であるのに、ときにひとりぼっちで向き合うしかない。そこで、信頼できる仲間と一緒に分散したり、生まれた地から離れたところで新たな仲間との関係を深めたりすれば、結果を非常に大きく変えられるだろう。

こうした点から、親や社会はふたつのことをするように迫られている。まず、AYA世代に自分たちで前もって準備するのが必要だと教えること。そしてもうひとつは、学んだことを練習する機会、時間、動機づけを若者たちに与えることだ。しかし、現代の高校や大学では、さまざまな重要な教育が提供されている一方で、そのカリキュラムには、自立するのに必要な実践的な指導が入っていない場合が多い。

率直に言えば、AYA世代が文字どおり「自活する」ことの意味や、そうするのに何が必要かを理解するのに手を貸さねばならないということだ。仕事とキャリアに関する往々にして抽象的な概念を、自分で食べていって共同体にも貢献していくという、きわめて重要な、種の境を越えると同時に非常に人間的でもある課題と結びつける必要があるのだ。

スラウツはヴェローナの北方に広がる森に到着して間もなく、雌のオオカミと出会う。生物学者たちはそのオオカミをジュリエットと名づけずにはいられなかった。スラウツとジュリエットは何回か繁殖シーズンごとに子どもをもうけた――あるときは七匹の子が生まれた。ほかの子についてはわかっていない。オオカミの子たちは分散していくものなので、農夫たちは彼らの動静を警戒しながら見張っているが、科学者たちはスラウツとジュリエットがつがいになったので有頂天だった。過去二世紀にわたり、ヨーロッパのオオカミの集団は、一帯からこの捕食者たちの姿をなくそうとした組織的な間引きにより数を大幅に減らしただけでなく、森林破壊とヒトの侵略によって、散り散りにさせられた。それがスラウッの旅によって、離れていたふたつのグループ、ふたつの遺伝子プールが再び結びついたのだ。スラウッのディナルアルプス山脈（バルカン半島）系統と、ジュリエットの属していたアルプス山脈系統の再結合である。スラウッの分散の大いなる旅は彼の家族と共同体だけでなく、彼が属する種全体の力も強めたのだ。

あらゆる生きものにとって成長とは、まだ見ぬ未来のために過去はそのまま置いて進むことを意味する。ひとたび試練を受け、スキルを磨き、経験を重ねていくと、十分に安全で、社会的にもうまくやっていけ、性行動にも自信が持て、自分の力で生きていけると感じる、言葉では言い尽くせない瞬間がいつか訪れる。そのとき、生きものの関心は外へと――ほかの仲間に対して――向き始める。そして、責任感を自分以外の者にまで広げて考えられるようになるのだ。このときこそが、ワイルドフッドから成熟したおとなの時代への始まりなのではないだろうか。

エピローグ

アーシュラ、シュリンク、ソルト、スラウッツはもう今では、地球規模のワイルドフッド・グループのメンバーではない。

アーシュラはもしまだ生きていたら、ペンギンの青年期をとうに過ぎて、中年期に入っているはずだ。野生のキングペンギンの寿命は三〇年ほどだが、[1]アーシュラの現在地を知らせる信号は途絶えたので、彼女の生存期間はわからずじまいになるだろう。アーシュラが捕食行動のステップ、ペンギン集団のルール、求愛時のコミュニケーション、むずかしい魚とりについてどれだけ経験を積んだかはわからない。おそらく自分の育てるひな鳥にえさを吐き戻してやったり、生きづらく危険なシーズンの間、子育ての期間を延長したりしたことがあっただろう。息子か娘がおとな時代へと向かう旅立ちをするために浜辺までよたよた歩いて海に飛びこむのを、見守ったりしたのかもしれない。

二〇一四年二月、シュリンクの死体は、ライオンがしばしば現れる川の近くで発見された。[2]頂点の捕食者、ライオンの牙にかかり、おそらく多くのハイエナと同じ最期を遂げたのだろう。シュリンクの死体の近くには、やはりこと切れた別のハイエナの体が残されていた。オリバー・ヘーナーは、それが雄だったのか雌だったのかは確かめていないが、シュリンクがその少し前に新しい群れに移り、そこでのランクを着実に上げようとしていたところだったのは知っていた。その片割れはフレンドシップウォークでシュリンクと連れだって歩いていた雄かもしれなかった。あるいは、シュリンクが求愛していた雌だったかもしれない。どちらにせよ、シュリンクは最後まで社会的だったようだ。

ソルトは世界で最も愛されよく研究されたザトウクジラの一頭になっている。[3] 五〇歳ほどの年齢で、依然として毎年の移動で、雄たちのコーラスが海中に響く温かいカリブ海と、北方のマサチューセッツ半島沖の海域を行き来している。孫やひ孫まで数えると、少なくとも三一頭の直系の子孫がいる。二〇一六年にソルトの家系に新しく加わったのがわかった子クジラはシラチャー〔訳註 タイで生まれたマイルドなチリソース〕と名づけられ、サルサ、タバスコ、ワサビら兄弟姉妹の仲間入りをした。

スラウツの発信機つき首輪は、二〇一二年に彼がヴェローナに着いた直後の時期にはずれ落ちるようにプログラムされていた。ヒューバート・ポトチニクはスラウツがどこにいるか、もうはっきりとはわからない。もっとも、雌のジュリエットとともに子どもたちを育てている姿が何度か確認されてきた。[4] スラウツはイタリアのレッシニア地方でまだ生きているようだ。

生き延びて繁殖する子孫を産めるかどうかが、生物学者たちがペンギン、ハイエナ、クジラ、オオカミがうまく生きたかを測る目安になる。しかし、ヒトの場合、成熟したおとなにきちんとなったかどうかは、繁殖の成功度などでは決まらない。安全に暮らす、ヒエラルキー内での関係を無理なくこなす、敬意を持ちながら性的コミュニケーションをはかる、自立での満足感を知ることが、真のおとなとしてのしるしなのだ。ワイルドフッドの間に出現するこの四つの課題を乗り越えられるスキルを身につければ、おとなになったときに、仕事や公《おおやけ》のものから個人的でプライベートなものまで、さまざまな成功を手に入れる下地ができ上がる。

ワイルドフッドの渦中にいる者すべてがハッピーエンドを迎えはしないし、物事がうまくいかないときこそ、多くの得難い学びを得る場合もある。しかし、数億年にわたって幾多もの種が同じ四つの課題に直面してきた。そして、多くの解決策が生まれ、よい方向に向かうチャンスを増やしてきているのだ。

ヒトの暮らしにおける難問を片づける方法を探るために、大自然に目をやるのは、「バイオインスピレーション」とよばれる新しい分野だ。バイオインスピレーション（あるいは「生物模倣《バイオミミクリー》」とよばれることもある）は、進化の長い道のりにおいて、地球上の生物種は基本的に同じ難題に挑戦してきたという考えにもとづいている。無数の世代交代を経るうちに、生物は立ちはだかる問題に対する適応を遂げてきた――すなわち解決策を見つけてきた。バイオインスピレーションは、要するに大自然の大昔からの巨大研究開発ラボの成果を踏み台に、ほかの生きものの解決策を利用して、ヒトの生活をよりよいものにしようとしているのだ。

ヒトやヒト以外の動物に役立つためのバイオインスピレーション的解決法を探すことは、私たちの前著『人間と動物の病気を一緒にみる』に基づいて行われる会合の眼目となっている。この会合には、世界中の大学から医師と獣医師が集まってくる。本書で見てきたように、自然界からは、ヒトが成長しておとなになるための貴重な教訓もくみとることができる。ほかの動物のワイルドフッドを理解すれば、若者を、思いやりを持ちながら巧みにおとなへと導く取り組みについてインスピレーションを受けることができるのではないか。

ワイルドフッドは、実際の生物の身体的・精神的発達段階だけに限定されてはいない。人々が「○○が青年期にある」と話すとき、必ずしもヒトやヒト以外の生きものについてばかりを言っているのではない。ヒトの行ういかなる試みにも、その誕生と成熟の間に、どっちつかずの段階がある。それは、生まれ出たものの明るい希望が、成長とともに生じる現実と責任に移り変わらなければいけないときだ。これはビジネス、創造的なプロジェクト、人間関係、キャリア、学問分野、また政治運動、政府、各国の歴史にも当てはまる。

始まりとは、骨が折れ危険も伴う困難な時期かもしれないが、通り抜けやすい段階でもあることが多い。誕生、立ち上げ《ローンチ》、あるいは、新たなスタートは希望に満ちており、よりよい未来と新たな成功の夢があふれている。マラソンでも、エネルギーと熱意をもって始めるときはまだ気楽である。問題はそのあとに来る道程だ。レースの結果が否応なく決まろうとするとき、肉体が実際の窮状に悲鳴を上げるなか、あなたは競争の難易度を推し測って、少しでも上の順位に入ろうと頭と力を振り絞り始めるのだ。

これまでに述べてきたように、動物のワイルドフッドはぶざまで手厳しい時期になる可能性があり、それは生きものではない事業についてもいえる。過去数十年の著名な技術系スタートアップ企業を片っぱしから思い起こしてほしい。たとえば、画期的な新しいアプリが開発され、数百万ドルの資金を集め、私たちが気づいてもいなかった問題を解決すると約束しているとしよう。それまでの実績はないが、世間の人々やベンチャーキャピタリストは、その企業にもパピーライセンス〔訳註　三章に既出〕を与えたがる（同じ傾向が、小説やアルバムのデビュー作、新入社員、あるいは変革を約束する一期目の政治家などに対する周囲の態度にもいえる）。しかし、ひとたび企業が市場に進出すると、ストアに並ぶほかのあらゆるアプリと売り上げを競い合い、企業の成長に伴い近づく敵対者たちから事業を守るすべを学び、持続的に利益を上げる企業体に成長しようと必死で努力していく。立ち上げ時の明るい見通しは、企業の発展をめざす際のイバラの現実へと変わる。ご存じのように、多くのアプリがそうした推移のなかで生き残れず、あっさり姿を消す。

キャリアについても同様で、ワイルドフッドの間に成熟していく。医学部生が大学の教室での教育を終えると、厳密にいえば、自分の名前の後ろに「ＭＤ（医学士）」とつく医者になる。その後、重々しく待っているのは、「レジデンシー」〔訳註　日本での後期研修医期間にあたる〕とよばれる段階で、これが医師にとってのワイルドフッドとなる。パピーライセンスは切れたのに、経験はまだ十分ではないため、文字どおり死ぬ覚悟でやらねばならない数年間を体験し、その間、患者を安全に守り、病院のヒエラルキーのなかで難なく生きていき、専門職どうしの協力関係を深め、熟練した医師になるのをめざさなければならない。

こうした事例では、青年期という言葉は隠喩として使われているようにみえる――しかし、それはほんとうに単なる象徴にすぎないのだろうか？　いや、もちろん、そうではない。ヒトのどんな事業活動でも、同じステップが反復される。何かが生まれ、足かせとなる歴史はなく、未知なるもののあらゆる可能性が明るく照らし出される。しかしその後は、一筋縄ではいかない、困難で危険ですらある成長段階が待っている。その段階を生き残ってはじめて（そして全部が全部通り抜けられるわけではない）、真の勝利と成功が達成される。このパターンは、語学を習うヒトや結婚生活を始めるヒトにも当てはまり、新たに会社を立ち上げるグループ企業や、政権、あるいは戦争の推移についても同じようにいえるのだ。華々しいファンファーレとともに始まる試みはいずれも、早いうちにぶつかる難問を上手にさばいていかなければ、あっという間に道を踏みはずしてしまう。

死の三角地帯を眺めやったときからほぼ一〇年後、私たちは再びカリフォルニア州北部のモスランディングにやってきた。一帯の風景は昔と変わっていた。商業的漁業で成り立っていた経済は、持続可能な水産養殖とエコツーリズムにとって代わっていた。モントレー湾水族館研究所の管理のもとに、それまでとは違う形の観光開発が盛んになっていたのだ。世界中からやってくる客たちは、ここでホエールウォッチングをし、浜辺を歩き、海鳥たちを一目見ようとする。新しいアパートメント、二、三のホテル、いくつかのレストランが、その客たちを迎えようと建設されつつあった。五〇平方メートル弱の温室が並ぶ一角では、娯楽用・医療用の大麻が栽培されている。近隣の古い発電所のなかでは、テスラが新たなエネルギー貯蔵システム「メガパック」――輸送用コンテナサイズの複数のバッテリーをつないでいる、毎時一・二ギガワットの大容量のバッテリーシステム――を導入している。(5)

こうして、ヒトの側では変化があったにもかかわらず、そこはいまだにたくさんのカリフォルニアラッコが安心して集まる場所だった。カヤックを操るヒトから観察されながら、ラッコはウニの殻を割って身を取り出し、仲間とレスリングごっこをし、年長者とのつきあいができるようになっていく。私たちがあのとき目撃した、無謀な遊びをしていたラッコの若者たちは、そのおそらくすべてではないだろうが、一〇年の間に、サメの攻撃もうまくかわすようになり、今は優れた判断力を持つ灰色の毛並みの年長ラッコとして過ごしているのだろう。自然界の習わしどおり、若者は成長し、また別の新しい若い世代がワイルドフッドに入っていくのだ。

謝辞

次の方々の科学的貢献なくして本書は生まれなかった。その学識を惜しみなく私たちに分け与えてくださったことに感謝の念に堪えない。クレメンス・ピュッツとフィル・トラサン（アーシュラの物語）、オリバー・ヘーナー（シュリンクの物語）、ジョーク・ロビンスと沿岸域研究センター（ソルトの物語）、ヒューバート・ポトチニク（スラウツの物語）。

記述や内容の双方でまちがいのないように、親切に導いてくれた科学者や専門家の方々にもお礼を申し上げる。アシーナ・アクティピス、アンディー・オールデン、ハンナ・バニスター、レイチェル・コーエン、ピエール・コミッツォーリ、マイケル・クリックモア、ルーク・ダラー、ブリジット・ドナルドソン、ペニー・エリソン、ケイト・エバンス、ダニエル・M・T・フェスラー、ビル・フレイザー、ダグラス・フリーマン、クリス・ゴールデン、ジェームズ・ハ、レニー・ロビネッティ・ハ、ジョー・ハミルトン、ケイ・ホールキャンプ、アンドレア・カッツ、ベン・キラム、アニカ・リンデ、ダイアナ・ローレン、ミア＝ラナ・ルア、トナ・メルガレホ、キャサリン・モズビー、ダイアナ・ソーチール・マン、ミゲル・オルデニャナ、ベニズン・パング、ジェイン・ピカリング、デイビッド・ピローズ、ニーアム・クイン、ドラガナ・ログリャ、マット・ロス、ジョシュア・シフマン、フレイザー・シリング、トッド・シュリー、ジュディ・スタンプス、スティーブン・スターンズ、ティム・ティンカー、リチャード・ワイスボード、チャールズ・ウェルチ、ビオラ・ウィレット、キャシー・ウィリアムズ、バーバラ・ウルフ、アン・ヨーダー、サラ・ゼル、ジョー・Q・チョウ。

また、UCLAとハーバード大学の同僚のみなさんには心からの感謝を捧げる。ダニエル・ブルームスティーンは私たちの師であり、導き手であり、研究協力者であり、すばらしい友人でいてくれた。パティ・ガワティ、カリアナナム・シブクマール、ダニエル・リーバーマン、レイチェル・カーモディ、キャロル・フーブン、ピーター・エリソン、リチャード・ランガム、ありがとう。そして、両大学で私たちが受けもった学部生の発想は、私たちの考えを発展させるのに役立った。

シンクタンク「ニューアメリカ」をはじめとして、支えてくれた研究者仲間たち、読者、友人たちに感謝の気持ちを申し上げたい。アニー・マーフィー・ポール、デビー・シュティア、ウェンディ・パリス、ランディ・フッター・エプスタイン、ジュディス・マットロフ、アビー・エリン、シッド・ブラック、デボラ・ランドー、シドニー・キャラハンにはひとかたならぬお世話になった。キャロル・ワトソン、タマラ・ホーウィッチ、ホリー・ミドルコウフ、グレッグ・フォナロウ、コーリー・パウエル、ウィリー・オサリバン、ザック・ラビロフ、ソニア・バーリーにも厚くお礼を申し上げる。

デュークキツネザルセンター、ザ・ワイルズ、絶滅危惧オオカミセンター（EWC）、ハーバード大学付属のピーボディ考古学・民族博物館、並びに、トザー人類学図書館には多大なご協力をいただいた。同大学の比較動物学博物館の学芸員やスタッフの方々にも感謝を伝えたい。マーク・オムラ（哺乳類学）、ジェレミア・トリンブルとケイト・エルドリッジ（鳥類学）、ホセ・ロサード（爬虫両生類学）、ジェシカ・カンディフ（無脊椎動物古生物学）、ありがとう。

そして、オリバー・ウベルティがすばらしいイラストを描いてくれたことに深謝する。スーザン・クワンには心の底から感謝を述べたい。彼女はあらゆることの段取りをうまく図り、それを優雅に、識見をもって、鮮やかにやってのけてくれた。

私たちの最高の編集者であり情熱的な賛同者であるバレリー・ステイカー。明確なビジョンを持つスクリブナー社発行人、ナン・グラハム。並々ならぬ力量を発揮してくれた同社のチームの面々——コリン・ハリソン、ローズ・リッペル、ブライアン・ベルフィリオ、ジャヤ・ミセリ、カーラ・ワトソン、アシュリー・ギリアム、サリー・ハウ、キャスリーン・リゾー、カイル・カベルに感謝を捧げる。

そして、私たちのすばらしき出版エージェントであるティナ・ベネットは、その指導力、ユーモアセンス、ひらめきによって、本書を世に送り出してくれた。

最後になるが、私たちの家族にも、ありがとうと言いたい。イデルとジョゼフ・ナターソン、ザッカリーとジェニファーとチャールズ・ホロウィッツ、エイミー・クロールとポール・ナターソン、ダイアンとアーサー・シルベスター、カリンとコナー・マッカーティ、マージとアマンダ・バウアーズ、ポーターとエメットとオーウェン・リーズ、アンディとエマ。

本書のイラストについて

オリバー・ウベルティは『ナショナル・ジオグラフィック』誌の元シニア・デザインエディターで、『動物の移動ルートを追う』と『ロンドン――データにもとづくマップとグラフィックで首都再発見』の共著者でもある。この二冊はどちらも優れた地図として、英国地図学会の最高賞が贈られている。

人工衛星からドローンまでさまざまなテクノロジーに支えられ、今や人間はかつてないほどに動物の日々の生活を目の当たりにできる。本書のマップのために、ウベルティは四匹の動物の主人公を追跡した科学者たちの集めた地理データを使った。アーシュラ、シュリンク、ソルト、スラウツの物語は、南極リサーチトラスト（ART）（https://www.antarctic-research.de/）、ハイエナ・プロジェクト（https://hyena-project.com/）、沿岸域研究センター（https://coastalstudies.org/）、プロジェクト・スロウルフ（http://portal.volkovi.si/）の科学者たちの努力なしでは、私たちは知ることができなかっただろう。ウベルティがグラフィックで表現してくれたさまざまなワイルドフッドについては、青年期の行動についての私たち自身の研究と系統発生学による解釈にもとづいている。

ウベルティの画像は非常に美しく、かつ、そこに含まれている情報がたちどころに理解できるようになっているため、そのデータを手に入れるのは何でもない、たやすい仕事だという印象をつい持ってしまうだろう。しかし、実際のひとつひとつのデータは、研究者チームによる何十年にもわたる献身的な調査によって手に入ったもので、世界中のきわめて厳しい気温、地勢、距離、資源の難題に果敢に挑んできた成果だ。技術の進歩で、研究は新たな光で照らされているものの、野外での動物行動の観察はいまだに個別のヒトの真剣さの度合いと情熱にかかっている。

訳者あとがき

本書の共著者のひとり、カリフォルニア大学ロサンゼルス校の教授で心臓内科医のバーバラ・N・ホロウィッツは、ヒトだけが特別な存在ではない、ヒトもほかの動物も同じ病気にかかることがあるという考え方から、医学と獣医学の境界を取り払おうと、「Zoobiquity（ズービキティ、汎動物学）」を提唱している。

実は、著者は日本でのシンポジウムのために昨年の二〇二〇年秋に来日する予定だった。ところが、新型コロナウイルスの感染拡大は続いた。シンポジウムは一年後に延期が決まったものの、感染症に関する状況は依然として収まらない。二〇二一年現在、再延期のそのシンポジウムも、二〇一一年に著者が中心となって、医師も獣医師もともに集まって始まった「ズービキティ・コンファレンス」の運動となる。

著者は、二〇一五年の雑誌『ニュートン別冊』の「トップ・サイエンティスト　世界の24人」と題された特集号で、各分野で目覚ましい働きを見せる科学者として、山中伸弥（生理学・医学）、ブライアン・グリーン（理論物理学）、ジャック・ホーナー（恐竜学）などとともに選ばれている。

本書は、そのバーバラ・N・ホロウィッツと科学ジャーナリストであるキャスリン・バウアーズにによる共著だ。彼女たちが同じく協力して書き下ろした前作『Zoobiquity』（『人間と動物の病気を一緒にみる』インターシフト）の続編となる。

前著では、ほかの動物も、がん、心臓病、肥満になるだけでなく、性感染症や、うつ、依存症、自傷行為など心も患う事例が幅広く取り上げられた。終章は、ヒトと動物の共通感染症についてであり、北米大陸での西ナイル熱発生が確認されるまでがスリリングに語られる。

そして、本書のテーマは、「青年期」。題名の『WILDHOOD（ワイルドフッド）』は、あらゆる動物の青年期を意味し、前著の『Zoobiquity』と同様に、著者たちの造語だ。ほかの動物もヒトと同様に青年期を迎えるのだ。前著の一章分に割りふられていた内容がさらに深められ、考察が重ねられていく。若者たちは、四つの重要な課題に直面する。そして、その四つのS、すなわちSAFETY（安全）、STATUS（ステータス）、SEX（セックス）、SELF-RELIANCE（自立）についてのスキルを磨き、おとなへと成長していかなければならない。

本書は、太古より無数の動物が体験してきた道程を、四匹の野生動物の成長物語として提示する。キングペンギンのアーシュラ、ブチハイエナのシュリンク、ザトウクジラのソルト、ハイイロオオカミのスラウッツ。種も異なり、生まれ育ったところも違えば、降りかかる困難もみな違う。ただし、物語体をとっていても、記されているのは、すべて研究者たちが機器を駆使しながら調査して知りえた事実だけだ。著者は科学者として、擬人化の危険性を肝に銘じながらも、それぞれの動物がヒトと共通した部分をどれほどたくさん持っているかを見つけ出していく。

若い動物たちは、危険な捕食者にわざわざ近寄って、それがどんなようすをしているのかを調べにかかる。かたや、ヒトの若者もあえて背伸びして、深夜のバーやナイトクラブに潜りこもうとする。

ニワトリたちの間では「つつき順位」がすぐにできあがる。そして、ヒトの若者の間にも瞬く間に序列ができる。にもかかわらず、ヒトもほかの動物も、青年期の仲間の存在はかけがえのないもので、仲間どうしでの社会的学習はなくてはならない。

自然界では、公平な条件での競争の場はないこと、親の序列の継承が実際に行われていること、動物たちは必ずいじめを行うが、個々の粘り強さと少々の運があれば、長じて境遇を引っくり返すことは可能なことが語られる。

野生動物は、年長者の行動を観察して、セックスだけでなく、自分の欲求の伝え方や相手の気持ちを理解する方法を学ぶ。対して、ヒトの場合は、露骨な性描写の情報は絶えず流れてくるが、年長者の側から、求愛行動の機微や性的関係に進む合意を得る方法を若者に伝える機会が少ない。

自然界の動物も、子が親たちから離れて独り立ちするのは、大きな試練になる。環境が劣悪なときは巣立ちを延ばしたり、親がサポートを続けたりもする。ヒトの場合、子に対していつまでも過保護でいる親がよく批判されるが、それは一概に駄目と言えない場合もある。

ざっと思いついただけでも、興味深い指摘がこうして次々に出てくる。

そして、自然界のエピソードのそれぞれがこれまた面白い。サンショウウオのキュートな求愛儀式、求愛行動初心者のヨーロッパアワノメイガの様子、イベリアカタシロワシの子育て最終段階の親のハードなしごき！　著者はこの本を科学者だけでなく、一般読者、特に若者の周囲の人々、そして若者自身に読んでもらいたいと望んでいるのだ。

「ヒトも地球上にすむ生物のひとつ」ということは、誰もが知っている。しかし、著者でさえ二〇一四年のＴＥＤのプレゼンテーションで、「科学者である私たちは、頭では自分たちヒトが単なるひとつの種でありほかの種と変わらないとわかっている。しかし気持ちとなると、その通りにはいかない。モーツァルトを聴いたり、マックのノートブックで火星探査車を見ているとき、ヒトは特別だという思いをどうしても抱いてしまう」とまずは自戒しているのだ。

暗くなると子が出歩くために、夜な夜な悩んでいる親が本書を読んで、「動物の若者はとにかく仲間が一番大事だ」と知ったところで、すぐに何らかの展望が開けはしないだろう。ラッコの若者もホホジロザメにわざわざ近づいていくのだから、自分の息子の危ない行いも仕方ないとあきらめられるわけがない。ただ、ずっと自分の足元ばかりに集中していた視線がふと、空のほうを見上げる瞬間が生まれないだろうか。ひと呼吸分だけでも、心を静める時間が手に入るかもしれない。

また、いじめに遭っている子どもが、「ほかの動物の間でもいじめはある」と言われても、苦しみは決して消えはしない。自然界でいじめ行為があることは、私たちの間でのいじめを正当化することにはならない。しかし、動物もほかの居場所を見つけることで、より幸せな暮らしができているといった観察事実から、現状にとらわれすぎず、自らの得意な領域に関わるグループに入るといったアドバイスには、一読の価値があるだろう。

加えて、著者たち自身が本書を執筆中、思春期の子どもを持つ親の身だった。大自然の厳然たる事実も語っていながら、決して突き放した筆致になっていないのが本書の魅力のひとつだ。
翻訳にあたっては、白揚社の阿部さん、清水さんのひとかたならぬご尽力がなければ、形にならなかったでしょう。心より感謝申し上げます。また、トランネット社の楠葉さんにはお力添えをいただき、矢澤さんの万全のサポートとご指摘には最後まで助けられました。

土屋晶子

二〇二一年九月

に関する豊富な知識と能力をもつ母クジラを指す。そうした母親から、若いクジラ――その子どもやほかの若クジラ――は大いに学ぶことができる。

モビング　動物が集まり、協力して捕食者を威嚇したり追い払ったり、ときには調べたりする防衛行動。

野生復帰後のモニタリング　野生生物学者が、マイクロチップ、衛星発信機、無線送信機などの技術を使って、自然界に再導入した動物の足取りを追い、どのように過ごしているかを調べること。

優位性のディスプレイ　ある個体が、自らの高いステータスを集団のほかのメンバーに見せつけたり印象づけようとしてとる行動や発する信号（参照：「いじめ」「いじめ――支配型」）。

類似効果　えさ動物である個体・集団が捕食の危険性を減らすために、似通った外見や同じような行動をとる群れにまとまる傾向（参照：「混乱効果」「風変わり効果」）。

レッドシャツ制度　若いアスリートを公式試合から一年間遠ざけることで、その間に体力やスキルを向上させ、戻ってきたときに活躍できるようにするヒト社会の戦略。この戦略は、幼稚園の入園時期を決める際にも用いられる（参照：「成鳥の羽毛への生え変わりの遅れ」）。

レミニセンス・バンプ（回想のこぶ）　AYA世代の間に起こったできごとが深く鮮明に記憶されること。

若者（ティーンエイジャー）恐怖症　若者全般に対して、恐怖心や憎しみを抱いたり見下げたりする態度。

渡りのいらだち　ドイツ語「Zugunruhe（移動を前にした焦燥）」から。移動の時期が近づいた動物（おもに鳥類）が眠らずにせわしなく動き回る現象。

不採算性の信号　強さやスタミナを見せつけることで捕食者からねらわれないようにする、防衛的な行動や態度。（例：トカゲが上体を持ち上げる。カンガルーネズミが後ろ脚を踏み鳴らす。ヒバリが逃走時に歌う）

フックアップ・カルチャー　21世紀初めに起こったセックスに関する風潮。短い期間の感情移入のない気軽な性的関係をもつ。

プロンキング　動物（多くは有蹄類）が四本脚を張ったまま地面から繰り返し飛び上がる行動。ストッティングの一形態と考えられている（参照：「ストッティング」）。

分散　AYA世代の動物が親もとを去り、新しい行動圏へと出ていくこと。通常、繁殖や成体としてそのほかの活動を始めるために行われる。

分散の予行演習　本格的な分散をする前に、生まれ育ったテリトリーや親もとから何度も短期間離れること。

防衛機制　ストレスに対する（無意識の）心理的反応。心の痛みから自身を守ろうとして生じる。

防衛のメカニズム　捕食から身を守るための、動物の行動・身体構造・生理。

捕食行動のステップ　捕食者がえさ動物を見つけ、選び、捕まえ、食べるまでの四つの段階。発見《ディテクト》、評価《アセス》、攻撃《アタック》、仕留める《キル》。

捕食者検分　えさ動物（個体または集団）が敵の情報を集めるために捕食者に近づいて観察する、身を守るための行動。同時に、捕食者に対して居場所がわかっていることを示し、不意打ちの要素はなくなったと伝える信号にもなっている（参照：「不採算性の信号」）。

捕食者に対するだましの策略　隠れたりカムフラージュしたりすることで発見を防ぎ、捕食者に攻撃をあきらめさせるえさ動物の防衛戦略。

捕食者のこわさを知らない状態　起こりうる危険に関する知識や経験がないときの、まったくの無防備状態。

負け癖　ひとつの戦いに負けた動物は次の戦いにも負ける傾向があること。敗北によって起こる特定の脳機能の変化は競争のための能力を低下させ、負けの連鎖を引き起こす（参照：「勝者効果」）。

ミスマッチ病　ヒトの体や心が進化していった大昔の環境と、私たちの生きる現代世界との相違により生じる病気や病状。

物知りの母親　クジラを研究する生物学者の使う用語で、重要なライフスキル

つがいのきずな形成の維持　交尾の最中・前後に、個体どうしで行う活動、過ごす時間。長期的な関係のための投資の一環として行われる。

つつき順位　ニワトリたちが相手をつつくようすを観察して、トルライフ・シェルデラップ＝エッベが作った用語。ニワトリのヒエラルキー内での個体の順位づけ。

闘争・逃走・失神反応　脊椎動物の自律神経系によって活性化される、捕食者回避のための三つの生理的反応。自律神経系のうち交感神経系が闘争・逃走反応を引き起こす。副交感神経系が失神反応を引き起こす。

島嶼《とうしょ》従順性　長い間捕食者がいなかったために、本来備わっているはずの恐怖反応を失うこと。

特権　集団内の特定の個体だけが与えられて行使できる（獲得したものではない）優位な点。または、特定の集団だけが与えられて行使できる（獲得したものではない）優位な点。

なわばりの継承　動物の親から子になわばりが受け継がれること。さまざまな脊椎動物でみられる。

人気　仲間から大変好かれている状態。「人気があると思われている」という意味合いでも使われることが多く、社会的優位性、社会的威信、社会的影響を持つことをいう。

母親の介入　子どものために母親がとる行動。子どもを争い事に勝たせたり、子どもの集団内のステータスを高めるために干渉する。

母親の社会的序列の継承　母親から子への世代間のステータス継承。一部の哺乳類でみられる。卵生動物でも間接的な形でステータス継承を行う種がある。

パピーライセンス　成熟した個体には許されない若い動物の未熟な行動を、年長の動物が許して見逃す期間。

標的動物　いじめの対象となる、低い順位の、あるいは「風変わりな」個体。

フィニッシング・スクール　成体のオオカミの狩りに成長途上の若い個体を参加させ、その狩りの技術の向上を助けること。

風変わり効果　周囲の仲間と外見や行動の異なる動物が、捕食者にねらわれることが多く、餌食になる確率が高い傾向。これによって、魚類や鳥類は見かけや行動が似ていてそれぞれを容易に区別できない仲間と群れをつくると考えられている。

推移的推論（TRI）　集団内のあるメンバーとの関係から、ほかの多くのメンバーとの間の順位を推測する動物の能力。

ステータス・バッジ　集団内の順位を示す個体の身体的信号。地位が低い個体であるのに、さも高い順位であるかのように見せかける体のしるしを利用することで相手をだまして、ヒエラルキーを上ろうとする場合もある。こうしたものは「偽のステータス・バッジ」とされる。

ステータスとは無縁のサンクチュアリ　評価を受けないでいられる、守られた時間や物理的空間。

ステータスの下落　参照：「社会的転落」。

ステータスのマッピング　集団内における個体と他のメンバーのステータスの全体図を脳内で思い描くこと。

ストゥーピング　猛禽類の狩りの行動のひとつ。翼をすぼめ、かぎ爪を突き出し、獲物に向かって急降下する。また、鳥類の親が、分散したがらない子どもに対して行う攻撃的行動でもある。

ストッティング　不採算性の信号のひとつ。獲物を探している捕食者に対してたやすく餌食にならないことを知らせる（参照：「不採算性の信号」「上質さの宣伝」）。社会的信号としても使われる。

成鳥の羽毛への生え変わりの遅れ　若鳥の羽が亜成体から成体のものに生え変わる過程が、少なくとも次の繁殖期まで一時的に停止すること。

性的受容性　動物の雌が生殖可能になったことを伝える身体的、および行動上の信号。専門用語ではあるが雌において生殖が可能であることだけを指し示し、必ずしも性的接触への欲求を意味するものではない。生殖可能な雌が、雄や時期によっては性的行動を拒む例は数多くある。

セックスについての同意　互いに性的関係を結ぶことを願うヒトのカップルの間における、肯定的・積極的・意識的な合意。

セロトニン　化学伝達（神経伝達）物質のひとつ。気分やステータスに関連する機能など、多くの脳内メカニズムにかかわる。

高いステータスの者とのつきあい　高い地位の者とつきあうのを好む社会的動物の傾向。ときに、ヒエラルキー内での順位上昇を目論む戦略の一環となる。

他人化　集団内のメンバーから周囲とは異なる点を強調された個体が、忌避・排除されるまでに至るプロセス。

土壇場で死を避けるためにとる行動。たとえば、擬死、尾・四肢・爪などの切り離し（自切）、排便。

騒がしいグループ　ザトウクジラが交尾のために激しく繰り広げるディスプレイや競争。成熟した雌が率いる数頭から二十数頭もの雄が、水中を猛然と進み競い合う。また、生殖可能な雌を求めてディスプレイを行うザトウクジラの雄の集団そのものを指す。「競争グループ」ともよばれる。

時期遅れの分散　親のテリトリーから離れる年齢を過ぎても依然としてとどまっている青年期動物と、それを許す親との親子関係の延長。通常、分散は少なくとも一シーズンは延びる。

思春期　成熟して繁殖可能になるように体が変化していく時期。

疾風怒涛　1904年、G・スタンレー・ホールが青年期を表現するのに使った言葉。ドイツ語「Sturm und Drang」から。

社会的痛み　社会的排除やステータスの下落を受けて起こる不快な気持ち。

社会的学習　集団内のほかのメンバー（仲間であることが多い）から、その個体にかかわりのある情報を得ること。

社会的順位　社会的ヒエラルキーにおける個体の占める位置。

社会的ステータス　あるヒエラルキーで、ほかのメンバーと比べたときの個体の占める位置。集団がその個体をどのように評価しているかに左右される。

社会的転落　集団内のあるメンバーのランク（順位）や社会的ステータスが下落すること。

社会的ヒエラルキー　集団内の個体が順位づけによって階層化された社会構造。

社会脳ネットワーク（SBN）　社会的知覚、社会的認知、意思決定にかかわる脳領域の神経ネットワーク。

上質さの宣伝　強さやスタミナを示すためにえさ動物が出す信号。捕食者に自分を標的にするのをあきらめさせようとする（参照：「不採算性の信号」）。

勝者効果　ある争いに勝った個体は次の争いにも勝つ可能性が高くなること。勝利に伴い脳内に特定の変化が生じ競争能力が高まることで、この効果が得られる（参照：「負け癖」）。

情報を得たうえでの分散　最良のテリトリー、集団、つがい相手などの知識を前もって身につけてから、若い動物が生まれた行動圏から出ていくこと（参照：「親が導く小旅行」）。

親の意地悪行為　親もとからなかなか離れない子の分散を促したり早めるために親がとる行動。たとえば、子どもがえさをうるさく求めても無視したり、ストゥーピング攻撃を行う（参照：「ストゥーピング」）。

格好の餌食　加勢する仲間もおらず、弱い相手だと捕食者からみなされて、たちまち攻撃される個体。逃げることもできずたやすく餌食となる。

観客効果　グループのほかのメンバーがいることで、注視の的である個体の行動が影響を受けること。優位性のディスプレイといじめの場面で重要な働きをする。

危険領域　動物の群れのなかで、捕食者から最もねらわれる危険性のある場所や位置。

驚愕反応　脅威を感じた際に突如生じる体の動き。無脊椎動物、脊椎動物ともにみられる。

強制性交——脅しと恐怖　恐怖を与える、危害を加えると脅す、また威嚇をすることによって、セックスなどの性的関係を、本来ならそれを望まない相手に強要すること。

強制性交——ハラスメント　ハラスメントによって、セックスなどの性的関係を、本来ならそれを望まない相手に強要すること。

強制性交——暴力　身体的暴力や拘束によって、セックスなどの性的関係を、本来ならそれを望まない相手に強要すること。

警戒声　社会的動物が、近くに捕食者がいることを仲間に対して警告する防衛行動。

警戒声（デュエット）　二匹の個体どうしで了解しながら発する警戒声。二匹は雌雄一組のつがいの場合が多い。

高価値のごほうび　動物のやる気を引き起こしたり報酬となる、非常に好まれる食べ物。

子育て期間の延長　分散後の動物の子どもに対して、母親や父親が引き続き資源や保護を与えること。

混乱効果　互いに非常に似通った外見や行動のえさ動物たちが大きな集団となって動くことで、捕食者は標的を絞るのがむずかしくなり、攻撃の成功率が下がること。

最後の手段としての行動　捕食者に見つかるか捕まってしまったえさ動物が、

用語集

いじめ　相手に対して攻撃的行動を繰り返すこと。いじめを行う動物には三つのタイプがある。「支配型《ドミネーター》」「同調型《コンフォーマー》」「転移型《リディレクター》」。

いじめ――支配型　集団内の低いステータスの者に対して、攻撃的行動を繰り返し加えること。いじめる側の高いステータスと権力を示してそれを強化するために行う（参照：「観客効果」）。

いじめ――転移型　いじめられていた犠牲者が、次は加害者に転じて、集団のほかのメンバーに対して攻撃的行動に出ること。

いじめ――同調型　外見や行動が周囲と異なる者がいるせいで、集団のステータス低下を招いたり、望まない危険な関心を引き寄せたりするかもしれないときに、その異質な者に対して攻撃的な行動が繰り返されること（参照：「風変わり効果」）。

威信　集団内の非常にすばらしいメンバーに対して惜しみなく与えられる賞賛と尊敬の念。威信を得た者はステータスが上昇する可能性がある。

衛生仮説　若いころに病原菌の少ない環境で育つと、のちにアレルギーや自己免疫疾患にかかるリスクが高まるという説（参照：「ミスマッチ病」）。

おとな中心主義　おとなを過大評価し、おとなになる前の段階の価値を低く見積もる態度。

親が導く小旅行　分散に先立って動物の親と子が出向く教育的偵察小旅行。将来的なテリトリー、グループ、つがいの相手を調べ、分散を前にした若者にとって最適な条件を見極める。

親子の葛藤　青年期の動物が、親が用意している量よりも多い資源を要求するときに起こる、親子の対立。親はその子だけでなくほかの子たちや将来生まれる子どもにも資源を分配することを考えなければならない。別の定義では、とるべき最良の行動を巡ってヒトの親子の意見が食い違う際の衝突を指す。

developmental constraints," *Biological Review* 64 (1989): 51–70; S. Choudhury and J. M. Black, "Barnacle geese preferentially pair with familiar associates from early life," *Animal Behaviour* 48 (1994): 81–88.

20 I. Rowley, "Communal activities among white-winged choughs, Corcorax melanorhamphus," *IBIS* 120 (1978): 178–96; R. G. Heinsohn, "Cooperative enhancement of reproductive success in whitewinged choughs," *Evolutionary Ecology* 6 (1992): 97–114; R. Heinsohn et al., "Coalitions of relatives and reproductive skew in cooperatively breeding white-winged choughs," *Proceedings of the Royal Society of London Series B* 267 (2000): 243–49.

21 Jack F. Cully, Jr., and J. David Ligon, "Comparative Mobbing Behavior of Scrub and Mexican Jays," *Auk* 93 (1976): 116–25.

22 Leah Shafer, "Resilience for Anxious Students," Harvard Graduate School of Education, November 30, 2017, https://www.gse.harvard.edu/news/uk/17/11/resilience-anxious-students.

23 Mintz, *The Prime of Life.*

24 Allison E. Thompson, Johanna K. P. Greeson, and Ashleigh M. Brunsink, "Natural mentoring among older youth in and aging out of foster care: A systematic review," *Children and Youth Services Review* 61 (2016): 40–50.

25 Mintz, *The Prime of Life*.

26 Doug P. Armstrong et al., "Using radio-tracking data to predict post-release establishment in reintroduction to habitat fragments," *Biological Conservation* 168 (2013): 152–60.

27 Mark Elbroch, "Fumbling Cougar Kittens: Learning to Hunt," *National Geographic Blog*, October 22, 2014, https://blog.nationalgeographic.org/2014/10/22/fumbling-cougar-kittens-learning-to-hunt/.

エピローグ

1 "King Penguins," Penguins-World, https://www.penguins-world.com/king-penguin/.

2 Oliver Höner（ベルリンでの取材、2018年10月4日）。

3 Philip Hoarse, " 'Barnacled Angels': The Whales of Stellwagen Bank — a Photo Essay," *Guardian*, June 20, 2018, https://www.theguardian.com/environment/2018/jun/20/barnacled-angels-the-whales-of-stellwagen-bank-a-photo-essay.

4 Hubert Potocnik（取材、2019年2月20日）。

5 Fred Lambert, "Tesla and PG&E Are Working on a Massive 'Up to 1.1 GWh' Powerpack Battery System," Electrek, June 29, 2018, https://electrek.co/2018/06/29/tesla-pge-giant-1-gwh-powerpack-battery-system/.

Adults in Different Parts of the Globe Live with Their Parents," ABC News, May 27, 2018, https://abcnews.go.com/International/adults-parts-globe-live-home-parents/story?id=55457188; "Life in Modern Cairo," Liberal Arts Instructional Technology Services, University of Texas at Austin, http://www.laits.utexas.edu/cairo/modern/life/life.html.

10 CBRE, "Asia Pacific Millennials: Shaping the Future of Real Estate," October 2016, page 8, https://www.austchamthailand.com/resources/Pictures/CBRE%20-%20APAC%20Millennials%20Survey%20Report.pdf.

11 「子育て期間の延長」には、食料、住居、保護、指導の提供が含まれる。これは多くの動物種で見られるが、子の必要性や親の資源によりその度合いは異なる。一般的に、捕食者の存在や資源の欠乏により環境が危険である場合、より多くの子育て期間の延長が見られる。Eleanor M. Russell, Yoram Yom-Tov, and Eli Geffen, "Extended parental care and delayed dispersal: Northern, tropical and southern passerines compared," *Behavioral Ecology* 15 (2004): 831–38; Andrew N. Radford and Amanda R. Ridley, "Recruitment calling: A novel form of extended parental care in an altricial species," *Current Biology* 16 (2006): 1700–704; Michael J. Polito and Wayne Z. Trivelpiece, "Transition to independence and evidence of extended parental care in the gentoo penguin (*Pygoscelis papua*)," *Marine Biology* 154 (2008): 231–40; P. D. Boersma, C. D. Cappello, and G. Merlen, "First observation of post-fledging care in Galapogos penguins (*Spheniscus mendiculus*)," *Wilson Journal of Ornithology* 129 (2017): 186–91; Martin U. Gruebler and Beat Naef-Daenzer, "Survival benefits of post-fledging care: Experimental approach to a critical part of avian reproductive strategies," *Journal of Animal Ecology* 79 (2010): 334–41.

12 Steven Mintz, *The Prime of Life*, Cambridge, MA: Harvard University Press, 2015.

13 同上。

14 同上。

15 Lyanne Brouwe, David S. Richardson, and Jan Komdeur, "Helpers at the nest improve late-life offspring performance: Evidence from a long-term study and a cross-foster experiment," *PLoS ONE* 7 (2012): e33167; Tim Clutton-Brock, "Cooperative Breeding," in *Mammal Societies*, Hoboken, NJ: Wiley-Blackwell, 2016, 556–63.

16 Janis L. Dickinsin et al., "Delayed dispersal in western bluebirds: Teasing apart the importance of resources and parents," *Behavioral Ecology* 25 (2014): 843–51.

17 Karen Price and Stan Boutin, "Territorial bequeathal by red squirrel mothers," *Behavioral Ecology* 4 (1992): 144–50.

18 De Casteele and Matthysen, "Natal dispersal and parental escorting predict relatedness between mates in a passerine bird," *Molecular Ecology* 15, no. 9 (August 2006), 2557–65.

19 Erik Matthysen et al., "Family movements before independence influence natal dispersal in a territorial songbird," *Oecologia* 162 (2010): 591–97; Karen Marchetti and Trevor Price, "Differences in the foraging of juvenile and adult birds: The importance of

"Social interaction modifies learned aversions, sodium appetite, and both palatability and handling-time induced dietary preferences in rats (*Rattus norvegicus*)," *Journal of Comparative Psychology* 100 (1986): 432–39.

32 Pallav Sengupta, "The laboratory rat: Relating its age with human's," *International Journal of Preventive Medicine* 4 (2013): 624–30.

33 Galef Jr., "Social interaction modifies learned aversions, sodium appetite, and both palatability and handling-time induced dietary preferences in rats (*Rattus norvegicus*)."

34 Jerry O. Wolff and Paul W. Sherman, eds., *Rodent Societies: An Ecological and Evolutionary Perspective*, Chicago: University of Chicago Press, 2007, 211.

35 Luke Dollar, wildlife biologist and conservationist（取材、2017 年 11 月 10 日）。

36 Mia-Lana Lührs, University of Gottingen（取材、2017 年 10 月 16 日）。

第 17 章　ひとりでやり抜く

1 BBC Two, "Apak: North Baffin Island," February 21, 2005, http://news.bbc.co.uk/2/hi/programmes/this_world/4270079.stm; Nina Strochlic, "How to Build an Igloo," *National Geographic*, November 2016, https://www.nationalgeographic.com.au/people/how-to-build-an-igloo.aspx; Richard G. Condon, "Inuit Youth in a Changing World," *Cultural Survival Quarterly Magazine*, June 1988, https://www.culturalsurvival.org/publications/cultural-survival-quarterly/inuit-youth-changing-world.

2 Julie Tetel Andresen and Phillip M. Carter, "The Language Loop: The Australian Walkabout," in *Language in the World: How History, Culture, and Politics Shape Language*, Hoboken, NJ: Wiley-Blackwell, 2016, 22.

3 David Martinez, "The soul of the Indian: Lakota philosophy and the vision quest," *Wicazo Sa Review* (University of Minnesota Press) 19 (2004): 79–104.

4 GoSERE, "SERE: Survival, Evasion, Resistance and Escape," https://www.gosere.af.mil/; National Outdoor Leadership School, "The leader in wilderness education," https://www.nols.edu/en/.

5 Ester S. Buchholz and Rochelle Catton, "Adolescents' perceptions of aloneness and loneliness," *Adolescence* 34 (1999): 203–13.

6 Bridget Goosby et al., "Adolescent loneliness and health in early adulthood," *Sociological Inquiry* 83 (2013): doi: 10.1111/soin.12018.

7 Cheryl A. King and Christopher R. Merchant, "Social and interpersonal factors relating to adolescent suicidality: A review of the literature," *Archives of Suicide Research* 12 (2008): 181–96.

8 Jonathan Vespa, "A Third of Young Adults Live with Their Parents," United States Census Bureau, August 9, 2017, https://www.census.gov/library/stories/2017/08/young-adults.html.

9 "Europe's Young Adults Living with Parents — a Country by Country Breakdown," *The Guardian*, March 24, 2014, https://www.theguardian.com/news/datablog/2014/mar/24/young-adults-still-living-with-parents-europe-country-breakdown; Morgan Winsor, "Why

21 Jennifer S. Savage, Jennifer Orlet Fisher, and Leann L. Birch, "Parental Influence on Eating Behavior: Conception to Adolescence," *Journal of Law, Medicine & Ethics* 35 (2007): 22–34.

22 Christophe Guinet, "Intentional stranding apprenticeship and social play in killer whales (Orcinus orca)," *Canadian Journal of Zoology* 69 (1991): 2712–16.

23 Ari Friedlaender et al., "Underwater components of humpback whale bubble-net feeding behaviour," *Behaviour* 148 (2011): 575–602; Rebecca Boyle, "Humpback Whales Learn New Tricks Watching Their Friends," *Popular Science*, April 25, 2013, https://www.popsci.com/science/article/2013-04/humpback-whales-learn-new-tricks-watching-their-friends#page-2; Jane J. Lee, "Do Whales Have Culture?" National Geographic News, April 27, 2013, https://news.nationalgeographic.com/news/2013/13/130425-humpback-whale-culture-behavior-science-animals/; University of St. Andrews, "Humpback whales able to learn from others, study finds," Phys.org, April 25, 2013, https://phys.org/news/2013-04-humpback-whales.html#jCp.

24 Jenny Allen et al., "Network-based diffusion analysis reveals cultural transmission of lobtail feeding in humpback whales," *Science* 26 (2013): 485–88.

25 William J. E. Hoppitt et al., "Lessons from animal teaching," *Trends in Ecology & Evolution* 23 (2008): 486–93, 486; T. M. Caro and M. D. Hauser, "Is there teaching in nonhuman animals?" *Quarterly Review of Biology* 67 (1992): 151–74; T. M. Caro, "Predatory behaviour in domestic cat mothers," *Behaviour* 74 (1980): 128–47; T. M. Caro, "Effects of the mother, object play and adult experience on predation in cats," *Behavioral and Neural Biology* 29 (1980): 29–51; T. M. Caro, "Short-term costs and correlates of play in cheetahs," *Animal Behaviour* 49 (1995): 333–45.

26 Mark Elbroch, "Fumbling Cougar Kittens: Learning to Hunt," National Geographic Blog, October 22, 2014, https://blog.nationalgeographic.org/2014/10/22/fumbling-cougar-kittens-learning-to-hunt/.

27 Liz Langley, "Schooled: Animals That Teach Their Young," *National Geographic News*, May 7, 2016, https://news.nationalgeographic.com/2016/05/160507-animals-teaching-parents-science-meerkats/.

28 Alonso et al., "Parental care and the transition to independence of Spanish Imperial Eagles *Aquila heliaca* in Donana National Park, southwest Spain."

29 Guy A. Balme et al., "Flexibility in the duration of parental care: Female leopards prioritise cub survival over reproductive output," *Journal of Animal Ecology* 86 (2017): 1224–34.

30 J. S. Gilchrist, "Aggressive monopolization of mobile carers by young of a cooperative breeder," *Proceedings of the Royal Society B* 275 (2008): 2491–98.

31 Yutaka Hishimura, "Food choice in rats (*Rattus norvegicus*): The effect of exposure to a poisoned conspecific," *Japanese Psychological Research* 40 (1998): 172–77; Jerry O. Wolff and Paul W. Sherman, eds., *Rodent Societies: An Ecological and Evolutionary Perspective,*Chicago: University of Chicago Press, 2007, 210–11; Bennett G. Galef, Jr.,

7　The Endangered Wolf Center in Eureka, Missouri（訪問、2018年4月20日）。

8　Dr. Ben Kilham in Lyme, New Hampshire（取材、2018年4月1日）。

9　Alex Thornton, "Variations in contributions to teaching by meerkats," *Proceedings of the Royal Society B: Biological Sciences* 275 (2008): 1745–51.

10　James Fair, "Hunting success rates: how predators compare," Discover Wildlife, December 17, 2015, http://www.discoverwildlife.com/animals/hunting-success-rates-how-predators-compare.

11　同上。

12　Amanda D. Melin et al., "Trichromacy increases fruit intake rates of wild capuchins (Cebus capucinus imitator)," *Proceedings of the National Academy of Sciences* 114 (2017): 10402–7.

13　Inigo Novales Flamarique, "The Ontogeny of Ultraviolet Sensitivity, Cone Disappearance and Regeneration in the Sockeye Salmon Oncorhynchus Nerka," *Journal of Experimental Biology* 203 (2000): 1161–72.

14　Howard Richardson and Nicolaas A. M. Verbeek, "Diet selection and optimization by Northwestern Crows feeding on Japanese littleneck clams," *Ecology* 67 (1986): 1219–26; Howard Richardson and Nicolaas A. M. Verbeek, "Diet selection by yearling Northwestern Crows (Corvus caurinus) feeding on littleneck clams (Venerupis japonica)," *Auk* 104 (1987): 263–69.

15　Angela Duckworth, *Grit: The Power of Passion and Perseverance*, New York: Scribner, 2016.（アンジェラ・ダックワース『やり抜く力――人生のあらゆる成功を決める「究極の能力」を身につける』神崎朗子訳、ダイヤモンド社、2016年）

16　Sarah Benson-Amram and Kay E. Holekamp, "Innovative problem solving by wild spotted hyenas," *Proceedings of the Royal Society B* 279 (2012): 4087–95; L. Cauchard et al., "Problem-solving performance is correlated with reproductive success in wild bird population," *Animal Behaviour* 85 (2013): 19–26; Andrea S. Griffin, Maria Diquelou, and Marjorie Perea, "Innovative problem solving in birds: a key role of motor diversity," *Animal Behaviour* 92 (2014): 221–27; A. Thornton and J. Samson, "Innovative problem solving in wild meerkats," *Animal Behaviour* 83 (2012): 1459–68.

17　Benson-Amram and Holekamp, "Innovative problem solving by wild spotted hyenas."

18　Lisa A. Leaver, Kimberly Jayne, and Stephen E. G. Lea, "Behavioral flexibility versus rules of thumb: How do grey squirrels deal with conflicting risks?" *Behavioural Ecology* 28 (2017): 186–92.

19　John Whitfield, "Mother hens dictate diet," *Nature* (2001), doi: 10/1038/news010719-18, https://www.nature.com/news/2001/010718/full/news010719-18.html.

20　A. G. Thorhallsdottir, F. D. Provenza, D. F. Balph, "Ability of lambs to learn about novel foods while observing or participating with social models," *Applied Animal Behaviour Science* 25 (1990): 25–33; Udita Sanga, Frederick D. Provenza, and Juan J. Villalba, "Transmission of self-medicative behaviour from mother to offspring in sheep," *Animal Behaviour* 82 (2011): 219–27.

44 James Cheshire and Oliver Uberti, *Where the Animals Go: Tracking Wildlife with Technology in 50 Maps and Graphics*, New York: W. W. Norton & Company, 2017; Doug P. Armstrong et al., "Using radio-tracking data to predict post-release establishment in reintroduction to habitat fragments," *Biological Conservation* 168 (2013): 152–60.

第16章　生きるために食べる

1 Susan J. Popkin, Molly M. Scott, and Martha Galvez, "Impossible Choices: Teen and Food Insecurity in America," Urban Institute, September 2016, https://www.urban.org/sites/default/files/publication/83971/impossible-choices-teens-and-food-insecurity-in-america_1.pdf; Mkael Symmonds et al., "Metabolic state alters economic decision making under risk in humans," *PLoS ONE* 5 (2010): e11090; No Kid Hungry, "Hunger Facts," https://www.nokidhungry.org/who-we-are/hunger-fact.

2 Stan Boutin, "Hunger makes apex predators do risky things," *Journal of Animal Ecology* 87 (2018): 530–32; Andrew D. Higginson et al., "Generalized optimal risk allocation: Foraging and antipredator behavior in a fluctuating environment," *American Naturalist* 180 (2012): 589–603; Michael Crossley, Kevin Staras, and Gyorgy Kemenes, "A central control circuit for encoding perceived food value," *Science Advances* 4 (2018), doi: 10.1126/sciadv.aau9180; Kari Koivula, Seppo Rytkonen, and Marukku Orell, "Hunger-dependency of hiding behaviour after a predator attack in dominant and subordinate willow tits," *Ardea* 83 (1995): 397–404; Benjamin Homberger et al., "Food predictability in early life increases survival of captive grey partridges (*Perdix perdix*) after release into the wild," *Biological Conservation* 177 (2014): 134–41; Hannah Froy et al., "Age-related variation in foraging behavior in the wandering albatross in South Georgia: No evidence for senescence," *PLoS ONE* 10 (2015): doi: 10.1371/journal.pone.0116415; Daniel O'Hagan et al., "Early life disadvantage strengthens flight performance trade-off in European starlings, *Sturnus vulgaris*," *Animal Behaviour* 102 (2015): 141–48; Harry H. Marshall, "Lifetime fitness consequences of early-life ecological hardship in a wild mammal population," *Ecology and Evolution* 7 (2017): 1712–24; Clare Andrews et al., "Early life adversity increases foraging and information gathering in European starlings, *Sturnus vulgaris*," *Animal Behaviour* 109 (2015): 123–32; Gerald Kooyman and Paul J. Ponganisk, "The initial journey of juvenile emperor penguins," *Aquatic Conservation: Marine and Freshwater Ecosystems* 17 (2007): S37–S43; Richard A. Phillips et al., "Causes and consequences of individual variability and specialization in foraging and migration strategies of seabirds," *Marine Ecology Progress Series* 578 (2017): 117–50.

3 Tiffany Armenta et al., "Gene expression shifts in yellow-bellied marmots prior to natal dispersal," *Behavioral Ecology* ary175 (2018), doi: 10.1083/beheco/ary175.

4 Armenta et al., "Gene expression shifts in yellow-bellied marmots prior to natal dispersal."

5 Hubert Potocnik（取材、2019年2月20日）。

6 Mech and Boitani, *Wolves*, 283.

32 Malia Wollan, "Mapping Traffic's Toll in Wildlife," *New York Times*, September 12, 2010, https://www.nytimes.com/2010/09/13/technology/13roadkill.html.

33 Richard M. F. S. Sadleir and Wayne L. Linklater, "Annual and seasonal patterns in wildlife road-kill and their relationship with traffic density," *New Zealand Journal of Zoology* 43 (2016): 275–91.

34 R. A. Giffney, T. Russell, and J. L. Kohen, "Age of roadkilled common brushtail possums (Trichosurus vulpecula) and common ringtail possums (Pseudocheirus peregrinus) in an urban environment," *Australian Mammalogy* 31 (2009): 137–42.

35 Kerry Klein, "Largest US Roadkill Database Highlights Hotspots on Bay Area Highways," *Mercury News* (San Jose), May 5, 2015, https://www.mercurynews.com/2015/05/05/largest-u-s-roadkill-database-highlights-hotspots-on-bay-area-highways/.

36 Nicolas Perony and Simon W. Townsend, "Why did the meerkat cross the road? Flexible adaptation of phylogenetically-old behavioural strategies to modern-day threats," *PLoS ONE* (2013), doi: 10.1371/journal.pone.0052834.

37 Whale and Dolphin Conservation, "Boat Traffic Effects on Whales and Dolphins," https://us.whales.org/issues/boat-traffic; A. Szesciorka et al., "Humpback whale behavioral response to ships in and around major shipping lanes off San Francisco, CA," Abstract (Proceedings) 21st Biennial Conference on the Biology of Marina Mammals, San Francisco, California, December 14–18, 2015; Karen Romano Young, *Whale Quest: Working Together to Save Endangered Species*, Brookfield, CT: Millbrook Press, 2017.

38 Christine Dell'Amore, "Downtown Coyotes: Inside the Secret Lives of Chicago's Predator," *National Geographic*, November 21, 2014, https://news.nationalgeographic.com/news/2014/11/141121-coyotes-animals-science-chicago-cities-urban-nation/.

39 Centers for Disease Control and Prevention, "Motor Vehicle Safety (Teen Drivers)," https://www.cdc.gov/motorvehiclesafety/teen_drivers/index.html; Centers for Disease Control and Prevention, "Motor Vehicle Crash Deaths," https://www.cdc.gov/vitalsigns/motor-vehicle-safety/index.html; Children's Hospital of Philadelphia, "Seat Belt Use: Facts and Stats," https://www.teendriversource.org/teen-crash-risks-prevention/rules-of-the-road/seat-belt-use-facts-and-stats.

40 National Highway Traffic Safety Administration, "Overview of the National Highway Traffic Safety Administration's Driver Distraction Program," https://www.nhtsa.gov/sites/nhtsa.dot.gov/files/811299.pdf.

41 National Highway Traffic Safety Administration, "U.S. DOT and NHTSA Kick Off 5th Annual U Drive. U Text. U Pay. Campaign," April 5, 2018, https://www.nhtsa.gov/press-releases/us-dot-and-nhtsa-kick-5th-annual-u-drive-u-text-u-pay-campaign.

42 Angel Jennings, "Mountain Lion Killed in Santa Monica Was Probably Seeking a Home," *Los Angeles Times*, May 24, 2012, http://articles.latimes.com/2012/may/24/local/la-me-0524-mountain-lion-20120524.

43 Hubert Potocnik（取材、2019年2月20日）。

and Grau, 2016, 255.（トレバー・ノア『トレバー・ノア　生まれたことが犯罪!?』齋藤慎子訳、英治出版、2018年）

25 Manabi Paul et al., "Clever mothers balance time and effort in parental care — a study on free-ranging dogs," *Royal Society Open Science* 4 (2017): 160583.

26 Tim Clutton-Brock, *Mammal Societies*, Hoboken, NJ: Wiley-Blackwell, 2016, 94.

27 Dorothy L. Cheney and Robert M. Seyfarth, "Nonrandom dispersal in free-ranging vervet monkeys: Social and genetic consequences," *American Naturalist* 122 (1983): 392–412.

28 Lynn Fairbanks（取材、2011年5月3日）。

29 J. Kolevská, V. Brunclik, and M. Svoboda, "Circadian rhythm of cortisol secretion in dogs of different daily activity," *Acta Veterinaria Brunensis* 72 (2002), doi: 10/2754/abc200372040599; Mark S. Rea et al., "Relationship of morning cortisol to circadian phase and rising time in young adults with delayed sleep times," *International Journal of Endocrinology* (2012), doi://10.115/2012/74940; R. Thun et al., "Twentyfour-hour secretory pattern of cortisol in the bull: Evidence of episodic secretion and circadian rhythm," *Endocrinology* 109 (1981): 2208–12.

30 World Health Organization, "Adolescent Health Epidemiology," https://www.who.int/maternal_child_adolescent/epidemiology/adolescence/en/.

31 John Boulanger and Gordon B. Stenhouse, "The impact of roads on the demography of grizzly bears in Alberta," *PLoS ONE* 9 (2014): e115535; Amy Haigh, Ruth M. O'Riordan, and Fidelma Butler, "Hedgehog *Erinaceus europaeus* mortality on Irish roads," *Wildlife Biology* 20 (2014): 155–60; Ronald L. Mumme et al., "Life and death in the fast lane: Demographic consequences of road mortality in the Florida scrub-jay," *Conservation Biology* 14 (2000): 501–12; Brenda D. Smith-Patten and Michael A. Patten, "Diversity, seasonality, and context of mammalian roadkills in the Southern Great Plains," *Environmental Management* 41 (2008): 844–52; Brendan D. Taylor and Ross L. Goldingay, "Roads and wildlife: Impacts, mitigation and implications for wildlife management in Australia," *Wildlife Research* 37 (2010): 320–31; Amy Haigh et al., "Non-invasive methods of separating hedgehog (*Erinaceus europaeus*) age classes and an investigation into the age structure of road kill," *Acta Theriologica* 59 (2014): 165–71; Richard M. F. S. Sadleir and Wayne L. Linklater, "Annual and seasonal patterns in wildlife road-kill and their relationship with traffic density," *New Zealand Journal of Zoology* 43 (2016): 275–91; Evan R. Boite and Alfred J. Mead, "Application of GIS to a baseline survey of vertebrate roadkills in Baldwin County, Georgia," *Southeastern Naturalist* 13 (2014): 176–90; Changwan Seo et al., "Disentangling roadkill: The influence of landscape and season on cumulative vertebrate mortality in South Korea," *Landscape and Ecological Engineering* 11 (2015): 87–99; Andy Alden, senior research associate, Virginia Tech（取材、2017年8月23日）; Bridget Donaldson, a senior scientist with Virginia Transportation Research Council and expert on wildlife crossings（取材、2017年8月14日）; Fraser Shilling, co-director of the UC Davis Road Ecology Center（取材、2017年8月9日）。

T. M. Caro and M. D. Hauser, "Is there teaching in nonhuman animals?" *Quarterly Review of Biology* 67 (1992): 151–74; L. Mark Elbroch and Howard Quigley, "Observations of wild cougar (*Puma concolor*) kittens with live prey: Implications for learning and survival," *Canadian Field-Naturalist* 126 (2012): 333–35.

14 Shifra Z. Goldenberg and George Wittemyer, "Orphaned female elephant social bonds reflect lack of access to mature adults," *Scientific Reports* 7 (2017): 14408; Shifra Z. Goldenberg and George Wittemyer, "Orphaning and natal group dispersal are associated with social costs in female elephants," *Animal Behaviour* 143 (2018): doi: 10.1016/j.anbehav.2018.07.002.

15 Alexandre Roulin, "Delayed maturation of plumage coloration and plumage spottedness in the Barn Owl (Tyto alba)," *Journal fur Ornithologie* 140 (1999): 193–97.

16 Hermioni N. Lokko and Theodore A. Stern, "Regression: Diagnosis, evaluation, and management," *Primary Care Companion for CNS Disorders* 17 (2015): doi: 10.408/PCC.14f01761.

17 Walter D. Koenig et al., "The Evolution of Delayed Dispersal in Cooperative Breeders," *The Quarterly Review of Biology* 67 (1992): 111–50; Lyanne Brouwe, David S. Richardson, and Jan Komdeur, "Helpers at the nest improve late-life offspring performance: Evidence from a long-term study and a cross-foster experiment," *PLoS ONE* 7 (2012): e33167; J. L. Brown, *Helping Communal Breeding in Birds*, Princeton, NJ: Princeton University Press, 2014, 91–101.

18 L. David Mech and H. Dean Cluff, "Prolonged intensive dominance behavior between gray wolves, *Canis lupus*," *Canadian Field-Naturalist* 124 (2010): 215–18.

19 Clutton-Brock, *Mammal Societies*, 186; Robert L. Trivers, "Parent-offspring conflict," *American Zoologist* 14 (1974): 249–64; Bram Kujiper and Rufus A. Johnstone, "How dispersal influences parent-offspring conflict over investment," *Behavioral Ecology* 23 (2012): 898–906.

20 Logan and Sweanor, *Desert Puma*, 143.

21 Robert L. Trivers, "Parental Investment and Sexual Selection," 52–95, in Bernard Campbell, ed., *Sexual Selection and the Descent of Man, 1871–1971*, Chicago: Aldine, 1972, http://roberttrivers.com/Robert_Trivers/Publications_files/Trivers%201972.pdf.

22 Trivers, "Parent-offspring conflict"; Kujiper and Johnstone, "How dispersal influences parent-offspring conflict over investment." For more on parent-offspring conflict, see also Phil Reed, "A transactional analysis of changes in parent and chick behavior prior to separation of herring gulls (*Larus argentatus*): A three-term contingency model," *Behavioural Processes* 118 (2015): 21–27; T. H. Clutton-Brock and G. A. Parker, "Punishment in animal societies," *Nature* 373 (1995): 209–16.

23 Juan Carlos Alonso et al., "Parental care and the transition to independence of Spanish Imperial Eagles *Aquila heliaca* in Donana National Park, southwest Spain," *IBIS* 129 (1987): 212–24.

24 Trevor Noah, *Born a Crime: Stories from a South African Childhood*, New York: Spiegel

Prologue, 1–18, Chapter 1: The Tangled Transition to Adulthood, 19–70 や、同じく彼の著書 *Huck's Raft: A History of American Childhood* を参照。さらに Jeffrey Jensen Arnett の *Adolescence and Emerging Adulthood: A Cultural Approach*, London: Pearson, 2012 には、青年が家を出るか出ないかという人生の局面についての幅広い議論が含まれている。また、同じく Arnett の *Emerging Adulthood: The Winding Road from the Late Teens Through the Twenties*, 2nd ed., New York: Oxford, 2015 も参照。

3 Dr. Hannah Bannister（取材、2018 年 2 月 6 日）。

4 Hiroyoshi Higuchi and Hiroshi Momose, "Deferred independence and prolonged infantile behaviour in young varied tits, Parus varius, of an island population," *Animal Behaviour* 28 (1981): 523–24.

5 Russell C. Van Horn, Teresa L. McElinny, and Kay E. Holekamp, "Age estimation and dispersal in the spotted hyena (*Crocuta crocuta*)," *Journal of Mammology* 84 (2003): 1019–30; Axelle E. J. Bono et al., "Payoff- and sex-biased social learning interact in a wild primate population," *Current Biology* 28 (2018): P2800–2805; Gerald L. Kooyman and Paul J. Ponganis, "The initial journey of juvenile emperor penguins," *Aquatic Conservation: Marine and Freshwater Ecosystems* 17 (2008): S37–S43; Robin W. Baird and Hal Whitehead, "Social organization of mammal-eating killer whales: Group stability and dispersal patterns," *Canadian Journal of Zoology* 78 (2000): 2096–105; P. A. Stephens et al., "Dispersal, eviction, and conflict in meerkats (*Suricata suricatta*): An evolutionarily stable strategy model," *American Naturalist* 165 (2005): 120–35.

6 Namibia Wild Horse Foundation, "Social Structure," http://www.wild-horses-namibia.com/social-structure/; Frans B. M. De Waal, "Bonobo Sex and Society," *Scientific American*, June 1, 2006, https://www.scientificamerican.com/article/bonobo-sex-and-society-2006-06/.

7 Martha J. Nelson-Flower et al., "Inbreeding avoidance mechanisms: Dispersal dynamics in cooperatively breeding southern pied babblers," *Journal of Animal Ecology* 81 (2012): 876–83; Nils Chr. Stenseth and William Z. Lidicker, Jr., *Animal Dispersal: Small Mammals as a Model*, Dordrecht, Netherlands: Springer Science+Business Media, 1992.

8 James Cheshire, "The Wolf Who Traversed the Alps," 62–65, in *Where the Animals Go*; Hubert Potocnik（取材、2019 年 2 月 20 日）。

9 J. Michael Reed et al., "Informed Dispersal," in *Current Ornithology* 15, ed V. Nolan, Jr., and Charles F. Thompson, New York: Springer, 1999: 189–259; J. Clobert et al., "Informed dispersal, heterogeneity in animal disperal syndromes and the dynamics of spatially structured populations," *Ecology Letters* 12 (2009): 197–209.

10 Dr. Hannah Bannister（取材、2018 年 2 月 6 日）。

11 L. David Mech and Luigi Boitani, *Wolves: Behavior, Ecology, and Conservation*, Chicago: University of Chicago Press, 2007, 12.

12 同上, 52.

13 Kenneth A. Logan and Linda L. Sweanor, *Desert Puma: Evolutionary Ecology and Conservation of an Enduring Carnivore*, Washington, DC: Island Press, 2001, 143, 278;

18 G. J. Hole, D. F. Einon, and H. C. Plotkin, "The role of social experience in the development of sexual competence in *Rattus Norvegicus*," *Behavioral Processes* 12 (1986): 187–202.

19 Stephanie Craig, "Research relationships focus on mink mating," *Ontario Agricultural College, University of Guelph*, February 14, 2017, https://www.uoguelph.ca/oac/news/research-relationships-focus-mink-mating.

20 Houpt, *Domestic Animal Behavior for Veterinarians and Animal Scientists*, 5th ed.

21 Justin R. Garcia et al., "Sexual hookup culture: A review," *Review of General Psychology* 16 (2012): 161–76, https://www.ncbi.nlm.nih.gov/pmc/articles/PMC3613286/pdf/nihms443788.pdf.

22 Binghamton University, State University of New York, "College Students' Sexual Hookups More Complex than Originally Thought," *Science News*, October 17, 2012, https://www.sciencedaily.com/releases/2012/10/121017122802.htm.

23 Garcia et al., "Sexual hookup culture: A review," 20.

24 Lisa Wade, *American Hookup: The New Culture of Sex on Campus*, New York: W. W. Norton and Co., 2017.

25 Dr. Richard Weissbourd（取材、2018 年 2 月 14 日）。

26 Garcia et al., "Sexual hookup culture: A review," 14.

第 IV 部　SELF-RELIANCE（自立）

スラウツのストーリーは、ヒューバート・ポトチニクへの取材で語られたものであり、James Cheshire と Oliver Uberti の *Where the Animals Go: Tracking Wildlife with Technology in 50 Maps and Graphics*, New York: W. W. Norton & Company, 2017 内、"The Wolf Who Traversed the Alps" に掲載されている。また、ガーディアン紙の Henry Nicholls の報道により補足されたものだ。PJ のストーリーはニュース報道から構成した。

第 15 章　旅立ちまで

1 Clutton-Brock, *Mammal Societies*, 94–122, 401–26; Bruce N. McLellan and Frederick W. Hovey, "Natal dispersal of grizzly bears," *Canadian Journal of Zoology* 79 (2001): 838–44; Martin Mayer, Andreas Zedrosser, and Frank Rosell, "When to leave: The timing of natal dispersal in a large, monogamous rodent, the Eurasian beaver," *Animal Behaviour* 123 (2017): 375–82; Jonathan C. Shaw et al., "Effect of population demographics and social pressures on white-tailed deer dispersal ecology," *Journal of Wildlife Management* 70 (2010): 1293–301; Eric S. Long et al., "Forest cover influences dispersal distance of white-tailed deer," *Journal of Mammology* 86 (2005): 623–29; Yun Tao, Luca Börger, and Alan Hastings, "Dynamic range size analysis of territorial animals: An optimality approach," *American Naturalist* 188 (2016): 460–74.

2 世界中の独り立ちについてのストーリーについては、Steven Mintz の *The Prime of Life: A History of Modern Adulthood*, Cambridge, MA: Harvard University Press, 2015,

36.

8 T. H. Clutton-Brock and G. A. Parker, "Sexual coercion in animal societies," *Animal Behavior* 49 (1995): 1345–65.

9 Barcoft TV, "Scientists Capture Unique Footage of Seals Attempting to Mate with Penguins," YouTube, November 18, 2014, https://www.youtube.com/watch?v=ABM8RTVYaVw&t=3s; Harris et al., "Lesions and behavior associated with forced copulation of juvenile Pacific harbor seals (*Phoca vitulina richardsi*) by southern sea otters (*Enhydra lutris nereis*)."

10 Martin L. Lalumière, et al., "Forced Copulation in the Animal Kingdom," in *The Causes of Rape: Understanding Individual Differences in Male Propensity for Sexual Aggression*, Washington, DC: American Psychological Association, 2005, 32.

11 同上, 294.

12 Mariana Freitas Nery and Sheila Marina Simao, "Sexual coercion and aggression towards a newborn calf of marine tucuxi dolphins (*Sotalia guianensis*)," *Marine Mammal Science* 25 (2009): 450–54; Reale, Bousses, and Chapuis, "Female-biased mortality induced by male sexual harassment in a feral sheep population"; Kamini N. Persaud and Bennett G. Galef, Jr., "Female Japanese quail (*Coturnix Japonica*) mated with males that harassed them are unlikely to lay fertilized eggs," *Journal of Comparative Psychology* 119 (2005): 440–46; Jason V. Watters, "Can the alternative male tactics 'fighter' and 'sneaker' be considered 'coercer' and 'cooperator' in coho salmon?" *Animal Behaviour* 70 (2005): 1055–62.

13 T. H. Clutton-Brock and G. A. Parker, "Sexual coercion in animal societies," *Animal Behavior* 49 (1995): 1345–65.

14 Martin N. Muller et al., "Sexual coercion by male chimpanzees show that female choice may be more apparent than real," *Behavioral Ecology and Sociobiology* 65 (2011): 921–33; Martin N. Muller and Richard W. Wrangham, eds., *Sexual Coercion in Primates and Humans: Evolutionary Perspective on Male Aggression against Females*, Cambridge, MA: Harvard University Press, 2009; Martin N. Muller, Sonya M. Kahlenberg, Melissa Emery Thompson, and Richard W. Wrangham, "Male coercion and the cost of promiscuous mating for female chimpanzees," *Proceedings of the Royal Society B: Biological Sciences* 274 (2007): 1009–14.

15 Clutton-Brock and Parker, "Sexual coercion in animal societies."

16 Jessica Bennett, "The #MeToo Moment: When the Blinders Come Off," *New York Times*, November 30, 2017, https://www.nytimes.com/2017/11/30/us/the-metoo-moment.html; Stephanie Zacharek, Eliana Dockterman, and Haley Sweetland Edwards, "TIME Person of the Year 2017: The Silence Breakers," *Time*, http://time.com/time-person-of-the-year-2017-silence-breakers/.

17 Norbert Sachser, Michael B. Hennessy, and Sylvia Kaiser, "Adaptive modulation of behavioural profiles by social stress during early phases of life and adolescence," *Neuroscience & Biobehavioral Reviews* 35 (2011): 1518–33.

(2012): 758–69.

12 Nathan J. Emergy et al., "Cognitive adaptations of social bonding in birds," *Philosophical Transactions of the Royal Society of London Biological Sciences* 362 (2007): 489–505; William J. Mader, "Ecology and breeding habits of the Savanna hawk in the Llanos of Venezuela," *Condor: Ornithological Applications* 84 (1982): 261–71.

13 Judith Goodenough and Betty McGuire, *Perspectives on Animal Behavior*, Hoboken, NJ: Wiley, 2009, 371–72.

第14章　強制か同意か

1 Dr. Michael Crickmore and Dr. Dragana Rogulja（取材、2018年12月6日）; Stephen X. Zhang, Dragana Rogulja, and Michael A. Crickmore, "Dopaminergic Circuitry Underlying Mating Drive," *Neuron* 91 (2016): 168–81; ScienceDaily, "Neurobiology of Fruit Fly Courtship May Shed Light on Human Motivation," *Science News*, July 13, 2018, https://www.sciencedaily.com/releases/2018/07/180713220147.htm.

2 Oliver Sacks, *Awakenings*, 1973; rev. ed. New York: Vintage, 1999 (Kindle version, location 1727–1825).（オリヴァー・サックス『レナードの朝』春日井晶子訳、ハヤカワ文庫NF、2015年ほか）

3 Dr. Michael Crickmore and Dr. Dragana Rogulja（取材、2018年12月6日）。

4 William J. L. Sladen and David G. Ainley, "Dr. George Murray Levick (1876–1956): Unpublished notes on the sexual habits of the Adelie penguin," *Polar Record* (2012), doi: 10.1017/S0032247412000216.

5 Denis Reale, Patrick Bousses, and Jean-Louis Chapuis, "Female-biased mortality induced by male sexual harassment in a feral sheep population," *Canadian Journal of Zoology* 74 (1996): 1812–18; David A. Wells et al., "Male brush-turkeys attempt sexual coercion in unusual circumstances," *Behavioural Processes* 106 (2014): 180–86; P. J. Nico de Bruyn, Cheryl A. Tosh, and Marthan N. Bester, "Sexual harassment of a king penguin by an Antarctic fur seal," *Journal of Ethology* 26 (2008): 295–97; Silu Wang, Molly Cummings, and Mark Kirkpatrick, "Coevolution of male courtship and sexual conflict characters in mosquitofish," *Behavioral Ecology* 26 (2015): 1013–20; Silvia Cattelan et al., "The effect of sperm production and mate availability on patterns of alternative mating tactics in the guppy," *Animal Behaviour* 112 (2016): 105–10; Heather S. Harris et al., "Lesions and behavior associated with forced copulation of juvenile Pacific harbor seals (*Phoca vitulina richardsi*) by southern sea otters (*Enhydra lutris nereis*)," *Aquatic Mammals* 36 (2010): 331–41.

6 Camila Rudge Ferrara et al., "The role of receptivity in the courtship behavior of Podocnemis erythrocephala in captivity," *Acta Ethologica* 12 (2009): 121–25.

7 Yasuhisa Henmi, Tsunenori Koga, and Minoru Murai, "Mating behavior of the San Bubbler Crab Scopimera globosak," *Journal of Crustacean Biology* 13 (1993): 736–44; Paul Verrell, "The Sexual Behaviour of the Red-Spotted Newt, Notophthalmus Viridescens (Amphibia : Urodela : Salamandridae)," *Animal Behaviour* 30 (1982): 1224–

36 Andrew Solomon, *Far from the Tree: Parents, Children, and the Search for Identity*, New York: Scribner, 2012.（アンドリュー・ソロモン『「ちがい」がある子とその親の物語』依田卓巳ほか訳、海と月社、2020年）

第13章　初体験

1 Jen Fields, "The Wilds Celebrates Births of Three At-Risk Species," Columbus Zoo and Aquarium Press Release, March 27, 2018, https://www.columbuszoo.org/home/about/press-releases/press-release-articles/2018/03/27/the-wilds-celebrates-births-of-three-at-risk-species; Association of Zoos and Aquariums, "Species Survival Plan Programs," https://www.aza.org/species-survival-plan-programs.

2 Houpt, *Domestic Animal Behavior for Veterinarians and Animal Scientists*.

3 Conscious Breath Adventures, "About Humpback Whales: Rowdy Groups," https://consciousbreathadventures.com/rowdy-groups/.

4 Tony Wu, "Humpback Whales in Tonga 2014, Part 3," http://www.tonywublog.com/journal/humpback-whales-in-tonga-2014-part-3.

5 Matt Walker, "Epic Humpback Whale Battle Filmed," BBC Earth News, October 23, 2009, http://news.bbc.co.uk/earth/hi/earth_news/newsid_8318000/8318182.stm.

6 "Photographer First to Capture Humpbacks' Magic Moment," *NZ Herald*, June 22, 2012, https://www.nzherald.co.nz/nz/news/article.cfm?c_id=1&objectid=10814498; Malcolm Holland, "The Tender Mating Ritual of the Humpback Whale Captured on Camera for the First Time," *Daily Telegraph*, June 20, 2012, https://www.dailytelegraph.com.au/news/nsw/the-tender-mating-ritual-of-the-humpback-whale-captured-ion-camera-for-the-first-time/news-story/175cc74142e7b85fbac49150fcf2035f?sv=f9df3726babb600fd5d3a784a82d6160.

7 Shannon L. Farrell and David A. Andow, "Highly variable male courtship behavioral sequence in a crambid moth," *Journal of Ethology* 35 (2017): 221–36; Panagiotis G. Milonas, Shannon L. Farrell, and David A. Andow, "Experienced males have higher mating success than virgin males despite fitness costs to females," *Behavioral Ecology Sociobiology* 65 (2011): 1249–56.

8 Barbara Natterson-Horowitz and Kathryn Bowers, "Roar-gasm," in *Zoobiquity: The Astonishing Connection Between Human and Animal Health*, New York: Vintage, 2012, 70–110.（前掲書『人間と動物の病気を一緒にみる——医療を変える汎動物学の発想』より）

9 Dr. Richard Weissbourd, Harvard psychologist（取材、2018年2月14日）。

10 Judith Goodenough and Betty McGuire, *Perspectives on Animal Behavior*, Hoboken, NJ: Wiley, 2009, 371; Brandon J. Aragona et al., "Nucleus accumbens dopamine differentially mediates the formation and maintenance of monogamous pair bonds," *Nature Neuroscience* 9 (2006): 133–39.

11 Benjamin J. Ragen et al., "Differences in titi monkey (*Callicebus cupreus*) social bonds affect arousal, affiliation, and response to reward," *American Journal of Primatology* 74

debut and coerced sex among adolescents and young people in communities," *Journal of Clinical Nursing* 27 (2018): 478–501.

19 Gilda Sedgh et al., "Adolescent pregnancy, birth, and abortion rates across countries: Levels and recent trends," *Journal of Adolescent Health* 56 (2015): 223–30; Centers for Disease Control and Prevention, "Reproductive Health: Teen Pregnancy," https://www.cdc.gov/teenpregnancy/about/index.htm.

20 Richard Weissbourd et al., "The Talk: How Adults Can Promote Young People's Healthy Relationships and Prevent Misogyny and Sexual Harassment," Making Caring Common Project, Harvard Graduate School of Education, 2017, https://mcc.gse.harvard.edu/reports/the-talk.

21 Dr. Barbara Wolfe（取材と「ザ・ワイルズ」の訪問、2014年6月26日）。

22 Gerard L. Hawkins, Geoffrey E. Hill, and Austin Mercadante, "Delayed plumage maturation and delayed reproductive investment in birds," *Biological Reviews* 87 (2012): 257–74; "The Crazy Courtship of Bowerbirds," BBC Earth, November 20, 2014, http://www.bbc.com/earth/story/20141119-the-barmy-courtship-of-bowerbirds.

23 Hawkins, Hill, and Mercadante, "Delayed plumage maturation and delayed reproductive investment in birds."

24 Jennifer S. Hirsch and Holly Wardlow, *Modern Loves: The Anthropology of Romantic Courtship and Companionate Marriage,* Ann Arbor: University of Michigan Press, 2006.

25 Oglala Sioux blanket strip, Catalog 985-27-10/59507, Peabody Museum, Harvard University.

26 Peabody Museum of Archaeology & Ethology at Harvard University, "Love Blooms Among the Lakota," *Inside the Peabody Museum*, February 2012, https://www.peabody.harvard.edu/node/762.

27 Cyndy Etler, "Young People Can Tell You the Kind of Sex Ed They Really Need," CNN Opinion, October 31, 2018, https://www.cnn.com/2018/10/31/opinions/sex-assault-controversies-prove-we-need-better-sex-ed-etler/index.html.

28 Dr. Richard Weissbourd, Harvard psychologist（取材、2018年2月14日）; Weissbourd et al., "The Talk."

29 American Library Association, "Infographics," Banned and Challenged Books, http://www.ala.org/advocacy/bbooks/frequentlychallengedbooks/statistics.

30 American Library Association, "About ALA," http://www.ala.org/aboutala/.

31 American Library Association, "Infographics."

32 Andrew Whiten and Erica van de Waal, "The pervasive role of social learning in primate lifetime development," *Behavioral Ecology and Sociobiology* 72 (2018): 80.

33 C. V. Smith and M. J. Shaffer, "Gone but not forgotten: Virginity loss and current sexual satisfaction," *Journal of Sex & Marital Therapy* 39 (2013): 96–111.

34 Dr. Mia-Lana Lührs（取材、2017年10月16日）。

35 Clare E. Hawkins et al., "Transient masculinization in the fossa, Cryptoprocta ferox (Carnivora, Viverridae)," *Biology of Reproduction* 66, no. 3 (March 1, 2002): 610–15.

Advancing the Breeding Season for Early Foals — Press Release," http://csu-cvmbs.colostate.edu/Documents/case-advancing-breeding-season.pdf.

4 M. N. Bester, "Reproduction in the male sub-Antarctic fur seal *Arctocephalus tropicalis*," *Journal of Zoology* (1990): 177–85.

5 Clutton-Brock, *Mammal Societies*, 268.

6 P. Hradecky, "Possible pheromonal regulation of reproduction in wild carnivores," *Journal of Chemical Ecology* 11 (1985): 241–50.

7 P. R. Marty et al., "Endocrinological correlates of male bimaturism in wild bornean orangutans," *American Journal of Primatology* 77 (November 2015) (11): 1170–78, doi: 10.1002/ajp.22453. Epub July 31, 2015.

8 National Oceanic and Atmospheric Administration/NOAA Fisheries, "Sperm Whale," https://www.fisheries.noaa.gov/species/sperm-whale.

9 H. B. Rasmussen et al., "Age- and tactic-related paternity success in male African elephants," *Behavioral Ecology* 19 (2008): 9–15; J. C. Beehner and A. Lu, "Reproductive suppression in female primates: a review," *Evolutionary Anthropology* 22 (2013): 226–38.

10 Barbara Taborsky, "The influence of juvenile and adult environments on life-history trajectories," *Proceedings of the Royal Society B: Biological Sciences* 273 (2006): 741–50.

11 Jimmy D. Neill, "Volume 2," *Knobil and Neill's Physiology of Reproduction*, 3rd Edition, Cambridge, MA: Academic Press, 2005), 1957; A. Zedrosser et al., "The effects of primiparity on reproductive performance in the brown bear," *Oecologia* 160 (2009): 847–54; Andrew M. Robbins et al., "Age-related patterns of reproductive success among female mountain gorillas," *American Journal of Physical Anthropology* 131 (2006): 511–21; G. Schino and A. Troisi, "Neonatal abandonment in Japanese macaques," *American Journal of Physical Anthropology* 126 (2005): 447–52.

12 Stanton et al., "Maternal Behavior by Bird Order in Wild Chimpanzees (Pan troglodytes): Increased Investment by First-Time Mothers."

13 同上。

14 Margaret A. Stanton et al., "Maternal behavior by bird order in wild chimpanzees (Pan troglodytes): Increased investment by first-time mothers," *Current Anthropology* 55 (2014): 483–89; K. L. Kramer and J. B. Lancaster, "Teen motherhood in cross-cultural perspective," *Annals of Human Biology* 37 (2010): 613–28.

15 World Health Organization, "Adolescent Pregnancy Fact Sheet," https://www.who.int/news-room/fact-sheets/detail/adolescent-pregnancy/.

16 Steven J. Portugal et al., "Perch height predicts dominance rank in birds," *IBIS* 159 (2017): 456–62.

17 Katherine A. Houpt, *Domestic Animal Behavior for Veterinarians and Animal Scientists*, 5th edition, Hoboken, NJ: Wiley-Blackwell, 2010, 114–15.

18 R. L. T. Lee, "A systematic review on identifying risk factors associated with early sexual

Sociobiology 67 (2013): 1653–63; L. M. Herman, "The multiple functions of male song within the humpback whale (Megaptera novaeangliae) mating system: Review, evaluation and synthesis," *Biological Reviews of the Cambridge Philosophical Society* 92 (2017): 1795–1818.

10 Mirjam Knornschild et al., "Complex vocal imitation during ontogeny in a bat," *Biology Letter* 6 (2010): 156–59; Yosef Prat, Mor Taub, and Yossi Yovel, "Vocal learning in a social mammal: Demonstrated by isolation and playback experiments in bats," *Science Advances* 1 (2015): e1500019.

11 Todd M. Freeberg, "Social transmission of courtship behavior and mating preferences in brown-headed cowbirds, Molothrus ater," *Animal Learning and Behavior* 32 (2004): 122–30; Haruka Wada, "The development of birdsong," *Nature Education Knowledge* 3 (2010): 86.

12 T. L. Rogers, "Age-related differences in the acoustic characteristics of male leopard seals, Hydrurga leptonyx," *Journal of the Acoustical Society of America* 122 (2007): 596–605; Voice of the Sea, "The Leopard Seal," http://cetus.ucsd.edu/voicesinthesea_org/species/pinnipeds/leopardSeal.html.

13 Jennifer Minnick, "Bioacoustics: Listening to the Animals," Zoological Society of San Diego, Institutional Interviews, June 2009, http://archive.sciencewatch.com/inter/ins/pdf/09junZooSanDgo.pdf.

14 Jay Withgott, "The Secret to Seducing a Canary," *Science Magazine*, November 7, 2001, https://www.sciencemag.org/news/2001/11/secret-seducing-canary.

15 C. Scott Baker and Louis M. Herman, "Aggressive behavior between humpback whales (Megaptera novaeangliae) wintering in Hawaiian waters," *Canadian Journal of Zoology* 62 (1984): 1922–37.

16 L. M. Herman, "The multiple functions of male song within the humpback whale (*Megaptera novaeangliae*) mating system: Review, evaluation and synthesis," *Biological Reviews of the Cambridge Philosophical Society* 92 (2017): 1795–818; Adam A. Pack et al., "Penis extrusions by humpback whales (*Megaptera novaeangliae*)," *Aquatic Mammals* 28.2 (2002): 131–46; James D. Darling and Martine Berube, "Interactions of singing humpback whales with other males," *Marine Mammal Science* 17 (2001): 570–84; Phillip J. Clapham and Charles A. Mayo, "Reproduction and recruitment of individually identified humpback whales, *Megaptera novaeangliae*, observed in Massachusetts Bay, 1979–1985," *Canadian Journal of Zoology* 65 (1987): 2853–963.

第12章　欲求と抑制

1 DisneyMusicVEVO, "The Lion King — Can You Feel the Love Tonight," YouTube, https://www.youtube.com/watch?v=25QyCxVkXwQ.

2 Brett Mills, "The animals went in two by two: Heteronormativity in television wildlife documentaries," *European Journal of Cultural Studies* 16 (2013): 100–114.

3 Colorado State University, Equine Reproduction Laboratory, "SEE THE LIGHT —

14 Bill Finley, "Horse Therapy for the Troubled," *New York Times*, March 9, 2008, https://www.nytimes.com/2008/03/09/nyregion/nyregionspecial2/09horsenj.html.

15 Rachel Cohen, Hand2Paw founder（取材、2017年5月5日）。

16 Tara Westover, *Educated: A Memoir*, New York: Random House, 2018.（タラ・ウエストオーバー『エデュケーション――大学は私の人生を変えた』村井理子訳、早川書房、2020年）

17 Tara Westover, "Bio," https://tarawestover.com/bio.

18 Louise Carpenter, "Tara Westover: The Mormon Who Didn't Go to School (but Now Has a Cambridge PhD)," *Times of London*, February 10, 2018, https://www.thetimes.co.uk/article/tara-westover-the-mormon-who-didnt-go-to-school-but-now-has-a-cambridge-phd-pxwgtz7pv.

19 El-Hai, "The Chicken-Hearted Origins of the 'Pecking Order' — The Crux."

第III部　SEX（セックス）

ソルトのストーリーは、マサチューセッツ州プロビンスタウンにある沿岸研究センターで聞いたものだ。そこで働く科学者たちは、1970年代中盤からソルトを追跡《トラッキング》している。

第11章　動物のロマンス

1 New York State Department of Environmental Conservation, "Watchable Wildlife: Bald Eagle," https://www.dec.ny.gov/animals/63144.html; Patricia Edmonds, "For Amorous Bald Eagles, a 'Death Spiral' Is a Hot Time," *National Geographic*, July 2016, https://www.nationalgeographic.com/magazine/2016/07/basic-instincts-bald-eagle-mating-dance/.

2 Nicola Markus, "Behaviour of the Black Flying Fox Pteropus alecto: 2. Territoriality and Courtship," *Acta Chiropterologica* 4 (2002): 153–66.

3 Leslie A. Dyal, "Novel Courtship Behaviors in Three Small Easter Plethodon Species," *Journal of Herpetology* 40 (2006): 55–65.

4 Dr. Michael Crickmore and Dr. Dragana Rogulja（取材、2018年12月6日）。

5 Danielle Simmons, "Behavioral Genomics," *Nature Education* 1 (2008): 54.

6 Natterson-Horowitz and Bowers, "The Koala and the Clap," in *Zoobiquity*, 249–72.（前掲書『人間と動物の病気を一緒にみる――医療を変える汎動物学の発想』より）

7 Anna Bitong, "Mamihlapinatapai: A Lost Language's Untranslatable Legacy," BBC Travel, April 3, 2018, http://www.bbc.com/travel/story/20180402-mamihlapinatapai-a-lost-languages-untranslatable-legacy; Thomas Bridge, "Yaghan Dictionary: Language of the Yamana People of Tierra del Fuego," 1865, https://patlibros.org/yam/ey.php, 182a.

8 H. E. Winn and L. K. Winn, "The song of the humpback whale *Megaptera novaeangliae* in the West Indies," *Marine Biology* 47 (1978): 97–114.

9 Louis M. Herman et al., "Humpback whale song: Who sings?" *Behavioral Ecology and*

33 United States Holocaust Memorial Museum, "Defining the Enemy," https://encyclopedia.ushmm.org/content/en/article/defining-the-enemy; "Rwanda Jails Man Who Preached Genocide of Tutsi 'Cockroaches,' " BBC News, April 15, 2016, https://www.bbc.com/news/world-africa-36057575.
34 Robin Foster（講演、2012年8月4日）。
35 James Ha（取材、2019年2月26日）。
36 C. J. Barnard and N. Luo, "Acquisition of dominance status affects maze learning in mice," *Behavioural Processes* 60 (2002): 53–59.
37 Christine M. Drea and Kim Wallen, "Low-status monkeys 'play dumb' when learning in mixed social groups," *Proceedings of the National Academy of Sciences* 96 (1999): 12965–69.

第10章 味方のちから

1 Jaana Juvonen, "Bullying in the Pig Pen and on the Playground," Zoobiquity Conference, September 29, 2012, https://www.youtube.com/watch?v=tD8ajvbwKSQ.
2 Oliver Höner（ベルリンでの取材、2018年5月3日、同年10月4日）。
3 Karl Groos, *The Play of Animals*, New York: D. Appleton and Company, 1898, 75, https://archive.org/details/playofanimals00groouoft/page/ii.
4 Clutton-Brock, *Mammal Societies*, 202.
5 Gordon M. Burghardt, *The Genesis of Animal Play: Testing the Limits*, Cambridge, MA: A Bradford Book/The MIT Press, 2006), 101.
6 Christophe Guinet, "Intentional stranding apprenticeship and social play in killer whales (Orcinus orca)," *Canadian Journal of Zoology* 69 (1991): 2712–16.
7 Patricia Edmonds, "For Amorous Bald Eagles, a 'Death Spiral' Is a Hot Time," *National Geographic*, July 2016, https://www.nationalgeographic.com/magazine/2016/07/basic-instincts-bald-eagle-mating-dance/.
8 Burghardt, *The Genesis of Animal Play*, 220; Duncan W. Watson and David B. Croft, "Playfighting in Captive Red-Necked Wallabies, Macropus rufogriseus banksianus," *Behaviour* 126 (1993): 219–45.
9 Judith Goodenough and Betty McGuire, *Perspectives on Animal Behavior*, Hoboken, NJ: Wiley, 2009.
10 Joe Hamilton and Matt Ross（取材、2017年9月1日）。
11 Gordon M. Burghardt, *The Genesis of Animal Play: Testing the Limits*, Cambridge, MA: A Bradford Book/The MIT Press, 2006.
12 Helena Cole and Mark D. Griffiths, "Social Interactions in Massively Multiplayer Online Role-Playing Gamers," *CyberPsychology and Behavior* 10 (2007), doi: 10/1089/cpb.2007.9988; Eshrat Zamani, "Comparing the social skills of students addicted to computer games with normal students," *Addiction and Health* 2 (2010): 59–65.
13 Elisabeth Lloyd, David Sloan Wilson, and Elliott Sober, "Evolutionary mismatch and what to do about it: A basic tutorial," *Evolutionary Applications* (2011): 2–4.

19 V. Klove et al., "The winner and loser effect, serotonin transporter genotype, and the display of offensive aggression," *Physiology & Behavior* 103 (2001): 565–74. Stephan R. Lehner, Claudia Rutte, and Michael Taborsky, "Rats benefit from winner and loser effects," *Ethology* 117 (2011): 949–60.

20 Rachel L. Rutishauser et al., "Long-term consequences of agonistic interactions between socially naive juvenile American lobsters (*Homarus americanus*)," *Biological Bulletin* 207 (December 2004): 183–87.

21 Stephanie Dowd, "What Are the Signs of Depression?" Child Mind Institute, https://childmind.org/ask-an-expert-qa/im-16-and-im-feeling-like-there-is-something-wrong-with-me-i-may-be-depressed-but-im-not-sure-please-help/.

22 American Psychiatric Association, "What Is Depression?" https://www.psychiatry.org/patients-families/depression/what-is-depression; Julio C. Tolentino and Sergio L. Schmidt, "DSM-5 criteria and depression severity: Implications for clinical practice," *Front Psychiatry* 9 (2018): 450.

23 Thorleif Schjelderup-Ebbe, "Social behavior of birds," in Murchison, ed., *Handbook of Social Psychology*, 955.

24 Rui F. Oliveira and Vitor C. Almada, "On the (in)stability of dominance hierarchies in the cichlid fish Oreochromis mossambicus," *Aggressive Behavior* 22 (1996): 37–45; E. J. Anderson, R. B. Weladji, and P. Pare, "Changes in the dominance hierarchy of captive female Japanese macaques as a consequence of merging two previously established groups," *Zoo Biology* 35 (2016): 505–12.

25 Todd Shury, Parks Canada, Office of the Chief Ecosystem Scientist, wildlife health specialist, adjunct professor, Department of Veterinary Pathology, University of Saskatchewan（取材、2014年8月20日）。

26 Vanja Putarek and Gordana Kerestes, "Self-perceived popularity in early adolescence," *Journal of Social and Personal Relationships* 33 (2016): 257–74.

27 Riittakerttu Kaltiala-Heino and Sari Jrodj, "Correlation between bullying and clinical depression in adolescent patients," *Adolescent Health, Medicine and Therapeutics* 2 (2011): 37–44.

28 P. Due et al., "Bullying and symptoms among school-aged children: International comparative cross sectional study in 28 countries," *European Journal of Public Health* 15 (2005): 128–32.

29 NIH Eunice Kennedy Shriver National Institute of Child Health and Human Development, "Bullying," https://www.nichd.nih.gov/health/topics/bullying.

30 Hogan Sherrow, "The Origins of Bullying," *Scientific American Guest Blog*, December 15, 2011, https://blogs.scientificamerican.com/guest-blog/the-origins-of-bullying/.

31 YouthTruth Student Survey, "Bullying Today," https://youthtruthsurvey.org/bullying-today/.

32 Alan Bullock and Stephen Trombley, "Othering," in *The New Fontana Dictionary of Modern Thought*, Third Edition New York: HarperCollins, 2000, 620.

serotonergic modulation of the escape circuit of crayfish," *Science* 271 (1996): 366–69.

7 Thorleif Schjelderup-Ebbe, "Social behavior of birds," in C. Murchison, ed., *Handbook of Social Psychology* (Worcester, MA: Clark University Press, 1935), 955, 966.

8 John S. Price and Leon Sloman, "Depression as yielding behavior: An animal model based on Schjelderup-Ebbe's pecking order," *Ethology and Sociobiology* 8 (1987): 85–98.

9 John S. Price et al., "Territory, Rank and Mental Health: The History of an Idea," *Evolutionary Psychology* 5 (2007): 531–54.

10 Christopher Bergland, "The neurochemicals of happiness," *Psychology Today*, November 29, 2012, https://www.psychologytoday.com/us/blog/the-athletes-way/201211/the-neurochemicals-happiness.

11 Cliff H. Summers and Svante Winberg, "Interactions between the neural regulation of stress and aggression," *Journal of Experimental Biology* 209 (2006): 4581–89; Olivier Lepage et al., "Serotonin, but not melatonin, plays a role in shaping dominant-subordinate relationships and aggression in rainbow trout," *Hormones and Behavior* 48 (2005): 233–42; Earl T. Larson and Cliff H. Summers, "Serotonin reverses dominant social status," *Behavioural Brain Research* 121 (2001): 95–102; Huber et al., "Serotonin and aggressive motivation in crustaceans"; Yeh, Fricke, and Edwards, "The effect of social experience on serotonergic modulation of the escape circuit of crayfish"; Varenka Lorenzi et al., "Serotonin, social status and sex change in bluebanded goby Lythrypnus dalli," *Physiology and Behavior* 97 (2009): 476–83.

12 Leah H. Somerville, "The teenage brain: Sensitivity to social evaluation," *Current Directions in Psychological Science* 22 (2013): 121–27.

13 Naomi I. Eisenberger et al., "Does Rejection Hurt? An fMRI Study of Social Exclusion," *Science* 302 (2003): 290–92; Naomi I. Eisenberger, "The neural bases of social pain: Evidence for shared representations with physical pain," *Psychosomatic Medicine* 74 (2012): 126–35.

14 Naomi I. Eisenberger and Matthew D. Lieberman, "Why It Hurts to be Left Out: The Neurocognitive Overlap Between Physical and Social Pain" (2004), http://www.scn.ucla.edu/pdf/Sydney(2004).pdf; Naomi I. Eisenberger, "Why Rejection Hurts: What Social Neuroscience Has Revealed About the Brain's Response to Social Rejection," in Greg J. Norman, John T. Cacioppo, and Gary G. Berntson, eds., *The Oxford Handbook of Social Neuroscience*, Oxford, UK: Oxford University Press, 2001, https://sanlab.psych.ucla.edu/wp-content/uploads/sites/31/2015/05/39-Decety-39.pdf.

15 Centers for Disease Control and Prevention, "Teen Substance Use and Risks," https://www.cdc.gov/features/teen-substance-use/index.html.

16 Eisenberger, "The neural bases of social pain"; C. N. Dewall et al., "Acetaminophen reduces social pain: Behavioral and neural evidence," *Psychological Science* 21 (2010): 931–37.

17 Oliver Höner（ベルリンでの取材、2018年5月3日、同年10月4日）。

18 Clutton-Brock, *Mammal Societies*, 104, 269, 272.

1411–24; Glen E. Woolfenden and John W. Fitzpatrick, "The inheritance of territory in group-breeding birds," *BioScience* 28 (1978): 104–8.

14 Karen Price and Stan Boutin, "Territorial bequeathal by red squirrel mothers," *Behavioral Ecology* 4 (1992): 144–50.

15 L. Stanley, A. Aktipis, and C. Maley, "Cancer initiation and progression within the cancer microenvironment," *Clininal & Experimental Metastasis* 35 (2018): 361–67; Athena Aktipis, "Principles of cooperation across systems: From human sharing to multicellularity and cancer," *Evolutionary Applications* 9 (2016): 17–36.

16 Oliver P. Höner et al., "The effect of prey abundance and foraging tactics on the population dynamics of a social, territorial carnivore, the spotted hyena," *OIKOS* 108 (2005): 544–54; Oliver Höner（ベルリンでの取材、2018年5月3日、同年10月4日）; Bettina Wachter, et al., "Low aggression levels and unbiased sex ratios in a prey-rich environment: No evidence of siblicide in Ngorongoro spotted hyenas (Crocuta crocuta)," *Behavioral Ecology and Sociobiology* 52 (2002): 348–56.

17 Clutton-Brock, *Mammal Societies*, 470.

18 Norbert Sachser, Michael B. Hennessy, and Sylvia Kaiser, "Adaptive modulation of behavioural profiles by social stress during early phases of life and adolescence," *Neuroscience & Biobehavioral Reviews* 35 (2011): 1518–33; A. Thornton and J. Samson, "Innovative problem solving in wild meerkats," *Animal Behaviour* 83 (2012): 1459–68.

第９章　社会的転落の痛み

1 Edward D. Freis, "Mental Depression in Hypertensive Patients Treated for Long Periods with Large Doses of Reserpine," *New England Journal of Medicine* 251 (1954): 1006–8.

2 D. A. Slattery, A. L. Hudson, D. J. Nutt, "The evolution of antidepressant mechanisms," *Fundamental and Clinical Pharmacology* 18 (2004): 1–21.

3 James M. Ferguson, "SSRI antidepressant medications: Adverse effects and tolerability," *Primary Care Companion to the Journal of Clinical Psychiatry* 3 (2001): 22–27.

4 Nathalie Paille and Luc Bourassa, "American Lobster," St. Lawrence Global Observatory, https://catalogue.ogsl.ca/dataset/46a463f8-8d55-4e38-be34-46f12d5c2b33/resource/c281bcd4-2bde-4f3e-adbe-dd3ee01fb372/download/american-lobster-slgo.pdf; J. Emmett Duffy and Martin Thiel, *Evolutionary Ecology and Social and Sexual Systems: Crustaceans as Model Organisms*, Oxford, UK: Oxford University Press, 2007, 106–7; Francesca Gherardi, "Visual recognition of conspecifics in the American lobster, *Homarus americanus*," *Animal Behaviour* 80 (2010): 713–19; D. H. Edwards and E. A. Kravitz, "Serotonin, social status and aggression," *Current Opinion in Neurobiology* 7 (1997): 812–19; Robert Huber et al., "Serotonin and aggressive motivation in crustaceans: Altering the decision to retreat," *Proceedings of the National Academy of Sciences* 94 (1997): 5939–42.

5 J. Duffy and Thiel, *Evolutionary Ecology and Social and Sexual Systems*, 106–7.

6 S. R. Yeh, R. A. Fricke, and D. H. Edwards, "The effect of social experience on

31 (1991): 306–17.

3　T. H. Clutton-Brock, S. D. Albon, and F. E. Guinness, "Maternal dominance, breeding success and birth sex ratios in red deer," *Nature* 308 (1984): 358–60; Nobuyuki Kutsukake, "Matrilineal rank inheritance varies with absolute rank in Japanese macaques," *Primates* 41 (2000): 321–35.

4　Hal Whitehead, "The behaviour of mature male sperm whales on the Galapagos Islands breeding grounds," *Canadian Journal of Zoology* 71 (1993): 689–99; Clutton-Brock, Albon, and Guinness, "Maternal dominance, breeding success and birth sex ratios in red deer"; G. B. Meese and R. Ewbank, "The establishment and nature of the dominance hierarchy in the domesticated pig," *Animal Behaviour* 21 (1973): 326–34; Douglas B. Meikle et al., "Maternal dominance rank and secondary sex ratio in domestic swine," *Animal Behaviour* 46 (1993): 79–85; M. McFarland Symington, "Sex ratio and maternal rank in wild spider monkeys: When daughters disperse," *Behavioral Ecology and Sociobiology* 20 (1987): 421–25.

5　Kenneth J. Arrow and Simon A. Levin, "Intergenerational resource transfers with random offspring numbers," *PNAS* 106 (2009): 13702–6; Shifra Z. Goldenberg, Ian Douglas-Hamilton, and George Wittemyer, "Vertical Transmission of Social Roles Drives Resilience to Poaching in Elephant Networks," *Current Biology* 26 (2016): 75–79; Amiyaal Ilany and Erol Akcay, "Social inheritance can explain the structure of animal social networks," *Nature Communications* 7 (2016), https://www.nature.com/articles/ncomms12084.

6　Robert Moss, Peter Rothery, and Ian B. Trenholm, "The inheritance of social dominane rank in red grouse (*Lagopus Lagopush scoticus*)," *Aggressive Behavior* 11 (1985): 253–59.

7　A. Catherine Markham et al., "Maternal rank influences the outcome of aggressive interactions between immature chimpanzees," *Animal Behaviour* 100 (2015): 192–8.

8　Dr. Kay Holekamp（取材、2018年5月1日）。

9　同上。

10　Lee Alan Dugatkin and Ryan L. Earley, "Individual recognition, dominance hierarchies and winner and loser effects," *Proceedings of the Royal Society B: Biological Sciences* 271 (2004): 1537–40; Lee Alan Dugatkin, "Winner and loser effects and the structure of dominance hierarchies," *Behavioral Ecology* 8 (1997): 583–87.

11　Tim Clutton-Brock, *Mammal Societies*, Hoboken, NJ: Wiley-Blackwell, 2016, 263.

12　Katrin Hohwieler, Frank Rossell, and Martin Mayer, "Scent-marking behavior by subordinate Eurasian beavers," *Ethology* 124 (2018): 591–99; Ruairidh D. Campbell et al., "Territory and group size in Eurasian beavers (Castor fiber): Echoes of settlement and reproduction?" *Behavioral Ecology* 58 (2005): 597–607.

13　Charles Brandt, "Mate choice and reproductive success of pikas," *Animal Behaviour* 37 (1989): 118–32; Clutton-Brock, *Mammal Societies*; Philip J. Baker, "Potential fitness benefits of group living in the red fox, *Vulpes vulpes*," *Animal Behaviour* 56 (1998):

27 K. P. Maruska et al., "Social descent with territory loss causes rapid behavioral, endocrine and transcriptional changes in the brain," *Journal of Experimental Biology* 216 (2013): 3656–66.

28 Joan Y. Chiao, "Neural basis of social status hierarchy across species," *Current Opinion* 20 (2010), doi: 10.1016/j.comb.2010.08.006; K. P. Maruska et al., "Social descent with territory loss causes rapid behavioral, endocrine and transcriptional changes in the brain."

29 Vivek Misra, "The social Brain network and autism," *Annals Neuroscience* 21 (2014): 69–73.

30 Attila Andics et al., "Voice-sensitive regions in the dog and human brain and revealed by comparative fMRI," *Current Biology* 24 (2014): 574–78.

31 Karen Wynn, "Framing the Issues," "Infant Cartographers," and "Social Acumen: Its Role in Constructing Group Identity and Attitude" in Jeannete McAfee and Tony Attwood, eds., *Navigating the Social World*, Arlington, TX: Future Horizons, 2013, 8, 24–25, 323.（ジャネット・マカフィー『自閉症スペクトラムの青少年のソーシャルスキル実践プログラム』萩原拓監修、古賀祥子訳、明石書店、2012 年）

32 同上。

33 R. O. Deaner, A. V. Khera, and M. L. Platt, "Monkeys pay per view: Adaptive valuation of social images by rhesus macaques," *Current Biology* 15 (2005): 543–48.

34 Blakemore, "Development of the social brain in adolescence."

35 Dustin Albert, Jason Chein, and Laurence Steinberg, "Peer influences on adolescent decision making," *Current Directions in Psychological Science* 22 (2013): 114–20.

36 Joan Y. Chiao, "Neural basis of social status hierarchy across species," *Current Opinion* 20 (2010), doi: 10.1016/j.comb.2010.08.006; Maruska et al., "Social descent with territory loss causes rapid behavioral, endocrine and transcriptional changes in the brain."

37 Blakemore, "Development of the social brain in adolescence."

38 Jon K. Maner, "Dominance and prestige: A tale of two hierarchies," *Current Directions in Psychological Science* (2017): doi: 10.1177/0963721417714323; Joey T. Cheng et al., "Two ways to the top: Evidence that dominance and prestige are distinct yet viable avenues to social rank and influence," *Journal of Personality and Social Psychology* 104 (2013): 103–25.

39 Lisa J. Crockett, "Developmental Paths in Adolescence: Commentary," in Lisa Crockett and Ann C. Crouter, eds., *Pathways Throughout Adolescence: Individual Development in Relation to Social Contexts*, Penn State Series on Child and Adolescent Development, London: Psychology Press, 1995, 82.

第 8 章　特権を持つ生きもの

1 Dr. Kay Holekamp, professor, Department of Int grative Biology, Program in Ecology, Evolution, Biology & Behavior, Michigan State University（取材、2018 年 5 月 1 日）。

2 Kay E. Holekamp and Laura Smale, "Dominance Acquisition During Mammalian Social Development: The 'Inheritance' of Maternal Rank," *Integrative and Comparative Biology*

Academy of Sciences 109 (2012): 8641–45.

14　Casas et al., “Sex change in clownfish: Molecular insights from transcriptome analysis.”

15　Cheney and Seyfarth, *How Monkeys See the World*, 37–38, 545; Barbara Tiddi, Filippo Aureli and Gabriele Schino, “Grooming up the hierarchy: The exchange of grooming and rank-related benefits in a new world primate,” *PLoS ONE* 7 (2012): e36641; T. H. Friend and C. E. Polan, “Social rank, feeding behavior, and free stall utilization by dairy cattle,” *Journal of Dairy Science* 57 (1974): 1214–20; Kelsey C. King et al., “High society: Behavioral patterns as a feedback loop to social structure in Plains bison (Bison bison bison),” *Mammal Research* (2019): 1–12, doi: 10.1007/s13364-019-00416-7; Norman R. Harris et al., “Social associations and dominance of individuals in small herds of cattle,” *Rangeland Ecology & Management* 60 (2007): 339–49.

16　Cody J. Dey, “Manipulating the appearance of a badge of status causes changes in true badge expression,” *Proceedings of the Royal Society B: Biological Sciences* 281 (2014): 20132680.

17　Simon P. Lailvaux, Leeann T. Reaney, and Patricia R. Y. Backwell, “Dishonesty signalling of fighting ability and multiple performance traits in the fiddler crab *Uca mjoebergi*,” *Functional Ecology* 23 (2009): 359–66.

18　“Incised carving of human figure upon bone,” Catalog 92-49-20/C921, Peabody Museum, Harvard University.

19　Stephen Houston, *The Gift Passage: Young Men in Classic Maya Art and Text* (New Haven, CT: Yale University Press, 2018.

20　Mary Miller and Stephen Houston, “The Classic Maya ballgame and its architectural setting: A study of relations between text and image,” *Anthropology and Aesthetics* 14 (1987): 46–65; Mary Ellen Miller, “The Ballgame,” *Record of the Art Museum, Princeton University* 48 (1989): 22–31; “Maya: Ballgame,” William P. Palmer III Collection, University of Maine Library, https://library.umaine.edu/hudson/palmer/Maya/ballgame.asp.

21　Stephen Houston, *The Gift Passage: Young Men in Classic Maya Art and Text*, New Haven, CT: Yale University Press, 2018, 67.

22　Oliver Höner（ベルリンでの取材、2018年5月3日、同年10月4日）。

23　David L. Mech and Luigi Boitani, *Wolves: Behavior, Ecology, and Conservation*, Chicago: University of Chicago Press, 2007, 93.

24　Oliver Höner（ベルリンでの取材、2018年5月3日、同年10月4日）。

25　Frans de Waal, *Our Inner Ape: A Leading Primatologist Explains Why We Are Who We Are*, New York: Riverhead Books, 2006, 59.（フランス・ドゥ・ヴァール『あなたのなかのサル――霊長類学者が明かす「人間らしさ」の起源』藤井留美訳、早川書房、2005年）

26　Federic Theunissen, Steve Glickman, and Suzanne Page, “The spotted hyena whoops, giggles and groans. What do the groans mean?” Acoustics.org, July 3, 2008, http://acoustics.org/pressroom/httpdocs/155th/theunissen.htm.

eyed juncos: Effects of plumage and prior residence," *Animal Behaviour* 40 (1990): 573–79; Stephanie J. Tyler, "The behaviour and social organization of the new forest ponies," *Animal Behaviour Monographs* 5 (1972): 87–196; Karen McComb, "Leadership in elephants: The adaptive value of age," *Proceedings of the Royal Society B: Biological Sciences* 278 (2011): 3270–76; Steeve D. Côté, "Dominance hierarchies in female mountain goats: Stability, aggressiveness and determinants of rank," *Behaviour* 137 (2000): 1541–66; T. H. Clutton-Brock et al., "Intrasexual competition and sexual selection in cooperative mammals," *Nature* 444 (2006): 1065–68; Steffen Foerster, "Chimpanzee females queue but males compete for social status," *Scientific Reports* 6 (2016): 35404; Amy Samuels and Tara Gifford, "A quantitative assessment of dominance relations among bottlenose dolphins," *Marine Mammal Science* 13 (1997): 70–99.

6 Janis L. Dickinson, "A test of the importance of direct and indirect fitness benefits for helping decisions in western bluebirds," *Behavioral Ecology* 15 (2004): 233–38; Bernard Stonehouse and Christopher Perrins, *Evolutionary Ecology* (London: Palgrave, 1979, 146–47.

7 Oliver Höner（ベルリンでの取材、2018年5月3日、同年10月4日）。

8 Tonya K. Frevert and Lisa Slattery Walker, "Physical Attractiveness and Social Status," *Social Psychology and Family* 8 (2014): 313–23; Richard O. Prum, *The Evolution of Beauty: How Darwin's Forgotten Theory of Mate Choice Shapes the Animal World—and Us*, New York: Doubleday, 2017.（リチャード・O・プラム『美の進化——性選択は人間と動物をどう変えたか』黒沢令子訳、白揚社、2020年), https://books.google.com/books?id=AinWDAAAQBAJ&q=a+taste+for+the+beautiful#v=snippet&q=a%20taste%20for%20the%20beautiful&f=false.

9 Marina Koren, "For Some Species, You Really Are What You Eat," Smithsonian.com, April 24, 2013, https://www.smithsonianmag.com/science-nature/for-some-species-you-really-are-what-you-eat-40747423; J. A. Amat et al., "Greater flamingos *Phoenicopterus roseus* use uropygial secretions as make-up," *Behavioral Ecology and Sociobiology* 65 (2011): 665–73.

10 Ken Kraaijeveld et al., "Mutual ornamentation, sexual selection, and social dominance in the black swan," *Behaviour Ecology* 15 (2004): 380–89.

11 John S. Price and Leon Sloman, "Depression as yielding behavior: An animal model based on Schjelderup-Ebbe's pecking order," *Ethology and Sociobiology* 8 (1987), 92S.

12 Oliver Höner（ベルリンでの取材、2018年5月3日、同年10月4日）。

13 Charlotte K. Hemelrijk, Jan Wantia, and Karin Isler, "Female dominance over males in primates: Self-organisation and sexual dimorphism," *PLoS ONE* 3 (2008): e2678; Laura Casas et al., "Sex change in clownfish: Molecular insights from transcriptome analysis," *Scientific Reports* 6 (2016): 35461; J. F. Husak, A. K. Lappin, R. A. Van Den Bussche, "The fitness advantage of a high-performance weapon," *Biological Journal of the Linnean Society* 96 (2009): 840–45; Clutton-Brock, *Mammal Societies*; Julie Collet et al., "Sexual selection and the differential effect of polyandry," *Proceedings of the National*

Russell D. Fernald, “Fish can infer social rank by observation alone,” *Nature* 445 (2007): 427–32; Shannon L. White and Charles Gowan, “Brook trout use individual recognition and transitive inference to determine social rank,” *Behavioral Ecology* 24 (2013): 63–69; Guillermo Paz-y-Mino et al., “Pinyon jays use transitive inference to predict social dominance,” *Nature* 430 (2004), doi: 10.1038/nature02723.

24　Heckers et al., “Hippocampal activation during transitive inference in humans”; Grosenick, Clement, and Fernald, “Fish can infer social rank by observation alone”; Paz-y-Mino et al., “Pinyon jays use transitive inference to predict social dominance.”

25　Centers for Disease Control and Prevention, “Mental Health Conditions: Depression and Anxiety,” https://www.cdc.gov/tobacco/campaign/tips/diseases/depression-anxiety.html; Centers for Disease Control and Prevention, “Key Findings: U.S. Children with Diagnosed Anxiety and Depression,” https://www.cdc.gov/childrensmentalhealth/features/anxiety-and-depression.html; Centers for Disease Control and Prevention, “Suicide Rising Across the US,” https://www.cdc.gov/vitalsigns/suicide/index.html.

26　Oliver Höner（ベルリンでの取材、2018年5月3日、同年10月4日）。

27　Oliver Höner（ベルリンでの取材、2018年5月3日、同年10月4日）。

28　A. L. Antonevich and S. V. Naidenko, “Early intralitter aggression and its hormonal correlates,” *Zhurnal Obshchei Biologii* 68 (2007): 307–17.

29　Aurelie Tanvez et al., “Does maternal social hierarchy affect yolk testosterone deposition in domesticated canaries?” *Animal Behaviour* 75 (2008): 929–34.

30　Tim Burton et al., “Egg hormones in a highly fecund vertebrate: Do they influence offspring social structure in competitive conditions?” *Oecologia* 160 (2009): 657–65.

第7章　集団のルール

1　Oliver Höner（ベルリンでの取材、2018年5月3日、同年10月4日）。

2　Dr. Kay Holekamp, professor, Department of Integrative Biology, Program in Ecology, Evolution, Biology & Behavior, Michigan State University（取材、2018年5月1日）。

3　Alain Jacob et al., “Male dominance linked to size and age, but not to ‘good genes’ in brown trout (Salmo trutta),” *BMC Evolutionary Biology* 7 (2007): 207; Advances in Genetics, “Dominance Hierarchy,” 2011, Science-Direct Topics, https://www.sciencedirect.com/topics/agricultural-and-biological-sciences/dominance-hierarchy; Jae C. Choe and Bernard J. Crespi, *The Evolution of Social Behaviour in Insects and Arachnids*, Cambridge, UK: Cambridge University Press, 1997, 469.

4　Oliver Höner（ベルリンでの取材、2018年5月3日、同年10月4日）。

5　Clutton-Brock, *Mammal Societies*, 473–74; Roberto Bonanni et al., “Age-graded dominance hierarchies and social tolerance in packs of free-ranging dogs,” *Behavioral Ecology* 28 (2017): 1004–20; Simona Cafazzo et al., “Dominance in relation to age, sex, and competitive contexts in a group of free-ranging domestic dogs,” *Behavioral Ecology* 21 (2010): 443–55; Jacob et al., “Male dominance linked to size and age”; Rebecca L. Holberton, Ralph Hanano, and Kenneth P. Able, “Age-related dominance in male dark-

10 Tsuyoshi Shimmura, Shosei Ohashi, and Takashi Yoshimura, "The highest-ranking rooster has priority to announce the break of dawn," *Nature Scientific Reports* 5 (2015): 11683.

11 U. W. Huck et al., "Progesterone levels and socially induced implantation failure and fetal resorption in golden hamsters (*Mesocricetus auratus*)," *Physiology and Behavior* 44 (1988): 321–26.

12 Glenn J. Tattersall et al., "Thermal games in crayfish depend on establishment of social hierarchies," *The Journal of Experimental Biology* 215 (2012): 1892–1904.

13 Portugal et al., "Perch height predicts dominance rank in birds."

14 P. Domenici, J. F. Steffensen, and S. Marras, "The effect of hypoxia on fish schooling," *Philosophical Transactions of the Royal Society of London B: Biological Sciences* 372 (2017), doi: 10/1098/rstb.2016.0236.

15 Stefano Marras and Paolo Domenici, "Schooling fish under attack are not all equal: Some lead, others follow," *PLoS ONE* 6 (2013): e65784; Lauren Nadler, "Fish schools: Not all seats in the class are equal," *Naked Scientists*, October 22, 2014, https://www.thenakedscientists.com/articles/science-features/fish-schools-not-all-seats-class-are-equal; Domenici, Steffensen, and Marras, "The effect of hypoxia on fish schooling."

16 Tzo Zen Ang and Andrea Manica, "Aggression, segregation and stability in a dominance hierarchy," *Proceedings of the Royal Society B: Biological Sciences*, 277 (2010): 1337–43.

17 Noriya Watanabe and Miyuki Yamamoto, "Neural mechanisms of social dominance," *Frontiers in Neuroscience* 9 (2015): doi: 10.3389/fnins.2015.00154.

18 Nicolas Verdier, "Hierarchy: A short history of a word in Western thought," HAL archives-ouvertes.fr, https://halshs.archives-ouvertes.fr/halshs-00005806/document; R. H. Charles, *The Book of Enoch*, Eugene, OR: Wipf & Stock Publishers, 2002, 390.

19 Thorleif Schjelderup-Ebbe, "Social Behavior of Birds," in C. Murchison, ed., *Handbook of Social Psychology* (Worcester, MA: Clark University Press, 1935, 947–72.

20 Marc Bekoff, ed., *Encyclopedia of Animal Behavior*, vol. 1: *A–C*, Westport, CT: Greenwood Press, 2004; Marc Bekoff, ed., *Encyclopedia of Animal Behavior*, vol. 2: *D–P*, Westport, CT: Greenwood Press, 2004; Marc Bekoff, ed., *Encyclopedia of Animal Behavior*, vol. 3: *R–Z*, Westport, CT: Greenwood Press, 2004.

21 C. Norman Alexander Jr., "Status perceptions," *American Sociological Review* 37 (1972): 767–73.

22 Isaac Planas-Sitja and Jean-Louis Deneubour, "The role of personality variation, plasticity and social facilitation in cockroach aggregation," *Biology Open* 7 (2018): doi: 10.1242/bio.036582; Takao Tasaki et al., "Personality and the collective: Bold homing pigeons occupy higher leadership ranks in flocks," *Philosophical Transactions of the Royal Society B* 373 (2018): 20170038.

23 Stephan Keckers et al., "Hippocampal Activation During Transitive Inference in Humans," *Hippocampus* 14 (2004): 153–62; Logan Grosenick, Tricia S. Clement, and

com, October 27, 2014, https://www.smithsonianmag.com/smart-news/brazilian-tribe-becoming-man-requires-sticking-your-hand-glove-full-angry-ants-180953156/.

10 M. N. Bester et al., "Vagrant leopard seal at Tristan da Cunha Island, South Atlantic," *Polar Biology* 40 (2017): 1903–5.

11 Pütz et al., "Post-fledging dispersal of king penguins (*Aptenodytes patagonicus*) from two breeding sites in South Atlantic."

12 Dr. William R. Fraser, president and lead investigator, Polar Oceans Research Group（取材、2017年11月30日、同年12月7日）。

第II部　STATUS（ステータス）

シュリンクのストーリーは、ベルリンにあるライプニッツ動物園野生動物研究所のオリバー・へーナーと、タンザニア、ンゴロンゴロ・クレーターにおける「ブチハイエナ・プロジェクト」の協力の賜物である。

第6章　評価される時期

1 Laurence G. Frank, "Social organization of the spotted hyaena Crocuta crocuta. II. Dominance and reproduction," *Animal Behaviour* 34 (1986): 1510–27.

2 Hyena Project Ngorongoro Crater, https://hyena-project.com/.

3 Oliver Höner（ベルリンでの取材、2018年5月3日、同年10月4日）。

4 Hyena Project Ngorongoro Crater, https://hyena-project.com/.

5 Jack El-Hai, "The Chicken-Hearted Origins of the 'Pecking Order — The Crux," *Discover*, July 5, 2016, http://blogs.discovermagazine.com/crux/2016/07/05/chicken-hearted-origins-pecking-order/#.XIShIShKg2w; Thorleif Schjelderup-Ebbe, "Weitere Beitrage zur Sozial und psychologie des Haushuhns," *Zeitschrift für Psychologie* 88 (1922): 225–52.

6 Elizabeth A. Archie et al., "Dominance rank relationships among wild female African elephants, *Loxodonta africana*," *Animal Behaviour* 71 (2006): 117–27; Justin A. Pitt, Serge Lariviere, and Francois Messier, "Social organization and group formation of raccoons at the edge of their distribution," *Journal of Mammalogy* 89 (2008): 646–53; Logan Grosenick, Tricia S. Clement, and Russel D. Fernald, "Fish can infer social rank by observation alone," *Nature* 445 (2007): 427–32; Bayard H. Brattstrom, "The evolution of reptilian social behavior," *American Zoologist* 14 (1974): 35–49; Steven J. Portugal et al., "Perch height predicts dominance rank in birds," *IBIS* 159 (2017): 456–62.

7 S. J. Blakemore, "Development of the social brain in adolescence," *Journal of the Royal Society of Medicine* 105 (2012): 111–16.

8 Ying Shi and James Moody, "Most likely to succeed: Longrun returns to adolescent popularity," *Social Currents* 4 (2017): 13–33.

9 Michael Sauder, Freda Lynn, and Joel Podolny, "Status: Insights from organizational sociology," *Annual Review of Sociology* 38 (2012): 267–83.

coalitions," *Evolution and Human Behavior* 37 (2016): 502–9; Meg Sullivan, "In sync or in control," UCLA Newsroom, August 26, 2014, http://newsroom.ucla.edu/releases/in-sync-and-in-control.

第5章　サバイバル・スクール

1　A. S. Griffin, "Social learning about predators: A review and prospectus," *Learning and Behavior* 1 (2004): 131–140; Galef Jr. and Laland, "Social Learning in Animals: Empirical Studies and Theoretical Models."

2　Jennifer L. Kelley et al., "Back to school: Can antipredator behaviour in guppies be enhanced through social learning?" *Animal Behaviour* 65 (2003): 655–62.

3　Hannah Natanson, "Harvard Rescinds Acceptances for At Least Ten Students for Obscene Memes," *The Harvard Crimson*, June 5, 2017, https://www.thecrimson.com/article/2017/6/5/2021-offers-rescinded-memes/.

4　Julia Carter et al., "Subtle cues of predation risk: Starlings respond to a predator's direction of eye-gaze," *Proceedings of the Royal Society B* 275 (2008): 1709–15.

5　Ferris Jabr, "Scary Stuff: Fright Chemicals Identified in Injured Fish," *Scientific American*, February 23, 2012, https://www.scientificamerican.com/article/fish-schreckstoff/.

6　Tim Caro, *Antipredator Defenses in Birds and Mammals*, Chicago: University of Chicago Press, 2005; Jean-Guy J. Godin and Scott A. Davis, "Who dares, benefits: Predator approach behaviour in the guppy (Poecilia reticulata) deters predator pursuit," *Proceedings of the Royal Society B* 259 (1995): 193–200; Carter et al., "Distress Calls of a Fast-Flying Bat (Molossus molossus) Provoke Inspection Flights but Not Cooperative Mobbing"; Maryjka B. Blaszczyk, "Boldness towards novel objects predicts predator inspection in wild vervet monkeys," *Animal Behavior* 123 (2017): 91–100; C. Crockford et al., "Wild chimpanzees inform ignorant group members of danger," *Current Biology* 22 (2012): 142–46; Anne Marijke Schel et al., "Chimpanzee Alarm Call Production Meets Key Criteria for Intentionality," *PLoS ONE* 8 (2013): e76674; Beauchamp Guy, "Vigilance, alarm calling, pursuit deterrence, and predator inspection," in William E. Cooper, Jr., and Daniel T. Blumstein, eds., *Escaping from Predators: An Integrative View of Escape Decisions*, Cambridge: Cambridge University Press, 2015; Michael Fishman, "Predator inspection: Closer approach as a way to improve assessment of potential threats," *Journal of Theoretical Biology* 196 (1999): 225–35.

7　T. J. Pitcher, D. A. Green, and A. E. Magurran, "Dicing with death: Predator inspection behaviour in minnow shoals," *Journal of Fish Biology* 28 (1986): 439–48.

8　Clare D. FitzGibbon, "The costs and benefits of predator inspection behaviour in Thomson's gazelles," *Behavioral Ecology and Sociobiology* 34 (1994): 139–48.

9　Vilma Pinchi et al., "Dental Ritual Mutilations and Forensic Odontologist Practice: A Review of the Literature," *Acta Stomatologica Croatica* 49 (2015): 3–13; Rachel Nuwer, "When Becoming a Man Means Sticking Your Hand into a Glove of Ants," Smithsonian.

Freshwater Research 68 (1993): 63–71. 捕食者から身を守るためのトレーニングはさまざまな動物で研究されてきた。たとえば次のようなものがある。B. Smith and D. Blumstein, "Structural consistency of behavioural syndromes: Does predator training lead to multi-contextual behavioural change?" *Behaviour* 149 (2012): 187–213; D. M. Shier and D. H. Owings, "Effects of predator training on behavior and post-release survival of captive prairie dogs (*Cynomys ludovicianus*)," *Biological Conservation* 132 (2006): 126–35; Rafael Paulino et al., "The role of individual behavioral distinctiveness in exploratory and anti-predatory behaviors of red-browed Amazon parrot (*Amazona rhodocorytha*) during pre-release training," *Applied Animal Behaviour Science* 205 (2018): 107–14; R. Lallensack, "Flocking Starlings Evade Predators with 'Confusion Effect,' " *Science*, January 17, 2017, https://www.sciencemag.org/news/2017/01/flocking-starlings-evade-predators-confusion-effect?r3f_986=https://www.google.com/; Rebecca West et al., "Predator exposure improves anti-predator responses in a threatened mammal," *Journal of Applied Ecology* 55 (2018): 147–56; Andrea S. Griffin, Daniel T. Blumstein, and Christopher S. Evans, "Training captive-bred or translocated animals to avoid predators," *Conservation Biology* 14 (2000): 1317–26; Janelle R. Sloychuk et al., "Juvenile lake sturgeon go to school: Life-skills training for hatchery fish," *Transactions of the American Fisheries Society* 145 (2016): 287–94; Ian G. McLean et al., "Teaching an endangered mammal to recognise predators," *Biological Conservation* 75 (1996): 51–62; Desmond J. Maynard et al., "Predator avoidance training can increase post-release survival of chinook salmon," in R. Z. Smith, ed., *Proceedings of the 48th Annual Pacific Northwest Fish Culture Conference*, Gleneden Beach, OR: 1997, 59–62; Alice R. S. Lopes et al., "The influence of anti-predator training, personality, and sex in the behavior, dispersion, and survival rates of translocated captive-raised parrots," *Global Ecology and Conservation* 11 (2017): 146–57.

7 D. Noakes et al., eds., "Predators and Prey in Fishes: Proceedings of the 3rd biennial conference on behavioral ecology of fishes held at Normal, Illinois, U.S.A.," Dr W. Junk Publishers, May 19–22, 1981; R. V. Palumbo et al., "Interpersonal Autonomic Physiology: A Systematic Review of the Literature," *Personality and Social Psychology Review* 22 (2017): 99–141; Viktor Muller and Ulman Linderberger, "Cardiac and Respiratory Patterns Synchronized Between Persons During Choir Singing," *PLoS ONE* 6 (2011): e24893; Maria Elide Vanutelli et al., "Affective Synchrony and Autonomic Coupling During Cooperation: A Hyperscanning Study," *BioMed Research International* 2017, doi: 10.1155/2017/3104564.

8 Björn Vickhoff et al., "Music structure determines heart rate variability of singers," *Frontiers in Psychology* 4 (2013): 334.

9 Daniel M. T. Fessler and Colin Holbrook, "Friends Shrink Foes: The Presence of Comrades Decreases the Envisioned Physical Formidability of an Opponent," *Psychological Science* 24 (2013): 797–802; Daniel M. T. Fessler and Colin Holbrook, "Synchronized behavior increases assessments of the formidability and cohesion of

University of Arizona Dissertation, PhD in Zoology, 1970.
47 Klaus Zuberbuhler, Ronald Noe, and Robert M. Seyfarth, "Diana monkey long-distance calls: Messages for conspecifics and predators," *Animal Behaviour* 53 (1997): 589–604.
48 Laurence Steinberg, *You and Your Adolescent, New and Revised Edition: The Essential Guide for Ages 10–25*, New York: Simon & Schuster, 2011.
49 Jan A. Randall, "Evolution and Function of Drumming as Communication in Mammals," *American Zoologist* 41 (2001): 1143–56; Jan A. Randall and Marjorie D. Matocq, "Why do kangaroo rats (Dipodomys spectabilis) footdrum at snakes?" *Behavioral Ecology* 8 (1997): 404–13.
50 C. D. FitzGibbon and J. H. Fanshawe, "Stotting in Thomson's gazelles: An honest signal of condition," *Behavioral Ecology Sociobiology* 23 (1988): 69; "Stotting," *Encyclopedia of Ecology and Environmental Management*, New York: Blackwell, 1998); José R. Castelló, *Bovids of the World: Antelopes, Gazelles, Cattle, Goats, Sheep, and Relatives*, Princeton, NJ: Princeton University Press, 2016.
51 Tim Caro and William L. Allen, "Interspecific visual signalling in animals and plants: A functional classification," *Philosophical Transactions of the Royal Society B* 372 (2017), doi: 10.1098/rstb.2016.0344; Caro, *Antipredator Defenses in Birds and Mammals*.
52 "How Does an Owl's Hearing Work: Super Powered Owls," BBC Earth, March 23, 2016, https://www.youtube.com/watch?v=8SI73-Ka51E.
53 恐怖がもたらす心臓への影響は、私たちのはじめての著書 *Zoobiquity*（『人間と動物の病気を一緒にみる——医療を変える汎動物学の発想』土屋晶子訳、インターシフト、2014年）の第2章「なぜ気絶するのか」のテーマである。
54 同上。
55 James Fair, "Hunting Success Rates: How Predators Compare," *Discover Wildlife*, December 17, 2015, http://www.discoverwildlife.com/animals/hunting-success-rates-how-predators-compare.

第4章　自信にあふれた魚

1 Bennett G. Galef, Jr., and Kevin N. Laland, "Social learning in animals: Empirical studies and theoretical models," *BioScience* 55 (2005): 489–500.
2 Mel Norris, "Oh Yeah? Smell This! Or, Conflict Resolution, Lemur Style," Duke Lemur Center, March 16, 2012, https://lemur.duke.edu/oh-yeah-smell-this-or-conflict-resolution-lemur-style/.
3 Caro, *Antipredator Defenses in Birds and Mammals*, 27.
4 Indrikis Krams, Tatjana Krama, and Kristine Igaune, "Alarm calls of wintering great tits Parus major: Warning of mate, reciprocal altruism or a message to the predator?" *Journal of Avian Biology* 37 (2006): 131–36.
5 Caro, *Antipredator Defenses in Birds and Mammals*.
6 Torbjorn Jarvi and Ingebrigt Uglem, "Predator Training Improves Anti-Predator Behaviour of Hatchery Reared Atlantic Salmon (Salmo salar) Smolt," *Nordic Journal of*

Welfare Science J (1998): 207–26.

30 Kari Koivula, Seppo Rytkonen, and Marukku Orell, "Hunger-dependency of hiding behaviour after a predator attack in dominant and subordinate willow tits," *Ardea* 83 (1995): 397–404.

31 James Ha（取材、2019年2月25日）。

32 Alexa C. Curtis, "Defining adolescence," *Journal of Adolescent and Family Health* 7 (2–15): issue 2, article 2, https://scholar.utc.edu/jafh/vol7/iss2/2.

33 Joe Hamilton（取材、2017年9月1日）。

34 Tim Caro, *Antipredator Defenses in Birds and Mammals*, Chicago: University of Chicago Press, 2005, 15.

35 同上。

36 同上。

37 同上。; D. T. Blumstein, "Fourteen Security Lessons from Antipredator Behavior," in *Natural Security: A Darwinian Approach to a Dangerous World* (2008); Clutton-Brock, *Mammal Societies*; Gerald Carter et al., "Distress calls of a fast-flying bat (Molossus molossus) provoke inspection flights but not cooperative mobbing," *PLoS ONE* 10 (2015): e0136146; Andrew W. Bateman et al., "When to defend: Antipredator defenses and the predation sequence," *American Naturalist* 183 (2014): 847–55.

38 Carter et al., "Distress calls of a fast-flying bat (Molossus molossus) provoke inspection flights but not cooperative mobbing."

39 Maria Thaker et al., "Group Dynamics of Zebra and Wildebeest in a Woodland Savanna: Effects of Predation Risk and Habitat Density," *PLoS ONE* 5 (2010): e12758.

40 Hans Kruuk, *The Spotted Hyena: A Study of Predation and Social Behavior*, Brattleboro, VT: Echo Point Books and Media, 2014); Rebecca Dannock, "Understanding the behavioral trade-off made by blue wildebeest (*Connochaetes taurinus*): The importance of resources, predation, and the landscape," thesis, University of Queensland, School of Biological Sciences (2016).

41 Christopher W. Theodorakis, "Size segregation and the effects of oddity on predation risk in minnow schools," *Animal Behaviour* 38 (1989): 496–502; Laurie Landeau and John Terborgh, "Oddity and the 'confusion effect' in predation," *Animal Behavior* 34 (1986): 1372–80.

42 Ondrej Slavik, Pavel Horky, and Matus Maciak, "Ostracism of an albino individual by a group of pigmented catfish," *PLoS ONE* 10 (2015): e0128279.

43 David J. Sumpter, *Collective Animal Behavior*, Princeton, NJ: Princeton University Press, 2010.

44 Michaela M. Bucchianeri et al., "Youth experiences with multiple types of prejudice-based harassment," *Journal of Adolescence* 51 (2016): 68–75.

45 Blumstein, "Fourteen Security Lessons from Antipredator Behavior."

46 Caro, *Antipredator Defense in Birds and Mammals*, 248–49; Charles Martin Drabek, "Ethoecology of the Round-Tailed Ground Squirrel, Spermophilus Tereticaudus,"

inexperienced-firefighters-in-spotlight-after-blasts.

20 Roland Pietsch, “Ships’ Boys and Youth Culture in Eighteenth-Century Britain: The Navy Recruits of the London Marine Society,” *The Northern Mariner/Le marin du nord* 14 (2004): 11–24.

21 Mintz, *Huck’s Raft*.

22 Stanford Research into the Impact of Tobacco Advertising, “Cigarettes Advertising Themes: Targeting Teens,” http://tobacco.stanford.edu/tobacco_main/images.php?token2=fm_st138.php&token1=fm_img4072.php&theme_file=fm_mt015.php&theme_name=Targeting.

23 Centers for Disease Control and Prevention, “Quick Facts on the Risk of E-cigarettes for Kids, Teens, and Young Adults,” https://www.cdc.gov/tobacco/basic_information/e-cigarettes/Quick-Facts-on-the-Risks-of-E-cigarettes-for-Kids-Teens-and-Young-Adults.html.

24 Alessandro Minelli, “Grand challenges in evolutionary development biology,” *Frontiers in Ecology and Evolution* 2 (2015): doi: 10.3389/fevo.2014.00085.

25 Dr. Joshua Schiffman, professor in the Department of Pediatrics and adjunct professor in the Department of Oncological Sciences in the School of Medicine at the University of Utah（取材、2018 年 9 月 21 日、同年 12 月 25 日）。

26 Katherine A. Liu and Natalie A. Dipietro Mager, “Women’s involvement in clinical trials: historical perspective and future implications,” *Pharmacy Practice (Granada)* 14 (2016): 708; M. E. Burke, K. Albritton, and N. Marina, “Challenges in the recruitment of adolescents and young adults to cancer clinical trials,” *Cancer* 110 (2007): 2385–93; M. Shnorhavorian et al., “Knowledge of clinical trial availability and reasons for nonparticipation among adolescent and young adult cancer patients: A population-based study,” *American Journal of Clinical Oncology* 41 (2018): 581–87; S. J. Rotz et al., “Challenges in the treatment of sarcomas of adolescents and young adults,” *Journal of Adolescent and Young Adult Oncology* 6 (2017): 406–13; A. L. Potosky et al., “Use of appropriate initial treatment among adolescents and young adults with cancer,” *Journal of the National Cancer Institute* 106 (2014), doi: 10/1093/jnci/dju300.

27 P. Rianthavorn and R. B. Ettenger, “Medication non-adherence in the adolescent renal transplant recipient: a clinician’s viewpoint,” *Pediatric Transplant* 9 (2005): 398–407; Cyd K. Eaton et al., “Multimethod assessment of medication nonadherence and barriers in adolescents and young adults with solid organ transplants,” *Journal of Pediatric Psychology* 43 (2018): 789–99.

28 Andrew U. Luescher, *Manual of Parrot Behavior*, Hoboken, NJ: Blackwell, 2008.（アンドリュー・U・ルエスチャー『インコとオウムの行動学』入交眞巳ほか監訳、文永堂出版、2014 年）; Lafeber Company, “Indian Ring-Necked Parakeet,” https://lafeber.com/pet-birds/species/indian-ring-necked-parakeet/#5.

29 M. D. Salman et al., “Human and animal factors related to the relinquishment of dogs and cats in 12 selected animal shelters in the United States,” *Journal of Applied Animal*

4 Aldo I. Vassallo, Marcelo J. Kittlein, and Cristina Busch, "Owl Predation on Two Sympatric Species of Tuco-Tucos (Rodentia: Octodontidae)," *Journal of Mammology* 75 (1994): 725–32.

5 Richard B. Sherley et al., "The initial journey of an Endangered penguin: Implications for seabird conservation," *Endangered Species Research* 21 (2013): 89–95.

6 Lindsay Thomas, Jr., "QDMA's Guide to Successful Deer Hunting," Quality Deer Management Association, 2016 (eBook).

7 Dr. Richard Wrangham（取材、2017 年 8 月 30 日）。

8 Caro, *Antipredator Defenses in Birds and Mammals*; Tim Clutton-Brock, *Mammal Societies*, Hoboken, NJ: Wiley-Blackwell, 2016).

9 Robert J. Lennox, "What makes fish vulnerable to capture by hook? A conceptual framework and a review of key determinants," *Fish and Fisheries* 18 (2017): 986–1010.

10 C. Huveneers et al., "White Sharks Exploit the Sun during Predatory Approaches," *American Naturalist* 185 (2015): 562–70.

11 Kohei Okamoto et al., "Unique arm-flapping behavior of the pharaoh cuttlefish, Sepia pharaonis: Putative mimicry of a hermit crab," *Journal of Ethology* 35 (2017): 307–11.

12 National Center for Missing and Exploited Children, "A 10-Year Analysis of Attempted Abductions and Related Incidents," June 2016, http://www.missingkids.com/content/dam/pdfs/ncmec-analysis/attemptedabductions10yearanalysisjune2016.pdf.

13 K5 News, "A Pimp's Playbook: Galen Harper's Story," November 9, 2017, https://www.king5.com/video/news/investigations/selling-girls/a-pimps-playbook-galen-harpers-story/281-2796032.

14 Aristotle, *The Essential Aristotle*, New York: Simon & Schuster, 2013.（アリストテレス『アリストテレス全集 18』堀尾耕一ほか訳、岩波書店、2017 年）〔訳註　本文の引用は邦訳書より〕

15 Compound Security Systems, "CSS Mosquito M4K," https://www.compoundsecurity.co.uk/security-equipment-mosquito-mk4-anti-loitering-device.

16 The Balance, "Why Credit Card Companies Target College Students," September 10, 2018, https://www.thebalance.com/credit-card-companies-love-college-students-960090.

17 Kareem Abdul-Jabbar, "It's Time to Pay the Tab for America's College Athletes," *Guardian*, January 9, 2018, https://www.theguardian.com/sport/2018/jan/09/its-time-to-pay-the-tab-for-americas-college-athletes; Doug Bandow, "End College Sports Indentured Servitude: Pay 'Student Athletes,' " *Forbes*, February 21, 2012, https://www.forbes.com/sites/dougbandow/2012/02/21/end-college-sports-indentured-servitude-pay-student-athletes/#8676bd23db6c.

18 Andrew Fan, "The Most Dangerous Neighborhood, the Most Inexperienced Cops," Marshall Project, September 20, 2016, https://www.themarshallproject.org/2016/09/20/the-most-dangerous-neighborhood-the-most-inexperienced-cops.

19 "China's 'Young and Inexperienced' Firefighters in Spotlight After Blasts," *Straits Times*, August 20, 2015, https://www.straitstimes.com/asia/east-asia/chinas-young-and-

Press, 1948.（アンナ・フロイト『自我と防衛機制（アンナ・フロイト著作集、第2巻）』黒丸正四郎ほか訳、岩崎学術出版社、1982年）

10 Karen M. Warkentin, "The development of behavioral defenses: A mechanistic analysis of vulnerability in red-eyed tree frog hatchlings," *Behavioral Ecology* 10 (1999): 251–62; Lois Jane Oulton, Vivian Haviland, and Culum Brown, "Predator Recognition in Rainbowfish, Melanotaenia duboulayi, Embryos," *PLoS ONE* (2013), doi: 10.1371.journal.pones.0076061.

11 Maren N. Vitousek et al., "Island tameness: An altered cardiovascular stress response in Galápagos marine iguanas," *Physiology & Behavior* 99, no. 4 (2010): 544–48; D. T. Blumstein, "Moving to suburbia: Ontogenetic and evolutionary consequences of life on predator-free islands," *Journal of Biogeography* 29 (2002): 685–92; D. T. Blumstein, "The multipredator hypothesis and the evolutionary persistence of anti-predator behaviour," *Ethology* 112 (2006): 209–17; D. T. Blumstein and J. C. Danielm, "The loss of anti-predator behaviour following isolation on islands," *Proceedings of the Royal Society B* 272 (2005): 1663–68.

12 Charles Darwin, *Journal of Researches into the Natural History and Geology of the Countries Visited During the Voyage of the H.M.S. Beagle Round the World, under the Command of Capt. Fitz Roy, R.N.*, New York: D. Appleton and Company, 1878.（チャールズ・ダーウィン『ビーグル号航海記』荒俣宏訳、平凡社、2013年ほか）, http://darwin-online.org.uk/converted/pdf/1878_Researches_F33.pdf.

13 J. W. Laundre et al., "Wolves, elk, and bison: Re-establishing the 'landscape of fear' in Yellowstone National Park, U.S.A.," *Canadian Journal of Zoology* 79 (2001): 1401–9.

14 Seth C. Kalichman et al., "Beliefs about treatments for HIV/AIDS and sexual risk behaviors among men who have sex with men, 1997 to 2006," *Journal of Behavioral Medicine* 30 (2007): 497–503.

15 D. P. Strachan, "Hay fever, hygiene, and household size," *BMJ* 299 (1989): 1259–60.

16 Lars Svendsen, *A Philosophy of Fear*, 2nd ed., London: Reaktion Books, 2008.

17 History Matters, "FDR's First Inaugural Address," http://historymatters.gmu.edu/d/5057/.

第3章　捕食者を知る

1 Caro, *Antipredator Defenses in Birds and Mammals*; William E. Cooper, Jr., and Daniel T. Blumstein, *Escaping from Predators: An Integrative View of Escape Decisions*, Cambridge, UK: Cambridge University Press, 2015. 内、"Costs & Benefits" と "Opportunity Costs" も参照。

2 Eva Saulitis et al., "Biggs killer whale (Orcinus orca) predation on subadult humpback whales (Megaptera novaeangliae) in lower cook inlet and Kodiak, Alaska," *Aquatic Mammals* 41 (2015): 341–44.

3 Douglas F. Makin and Graham I. H. Kerley, "Selective predation and prey class behaviour as possible mechanisms explaining cheetah impacts on kudu demographics," *African Zoology* 51 (2016): 217–20.

Bolstad, "Fledging Behavior and Survival in Northern Tawny Owls," *The Condor* 101 (1999): 169–74; Melanie Dammhahn and Laura Almeling, "Is risk taking during foraging a personality trait? A field test for cross-context consistency in boldness," *Animal Behavior* 84 (2012): 1131–39; Theodore Garland, Jr., and Stevan J. Arnold, "Effects of a Full Stomach on Locomotory Performance of Juvenile Garter Snakes," *Copeia* 1983 (1983): 1092–96; Svein Lokkeborg, "Feeding behaviour of cod, Gadus morhua: Activity rhythm and chemically mediated food search," *Animal Behaviour* 56 (1998): 371–78; Gerald Carter et al., "Distress Calls of a Fast-Flying Bat (Molossus molossus) Provoke Inspection Flights but Not Cooperative Mobbing," *PLoS ONE* 10 (2015): e0136146.

第 2 章　恐怖の本質

1　"Sneezing Baby Panda, Original Video," https://www.youtube.com/watch?v=93hq0YU3Gqk.

2　J. A. Walker et al., "Do faster starts increase the probability of evading predators?" *Functional Ecology* 19 (2005): 808–15.

3　Robert Sanders, "Octopus shows unique hunting, social and sexual behavior," *Berkeley Research News*, August 12, 2015, https://news.berkeley.edu/2015/08/12/octopus-shows-unique-hunting-social-and-sexual-behavior/.

4　Charles Darwin, *The Expression of the Emotions in Man and Animals*, London: Harper Perennial, 2009, 45, 304.（チャールズ・ダーウィン『人及び動物の表情について』浜中浜太郎、岩波文庫、1991 年）

5　Tanja Jovanovic, Karin Maria Nylocks, and Kaitlyn L. Gamwell, "Translational neuroscience measures of fear conditioning across development: applications to high-risk children and adolescents," *Biology of Mood & Anxiety Disorders* 3 (2013): doi: 10.1186/2045-5380-3-17; J. J. Kim and M. W. Jung, "Neural circuits and mechanisms involved in Pavlovian fear conditioning: a critical review," *Neuroscience & Biobehavioral Reviews* 30 (2006): 188–202.

6　Dr. Phil Trathan, head of conservation biology, British Antarctic Survey（電話による取材、2017 年 8 月 7 日）。

7　Porcupine fish skin helmet from Oceania/Republic of Kiribati, Catalog 00-8-70/55612, Peabody Museum, Harvard University; Imperial War Museum, "Equipment: Body Armour (Sappenpanzer): German," https://www.iwm.org.uk/collections/item/object/30110403; Seth Stern, "Body Armor Could Be a Technological Hero of War in Iraq," *Christian Science Monitor*, April 2, 2003, https://www.csmonitor.com/2003/0402/p04s01-usmi.html.

8　Imperial War Museum, "Equipment: Body Armour (Sappenpanzer): German," https://www.iwm.org.uk/collections/item/object/30110403; Seth Stern, "Body Armor Could Be a Technological Hero of War in Iraq," *Christian Science Monitor*, April 2, 2003, https://www.csmonitor.com/2003/0402/p04s01-usmi.html.

9　A. Freud, *The Ego and the Mechanisms of Defense*, New York: International Universities

Adelie penguins," *Ecology* 6, no. 3 (1980): 522–30; Wayne F. Kasworm and Timothy J. Their, "Adult black bear reproduction, survival, and mortality sources in northwest Montana," *International Conference on Bear Research and Management* 9, no. 1 (1994): 223–30; Charles J. Jonkel and Ian McT. Cowan, "The black bear in the Spruce-Fir forest," *Wildlife Monographs* 27, no. 27 (December 1971): 3–57; José Alejandro Scolaro, "A model life table for Magellanic penguins (*Spheniscus magellanicus*) at Punta Tombo, Argentina," *Journal of Field Ornithology* 58 (1987): 432–41; Norman Owen-Smith and Darryl R. Mason, "Comparative changes in adult vs. juvenile survival affecting population trends of African ungulates," *Journal of Animal Ecology* 74 (2005): 762–73; Krzysztof Schmidt and Dries P. J. Kuijper, "A 'death trap' in the landscape of fear," *Mammal Research* 60 (2015): 275–84.

7 World Health Organization, "Adolescents: Health Risks and Solutions," May 2017 Fact Sheet.

8 "Environmental Influences on Biobehavioral Processes,"「Science of Adolescent Risk-Taking」での発表（全米アカデミーズ／国立衛生研究所のワークショップにて), http://nationalacademies.org/hmd/~/media/Files/Activity%20Files/Children/AdolescenceWS/Workshop%202/1%20Dahl.pdf; Agnieszka Tymula et al., "Adolescents' risk-taking behaviour is driven by tolerance to ambiguity," *PNAS* 109 (2012): 17135–140.

9 CDC Motor Vehicle Safety (Teen Drivers): https://www.cdc.gov/motorvehiclesafety/teen_drivers/index.html; Laurence Steinberg, "Risk-taking in adolescence: What changes and why?" *Annals of the New York Academy of Sciences* (2004): 51–58; Bruce J. Ellis et al., "The Evolutionary Basis of Risky Adolescent Behavior: Implications for Science, Policy, and Practice," *Developmental Psychology* 48 (2012): 598–623; Kenneth A. Dodge and Dustin Albert, "Evolving science in adolescence: Comment on Ellis et al (2012)," *Developmental Psychology* 48 (2012): 624–27; Adriana Galvan, "Insights about adolescent behavior, plasticity, and policy from neuroscience research," *Neuron* 83 (2014): 262–65; David Bainbridge, *Teenagers: A Natural History*, London: Portobello, 2010.

10 Robert Sapolsky, *Behave: The Biology of Humans at Our Best or Worst*, City of Westminster: Penguin Books, 2018, 155.

11 Andrew Sih et al., "Predator–prey naivete, antipredator behavior, and the ecology of predator invasions," *OIKOS* 119 (2010): 610–21.

12 L. P. Spear, "The adolescent brain and age-related behavioral manifestations," *Neuroscience and Biobehavioral Reviews* 24 (2000): 417–63; Linda Patia Spear, "Neurobehavioral Changes in Adolescence," *Current Directions in Psychological Science* 9 (2000): 111–14; Debra A. Lynn and Gillian R. Brown, "The Ontology of Exploratory Behavior in Male and Female Adolescent Rats (Rattus norvegicus)," *Developmental Psychobiology* 51 (2009): 513–20; Giovanni Laviola et al., "Risk-Taking behavior in adolescent mice: psychobiological determinants and early epigenetic influence," *Neuroscience and Behavioral Reviews* 27 (2003): 19–31; Kristian Overskaug and Jan P.

22 Steven Mintz, *Huck's Raft: A History of American Childhood*, Cambridge, MA: Harvard University Press, 2006, 196.
23 Ross W. Beales, "In Search of the Historical Child: Miniature Adulthood and Youth in Colonial New England," in eds. N. Ray Hiner and Joseph M. Hawes, *Growing Up in America: Children in Historical Perspective*, Champaign: University of Illinois Press, 1985, 20.
24 Ben Cosgrove, "The Invention of Teenagers: LIFE and the Triumph of Youth Culture," *Time*, September 28, 2013, http://time.com/3639041/the-invention-of-teenagers-life-and-the-triumph-of-youth-culture/.

第 I 部　SAFETY（安全）

アーシュラのストーリーは、南極リサーチトラスト（ART）のクレメンス・ピュッツ、および英国南極観測局のフィル・トラサンの調査と、彼らへの取材に基づく。さらに、ペンギンの行動や南極に関する記述は、パーマー長期生態学研究のビル・フレイザーへの取材、フェン・モンテーニュの著作 *Fraser's Penguins: A Journey to the Future in Antarctica*, New York: Henry Holt and Co., 2010. をもとに書いている。

第 1 章　危険な日々

1 The Cornell Lab of Ornithology: Neotropical Birds, "King Penguin Aptenodytes patagonicus," https://neotropical.birds.cornell.edu/Species-Account/nb/species/kinpen1/behavior.
2 ScienceDirect, "Zugunruhe," https://www.sciencedirect.com/topics/agricultural-and-biological-sciences/zugunruhe; J. M. Cornelius et al., "Contributions of endo-crinology to the migration life history of birds," *General and Comparative Endocrinology* 190 (2013): 47–60.
3 Lisa M. Hiruki et al., "Hunting and social behaviour of leopard seals (*Hydruga Leptonyx*) at Seal Island, South Shetland Islands, Antarctica," *Journal of the Zoological Society of London* 249 (1999): 97–109; Australian Antarctic Division: Leading Australia's Antarctic Program, "Leopard Seals," http://www.antarctica.gov.au/about-antarctica/wildlife/animals/seals-and-sea-lions/leopard-seals.
4 Klemens Pütz et al., "Post-Fledging Dispersal of King Penguins (*Aptenodytes patagonicus*) from Two Breeding Sites in South Atlantic," *PLoS ONE* 9 (2014): e97164.
5 Pütz et al., "Post-Fledging Dispersal of King Penguins"; Klemens Pütz（取材、2017 年 8 月 14 日）; Dr. Phil Trathan, head of conservation biology, British Antarctic Survey（取材、2017 年 8 月 7 日）。
6 Bo Ebenman and Johnny Karlsson, "Urban Blackbirds (Turdus merula): From egg to independence," *Annales Zoologici Fennici* (1984): 21:249–51; F. L. Bunnell and D. E. N. Tait, "Mortality rates of North American bears," *Arctic* 38, no. 4 (December 1985): 316–23; David G. Ainley and Douglas P. DeMaster, "Survival and mortality in a population of

https://www.livescience.com/52510-adolescent-t-rex-jane.html.

10 Erica Eisner, "The relationship of hormones to the reproductive behaviour of birds, referring especially to parental behaviour: A review," *Animal Behaviour* 8 (1960): 155–79; Satoshi Kusuda et al., "Relationship between gonadal steroid hormones and vulvar bleeding in southern tamandua, *Tamandua tetradactyla*," *Zoo Biology* 30 (2011): 212–17; O. J. Ginther et al., "Miniature ponies: 2. Endocrinology of the oestrous cycle," *Reproduction, Fertility and Development* 20 (2008): 386–90.

11 N. Treen et al., "Mollusc gonadotropin-releasing hormone directly regulates gonadal functions: A primitive endocrine system controlling reproduction," *General and Comparative Endocrinology* 176 (2012): 167–72; Ganji Purna Chandra Nagaraju, "Reproductive regulators in decapod crustaceans: an overview," *The Journal of Experimental Biology* 214 (2011): 3–16.

12 Arthur M. Talman et al., "Gametocytogenesis: The puberty of Plasmodium falciparum," *Malar J.* 3 (2004), doi: 10/1186/1475-2875-3-24.

13 Kathleen F. Janz, Jeffrey D. Dawson, and Larry T. Mahoney, "Predicting Heart Growth During Puberty: The Muscatine Study," *Pediatrics* 105 (2000): e63.

14 T. L. Ferrara et al., "Mechanics of biting in great white and sandtiger sharks," *Journal of Biomechanics* 44 (2011): 430–35; eScience News, "Teenage Great White Sharks Are Awkward Biters," Biology & Nature News, December 2, 2010, http://esciencenews.com/articles/2010/12/02/teenage.great.white.sharks.are.awkward.biters.

15 Neil Shubin（私信、2019年3月5日）。

16 L. P. Spear, "The adolescent brain and agerelated behavioral manifestations," *Neuroscience and Biobehavioral Reviews* 24 (2000): 417–63; Linda Patia Spear, "Neurobehavioral Changes in Adolescence," *Current Directions in Psychological Science* 9 (2000): 111–14; Linda Patia Spear, "Adolescent Neurodevelopment," *Journal of Adolescent Health* 52 (2013): S7–13; Robert Sapolsky, *Behave: The Biology of Humans at Our Best or Worst*, City of Westminster: Penguin Books, 2018.

17 Khadeeja Munawar, Sara K. Kuhn, and Shamsul Haque, "Understanding the reminiscence bump: A systematic review," *PLoS ONE* 13 (2018): e0208595.

18 Tadashi Nomura and Ei-Ichi Izawa, "Avian birds: Insights from development, behavior and evolution," *Develop Growth Differ* 59 (2017): 244–57; O. Gunturkun, "The avian 'prefrontal cortex' and cognition," *Current Opinion in Neurobiology* 15 (2005): 686–93.

19 Sam H. Ridgway, Kevin P. Carlin, and Kaitlin R. Van Alstyne, "Dephinid brain development from neonate to adulthood with comparisons to other cetaceans and artiodactyls," *Marine Mammal Science* 34 (2018): 420–39.

20 Spear, "The adolescent brain and age-related behavioral manifestations."

21 Daniel Jirak and Jiri Janacek, "Volume of the crocodilian brain and endocast during ontogeny," *PLoS ONE* 12 (2017): e0178491; Matthew L. Brien et al., "The Good, the Bad, and the Ugly: Agonistic Behaviour in Juvenile Crocodilian," *PLoS ONE* 8 (2013): e80872.

Harper Paperbacks, 2016.（フランシス・ジェンセン、エイミー・エリス・ナット『10代の脳――反抗期と思春期の子どもにどう対処するか』野中香方子訳、文藝春秋、2015年）; Sarah-Jayne Blakemore, *Inventing Ourselves: The Secret Life of the Teenage Brain*, New York: PublicAffairs, 2018; Hanna Damasio and Antonio R. Damasio, *Lesion Analysis in Neuropsychology*, Oxford, UK: Oxford University Press, 1989.（ハンナ・ダマジオ、アントニオ・R・ダマジオ『神経心理学と病巣解析』河内十郎訳、 医学書院、1991年）; Linda Spear, *The Behavioral Neuroscience of Adolescence*, New York: W. W. Norton & Company, 2009; Judy Stamps, "Behavioural processes affecting development: Tinbergen's fourth question comes of age," *Animal Behaviour* 66 (2003): doi: 10.1006/anbe.2003.2180; Laurence Steinberg, *Age of Opportunity: Lessons from the New Science of Adolescence*, Boston: Mariner Books, 2015.（ローレンス・スタインバーグ『15歳はなぜ言うことを聞かないのか？――最新脳科学でわかった第2の成長期』阿部寿美代訳、日経BP社、2015年）; Jeffrey Jensen Arnett, *Adolescence and Emerging Adulthood: A Cultural Approach*, London: Pearson, 2012.

9　Lisa J. Natanson and Gregory B. Skomal, "Age and growth of the white shark, Carcharodon, carcharias, in the western Northern Atlantic Ocean," *Marine and Freshwater Research* 66 (2015): 387–98; Christopher P. Kofron, "The reproductive cycle of the Nile crocodile (Crocodylus nilotkus)," *Journal of Zoology* (1990): 477–88; John L. Gittleman, "Are the Pandas Successful Specialists or Evolutionary Failures?" *BioScience* 44 (1994): 456–64; Erica Taube et al., "Reproductive biology and postnatal development in sloths, Bradypus and Choloepus: Review with original data from the field (French Guiana) and from captivity," *Mammal Review* 31 (2001): 173–88; A. J. Hall-Martin and J. D. Skinner, "Observations on puberty and pregnancy in female giraffe," *South African Journal of Wildlife Research* 8 (1978): 91–94; Sam P. S. Cheong et al., "Evolution of Ecdysis and Metamorphosis in Arthropods: The Rise of Regulation of Juvenile Hormone," *Integrative and Comparative Biology* 55 (2015): 878–90; Smithsonian National Museum of Natural History, "*Australopithecus afarensis*," http://humanorigins.si.edu/evidence/human-fossils/species/australopithecus-afarensis; Antonio Rosas et al., "The growth pattern of Neandertals, reconstructed from a juvenile skeleton from El Sidrón (Spain)," *Science* 357 (2017): 1282–287; Christine Tardieu, "Short adolescence in early hominids: Infantile and adolescent growth of the human femur," *American Journal of Physical Anthropology* 107 (1998): 163–78; Meghan Bartels, "Teenage Dinosaur Fossil Discovery Reveals What Puberty Was Like for a Tyrannosaur," *Newsweek*, October 20, 2017, https://www.newsweek.com/teenage-dinosaur-fossil-discovery-reveals-puberty-tyrannosaur-689448; Society of Vertebrate Paleontology, "Press Release — Adolescent T. Rex Unraveling Controversy About Growth Changes in Tyrannosaurus," October 21, 2015, http://vertpaleo.org/Society-News/SVP-Paleo-News/Society-News,-Press-Releases/Press-Release-Adolescent-T-rex-unraveling-controve.aspx; Laura Geggel, "Meet Jane, the Most Complete Adolescent T. Rex Ever Found," LiveScience, October 19, 2015,

註

プロローグ

1 Frans B. M. Wall, “Anthropomorphism and Anthropodenial: Consistency in Our Thinking about Humans and Other Animals,” *Philosophical Topics* 27 (1999): 255.

2 YouTube, “Amazing Footage of Wildebeest Crossing the Mara River,” https://www.youtube.com/watch?v=5XBxE_A0hVY.

3 Andrew Solomon, *Far from the Tree: Parents, Children, and the Search for Identity*, New York: Scribner, 2012, 2.（アンドリュー・ソロモン『「ちがい」がある子とその親の物語』依田卓巳ほか訳、海と月社、2020年）

4 Theodosius Dobzhansky: “Nothing in Biology Makes Sense Except in the Light of Evolution,” *The American Biology Teacher* 35 (March 1973): 125–29. Presented at the 1972 NABT convention.（間接引用）

5 Margaret Mead, *Coming of Age in Samoa*, New York: William Morrow and Co., 1928.（マーガレット・ミード『サモアの思春期』畑中幸子ほか訳、蒼樹書房、1976年）

6 G. Stanley Hall, *Adolescence: Its Psychology and Its Relations to Physiology, Anthropology, Sociology, Sex, Crime, and Religion*, Kowloon, Hong Kong: Hesperides Press, 2013 [Kindle version].

7 Sigmund Freud, *The Interpretation of Dreams: The Complete and Definitive Text*, New York: Basic Books, 2010; A. Freud, *The Ego and the Mechanism of Defense*, New York: International Universities Press, 1948.（アンナ・フロイト『自我と防衛機制（アンナ・フロイト著作集、第2巻）』黒丸正四郎ほか訳、岩崎学術出版社、1982年); Erik H. Erikson, *Identity and the Life Cycle*, New York: W. W. Norton & Company, 1994.（エリク・H・エリクソン『アイデンティティとライフサイクル』西平直ほか訳、誠信書房、2011年); John Bowlby, *Maternal Care and Mental Health*, Lanham, MD: Jason Aronson, Inc., 1995; Jean Piaget, *The Child's Conception of the World*, Scotts Valley, CA: CreateSpace Independent Publishing Platform, 2015; N. Tinbergen, *Social Behavior in Animals with Special Reference to Vertebrates*, London: Psychology Press, 2013.

8 Marian Cleeves Diamond, *Enriching Heredity: The Impact of the Environment on the Anatomy of the Brain*, New York: Free Press, 1988.（マリアン・クリーヴス・ダイアモンド『環境が脳を変える』井上昌次郎ほか訳、どうぶつ社、1990年); Robert Sapolsky, *Behave: The Biology of Humans at Our Best or Worst*, City of Westminster, UK: Penguin Books, 2018; Frances E. Jensen and Amy Ellis Nutt, *The Teenage Brain: A Neuroscientist's Survival Guide to Raising Adolescents and Young Adults*, New York:

バーバラ・N・ホロウィッツ（Barbara Natterson-Horowitz）
ハーバード大学人類進化生物学客員教授。カリフォルニア大学ロサンゼルス校（UCLA）心臓内科教授。進化・医学・公衆衛生に関する国際協会（ISEMPH）会長。バウアーズとの前著に『人間と動物の病気を一緒にみる』（インターシフト）がある。

キャスリン・バウアーズ（Kathryn Bowers）
科学ジャーナリスト。UCLAとハーバード大学で動物行動学とライティングを教える。ワシントンD.C.にあるシンクタンク「ニューアメリカ」フューチャー・テンス・フェロー。ロサンゼルスのNPO「ソカロ・パブリック・スクエア」編集者や「アトランティック・マンスリー」誌編集員を務めた。

土屋晶子（つちや・あきこ）
翻訳家。訳書に『フューチャー・イズ・ワイルド』(ダイヤモンド社)、『寿命100歳以上の世界』(CCCメディアハウス)、『人間と動物の病気を一緒にみる――医療を変える汎動物学の発想』(インターシフト)などがある。
(翻訳協力：株式会社トランネット http://www.trannet.co.jp/)

ISBN 978-4-8269-0231-1

WILDHOOD《ワイルドフッド》 野《や》生《せい》の青年期《せいねんき》

二〇二一年十月二十六日　第一版第一刷発行

著　者　バーバラ・N・ホロウィッツ／キャスリン・バウアーズ
訳　者　土屋《つちや》晶子《あきこ》
発行者　中村幸慈
発行所　株式会社　白揚社　©2021 in Japan by Hakuyosha
〒101-0062　東京都千代田区神田駿河台1-7
電話03-5281-9772　振替00130-1-25400
装　幀　APRON（植草可純、前田歩来）
印刷・製本　中央精版印刷株式会社